科学出版社"十四五"普通高等教育本科规划教材

概率论与数理统计
（第三版）

主　编　武新乾

副主编　常志勇　郭海刚

王春伟　鲁　鸽

河南科技大学教材出版基金资助

科 学 出 版 社

北 京

内 容 简 介

本书为科学出版社"十四五"普通高等教育本科规划教材,共 11 章,内容包括随机事件及其概率、随机变量及其分布、随机向量、随机变量的数字特征、大数定律与中心极限定理、数理统计的基本知识、参数估计、假设检验、方差分析与回归分析、MATLAB 软件应用、常见的概率论与数理统计模型.文中以二维码形式链接了部分知识点的讲解视频,读者可扫码观看.各章配有一定数量的习题,习题参考解析以二维码形式分别链接在对应各章之后,书末提供预备知识及 6 种附表以备查用.本书的编写始终以强化理论学习为基础,以应用为目的,力求做到深入浅出、通俗易懂、便于自学.

本书可作为高等院校理工科、经济学、管理学等各专业概率论与数理统计课程的教材,也可作为教师、学生和科技工作者学习概率论与数理统计知识的参考书.

图书在版编目(CIP)数据

概率论与数理统计/武新乾主编. —3 版. —北京:科学出版社,2023.2
科学出版社"十四五"普通高等教育本科规划教材
ISBN 978-7-03-074775-4

I. ①概… Ⅱ. ①武… Ⅲ. ①概率论–高等学校–教材②数理统计–高等学校–教材 Ⅳ. ①O21

中国版本图书馆 CIP 数据核字(2023)第 017076 号

责任编辑:胡海霞 李香叶 / 责任校对:杨聪敏
责任印制:赵 博 / 封面设计:蓝正设计

科学出版社 出版
北京东黄城根北街 16 号
邮政编码:100717
http://www.sciencep.com
北京富资园科技发展有限公司印刷
科学出版社发行 各地新华书店经销
*
2009 年 11 月第 一 版 开本:720×1000 1/16
2013 年 2 月第 二 版 印张:22
2023 年 2 月第 三 版 字数:443 000
2024 年 7 月第十二次印刷
定价:59.00 元
(如有印装质量问题,我社负责调换)

前　　言

概率论与数理统计是研究随机现象内在规律性的一门学科. 概率论旨在从理论上研究随机现象的数量规律, 是数理统计的基础; 数理统计是从数学角度研究如何有效地收集、整理和分析数据, 并从数据中提取信息、寻求规律. 概率论与数理统计的方法理论已广泛地应用于自然科学、社会科学、工程技术和工农业生产等领域. 目前, 概率论与数理统计与高等数学、线性代数一样, 都是大学理、工、经、管、农、医等学科专业的必修基础课.

本书编写的基本思想是以教育部高等学校大学数学课程教学指导委员会制定的概率论与数理统计课程教学基本要求为指导, 以做好与中学新课标的衔接为原则, 以现行的教学大纲、教学要求为基础, 以兼顾部分学生继续深造的入学要求为基本点. 期望能为教师、学生提供一套使用方便、适于教学的良好教材. 在本版编写中, 基本保留了上一版的编写风格和内容框架, 但对涉及与中学教学内容重复的知识点做了一些修改, 对上一版中的例题、习题做了精选和调整, 对每章小结做了完善和补充, 将第 10 章内容变更为 MATLAB 软件应用, 前 9 章中每章增加了若干个微课资源, 订正了个别错误. 在本版中, 力图从实际问题出发引入基本概念和基本定理, 增强学生对概率论与数理统计基本思想、基本方法的理解, 着力培养学生的应用能力; 选取的例题和习题尽量涵盖理、工、经、管、农、医等不同学科领域的问题, 满足不同学科专业学生的教学需求; 语言叙述尽量做到简明易懂, 配置有微课视频 (读者可扫码观看)、解题指导和习题参考解析 (读者可扫码观看), 方便读者自学.

参与第三版编写的有常志勇 (第 3 章、第 8 章、第 11 章, 以及相应章节的习题参考解析)、郭海刚 (第 1 章、第 10 章, 以及相应章节的习题参考解析)、王春伟 (第 4 章、第 5 章、第 6 章, 以及相应章节的习题参考解析)、鲁鸽 (第 2 章、第 7 章, 以及相应章节的习题参考解析、附录 2) 和武新乾 (第 9 章及其习题参考解析、附录 1). 武新乾教授担任主编, 常志勇、郭海刚、王春伟、鲁鸽担任副主编. 本书在编写过程中, 杨万才、成军祥、田萍老师给出了指导性意见, 并得到了河南科技大学数学与统计学院老师们的极大关心和支持, 张瑞民、侯平军、贾雁兵老师提供了一些微课视频内容; 此外, 河南理工大学、武警工程大学、许昌学院、周口师范学院、洛阳师范学院、洛阳理工学院等高校同仁也提出了一些宝贵的意见和建议, 科学出版社的编辑们倾注了大量的心血, 对此我们表示衷心的感谢.

由于编者水平有限, 书中不当之处在所难免, 恳请各位读者批评指正.

编　者

2022 年 8 月

目　　录

第 1 章　随机事件及其概率

在自然界和人类社会中存在两类不同的现象, 即确定性现象和不确定现象. 所谓确定性现象, 是指事前可以预知一定条件下具体结果的现象. 早期的科学研究主要是基于数学分析、几何、代数、微分方程等数学工具揭示确定性现象的规律性. 例如, 一个质点在 t 秒钟沿着直线移动的距离为 $s(t)$, 则该质点移动的速度肯定是 $v(t) = \dfrac{\mathrm{d}s(t)}{\mathrm{d}t}$. 不确定现象的结果是多种多样的, 事前无法预测哪一个结果会发生. 随机现象和模糊现象是两类主要的不确定现象. **随机现象**是刻画有多个可能结果的现象, 但哪一个结果会出现, 在试验之前无法预知. 例如, 投资某一股票, 可能赚钱, 可能亏本, 也可能保本, 最终结果究竟是赚钱、亏本还是保本, 事前无法确定, 这是一个随机现象. 模糊现象是指概念外延的不确定性, 从而造成判断的不确定性. 例如, 一个人是 19 岁, 我们说他是青年人; 当他是 20 岁时, 我们还说他是青年人; 那么, 当他是 45 岁时, 我们还说他是青年人吗? 50 岁呢? 因为青年人的外延是不清晰的, 所以这导致了人们判断的不确定性, 这是一种有别于随机现象的模糊现象.

随机现象不能理解为 "碰巧的现象" "出乎意料的现象", 它蕴含着内在必然性的规律. 人们通过长期的反复观察和实践发现, 尽管对随机现象进行一次或少数几次观察的结果具有不确定性, 但在相同条件下进行大量重复观察时, 观察结果又遵循某种规律. 例如, 投掷质地均匀的硬币多次, 正面和反面出现的次数之比接近 1:1; 近代遗传学奠基人孟德尔用豌豆做试验, 结果表明显性和隐性性状 (子叶的颜色、种子的性状和茎的高度) 之比接近 3:1; 某射手射击次数足够多时, 弹着点关于目标的分布略呈对称性, 偏离目标远的弹着点比偏离目标近的弹着点少; 等等. 这种在大量重复观察中呈现出的规律性称为**统计规律性**, 它是随机现象本身所固有的、不随人们意志而改变的客观属性. 概率论与数理统计就是研究和揭示随机现象统计规律性的数学分支.

随机现象
与随机思想

本章部分内容在《普通高中数学课程标准 (2017 年版)》(以下简称高中新课标) 数学教材中已有介绍, 这里从不同的角度进行阐述, 以期全面系统地了解和认识概率论的基本知识.

1.1   随机试验与随机事件

1.1.1   随机试验与样本空间

为了研究统计规律性, 需对随机现象进行大量重复的观察或试验, 我们称为**随机试验** (random experiment), 简称试验, 用字母 E 表示. 随机试验有以下三个特点:

(1) 可以在相同条件下重复进行;

(2) 每次试验的可能结果不止一个, 并且所有可能的结果是事先已知的;

(3) 每次试验的结果恰是这些可能结果中的一个, 但在一次试验之前不能确定哪一个结果会出现.

今后, 如不特别说明, 本书中所提及的试验都是指随机试验.

对随机试验, 我们感兴趣的是试验结果. 例如, 掷一枚骰子, 能够直接观察到的可能出现的基本结果是 1, 2, 3, 4, 5 或 6 点, 且这些结果在一次试验中不会同时出现. 这种可能出现的基本结果称为**样本点**, 用 ω 表示. 样本点全体构成的集合称为**样本空间** (sample space), 用 Ω 表示.

例 1   试验 E_1: 将一枚硬币连掷两次, 观察正反面出现的情况, 则样本空间 $\Omega_1 = \{\omega_1, \omega_2, \omega_3, \omega_4\} = \{(正, 正), (正, 反), (反, 正), (反, 反)\}$.

例 2   试验 E_2: 将一枚硬币连掷两次, 观察正面出现的次数, 则样本空间 $\Omega_2 = \{0, 1, 2\}$.

例 3   试验 E_3: 记录某大型超市一天内进入的顾客人数. 由于人数可能很多, 难以确定一个合适的上界, 因此, 取样本空间 $\Omega_3 = \{0, 1, 2, 3, 4, \cdots\}$.

例 4   试验 E_4: 某射手打靶, 测量其弹着点与靶心的距离, 则样本空间 $\Omega_4 = \{\omega | \omega \geqslant 0\}$.

需注意的是, 对一个具体的随机试验来说, 样本空间并不唯一, 它依赖于试验目的. 例如, 试验 E_1 和 E_2 都是将一枚硬币连掷两次, 但由于试验目的不一样, 两个样本空间截然不同. 通过进一步的学习我们将会发现, 正是样本空间构建上的灵活性给解决实际问题带来了很大方便. 对于具体问题, 怎样选取一个恰当的样本空间是值得研究的, 也是解题的关键.

1.1.2   随机事件

进行随机试验时, 人们常会关心具有某种特征的样本点构成的集合. 例如, 掷一枚骰子, 人们关心是否 "掷出偶数点", 这是一个可能发生也可能不发生的事件, 我们称它为**随机事件** (random event), 它涉及样本空间中的三个样本点, 即样本空间 $\Omega = \{1, 2, 3, 4, 5, 6\}$ 的一个子集 $\{2, 4, 6\}$.

由此可见, 随机事件是试验中可能出现也可能不出现的结果, 是由某些样本点构成的集合, 或者说是样本空间的一个子集. 随机事件是概率论最基本的概念之一, 也简称**事件**, 用字母 $A, B, C, \cdots$ 表示.

例 5 掷两枚骰子, 观察点数. 若用 x 表示第一枚骰子出现的点数, y 表示第二枚骰子出现的点数, 则试验的样本空间为

$$\Omega = \{(x, y) \, | \, x, y = 1, 2, 3, 4, 5, 6\}.$$

Ω 的某些子集构成以下事件:

$A_1 =$ "点数之和等于 2" $= \{(1, 1)\}$, 该事件只包含单个样本点, 这说明一个样本点本身就是一个随机事件;

$A_2 =$ "点数之和等于 5" $= \{(1, 4), (2, 3), (3, 2), (4, 1)\}$;

$A_3 =$ "点数之和超过 9" $= \{(4, 6), (5, 5), (5, 6), (6, 4), (6, 5), (6, 6)\}$.

事件对应于样本点的集合, 对任一事件 A 来说, 一个样本点 ω 要么属于 A 要么不属于 A. 若随机试验出现的基本结果 (即样本点) $\omega \in A$, 就称事件 A 发生; 反之, 一个试验发生了结果 A, 就意味着 A 所包含的某个样本点 ω 恰为试验的结果. 如例 5 中两枚骰子掷出 $(5, 5)$, 则事件 A_3 发生, 事件 A_1, A_2 没有发生.

如果一个随机事件只包含一个样本点, 则称此事件为**基本事件**. 换句话说, 随机试验的每一个可能的结果 (对应于一个样本点) 就是一个基本事件, 因此, 有些书中直接称样本点为基本事件. 由若干基本事件组合而成的事件称为**复合事件**. 例如, A_1 是基本事件, A_2 和 A_3 都是复合事件.

从集合论的观点来看, 一个随机事件就是样本空间 Ω 的一个子集. 样本空间 Ω 含有两个特殊的子集, 一个是 Ω 本身, 另一个是空集 $\varnothing$. 为了方便研究, 可将两者视为随机事件的极端情形. Ω 包含了所有可能的样本点, 在每次试验中它总是发生, 称 Ω 为**必然事件**; $\varnothing$ 不包含任何样本点, 在每次试验中它总是不发生, 称 $\varnothing$ 为**不可能事件**. 例如, 掷一枚骰子, "出现点数不超过 6" 是一个必然事件, "出现 7 点" 是一个不可能事件.

1.1.3 样本空间的容量及事件数

在具体问题中, 了解样本空间是研究随机现象的第一步. 样本空间的构成有时很简单, 有时也相当复杂. 例如, 将一枚硬币连掷 5 次, 观察正反面出现的情况, 此时罗列所有的样本点将是非常繁重的工作, 幸好一般情况下不必如此, 只需知道样本点的个数即可.

样本空间包含的样本点个数称为**容量**, 记为 $N(\Omega)$. 若容量有限, 就是有限样本空间, 如试验 E_1, E_2 中的 Ω_1, Ω_2. 有限样本空间是最简单的样本空间, 研究它有助于深入分析更为复杂的样本空间.

若样本空间包含无穷多个样本点, 即无限样本空间, 此时又可细分为两类: 第一类包含无穷但可列个样本点, 如 E_3 中的 Ω_3, 这类空间的性质类似于有限样本空间; 第二类包含无穷但不可列个样本点, 如 E_4 中的 Ω_4.

类似地, 事件作为样本空间的子集, 包含的样本点个数可以是有限个, 也可以是无穷多个. 随机事件包含的样本点个数称为**事件数**, 用 $N(A), N(B)$ 等表示. 例如, E_3 中令事件 A 为 "顾客人数小于 100", 则 $N(A) = 100$; E_4 中令事件 B 为 "弹着点与靶心的距离大于 2cm", 则 $N(B) = \infty$.

1.2　事件间关系及运算

在一个样本空间中可以有很多的事件, 不同的事件有各自不同的特性, 彼此之间又存在一定的联系. 对事件之间关系的研究, 有助于我们认识随机现象的本质, 简化复杂事件的概率计算. 由于事件是一个集合, 因此, 事件之间的关系和运算可以按照集合之间的关系和运算来处理.

设试验 E 的样本空间为 $\Omega, A, B, A_k, B_k (k = 1, 2, \cdots)$ 为 E 中的事件.

1.2.1　事件的运算

1. 事件的并

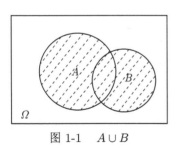

图 1-1　$A \cup B$

"事件 A 与事件 B 中至少有一个发生", 称为 A 与 B 的**并事件**或**和事件**, 记作 $A \cup B$ 或 $A + B$. 这个事件发生等价于事件 A 发生或事件 B 发生. 图 1-1 中阴影部分即为 $A \cup B$. 显然, $A \cup B = \{\omega \mid \omega \in A \text{ 或 } \omega \in B\}$.

类似地, "事件 $A_k (k = 1, 2, \cdots, n)$ 中至少有一个发生", 称为事件 $A_1, A_2, \cdots, A_n$ 的**并事件**, 记作 $\bigcup\limits_{k=1}^{n} A_k$. 这个事件发生等价于事件 A_1 发生, 或事件 A_2 发生, $\cdots$, 或事件 A_n 发生.

无穷个事件 $A_1, A_2, A_3, \cdots$ 的并事件 $\bigcup\limits_{k=1}^{\infty} A_k$, 定义为 "事件 $A_1, A_2, A_3, \cdots$ 中至少有一个发生" 的事件.

例 1　掷一枚骰子, 用 A_k 表示 "出现 k 点" $(k = 1, 2, \cdots, 6)$, 设事件 A 为 "出现奇数点", 则 $A = A_1 \cup A_3 \cup A_5$, 即 A 是 "出现 1 点"、"出现 3 点" 和 "出现 5 点" 这三个事件的并事件.

2. 事件的交

"事件 A 与事件 B 同时发生", 称为 A 与 B 的**交事件**或**积事件**, 记作 $A \cap B$ 或 AB (图 1-2). $A \cap B = \{\omega \,|\, \omega \in A \text{ 且 } \omega \in B\}$.

例 2 随机地抽取一长方形工件进行检验, 令 A 表示 "长度合格", B 表示 "宽度合格", A_1 表示 "产品合格", 则 $A_1 = AB$.

类似地, "事件 $A_1, A_2, \cdots, A_n$ 同时发生", 称为事件 $A_1, A_2, \cdots, A_n$ 的**交事件**, 记作 $\bigcap\limits_{k=1}^{n} A_k$ 或 $A_1 \cap A_2 \cap \cdots \cap A_n$.

无穷个事件 $A_1, A_2, A_3, \cdots$ 的交事件 $\bigcap\limits_{k=1}^{\infty} A_k$ 定义为 "事件 $A_1, A_2, A_3, \cdots$ 同时发生" 的事件.

3. 事件的差

"事件 A 发生而事件 B 不发生", 称为 A 与 B 的**差事件**, 记作 $A - B$ (图 1-3). $A - B = \{\omega \,|\, \omega \in A \text{ 但 } \omega \notin B\}$.

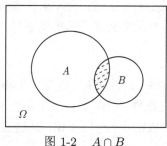

图 1-2 $A \cap B$

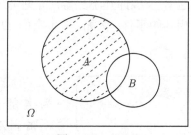

图 1-3 $A - B$

在例 2 中, 令 A_2 表示 "只有长度合格", 则 $A_2 = A - B$.

1.2.2 事件的关系

1. 包含

若事件 A 发生必导致事件 B 发生, 则称事件 A **包含于** B 或 B **包含** A, 记作 $A \subset B$ 或 $B \supset A$ (图 1-4). $A \subset B$ 意味着 A 所包含的样本点都属于 B.

对任一事件 A, 必有 $\Omega \supset A \supset \varnothing$.

2. 相等

若 $A \supset B$ 且 $B \supset A$, 则称 A 与 B **相等**, 记作 $A = B$.

相等意味着 A 和 B 是同一个事件, 它们包含的样本点完全相同.

3. 互不相容

若事件 A 与事件 B 不能同时发生, 即 $AB = \varnothing$, 两个事件没有公共的样本点, 则称 A 与 B 是**互不相容**或**互斥事件** (图 1-5). 例如, 掷骰子试验中, "出现偶数点" 与 "出现奇数点" 是两个互不相容事件.

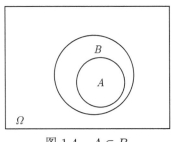
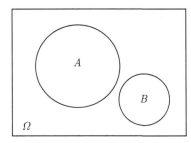

图 1-4　$A \subset B$ 图 1-5　互不相容关系

若 n 个事件 $A_1, A_2, \cdots, A_n$ 中的任意两个事件互不相容, 即

$$A_i A_j = \varnothing \quad (i \neq j, i, j = 1, 2, \cdots, n),$$

则称这 n 个事件互不相容. 可见 n 个事件 $A_1, A_2, \cdots, A_n$ 互不相容, 一定是两两互不相容的事件. 例如, 样本空间 Ω 中的各个样本点就是互不相容的事件.

4. 互逆

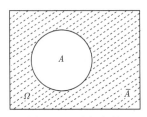

图 1-6　对立事件

对于事件 A, "事件 A 不发生" 也是一个事件, 称为 A 的**逆事件**或**对立事件**, 记作 $\overline{A}$, 它是由 Ω 中所有不属于 A 的样本点组成的事件 (图 1-6). 显然 $A \cup \overline{A} = \Omega$, $A\overline{A} = \varnothing$.

由定义不难看出, $\overline{A} = \Omega - A$, 并且逆事件是相互的, A 也是 $\overline{A}$ 的逆事件, 即 $\overline{\overline{A}} = A$. 特别地, Ω 和 $\varnothing$ 互为逆事件.

1.2.3　事件的运算规律

与集合论中集合的运算一样, 事件之间的运算满足下面的运算规律.

(1) 交换律: $A \cup B = B \cup A$, $AB = BA$.

(2) 结合律: $A \cup B \cup C = (A \cup B) \cup C = A \cup (B \cup C)$,

$$ABC = (AB)C = A(BC).$$

(3) 分配律: $A \cap (B \cup C) = AB \cup AC$, $A \cup (B \cap C) = (A \cup B) \cap (A \cup C)$.

(4) 德摩根律: $\overline{AB} = \overline{A} \cup \overline{B}$, $\overline{A \cup B} = \overline{A}\overline{B}$.

这些运算规律可以推广到任意多个事件上去, 利用运算规律及事件间的相互关系, 一个较复杂的事件能够表示成相对简单的形式, 方便后面的概率计算.

例 3 设 A, B, C 是某试验中的三个事件, 则

(1) 事件 "A 与 B 发生, C 不发生" 可表示为 $AB\overline{C}$ 或 $AB - C$;

(2) 事件 "A, B, C 中至少有两个发生" 可表示为 $AB \cup BC \cup AC$;

(3) 事件 "A, B, C 中恰好发生两个" 可表示为 $AB\overline{C} \cup A\overline{B}C \cup \overline{A}BC$;

(4) 事件 "A, B, C 中有不多于一个发生" 可表示为 $\overline{A}\,\overline{B} \cup \overline{B}\,\overline{C} \cup \overline{A}\,\overline{C}$ 或 $\overline{A}\,\overline{B}\,\overline{C} \cup A\overline{B}\,\overline{C} \cup \overline{A}B\overline{C} \cup \overline{A}\,\overline{B}C$.

例 4 如图 1-7 所示电路是由开关 Ⅱ 和 Ⅲ 并联后再与开关 Ⅰ 串联, A_1, A_2, A_3 分别表示事件 "开关 Ⅰ, Ⅱ, Ⅲ 闭合", B 表示 "信号灯亮". 显然信号灯是否亮起, 与事件 A_1, A_2, A_3 是否发生是有关系的. 试用事件 A_1, A_2, A_3 来表示事件 B.

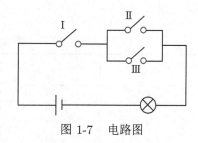

图 1-7　电路图

解 信号灯亮必然要求开关 Ⅱ 和 Ⅲ 至少有一个闭合, 同时开关 Ⅰ 闭合, 所以

$$B = A_1 \cap (A_2 \cup A_3).$$

1.3　随机事件的概率

对于随机现象, 若只讨论它可能出现什么结果, 意义不大, 更有价值的是指出各种结果, 即各种随机事件出现的可能性大小. 只有这样, 才能对随机现象做定量研究.

对一个随机事件 A, 为了度量它在一次试验中发生的可能性大小, 引入记号 $P(A)$, 称为事件 A 的概率 (probability). 显然, 除了必然事件和不可能事件外, 任一事件在一次试验中可能发生, 也可能不发生. 我们常常需要知道某些事件在一次试验中发生的可能性大小, 但是反映事件发生可能性大小的概率又如何度量计算呢? 我们只能从试验中看到 A 的发生或不发生, 发生的 "可能性" 却是无法观测的. 但是, 直观看来, 若 $P(A)$ 较大, 即 A 在一次试验中发生的可能性较大, 则在相同条件下进行多次试验, A 出现次数应该较多, 即 A 发生的频率较大; 反之, 若 $P(A)$ 较小, A 的发生频率应较小. 所谓频率, 可如下定义.

定义 1 设事件 A 在 N 次重复试验中出现了 n 次, 则比值称为事件 A 发生的频率 (frequency), 记作 $f_N(A)$, 即 $f_N(A) = \dfrac{n}{N}$.

频率与概率

显然, 频率有如下性质:

$$0 \leqslant f_N(A) \leqslant 1, \quad f_N(\Omega) = 1, \quad f_N(\varnothing) = 0.$$

此外, 当事件 A 与 B 互斥时, $f_N(A \cup B) = f_N(A) + f_N(B)$.

我们想得到概率, 但概率无法观测; 注意到上述概率与频率的直观联系, 一个自然的想法就是从频率猜测概率, 或者说, 用频率作为概率的估计值. 但是, 对同一个事件 A, 当试验次数 N 不一样时, 得到的 $f_N(A)$ 常常不同, 用哪一个作为 $P(A)$ 的估计?

例 1 在掷硬币试验中, 记录 "正面朝上" 这一事件出现的次数. 表 1-1 是试验结果.

表 1-1 掷硬币的试验结果

试验序号	$N = 50$		$N = 500$	
	n	n/N	n	n/N
1	22	0.44	251	0.502
2	25	0.50	249	0.498
3	21	0.42	256	0.512
4	25	0.50	253	0.506
5	24	0.48	251	0.502
6	21	0.42	246	0.492
7	18	0.36	244	0.488
8	24	0.48	258	0.516
9	27	0.54	262	0.524
10	31	0.62	247	0.494

由表 1-1 可以看到, 各轮试验中 "正面朝上" 事件出现的频率不完全相同, 有一定波动性; 但是, 随着试验次数 N 的增大, 它们总是围绕 0.5 上下波动, 且逐渐稳定于 0.5, 这表明频率具有一定的**稳定性**.

例 1 展现出的频率的稳定性并不是一个特例, 人们通过长期的实践发现, 随着试验重复次数 N 的增加, 一个随机事件 A 的频率 $f_N(A)$ 将稳定在某一常数附近, 表现出 "稳定性", 这种稳定性也就是 1.1 节提到的统计规律性.

例 2 频率稳定性在人口统计方面表现较为明显. 法国著名数学家拉普拉斯 (1749—1827) 在他的时代里曾对男婴的出生频率进行过深入研究, 他分析了伦敦、彼得堡、柏林和全法国的人口资料后, 发现男婴出生频率总在 $\dfrac{22}{43}$ 这个数值左右波动.

总之, 频率稳定性是随机事件本身固有的客观属性, 只要试验是在相同条件下进行的, 频率所接近和稳定到的这个值就是一个与 N 无关的常数. 对任一事件,都有这样一个客观存在的常数与之对应. 因此, 可用频率的稳定值描述概率, 定义概率为频率的稳定值, 这就是**概率的统计定义**.

定义 2 在相同条件下, 重复做 N 次试验, 设事件 A 在 N 次试验中发生了 n 次, 如果当 N 增大时, A 的频率 $\dfrac{n}{N}$ 稳定地在某一常数 p 附近摆动, 就称此常数 p 为事件 A 发生的概率, 记为 $P(A) = p$.

由频率的性质以及频率与概率之间的关系可知, 概率具有相应的一些性质:

$$0 \leqslant P(A) \leqslant 1, \quad P(\Omega) = 1, \quad P(\varnothing) = 0.$$

此外, 当事件 A 与 B 互斥时, $P(A \cup B) = P(A) + P(B)$.

根据这个定义, 例 1 中 "正面朝上" 事件发生的概率为 0.5, 说明掷一次硬币出现正面或反面的可能性相等; 足球比赛时, 裁判正是用掷硬币的方法让双方队长选择场地, 以示机会均等.

显然, 按概率的统计定义来求概率需要进行大量的重复试验, 以寻找频率的稳定值, 这在现实世界很难做到, 注意到试验次数 N 较大时, 频率 $f_N(A)$ 就会很接近 $P(A)$, 因此实际中常直接把频率作为概率的近似值. 例如, 足球比赛中罚点球的命中率是多少? 曾有人对 1930—1988 年世界各地 53274 场重大足球比赛做了统计, 在判罚的 15382 个点球中, 有 11172 个射中, 频率为 11172/15382 ≈ 0.726, 这就是罚点球命中概率的估计值.

需要指出的是, 虽然 5.1 节将给出概率的统计定义的合理性, 并且用频率估计概率具有简单方便的优点, 但是, 这个定义在理论上和应用上还存在一些缺点和不足. 例如, 我们没有理由认为, 试验次数为 $N + 1$ 时计算的频率总会比试验次数为 N 时计算的频率更准确地逼近概率; 在实际应用上, 我们不知道 N 取多大才适宜, 并且不能保证每次试验的条件都完全一样; 频率的稳定值 p 的选择, 往往具有主观性, 不可避免地产生与真值概率之间的误差.

1.4 古典概型

计算各种随机事件发生的概率, 是概率论的基本任务之一. 按照 1.3 节概率的统计定义, 可通过大量重复试验求概率; 但是, 对一类特殊的随机现象, 不必试验, 只需根据研究对象具有的某种 "对称性" 以及人们关于 "对称性" 的实际经验, 就能直接计算概率.

我们讨论一类最简单的随机试验, 它具有特点:

(1) 样本空间容量有限, 不妨记作 $\Omega = \{\omega_1, \omega_2, \cdots, \omega_n\}$;

(2) 各样本点 (基本事件) 的出现是等可能的, 即有

$$P(\{\omega_1\}) = P(\{\omega_2\}) = \cdots = P(\{\omega_n\}).$$

具有上述特点的随机试验是概率论发展初期的主要研究对象, 因此被称为**古典概型** (classical probability model), 也称**等可能概型**. 古典概型概念直观、比较简单, 概括了许多实际问题, 有非常广泛的应用, 在概率论中具有重要的地位.

由于古典概型中各样本点是互不相容的, 并且 $\Omega = \{\omega_1\} \cup \{\omega_2\} \cup \cdots \cup \{\omega_n\}$, 于是

$$1 = P(\Omega) = P(\{\omega_1\}) + P(\{\omega_2\}) + \cdots + P(\{\omega_n\}).$$

从而, $P(\{\omega_i\}) = \dfrac{1}{n}(i = 1, 2, \cdots, n)$. 如果事件 A 包含 k 个样本点, 不妨记作

$$A = \{\omega_{i_1}\} \cup \{\omega_{i_2}\} \cup \cdots \cup \{\omega_{i_k}\}, \quad 1 \leqslant i_1 < i_2 < \cdots < i_k \leqslant n.$$

那么, $P(A) = P(\{\omega_{i_1}\}) + P(\{\omega_{i_2}\}) + \cdots + P(\{\omega_{i_k}\}) = \dfrac{k}{n}$. 这就是说, 事件 A 的概率

$$P(A) = \frac{\text{事件} A \text{ 包含的样本点数}}{\text{样本点总数}} = \frac{N(A)}{N(\Omega)}. \tag{1.4.1}$$

法国数学家拉普拉斯在 1812 年提出把式 (1.4.1) 作为概率的一般定义, 但这个定义只适用于古典概型场合, 故称其为**概率的古典定义**.

根据式 (1.4.1), 计算概率时只需知道样本空间容量以及事件 A 包含的样本点数即可; 但实际中古典概型的概率计算富有技巧, 很多问题有一定难度, 样本空间的构造、$N(\Omega)$ 和 $N(A)$ 的求出往往并非易事, 还要用到排列和组合的一些公式 (见附录 "预备知识" A.2 节). 下面举几个例子.

例 1 10 本不同的书按任意次序放到书架上, 求其中指定 3 本放在一起的概率.

解 10 本书共有 10! 种不同放法, 由于书是按 "任意次序" 放置于书架上, 因此各种放法出现的可能性相同, 该试验为古典概型, 样本空间容量 $N(\Omega) = 10!$. 令 A 表示 "指定的 3 本放在一起", 不妨先将这 3 本书视为一个整体, 它与其余 7 本在书架上任意放置, 有 8! 种放法. 进一步来看, 在 3 本书内部, 有 3! 种排列方式, 根据乘法原理, 指定 3 本放在一起的放法共有 8!3! 种, 即 $N(A) = 8!3!$. 按照古典定义可得

$$P(A) = \frac{N(A)}{N(\Omega)} = \frac{8!3!}{10!} = \frac{1}{15}.$$

例 2 设有 N 件产品, 其中 M 件为次品, 从中任取 n 件, 求 "取到 n 件中恰有 m 件次品" 的概率.

解 从 N 件中任取 n 件, 其有 C_N^n 种等可能的取法, 即样本空间容量 $N(\Omega) = C_N^n$. 令 A 表示 "n 件之中恰有 m 件次品", 则事件 A 要发生, 必须是从 M 件次

品中取出 m 件, $N-M$ 件正品中取出 $n-m$ 件, 这样的取法共有 $\mathrm{C}_M^m \mathrm{C}_{N-M}^{n-m}$ 种. 因此

$$P(A) = \frac{\mathrm{C}_M^m \mathrm{C}_{N-M}^{n-m}}{\mathrm{C}_N^n}. \tag{1.4.2}$$

式 (1.4.2) 就是**超几何分布的概率公式**.

例 3 从 $0, 1, 2, \cdots, 9$ 中有放回地随机抽取五个数字, 求抽到的五个数字都不相同的概率.

解 有放回指的是抽一个, 记录数字后放回, 再抽下一个; 与之对应的抽样方式是无放回, 如例 2. 由于每次抽到数字后都放回, 故每次抽取都有 10 个可能的结果, 连续 5 次抽得的数字按先后次序排列, 就是该试验的一个样本点, 显然样本点总数为 10^5, 并且 "随机抽取" 必导致这 10^5 个样本点是等可能的. 令 A 表示 "五次抽的数都不相同", 则第一次抽的数尚有 10 种可能, 第二次抽的数剩下 9 种, 以此类推, 可知 A 中包含的样本点个数为 $10 \times 9 \times 8 \times 7 \times 6 = \mathrm{A}_{10}^5$. 因此

$$P(A) = \frac{\mathrm{A}_{10}^5}{10^5}.$$

例 3 是古典概型的典型问题, 许多实际问题可模型化为这种形式, 例如, 概率论历史上著名的生日问题: 随机选取 n 个人, 他们的生日各不相同的概率有多大? 设每个人的生日在一年 365 天中的任一天是等可能的, 这个问题相当于从 365 个数字中有放回地随机抽取 n 个. 根据例 3, n 个人生日各不相同的概率就是 $\dfrac{\mathrm{A}_{365}^n}{365^n}$. 如果 $n = 50$, 可算出概率为 0.03; $n = 100$, 概率只有 0.0000003. 这意味着 100 人的群体中, 几乎总有人的生日相同.

例 4 袋中有 a 个白球和 b 个黑球, 它们除颜色不同外, 没有其他差别, 从中不放回地连取 k 次, 每次取一球, 求最后一次 (第 k 次) 取出白球的概率.

解法一 把 $a+b$ 个球看成是互不相同的. 例如, 给每个球一个不同的编号, 每次取一球, 不放回地连取 k 个共有 $(a+b)(a+b-1)\cdots(a+b-k+1) = \mathrm{A}_{a+b}^k$ 种取法, 每种取法对应 k 个编号的一个有序排列, 视为一个样本点, 各样本点等可能, $N(\Omega) = \mathrm{A}_{a+b}^k$. 令 A 表示 "最后一次取到白球", 最后取出的白球可以是 a 个白球中的任意一个, 有 a 种取法, 前面 $k-1$ 次取到的可以是其余 $a+b-1$ 个球中的任意 $k-1$ 个, 有 A_{a+b-1}^{k-1} 种取法. 因此, 事件 A 包含 $a \cdot \mathrm{A}_{a+b-1}^{k-1}$ 个样本点. 所以

$$P(A) = \frac{a\mathrm{A}_{a+b-1}^{k-1}}{\mathrm{A}_{a+b}^k} = \frac{a}{a+b}.$$

解法二 易知本例与下述问题等价: 把 a 个白球和 b 个黑球逐个填充到直线上 $a+b$ 个位置, 求第 k 个位置是白球的概率.

仍然把 $a+b$ 个球看成是互不相同的, 由于 $a+b$ 个球在直线上共有 $(a+b)!$ 种等可能的排列方式, 故样本空间容量 $N(\Omega) = (a+b)!$. 第 k 个位置的白球可以是 a 个白球中的任一个, 有 a 种可能, 填充该位置后, 余下 $a+b-1$ 个球在 $a+b-1$ 个位置上可任意放置, 有 $(a+b-1)!$ 种放法, 因此事件 A 包含 $a \cdot (a+b-1)!$ 个样本点, 故

$$P(A) = \frac{a\,(a+b-1)!}{(a+b)!} = \frac{a}{a+b}.$$

解法三　把 $a+b$ 个球看成是互不相同的, 现在只考虑第 k 次取球. 第 k 次取到的球可以是 $a+b$ 个球中的任意一个, 有 $a+b$ 种取法, 每种取法对应一个样本点, 即 $N(\Omega) = a+b$, 第 k 次取到白球有 a 种取法, $N(A) = a$, 故

$$P(A) = \frac{a}{a+b}.$$

从例 4 我们看到: 对于同一个随机试验, **可以构造不同的样本空间来刻画它.** 例如, 解法一的样本空间包含前 k 次取球, 解法二的样本空间包含 $a+b$ 次取球, 解法三的样本空间只包含第 k 次取球. **但是, 不管如何构造, 计算 $N(\Omega)$ 和 $N(A)$ 时必须在同一确定的样本空间中考虑问题.**

例 5　甲、乙两人投掷均匀硬币, 其中甲投掷 $n+1$ 次, 乙投掷 n 次, 求 "甲掷出正面的次数大于乙掷出正面的次数" 这一事件的概率.

解　由题意, 令 X_1 和 X_2 分别表示甲掷出正面的次数和反面的次数, Y_1 和 Y_2 分别表示乙掷出正面的次数和反面的次数, A 表示事件 "$X_1 > Y_1$", B 表示事件 "$X_2 > Y_2$". 显然

$$\Omega - A = \overline{A} = B.$$

注意到硬币是均匀的, 由对称性知事件 "甲掷出正面的次数大于乙掷出正面的次数" 与 "甲掷出反面的次数大于乙掷出反面的次数" 的概率是一样的, 即 $P(A) = P(B)$. 又 A, B 是对立事件,

$$1 - P(A) = P(\Omega) - P(A) = P(\Omega - A) = P(B),$$

从而可得 $P(A) = \dfrac{1}{2}$, 即 "甲掷出正面的次数大于乙掷出正面的次数" 这一事件的概率为 $\dfrac{1}{2}$.

例 5 巧妙地运用了 "对称性" 使问题化繁为简.

以上我们给出了古典概型中的概率定义, 并就一些例题进行了计算, 下面讨论古典概率的性质.

设试验 E 为古典概型, A 为 E 中的事件, 则

(1) 非负性: $0 \leqslant P(A) \leqslant 1$.

(2) 规范性: $P(\Omega) = 1$.

(3) 有限可加性: 设 E 中的事件 $A_1, A_2, \cdots, A_n$ 互不相容, 则

$$P\left(\bigcup_{k=1}^{n} A_k\right) = \sum_{k=1}^{n} P(A_k).$$

由式 (1.4.1), 性质 (1) 和性质 (2) 是显然的, 现证性质 (3). 事实上, 令 $A = \bigcup_{k=1}^{n} A_k$, 由于 $A_1, A_2, \cdots, A_n$ 互不相容, 它们所包含的样本点没有相同的, 故 $N(A) = N(A_1) + N(A_2) + \cdots + N(A_n)$. 由式 (1.4.1) 知

$$P(A) = \frac{N(A)}{N(\Omega)} = \frac{N(A_1) + N(A_2) + \cdots + N(A_n)}{N(\Omega)}$$

$$= \frac{N(A_1)}{N(\Omega)} + \frac{N(A_2)}{N(\Omega)} + \cdots + \frac{N(A_n)}{N(\Omega)} = \sum_{k=1}^{n} P(A_k).$$

1.5 几 何 概 型

古典概型的概率计算之所以较为简单, 关键在于各样本点的等可能性, 它使问题简化为对样本点的 "计数", 再加上样本空间容量有限, 计数相对容易进行. 但是, 在古典概型中, 试验的结果是有限的, 这是一个很大的限制条件. 有时, 我们需要考虑无限个试验结果的情形. 如果对古典概型进行推广, 保留其最本质的等可能性前提, 但允许无限样本空间, 此时仍可方便地计算有关事件的概率. 这样的概型就是本节要讨论的**几何概型** (geometric probability model).

几何概型描述了一类性质特殊的随机试验: 若将该试验进行一次, 相当于向某一可度量区域 D (如直线上的一线段、平面上的一区域或空间中的一立体) 随机地投一点, 此点落入 D 内任意区域 A 的可能性大小与 A 的度量成正比, 而与 A 的位置和形状无关, 即所投点在 D 中 "均匀分布".

几何概型中, D 内每一个点都对应一个样本点, 故样本空间 $\Omega = D$, 这是无限样本空间, 但样本点具有的 "均匀分布性" 与古典概型的 "等可能性" 相当. 因此, 仍可仿照古典概型的 "计数" 思想构造几何概型的概率公式.

令事件 A 表示 "点落入区域 A 内", 自然地, 定义事件 A 的概率为区域 A 的

度量 $\mu(A)$ 与样本空间 Ω 的度量 $\mu(D)$ 之比, 即

$$P(A) = \frac{\mu(A)}{\mu(D)}, \tag{1.5.1}$$

或者直接表示为

$$P(A) = \frac{\mu(A)}{\mu(\Omega)}. \tag{1.5.2}$$

这里区域的度量指的是线段的长度、平面区域的面积、立体区域的体积等, 并且假定这种度量具有非负性和可加性等. 由于 $\mu(\varnothing) = 0$, 所以 $P(\varnothing) = 0$.

例 1   射箭比赛的箭靶是涂有五个彩色的分环, 从外向内为白色、黑色、蓝色、红色, 靶心是金色, 金色靶心叫 "黄心". 奥运会的比赛靶面直径为 122cm, 靶心直径为 12.2cm. 运动员在 70m 外射箭, 每箭都能中靶, 且射中靶面内任一点都是等可能的, 求射中黄心的概率.

解   这是一个简单的几何概型, 由于运动员射中靶面内任一点都是等可能的, 取靶面直径为 122m 的大圆内的任意一点为一个样本点, 则样本点在该大圆内均匀分布. 由这些样本点构成的样本空间 Ω 的度量

$$\mu(\Omega) = \frac{1}{4} \times \pi \times 122^2 (\text{cm}^2).$$

令 A 表示事件 "射中黄心", 则

$$\mu(A) = \frac{1}{4} \times \pi \times 12.2^2 (\text{cm}^2).$$

于是, 由式 (1.5.2) 可得射中黄心的概率为

$$P(A) = \frac{\mu(A)}{\mu(\Omega)} = \frac{\frac{1}{4} \times \pi \times 12.2^2}{\frac{1}{4} \times \pi \times 122^2} = 0.01.$$

例 2   两个人约定在时间间隔 T 分钟内在某地会面, 先到者等 t 分钟后离去, 试求两人能会面的概率.

解   用 x, y 分别表示两人到达的时刻, 则 $0 \leqslant x \leqslant T, 0 \leqslant y \leqslant T$. 取实数对 (x, y) 为样本点, 则样本空间就是以 T 为边长的正方形区域 Ω, 其面积 $\mu(\Omega) = T^2$. 令 A 表示 "两人能会面", 依题意, 两人能会面的充分必要条件是 $|x - y| \leqslant t$. 因此, $A = \{(x, y) \big| |x - y| \leqslant t\}$, 其面积 $\mu(A) = T^2 - (T - t)^2$ (图 1-8), 由式 (1.5.2) 知

$$P(A) = \frac{\mu(A)}{\mu(\Omega)} = \frac{T^2 - (T - t)^2}{T^2}.$$

会面问题的概型可用于车站管理、无线电干扰、导弹拦截、飞船对接等问题.

几何概率与古典概率一样, 都具有非负性、规范性和有限可加性, 除此之外, 几何概率还具有**可列可加性**: 设 $A_1, A_2, \cdots$ 互不相容, 则

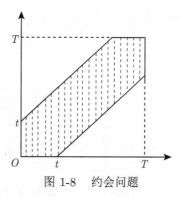

图 1-8　约会问题

$$P\left(\bigcup_{k=1}^{\infty} A_k\right) = \sum_{k=1}^{\infty} P(A_k).$$

为说明这一性质, 现举一例.

例 3　设一质点 "均匀" 地落入 $(0,1]$ 中, 以 A 表示事件 "质点落在 $\left(0, \frac{1}{2}\right]$ 内", 以 A_k 表示 "质点落在 $\left(\frac{1}{2^{k+1}}, \frac{1}{2^k}\right]$ 内", 则

$$A = \bigcup_{k=1}^{\infty} A_k.$$

这是一个几何概型, 质点落入 $(0,1]$ 内任意区间的概率等于该区间的长度. 因此, $P(A) = \frac{1}{2}$, $P(A_k) = \frac{1}{2^{k+1}}$, 于是

$$P\left(\bigcup_{k=1}^{\infty} A_k\right) = P(A) = \frac{1}{2} = \sum_{k=1}^{\infty} \frac{1}{2^{k+1}} = \sum_{k=1}^{\infty} P(A_k).$$

例 4　设 O 为线段 AB 的中点, 在 AB 上任取一点 M, 求三条线段 AM, BM, AO 能构成一个三角形的概率.

$$\begin{array}{ccccc} A & M & O & & B \\ \bullet\! & & & \bullet\! & \bullet \\ & x & & & \end{array}$$

解　不妨设 $AB = 1$, 设 x 为 M 点的坐标, 则样本空间为 $\Omega = \{x \mid 0 \leqslant x \leqslant 1\}$, $AM = x$, $BM = 1 - x$, $AO = \frac{1}{2}$. 如果想要 AM, BM, AO 构成三角形, 则它们需要满足任意两条线段之和大于第三条线段, 即

$$\begin{cases} x + (1-x) \geqslant \dfrac{1}{2}, \\[2mm] x + \dfrac{1}{2} \geqslant 1 - x, \\[2mm] (1-x) + \dfrac{1}{2} \geqslant x, \end{cases}$$

解得 $\dfrac{1}{4} \leqslant x \leqslant \dfrac{3}{4}$. 假设事件 A 表示 "三条线段 AM, BM, AO 能构成三角形", 则

$$P(A) = \frac{\mu(A)}{\mu(\Omega)} = \frac{\mu\left(\dfrac{1}{4} \leqslant x \leqslant \dfrac{3}{4}\right)}{\mu(0 \leqslant x \leqslant 1)} = \frac{1}{2}.$$

概率公理
化定义

1.6　概率公理化定义

前面我们讨论了概率的统计定义、古典定义和几何概型. 古典定义是现代概率的理论基础, 在许多实际问题中有重要应用. 但是, 古典定义只针对一类特殊的随机现象, 其样本空间容量有限且样本点的出现是等可能的, 这大大限制了古典定义的适用范围. 几何概型是古典概型的推广, 它允许无限样本空间, 但仍然要求样本点具有 "等可能" 或 "均匀分布" 的特征. 不幸的是, 许多实际问题不具备这种特征, 甚至无从判断这种特征是否存在, 因此, 几何概型的适用范围仍很有限.

至于概率的统计定义, 虽说是在较宽泛的场合下给出的, 但仍不是一个严谨的数学定义, 因为 "在常数附近摆动" "稳定值" 等, 本身没有确切定义. 此外, 实际生活中很多随机现象无法重复, 即使可重复, 也不可能对每一事件做大量试验, 这就无法从频率角度定义概率. 因此, 统计定义仅是对概率的一个直观描述.

总之, 上述三个定义都不能作为概率的数学定义, 有必要重新构建, 使之揭示概率的本质属性. 注意到三个定义均具有非负性、规范性和有限可加性 (几何概型还具有可列可加性), 这些性质完全是从各个定义出发得到, 并非依靠形式逻辑的方法导出. 苏联数学家柯尔莫哥洛夫 1933 年从概率的这些共同属性出发, 提出概率论公理化结构, 针对一般随机试验给出概率的严格定义, 即公理化定义.

定义概率之前, 我们先对事件域和事件作严格定义.

定义 1　设 Ω 为一样本空间, $\mathcal{F}$ 是由 Ω 的某些子集所构成的非空集类 (以集合为元素的集合称为集类), 若 $\mathcal{F}$ 满足

(1) $\Omega \in \mathcal{F}$;

(2) 若 $A \in \mathcal{F}$, 则 $\overline{A} \in \mathcal{F}$;

(3) 若 $A_i \in \mathcal{F}(i = 1, 2, \cdots)$, 有 $\displaystyle\bigcup_{i=1}^{\infty} A_i \in \mathcal{F}$,

则称 $\mathcal{F}$ 为**事件域**, $\mathcal{F}$ 中的元素称为**事件**.

我们已经知道, 概率是对事件而言的, 对每一事件 A, 都有概率 $P(A)$ 与之对应, 这意味着概率是事件的函数. 进一步地, 在公理化结构中的事件又被定义为 Ω 的子集, 因此概率是一个集合函数. 此外, 针对一般随机试验给出的概率定义, 理

应具有前面提到的非负性、规范性、有限可加性 (后面将证明, 由可列可加性能够推出有限可加性). 至此, 我们给出下面的概率公理化定义.

定义 2 设 $P(A)\,(A \in \mathcal{F})$ 是定义在事件域 $\mathcal{F}$ 上的一个集合函数, 若它满足

(1) 非负性: 对每一个 $A \in \mathcal{F}$,

$$P(A) \geqslant 0. \tag{1.6.1}$$

(2) 规范性:

$$P(\Omega) = 1. \tag{1.6.2}$$

(3) 可列可加性或完全可加性: 若 $A_i \in \mathcal{F}\,(i = 1, 2, \cdots)$, 且互不相容, 则有

$$P\left(\bigcup_{i=1}^{\infty} A_i\right) = \sum_{i=1}^{\infty} P(A_i), \tag{1.6.3}$$

就称 $P(A)$ 为事件域 $\mathcal{F}$ 上事件 A 的**概率**.

满足定义 1 中三个条件的集类, 通常称为一个 σ **代数** (或 σ **域**), 所以事件域是一个 σ 代数. 满足定义 2 中三个条件的概率是该事件域上的一个规范化测度, 它度量事件 A 在一次试验中发生的可能性的大小. 有关 σ 代数与测度的具体内容, 参见附录 "预备知识" A.1 节.

定义 2 并没有给出具体计算概率的公式和方法, 它的意义在于明确了概率论的基本概念 (事件和概率), 奠定了概率论的理论基础, 使之成为严谨的数学分支.

在研究一个随机试验时, 首先应定义样本空间 Ω, 然后指出所讨论事件的范围——事件域 $\mathcal{F}$, 最后确定概率 P. 由 $\Omega, \mathcal{F}$ 和 P 三者构成研究随机试验的三个要素, 在柯尔莫哥洛夫的公理化结构中, 称三元总体 $(\Omega, \mathcal{F}, P)$ 为**概率空间** (probability space). 理论研究时总假定它们是预先给定的, 并以此为出发点讨论种种问题. 在实际处理问题时, 如何定义样本空间 Ω, 怎样构造 $\mathcal{F}$ 和确定 P, 要根据随机试验的特点来定.

由概率的公理化定义, 可以推出概率的一些常用性质.

(1) 不可能事件的概率为 0, 即

$$P(\varnothing) = 0. \tag{1.6.4}$$

证明 在式 (1.6.3) 中取 $A_i = \varnothing\,(i = 1, 2, \cdots)$, 则有

$$P(\varnothing \cup \varnothing \cup \cdots) = P(\varnothing) = P(\varnothing) + P(\varnothing) + \cdots.$$

而由式 (1.6.1), $P(\varnothing)$ 应为非负实数, 所以必有 $P(\varnothing) = 0$.

(2) 若 $A_i \in \mathcal{F}$, 且 $A_i A_j = \varnothing$ $(i, j = 1, 2, \cdots, n, \ i \neq j)$, 则

$$P\left(\bigcup_{i=1}^{n} A_i\right) = \sum_{i=1}^{n} P(A_i). \tag{1.6.5}$$

证明　因为

$$A_1 \cup A_2 \cup \cdots \cup A_n = A_1 \cup A_2 \cup \cdots \cup A_n \cup \varnothing \cup \varnothing \cup \cdots.$$

由可列可加性以及式 (1.6.4) 得

$$P(A_1 \cup A_2 \cup \cdots \cup A_n) = P(A_1) + P(A_2) + \cdots + P(A_n).$$

(3) 任给事件 A, 其逆事件 $\overline{A}$ 的概率为

$$P(\overline{A}) = 1 - P(A). \tag{1.6.6}$$

证明　$A \cup \overline{A} = \Omega$, 且 A 与 $\overline{A}$ 互斥, 由式 (1.6.5) 有

$$1 = P(\Omega) = P(\overline{A}) + P(A),$$

于是, $P(\overline{A}) = 1 - P(A)$.

(4) 任给事件 A 和 B, 有

$$P(B - A) = P(B) - P(AB). \tag{1.6.7}$$

特别地, 若 $A \subset B$, 则

$$P(B - A) = P(B) - P(A). \tag{1.6.8}$$

证明　因为 $B = AB \cup \overline{A}B$, 且 $AB \cap \overline{A}B = \varnothing$, 根据有限可加性, 有

$$P(B) = P(AB) + P(\overline{A}B) = P(AB) + P(B - A),$$

所以, 得 $P(B - A) = P(B) - P(AB)$.

特别地, 当 $A \subset B$ 时, $AB = A$, 因此, $P(B - A) = P(B) - P(A)$.

公式 (1.6.7) 称为**概率的减法公式**.

(5) 若 $A \subset B$, 则

$$P(A) \leqslant P(B). \tag{1.6.9}$$

证明　根据性质 (4) 得 $P(B - A) = P(B) - P(A)$. 又 $P(B - A) \geqslant 0$, 得

$$P(A) \leqslant P(B).$$

(6) 任给事件 A 和 B, 有

$$P(A \cup B) = P(A) + P(B) - P(AB).$$ (1.6.10)

证明 因 $A \cup B = A \cup (B - AB)$, 且 $A(B - AB) = \varnothing$, 所以

$$P(A \cup B) = P(A) + P(B - AB).$$

又 $B \supset AB$, 再由性质 (4) 即得

$$P(A \cup B) = P(A) + P(B) - P(AB).$$

此性质可以推广到三个事件 A, B 和 C 的情形, 即

$$P(A \cup B \cup C) = P(A) + P(B) + P(C) - P(AB) - P(BC) - P(AC) + P(ABC).$$

一般地, 对于有限个事件 $A_1, A_2, \cdots, A_n$, 运用数学归纳法可得

$$P\left(\bigcup_{i=1}^{n} A_i\right) = \sum_{i=1}^{n} P(A_i) - \sum_{1 \leqslant i < j \leqslant n} P(A_i A_j) + \sum_{1 \leqslant i < j < k \leqslant n} P(A_i A_j A_k) - \cdots$$
$$+ (-1)^{n-1} P(A_1 A_2 \cdots A_n).$$

这个公式也称为**概率的加法公式**.

1.7 条件概率与乘法公式

1.7.1 条件概率

实际问题中, 除了研究单个随机事件的概率外, 有时还要讨论在一事件已发生的前提下, 另一事件发生的概率, 这就是条件概率问题.

定义 1 设 A, B 是两个事件, 且 $P(B) \neq 0$, 称在 B 已发生的前提下 A 发生的概率为**条件概率** (conditional probability), 记为 $P(A|B)$, 读作在事件 B 发生的条件下, 事件 A 发生的条件概率.

条件概率

下面通过例子来说明条件概率的两种算法.

例 1 设盒中混有新旧两种乒乓球, 数目见表 1-2. 现从盒中任取一球发现是白球, 问此球为新球的概率多大?

表 1-2 盒中乒乓球情形

类	红	白	合计
新	3	4	7
旧	1	2	3
合计	4	6	10

解　令 A 表示 "取到新球", B 表示 "取到白球", 欲求 $P(A|B)$. 由于事件 B 的发生带来了新的信息, 此时完全不必考虑红球, 这相当于从样本空间剔除了 4 个红球, 剩下的 6 个白球构成新的样本空间, 摸出的新球只可能是 6 中之 1, 根据古典概型, $P(A|B) = \dfrac{4}{6} = \dfrac{2}{3}$.

这里计算条件概率的方法称为在改变的样本空间中的**直接计算法**. 这种方法在计算一些条件概率时是简单便捷的. 例如, 对于古典概型问题,

$$P(A|B) = \frac{k}{m},$$

其中 $m = N(B)(m > 0)$ 为事件 B 所包含的样本点的个数, $k = N(AB)$ 为事件 AB 所包含的样本点的个数.

继续考察这个例子, 显然 AB 表示 "取到新的白球", 设想 10 个球编上 1—10 号, 从中任取一球, "取到第 i 号" 就是一个样本点, 则 $N(\Omega) = 10$, $N(B) = 6$, $N(AB) = 4$, 于是 $P(AB) = \dfrac{4}{10}$, $P(B) = \dfrac{6}{10}$. 从而

$$P(A|B) = \frac{4}{6} = \frac{4/10}{6/10} = \frac{P(AB)}{P(B)},$$

即

$$P(A|B) = \frac{P(AB)}{P(B)}. \tag{1.7.1}$$

公式 (1.7.1) 虽是通过例 1 得到的, 但这不是偶然的. 对于古典概型问题, 设样本空间 Ω 的样本点为 n, 即 $N(\Omega) = n$, 此时

$$P(A|B) = \frac{k}{m} = \frac{k/n}{m/n} = \frac{P(AB)}{P(B)}$$

成立. 可以证明, 对于一般的条件概率问题, 公式 (1.7.1) 也成立. 利用该公式计算条件概率的方法称为**公式法**.

例 2　某种动物从出生活到 20 岁的概率为 0.8, 活到 25 岁的概率为 0.4. 问现年 20 岁的这种动物活到 25 岁的概率是多大?

解　令 A 表示 "活到 20 岁以上", B 表示 "活到 25 岁以上", 显然 $B \subset A$, 故 $AB = B$, $P(AB) = P(B) = 0.4$.

$$P(B|A) = \frac{P(AB)}{P(A)} = \frac{0.4}{0.8} = \frac{1}{2}.$$

例 3 设事件 A 与 B 互不相容, 并且 $P(B) > 0$, 证明: $P\left(A\,\middle|\,\overline{B}\right) = \dfrac{P(A)}{1 - P(B)}$.

证明 由条件概率的计算公式和概率的性质知

$$P\left(A\,\middle|\,\overline{B}\right) = \frac{P\left(A\overline{B}\right)}{P\left(\overline{B}\right)} = \frac{P(A) - P(AB)}{P\left(\overline{B}\right)}.$$

因为 A 与 B 互不相容, 所以 $P(AB) = P(\varnothing) = 0$. 于是, $P\left(A\,\middle|\,\overline{B}\right) = \dfrac{P(A)}{1 - P(B)}$
成立.

条件概率也是概率, 它具有概率的所有性质. 事实上, 不难验证, 条件概率
$P(\cdot\,|B)$ 满足概率定义中的三个条件, 即

(1) 非负性: 对于任一事件 A, 有 $P(A|B) \geqslant 0$.

(2) 规范性: $P(\Omega|B) = 1$.

(3) 可列可加性: 设 $A_1, A_2, \cdots$ 互不相容, 则有

$$P\left(\bigcup_{i=1}^{\infty} A_i \,\middle|\, B\right) = \sum_{i=1}^{\infty} P(A_i|B).$$

1.7.2 乘法公式

由式 (1.7.1) 直接得到 $P(AB) = P(A|B)P(B)$; 此外, 若 $P(A) \neq 0$, 还可
根据 $P(B|A) = \dfrac{P(AB)}{P(A)}$ 得到 $P(AB) = P(B|A)P(A)$, 因此

$$P(AB) = P(A|B)P(B) = P(B|A)P(A). \tag{1.7.2}$$

上式称为概率的**乘法公式** (multiplication formula).

上述乘法公式可以推广到 n 个事件之交的情形: 设 $P(A_1 A_2 \cdots A_{n-1}) \neq 0$,
则

$$P(A_1 A_2 \cdots A_n) = P(A_1)P(A_2|A_1)P(A_3|A_1 A_2)\cdots P(A_n|A_1 A_2 \cdots A_{n-1}). \tag{1.7.3}$$

例 4 设坛中有 m 个黑球, n 个白球, 从中任取一球, 观察其颜色, 然后放回,
并加进一个与抽出的球同颜色的球, 这样连抽三次, 求三次都取到黑球的概率.

解 令 $A_i\,(i = 1, 2, 3)$ 表示 "第 i 次取到黑球", 则所求就是 $P(A_1 A_2 A_3)$. 显
然 $P(A_1) = \dfrac{m}{m+n}$, 按条件概率 (在改变了的样本空间中直接计算法) 可求得

$P(A_2|A_1) = \dfrac{m+1}{m+n+1}$, $P(A_3|A_1 A_2) = \dfrac{m+2}{m+n+2}$, 再由式 (1.7.3) 可得

$$P(A_1 A_2 A_3) = P(A_1)P(A_2|A_1)P(A_3|A_1 A_2)$$

$$= \frac{m}{m+n} \cdot \frac{m+1}{m+n+1} \cdot \frac{m+2}{m+n+2}.$$

例 5　一批产品共有 n 个, 其中有 $m(2 \leqslant m < n)$ 个是次品, 其余是正品. 现从这批产品中抽出若干个产品进行检验, 每次抽取一个. 对于不放回抽取和放回抽取两种情形, 分别求第三次才取到正品的概率.

解　设 A_i 表示 "第 i 次取到正品" $(i = 1, 2, 3)$, B 表示 "第三次才取到正品". 显然, 有 $B = \overline{A_1}\overline{A_2}A_3$.

对于不放回抽取, $P\left(\overline{A_1}\right) = \dfrac{m}{n}$, $P\left(\overline{A_2}\,\middle|\,\overline{A_1}\right) = \dfrac{m-1}{n-1}$, $P\left(A_3\,\middle|\,\overline{A_1}\overline{A_2}\right) = \dfrac{n-m}{n-2}$. 由式 (1.7.3) 可得

$$P(B) = P\left(\overline{A_1}\overline{A_2}A_3\right) = P\left(\overline{A_1}\right) P\left(\overline{A_2}\,\middle|\,\overline{A_1}\right) P\left(A_3\,\middle|\,\overline{A_1}\overline{A_2}\right) = \frac{m}{n} \cdot \frac{m-1}{n-1} \cdot \frac{n-m}{n-2}.$$

对于放回抽取, $P\left(\overline{A_1}\right) = \dfrac{m}{n}$, $P\left(\overline{A_2}\,\middle|\,\overline{A_1}\right) = P\left(\overline{A_2}\right) = \dfrac{m}{n}$,

$$P\left(A_3\,\middle|\,\overline{A_1}\overline{A_2}\right) = P\left(A_3\right) = 1 - \frac{m}{n},$$

由式 (1.7.3) 可得

$$P(B) = P\left(\overline{A_1}\overline{A_2}A_3\right) = P\left(\overline{A_1}\right) P\left(\overline{A_2}\,\middle|\,\overline{A_1}\right) P\left(A_3\,\middle|\,\overline{A_1}\overline{A_2}\right) = \left(\frac{m}{n}\right)^2 \cdot \left(1 - \frac{m}{n}\right).$$

在放回抽取情形下, 若令 B 表示 "第 k 次才取到正品" $(k = 1, 2, \cdots)$, $p = 1 - \dfrac{m}{n}$, 则 $P(B) = p \cdot (1-p)^{k-1}$. 这是**几何分布的概率公式**.

例 6　有一批产品共 20 件, 其中 5 件是次品, 其余为正品. 现从这 20 件产品中不放回地任意抽取三次, 每次只取一件. 求下列事件的概率.

(1) 在第一次、第二次取到正品的条件下, 第三次取到次品;

(2) 第三次才取到次品;

(3) 第三次取到次品.

解　设 $A_i (i = 1, 2, 3)$ 表示 "第 i 次取到正品", 则

(1) 求 $P\left(\overline{A_3}\,|\,A_1 A_2\right)$, 在第一次、第二次取到正品的条件下, 这时样本空间中含有 18 件产品, 其中 5 件次品. 所以第三次取到次品的概率

$$P\left(\overline{A_3}\,\middle|\,A_1 A_2\right) = \frac{5}{18}.$$

(2) 求 $P\left(A_1 A_2 \overline{A_3}\right)$，利用乘法公式

$$P\left(A_1 A_2 \overline{A_3}\right) = P\left(A_1\right) P\left(A_2 \mid A_1\right) P\left(\overline{A_3} \mid A_1 A_2\right) = \frac{15}{20} \times \frac{14}{19} \times \frac{5}{18} = \frac{35}{228}.$$

(3) 所求为 $P\left(\overline{A_3}\right)$，因为

$$\overline{A_3} = \Omega \overline{A_3} = \left(A_1 A_2 \cup \overline{A_1} A_2 \cup A_1 \overline{A_2} \cup \overline{A_1}\,\overline{A_2}\right) \overline{A_3}$$

$$= A_1 A_2 \overline{A_3} \cup \overline{A_1} A_2 \overline{A_3} \cup A_1 \overline{A_2}\,\overline{A_3} \cup \overline{A_1}\,\overline{A_2}\,\overline{A_3},$$

所以

$$P\left(\overline{A_3}\right) = P\left(A_1 A_2 \overline{A_3}\right) + P\left(\overline{A_1} A_2 \overline{A_3}\right) + P\left(A_1 \overline{A_2}\,\overline{A_3}\right) + P\left(\overline{A_1}\,\overline{A_2}\,\overline{A_3}\right)$$

$$= \frac{15}{20} \times \frac{14}{19} \times \frac{5}{18} + \frac{5}{20} \times \frac{15}{19} \times \frac{4}{18} + \frac{15}{20} \times \frac{5}{19} \times \frac{4}{18} + \frac{5}{20} \times \frac{4}{19} \times \frac{3}{18}$$

$$= \frac{1}{4}.$$

另解，只考虑第三次取到次品，样本空间有 20 个样本点，第三次取到次品包含 5 个样本点，所以 $P\left(\overline{A_3}\right) = \frac{1}{4}$.

1.7.3 事件的相互独立性

设 A 和 B 是试验 E 的两个事件，一般而言，事件 B 的发生与否对于事件 A 的发生是有影响的，如例 1 中的条件概率 $P(A \mid B) = \frac{4}{6} \neq \frac{7}{10} = P(A)$. 如果 $P(A \mid B) = P(A)$，那么，这意味着在事件 B 发生的条件下，事件 A 发生的概率不变，换句话说，事件 B 的发生与否对于事件 A 的发生没有影响，这种事件之间的关系称为"独立". 事件之间的独立关系是经常遇到的，如例 5 有放回抽取情形下 $P\left(\overline{A_2} \mid \overline{A_1}\right) = P\left(\overline{A_2}\right)$，即 $\overline{A_2}$ 与 $\overline{A_1}$ 独立.

注 若 $P(B) > 0$，则 $P(AB) = P(A \mid B) P(B)$ 存在. 当 $P(A \mid B) = P(A)$ 时，乘法公式就有了更自然的形式：

$$P(AB) = P(A) P(B).$$

因此，我们定义独立性如下.

定义 2 若 A, B 两个事件满足等式

$$P(AB) = P(A) P(B), \tag{1.7.4}$$

称事件 A 与 B **独立** (dependence).

式 (1.7.4) 中, 由于 A 与 B 的位置对称, 若 A 与 B 独立, 必有 B 与 A 独立, 因此也称 A 与 B 相互独立.

需指出的是, 定义 2 没有限制 $P(A) > 0$ 或者 $P(B) > 0$; 在 $P(A) > 0$ 和 $P(B) > 0$ 的情形下, A 与 B 相互独立和 A 与 B 互不相容不能同时成立.

按照这个定义, 必然事件 Ω 以及不可能事件 $\varnothing$ 与任何事件独立.

在实际应用中, 常不需按定义而是依据问题的实际意义, 直接判断事件间的独立性. 例如, 甲、乙二人射击, 考察 "甲命中" 和 "乙命中" 这两个事件, 一般而言, 其中一个的发生不会影响另一个发生的概率, 可认为两者独立.

例 7　甲、乙二人对目标各打一枪, 他们的命中率分别为 0.4, 0.7, 求目标中两枪的概率.

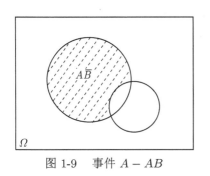

图 1-9　事件 $A - AB$

解　令 A 表示 "甲打中", B 表示 "乙打中", 则 AB 表示 "目标中两枪", 依题意 A 与 B 相互独立, 由式 (1.7.4) 得

$$P(AB) = P(A)P(B) = 0.4 \times 0.7 = 0.28.$$

例 8　试证: 若事件 A 与 B 相互独立, 则 A 与 $\overline{B}$ 独立; $\overline{A}$ 与 B 独立; $\overline{A}$ 与 $\overline{B}$ 独立.

证明　将 $A\overline{B}$ 表示成 $A - AB$ (图 1-9). 再注意 $A \supset AB$, 即得 $P(A\overline{B}) = P(A) - P(AB)$. 因为 A 与 B 独立, 所以

$$P(A\overline{B}) = P(A) - P(A)P(B)$$
$$= P(A)[1 - P(B)] = P(A)P(\overline{B}),$$

即 A 与 $\overline{B}$ 独立.

由 A 与 B 的对称性, 即知 $\overline{A}$ 与 B 也独立. 对 $\overline{A}$ 和 B 再应用上述结论, 推出 $\overline{A}$ 与 $\overline{B}$ 也独立.

下面将独立性的概念推广到有限个事件的情形.

定义 3　设有 n 个事件 $A_1, A_2, \cdots, A_n$, 若对其中任意 m $(2 \leqslant m \leqslant n)$ 个事件 $A_{i_1}, A_{i_2}, \cdots, A_{i_m}$ 有

$$P(A_{i_1}A_{i_2}\cdots A_{i_m}) = P(A_{i_1})P(A_{i_2})\cdots P(A_{i_m}), \quad 1 \leqslant i_1 < i_2 < \cdots < i_m \leqslant n, \tag{1.7.5}$$

则称 $A_1, A_2, \cdots, A_n$ 相互独立.

式 (1.7.5) 代表 $2^n - n - 1$ 个等式, 它们分别是

$P(A_{i_1} A_{i_2}) = P(A_{i_1}) P(A_{i_2})$, 有 C_n^2 个;

$P(A_{i_1} A_{i_2} A_{i_3}) = P(A_{i_1}) P(A_{i_2}) P(A_{i_3})$, 有 C_n^3 个;

$$\cdots\cdots$$

$P(A_1 A_2 \cdots A_n) = P(A_1) P(A_2) \cdots P(A_n)$, 有 C_n^n 个.

关于 n 个事件相互独立, 还应注意以下几点.

(1) 若 $A_1, A_2, \cdots, A_n$ 中任意两个都是独立的, 并不能推出 $A_1, A_2, \cdots, A_n$ 相互独立;

(2) 若 $A_1, A_2, \cdots, A_n$ 相互独立, 则其中任意 $m\ (2 \leqslant m \leqslant n)$ 个事件相互独立;

(3) 若 $A_1, A_2, \cdots, A_n$ 相互独立, 则将其中任意 $m\ (0 \leqslant m \leqslant n)$ 个事件换成相应的逆事件后仍然相互独立, 如 $\overline{A_1}, \overline{A_2}, A_3, \cdots, A_n$ 相互独立.

例 9 设有 4 张同样的卡片, 红色、黄色、绿色各 1 张, 还有 1 张涂有红、黄、绿 3 种颜色. 从这 4 张卡片中任取 1 张, 用 A, B 及 C 分别表示事件 "取出的卡片上涂有红色"、"取出的卡片上涂有黄色" 及 "取出的卡片上涂有绿色", 易知

$$P(A) = P(B) = P(C) = \frac{1}{2},$$

$$P(AB) = P(BC) = P(AC) = P(ABC) = \frac{1}{4}.$$

从而有

$$P(AB) = P(A)P(B), \quad P(AC) = P(A)P(C), \quad P(BC) = P(B)P(C).$$

所以三个事件 A, B, C 是两两相互独立的, 然而

$$P(ABC) \neq P(A)P(B)P(C).$$

这个例子说明三个事件虽然是两两独立的, 但却不能保证它们相互独立.

例 10 假若每个患者对某种药物过敏的概率为 10^{-3}, 今有 100 个患者服用此药, 求至少有一人过敏的概率.

解 令 A_i 表示 "第 i 个患者过敏", $P(A_i) = 0.001$. 有理由认为各患者对药物的反应是相互独立的, 即 $A_1, A_2, \cdots, A_{100}$ 相互独立. 令 A 表示 "至少有一人过敏", 则 $A = A_1 \cup A_2 \cup \cdots \cup A_{100}$. 利用概率的性质及德摩根律, 得到

$$P(A) = 1 - P(\overline{A}) = 1 - P(\overline{A_1}\,\overline{A_2} \cdots \overline{A_{100}})$$

$$= 1 - [1 - P(A_1)][1 - P(A_2)] \cdots [1 - P(A_{100})]$$

$$= 1 - 0.999^{100} \approx 0.095.$$

例 10 是对相互独立事件中至少发生一个事件的概率的计算, 其公式可概括

为 $P\left(\bigcup_{i=1}^{n} A_i\right) = 1 - \prod_{i=1}^{n}[1 - P(A_i)]$, 其中事件 $A_1, A_2, \cdots, A_n$ 相互独立. 特别

地, 当 $P(A_1) = P(A_2) = \cdots = P(A_n) = p$ 时, $P\left(\bigcup_{i=1}^{n} A_i\right) = 1 - (1-p)^n$. 这个

公式常用于射击、并联系统的可靠度等问题.

例 11   设若干人独立地向同一架敌机射击, 每人击中敌机的概率均为 0.004, 问至少需要多少人, 才能以 0.99 以上的概率击中敌机?

解   由题意, 不妨假设有 n 个人射击, A_i 表示 "第 i 个人击中敌机", $i = 1, 2, \cdots, n$, 则 $P(A_i) = 0.004$, 于是

$$P\left(\bigcup_{i=1}^{n} A_i\right) = 1 - (1 - 0.004)^n > 0.99,$$

解得

$$n > \frac{\ln 0.01}{\ln 0.996} \approx 1148.988,$$

即至少需要 1149 个人才能以 0.99 以上的概率击中敌机.

例 12   某技术部门招工需经过 4 项考核, 各项考核是独立的, 每个应招者都要经过全部四项考核, 只要有一项不通过就不能被录用. 假设某人能通过第一、第二、第三、第四项考核的概率分别为 0.6, 0.8, 0.91, 0.95.

(1) 求他能被录用的概率;

(2) 通过了第一、第三两项, 但被淘汰, 求被淘汰的概率;

(3) 假设考核按顺序进行, 一旦某项考核不合格即被淘汰 (不再参加后面的考核), 求此人被淘汰的概率.

解   设 $A_i\,(i = 1,2,3,4)$ 表示第 i 项考核通过, B 表示整个考核通过被录用. 依题意, $P(A_1) = 0.6, P(A_2) = 0.8, P(A_3) = 0.91, P(A_4) = 0.95$.

(1) $\qquad P(B) = P(A_1 A_2 A_3 A_4) = P(A_1)\,P(A_2)\,P(A_3)\,P(A_4)$

$$= 0.6 \times 0.8 \times 0.91 \times 0.95 = 0.41496.$$

(2) 设 C 表示 "通过第一、第三两项, 但被淘汰", 则

$$C = A_1 \overline{A_2} A_3 A_4 \cup A_1 A_2 A_3 \overline{A_4} \cup A_1 \overline{A_2} A_3 \overline{A_4}.$$

所以

$$P(C) = P\left(A_1 \overline{A_2} A_3 A_4\right) + P\left(A_1 A_2 A_3 \overline{A_4}\right) + P\left(A_1 \overline{A_2} A_3 \overline{A_4}\right)$$

$$= P(A_1) P(\overline{A_2}) P(A_3) P(A_4) + P(A_1) P(A_2) P(A_3) P(\overline{A_4})$$

$$+ P(A_1) P(\overline{A_2}) P(A_3) P(\overline{A_4})$$

$$= 0.13104.$$

(3) 设 D 表示 "考核按顺序进行, 一旦某项考核不合格即被淘汰", 则 $D = \overline{A_1} \cup A_1\overline{A_2} \cup A_1 A_2\overline{A_3} \cup A_1 A_2 A_3\overline{A_4}$, 并且

$$P(D) = P(\overline{A_1} \cup A_1\overline{A_2} \cup A_1 A_2\overline{A_3} \cup A_1 A_2 A_3\overline{A_4})$$

$$= P(\overline{A_1}) + P(A_1) P(\overline{A_2}) + P(A_1) P(A_2) P(\overline{A_3})$$

$$+ P(A_1) P(A_2) P(A_3) P(\overline{A_4})$$

$$= 0.58504.$$

1.8 伯努利概型

由于事件是试验的结果, 从事件的独立性出发, 可推广得到试验的独立性. 直观看来, 若一个试验的结果的发生独立于另一个试验的结果的发生, 就可认为两个试验相互独立. 实际应用中, 往往凭借经验做出判断.

伯努利概型

最重要的独立试验是**重复独立试验**, 这也就是 1.1 节所说的 "在相同条件下重复进行的" 试验, 即试验可能发生的结果以及各事件的概率在各次试验中都保持不变, 并且各次试验相互独立. 例如, n 次有放回摸球是 n 重的重复独立试验.

若试验 E 只有两个结果: A 表示 "成功", $\overline{A}$ 表示 "失败", 则称 E 为**伯努利试验** (Bernoulli trail). 记 $P(A) = p$, $P(\overline{A}) = 1 - p$, $0 < p < 1$, 将此试验独立重复地进行 n 次, 这一串重复的独立试验构成了一个试验 E', 则称这个试验 E' 为 n **重伯努利试验**, 简称**伯努利概型** (Bernoulli probability model) 或**独立试验序列概型**. 这是最简单的重复独立试验, 但它是一种很重要的数学模型, 应用十分广泛. 例如, 抛掷 3 枚硬币看正面还是反面朝上, 检查 7 个螺钉是否合格, 投篮 10 次是否投中, 检查 60 个学生是否色盲, $\cdots$, 这些都是多重伯努利试验.

在 n 重伯努利试验中, 我们关心的是事件 A 发生 k 次的概率, 记作 $P_n(k)$. 在计算这一概率时需注意, n 重伯努利试验 E' 的样本空间 Ω' 与试验 E 的样本空间 Ω 是不同的. Ω 中只有两个样本点 A 与 $\overline{A}$, 然而 $\Omega' = \{(\omega_1, \omega_2, \cdots, \omega_n) | \omega_i = A$ 或 $\omega_i = \overline{A}, i = 1, 2, \cdots, n\}$, 并且 Ω' 中有 2^n 个样本点, 每个样本点发生的概率一般是不相等的. 比如在前 k 次试验中事件 A 发生, 后 $n - k$ 次试验中事件 A 均不发生, 这对应于样本空间 Ω' 中的一个样本点 $\omega = (\omega_1, \omega_2, \cdots, \omega_n)$, 其中

$\omega_i = A\ (i = 1, 2, \cdots, k),\ \omega_i = \overline{A}\ (i = k+1, k+2, \cdots, n)$, 由于各次试验独立, 于是

$$P(\omega) = P(\omega_1) \cdots P(\omega_k) P(\omega_{k+1}) \cdots P(\omega_n) = p^k (1-p)^{n-k},$$

这个概率与 k 有关, 因而, n 重伯努利试验 E' 不是古典概型$\left(p = \dfrac{1}{2}\ \text{除外}\right)$. 进一步地, "$n$ 重伯努利试验中事件 A 发生 k 次" 这一事件包含的样本点为 C_n^k 个, 并且这些样本点互不相容, 每个样本点的概率均为 $p^k (1-p)^{n-k}$, 因此, 由概率的有限可加性可得

$$P_n(k) = \mathrm{C}_n^k p^k (1-p)^{n-k}, \quad k = 0, 1, 2, \cdots, n. \tag{1.8.1}$$

此公式也称为**二项概率公式**, 下面的例子给出了该公式的直观解释.

　　例 1　某射手的命中率为 p, 求其在相同条件下连续射击 5 次, 恰好命中 3 次的概率.

　　解　令 A 表示 "命中", 则 $P(A) = p$, 这是一个 5 重伯努利概型, 所求就是 $P_5(3)$.

　　由于命中的 3 次可以出现在 5 次射击中的任何 3 次, 所以共有 $\mathrm{C}_5^3 = 10$ 种情况. 令 A_i 表示 "第 i 次命中", 则 10 种情况分别为

$$\overline{A}_1 \overline{A}_2 A_3 A_4 A_5, \overline{A}_1 A_2 \overline{A}_3 A_4 A_5, \overline{A}_1 A_2 A_3 \overline{A}_4 A_5, \overline{A}_1 A_2 A_3 A_4 \overline{A}_5, A_1 \overline{A}_2 \overline{A}_3 A_4 A_5,$$

$$A_1 \overline{A}_2 A_3 \overline{A}_4 A_5, A_1 \overline{A}_2 A_3 A_4 \overline{A}_5, A_1 A_2 \overline{A}_3 \overline{A}_4 A_5, A_1 A_2 \overline{A}_3 A_4 \overline{A}_5, A_1 A_2 A_3 \overline{A}_4 \overline{A}_5.$$

这 10 种情况是互不相容的事件, 由概率的有限可加性得

$$P_5(3) = P\left(\overline{A}_1 \overline{A}_2 A_3 A_4 A_5 \cup \overline{A}_1 A_2 \overline{A}_3 A_4 A_5 \cup \cdots \cup A_1 A_2 A_3 \overline{A}_4 \overline{A}_5\right)$$

$$= P\left(\overline{A}_1 \overline{A}_2 A_3 A_4 A_5\right) + P\left(\overline{A}_1 A_2 \overline{A}_3 A_4 A_5\right) + \cdots + P\left(A_1 A_2 A_3 \overline{A}_4 \overline{A}_5\right).$$

因各次射击是独立的, 故

$$P\left(\overline{A}_1 \overline{A}_2 A_3 A_4 A_5\right) = P\left(\overline{A}_1\right) P\left(\overline{A}_2\right) P(A_3) P(A_4) P(A_5).$$

又因各次射击是重复的, 所以

$$P(A_i) = P(A) = p, \quad P\left(\overline{A}_i\right) = 1 - p = q,$$

$$P\left(\overline{A}_1\right) P\left(\overline{A}_2\right) P(A_3) P(A_4) P(A_5) = p^3 q^2.$$

类似地,

$$P\left(\overline{A_1}A_2\overline{A_3}A_4A_5\right) = P\left(\overline{A_1}\right)P\left(A_2\right)P\left(\overline{A_3}\right)P\left(A_4\right)P\left(A_5\right) = p^3q^2,$$

$$\cdots$$

$$P\left(A_1A_2A_3\overline{A_4}\overline{A_5}\right) = P\left(A_1\right)P\left(A_2\right)P\left(A_3\right)P\left(\overline{A_4}\right)P\left(\overline{A_5}\right) = p^3q^2.$$

于是得

$$P_5\left(3\right) = 10p^3q^2 = \mathrm{C}_5^3 p^3q^2.$$

这说明直接计算结果与利用公式 (1.8.1) 的计算结果相一致.

下面给出二项概率公式的一些应用例子.

例 2 某职工早上七点钟常在某一站乘坐公交汽车上班, 准点到车率为 0.2, 求该职工一周内 (按每周 5 天上班时间计算) 准点乘车 2 次的概率和至少准点乘车 2 次的概率.

解 由题意, 准点乘车等价于准点到车, 令 A 表示 "准点乘车", 则

$$P\left(A\right) = 0.2, \quad P\left(\overline{A}\right) = 0.8.$$

这是一个 5 重伯努利试验, 由式 (1.8.1), 准点乘车 2 次的概率为

$$P_5\left(2\right) = \mathrm{C}_5^2\left(0.2\right)^2\left(0.8\right)^3 = 0.2048,$$

至少准点乘车 2 次的概率为

$$p = \sum_{k=2}^{5} P_5\left(k\right) = P_5\left(2\right) + P_5\left(3\right) + P_5\left(4\right) + P_5\left(5\right) \approx 0.2627.$$

例 3 某大批量产品的次品率为 0.05, 从中不放回地连取 5 次, 每次取一件 (相当于一次取出 5 件), 求取到的 5 件中恰有 3 件次品的概率.

解 由于每取一件之后不放回, 产品总的数量在变化. 因此, 严格地说, 不能认为各次抽取是独立的. 但是, 由于产品总量相当大, 抽取一件放回与否, 对下次抽取的影响很小, 即各次的抽取近似于独立. 这时, 也可以作为伯努利概型处理. 所求概率为

$$P_5\left(3\right) = \mathrm{C}_5^3\left(0.05\right)^3\left(0.95\right)^2 \approx 0.001.$$

例 4 某人的口袋中经常装有两盒火柴, 每盒 n 根, 使用时, 从两盒中等可能地任选一盒, 然后从中取一根. 某次, 此人取到了一个空盒, 问此时另一盒中恰有 r 根火柴的概率是多少?

解 令用空的盒子为甲盒, 另一盒为乙盒, 当出现甲盒空、乙盒恰有 r 根时, 他共使用了 $2n-r$ 次, 其中取甲盒 n 次, 这是一个 $2n-r$ 重伯努利试验. 所求概率为

$$P_{2n-r}\left(n\right) = \mathrm{C}_{2n-r}^n\left(\frac{1}{2}\right)^n\left(\frac{1}{2}\right)^{n-r} = \mathrm{C}_{2n-r}^n\left(\frac{1}{2}\right)^{2n-r}.$$

1.9 全概率公式与逆概率公式

对于较复杂的事件, 直接求概率往往很困难, 但是, 若能将复杂事件分拆成若干互不相容的简单事件的并, 就可利用概率的有限可加性, 通过计算简单事件的概率最终求得复杂事件的概率. 全概率公式的意义就在于此.

全概率公式要用到划分概念.

全概率公式

定义 若样本空间 Ω 中事件 $A_1, A_2, \cdots, A_n$ 满足

(1) $A_i A_j = \varnothing\ (i \neq j, i, j = 1, 2, \cdots, n)$;

(2) $A_1 \cup A_2 \cup \cdots \cup A_n = \Omega$,

则称 $A_1, A_2, \cdots, A_n$ 构成样本空间 Ω 的一个**划分**, 或称 $A_1, A_2, \cdots, A_n$ 为**完备事件组**. 如图 1-10 所示.

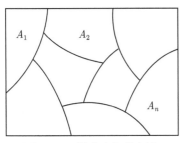

图 1-10   样本空间的划分

这个概念意味着, 样本空间 Ω 的每一个样本点必然属于并且只能属于划分中的一个事件, 换句话说, 对于每次试验, 事件 $A_1, A_2, \cdots, A_n$ 中有且只有一个发生.

例 1 某仪器厂有 I, II, III 3 个车间, 生产同一型号的晶体管, 每个车间的产量分别占总产量的 25%, 35%, 40%, 各车间的次品率分别为 5%, 4%, 3%. 今从全厂生产的总产品中任抽一个, 问此产品为次品的概率多大?

解 令事件 B 表示 "抽到的产品为次品". A_i 表示 "抽到的产品是第 i 车间生产的" $(i = 1, 2, 3)$, 因为 A_1, A_2, A_3 两两互斥, 且 $A_1 \cup A_2 \cup A_3 = \Omega$, 所以 A_1, A_2, A_3 构成样本空间 Ω 的一个划分, 于是

$$B = B\Omega = B(A_1 \cup A_2 \cup A_3) = (BA_1) \cup (BA_2) \cup (BA_3),$$

而且 BA_1, BA_2, BA_3 也是两两互斥的, 由概率的有限可加性得

$$P(B) = P(BA_1) + P(BA_2) + P(BA_3).$$

再应用乘法公式就得到

$$P(B) = P(B|A_1)P(A_1) + P(B|A_2)P(A_2) + P(B|A_3)P(A_3)$$
$$= 5\% \times 25\% + 4\% \times 35\% + 3\% \times 40\% = 3.85\%.$$

例 1 中确定 $P(B)$ 的方法具有普遍意义, 可以概括成如下公式.

全概率公式 (total probability theorem) 设事件 $A_1, A_2, \cdots, A_n$ 构成样本空间 Ω 的一个划分, $P(A_i) > 0 \ (i = 1, 2, \cdots, n)$, 则对任一事件 B (图 1-11) 有

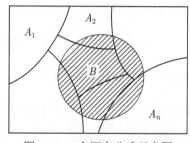

$$P(B) = \sum_{i=1}^{n} P(B|A_i) P(A_i). \qquad (1.9.1)$$

图 1-11　全概率公式示意图

公式 (1.9.1) 的证明方法实质上就是例 1 解法的一般化. 事实上, 由于

$$B = B\Omega = B(A_1 \cup A_2 \cup \cdots \cup A_n) = (BA_1) \cup (BA_2) \cup \cdots \cup (BA_n),$$

并且

$$(BA_i) \cap (BA_j) = B(A_i \cap A_j) = \varnothing, \quad i \neq j, \quad i, j = 1, 2, \cdots, n.$$

这说明 $BA_1, BA_2, \cdots, BA_n$ 两两互斥. 于是, 由概率的有限可加性以及乘法公式可得

$$P(B) = \sum_{i=1}^{n} P(BA_i) = \sum_{i=1}^{n} P(B|A_i) P(A_i).$$

样本空间 Ω 的划分多种多样, 在利用全概率公式 (1.9.1) 计算较为复杂事件概率 $P(B)$ 的时候, 关键在于找到一个合适的并且与事件 B 有关的划分 A_1, $A_2, \cdots, A_n$. 如果能找到这样一个划分, 使得 $P(A_i)$ 和 $P(B|A_i)$ 已知或者容易求得, 那么, 我们就可以根据全概率公式求出概率 $P(B)$.

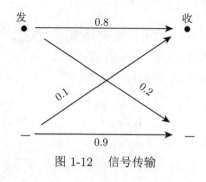

图 1-12　信号传输

例 2　发报台分别以概率 0.6 和 0.4 发出信号 "●" 和 "−". 由于通信系统受到干扰, 当发出信号为 "●" 时, 收报台未必收到信号 "●", 而是分别以概率 0.8 和 0.2 收到信号 "●" 和 "−". 又当发出信号 "−" 时, 收报台分别以概率 0.9 和 0.1 收到信号 "−" 和 "●" (图 1-12). 求收报台收到信号 "●" 的概率.

解　令 A 表示发出信号 "●", 则 $\overline{A}$ 表示发出信号为 "−". 显然 A 与 $\overline{A}$ 构成样本空间的一个划分. 再令 B 表示收到信号 "●", 则所求的就是 $P(B)$.

由全概率公式

$$P(B) = P(B|A) P(A) + P\left(B\,\middle|\,\overline{A}\right) P\left(\overline{A}\right). \tag{1.9.2}$$

已知 $P(A) = 0.6$, $P\left(\overline{A}\right) = 0.4$, $P(B|A) = 0.8$, $P\left(B\,\middle|\,\overline{A}\right) = 0.1$, 故得

$$P(B) = 0.8 \times 0.6 + 0.1 \times 0.4 = 0.52.$$

例 2 中, 如果我们将事件 B 视为结果, A 和 $\overline{A}$ 视为导致结果 B 的两个可能的原因, 那么全概率公式解决的问题就是: 已知所有可能原因发生的概率, 求结果发生的概率. 换言之, 全概率公式通过分析一个复杂事件背后的各种不同的原因、情况、途径及其可能性, 综合后求出该事件的概率.

但是, 有些问题涉及从结果推测原因, 也就是说, 已经观察到一个事件的发生, 再来研究引发事件的各种原因、情况、途径的可能性大小. 如例 2 的 "逆问题": 若收报台收到信号 "●", 试推测发报台发出什么信号? 这相当于求 $P(A|B)$ 和 $P\left(\overline{A}|B\right)$. 由条件概率公式

$$P(A|B) = \frac{P(AB)}{P(B)} = \frac{P(B|A) P(A)}{P(B)}, \tag{1.9.3}$$

其中 $P(B)$ 由式 (1.9.2) 确定. 因此

$$P(A|B) = \frac{P(B|A) P(A)}{P(B|A) P(A) + P\left(B\,\middle|\,\overline{A}\right) P\left(\overline{A}\right)} = \frac{0.8 \times 0.6}{0.52} \approx 0.923.$$

类似地, 有

$$P\left(\overline{A}|B\right) = \frac{P\left(B\,\middle|\,\overline{A}\right) P\left(\overline{A}\right)}{P(B|A) P(A) + P\left(B\,\middle|\,\overline{A}\right) P\left(\overline{A}\right)} = \frac{0.1 \times 0.4}{0.52} \approx 0.077.$$

由此可见, 当收到 "●" 时, 发出 "●" 比发出 "−" 的可能性大得多, 不妨推断发报台发出的就是 "●" 信号. 式 (1.9.3) 称为逆概率公式, 其一般形式如下.

逆概率公式　在全概率公式条件下, 若 $P(B) > 0$, 则

贝叶斯公式

$$P(A_i|B) = \frac{P(B|A_i) P(A_i)}{\sum\limits_{j=1}^{n} P(B|A_j) P(A_j)}, \quad i = 1, 2, \cdots, n. \tag{1.9.4}$$

式 (1.9.4) 由英国数学家贝叶斯 (Bayes) 发表于 1763 年, 所以又称为**贝叶斯公式** (Bayes formula). 对于贝叶斯公式, $P(A_i)$ 反映了各原因事件 A_i 发生可能

性的大小, 一般在试验之前就可以根据过去的信息进行确定, 习惯上称它们为**先验概率**. 条件概率 $P(A_i|B)$ 反映了在结果 B 发生的条件下各原因事件 A_i 发生的可能性的大小, 它是对先验概率的一种修正, 称为**后验概率**. 贝叶斯公式也称为 "后验概率" 公式.

例 3 假定根据某种化验指标诊断肝炎, 根据以往的临床记录 $P(A|C) = 0.95$, $P(\overline{A}|\overline{C}) = 0.97$, 其中 A 表示事件 "化验结果为阳性", C 表示事件 "被检查者患有肝炎", 又根据调查资料知道在某地区肝炎患者占 0.004, 即 $P(C) = 0.004$. 现在有此地区的一人, 其化验结果为阳性, 试求此人的确患有肝炎的概率.

解 依题意所求的就是 $P(C|A)$. 由贝叶斯公式知

$$
\begin{aligned}
P(C|A) &= \frac{P(C)\,P(A|C)}{P(C)\,P(A|C) + P(\overline{C})\,P(A|\overline{C})} \\
&= \frac{0.004 \times 0.95}{0.004 \times 0.95 + 0.996 \times 0.03} \\
&\approx 0.113.
\end{aligned}
$$

全概率公式和逆概率公式在许多领域都有重要的应用, 但在应用中要注意区分是由 "因" 导 "果" 问题还是由 "果" 索 "因" 问题, 从而分清是应用全概率公式还是逆概率公式.

例 4 设某市统计局有来自该市甲、乙、丙三个区的各 10 个、15 个和 25 个工业企业的统计报表, 其中规模以上工业企业 (目前在我国, 规模以上工业企业是指年主营业务收入在 2000 万元及以上的法人工业企业) 的统计报表分别为 3 份、7 份和 5 份. 随机地取一个区的统计报表, 从中抽出一份.

(1) 求抽到的一份是规模以上工业企业统计报表的概率 p;

(2) 已知抽到的一份是规模以上工业企业统计报表, 求抽到的一份是分别来自甲区、乙区、丙区的概率 q_1, q_2 和 q_3, 并且验证 $q_1 + q_2 + q_3 = 1$;

(3) 已知抽到的一份是规模以下工业企业统计报表, 求抽到的一份是来自甲区的概率 $\tilde{q}_1$, 并且验证 $\tilde{q}_1$ 是否等于 $q_1, \tilde{q}_1 + q_1 = 1$?

解 由题意, 设 A_1 表示 "统计报表来自甲区", A_2 表示 "统计报表来自乙区", A_3 表示 "统计报表来自丙区", B 表示 "抽到的一份是规模以上工业企业统计报表", 则 $P(A_1) = P(A_2) = P(A_3) = \dfrac{1}{3}$, $P(B|A_1) = \dfrac{3}{10}$, $P(B|A_2) = \dfrac{7}{15}$, $P(B|A_3) = \dfrac{5}{25}$.

(1) 显然, A_1, A_2, A_3 构成了样本空间的一个划分. 由全概率公式可得

$$p = P(B) = \sum_{i=1}^{3} P(B|A_i) P(A_i) = \frac{3}{10} \times \frac{1}{3} + \frac{7}{15} \times \frac{1}{3} + \frac{5}{25} \times \frac{1}{3} = \frac{29}{90}.$$

(2) 由 (1) 的计算结果, 直接由逆概率公式算得

$$q_1 = P(A_1|B) = \frac{P(B|A_1) P(A_1)}{\displaystyle\sum_{j=1}^{3} P(B|A_j) P(A_j)} = \frac{\dfrac{3}{10} \times \dfrac{1}{3}}{\dfrac{29}{90}} = \frac{9}{29},$$

$$q_2 = P(A_2|B) = \frac{P(B|A_2) P(A_2)}{\displaystyle\sum_{j=1}^{3} P(B|A_j) P(A_j)} = \frac{\dfrac{7}{15} \times \dfrac{1}{3}}{\dfrac{29}{90}} = \frac{14}{29},$$

$$q_3 = P(A_3|B) = \frac{P(B|A_3) P(A_3)}{\displaystyle\sum_{j=1}^{3} P(B|A_j) P(A_j)} = \frac{\dfrac{5}{25} \times \dfrac{1}{3}}{\dfrac{29}{90}} = \frac{6}{29}.$$

容易计算, $q_1 + q_2 + q_3 = \dfrac{9}{29} + \dfrac{14}{29} + \dfrac{6}{29} = 1.$

(3) 易知, $P(\overline{B}|A_1) = \dfrac{7}{10}$, $P(\overline{B}|A_2) = \dfrac{8}{15}$, $P(\overline{B}|A_3) = \dfrac{20}{25}$. 由逆概率公式可得

$$\tilde{q}_1 = P(A_1|\overline{B}) = \frac{P(\overline{B}|A_1) P(A_1)}{\displaystyle\sum_{j=1}^{3} P(\overline{B}|A_j) P(A_j)} = \frac{\dfrac{7}{10} \times \dfrac{1}{3}}{\left(\dfrac{7}{10} + \dfrac{8}{15} + \dfrac{20}{25}\right) \times \dfrac{1}{3}} = \frac{21}{61}.$$

容易验证, $\tilde{q}_1 = \dfrac{21}{61} \neq \dfrac{9}{29} = q_1$, 并且 $\tilde{q}_1 + q_1 = \dfrac{21}{61} + \dfrac{9}{29} = \dfrac{1158}{1769} \neq 1$. 这说明一般情况下, $P(A_1|B) \neq P(A_1|\overline{B})$, 并且 $P(A_1|B) + P(A_1|\overline{B}) \neq 1$.

例 5 将 A, B, C 三个字母之一输入信道, 输出为原字母的概率为 α, 而输出为其他任何一字母的概率都是 $\dfrac{1-\alpha}{2}$. 现将字母串 $AAAA, BBBB, CCCC$ 之一输入信道, 输入的概率分别是 $p_1, p_2, p_3, p_1 + p_2 + p_3 = 1$. 已知输出的结果是 $ABCA$, 试问输入的是 $AAAA$ 的概率是多少? 假设信道传输各个字母的工作是相互独立的.

解 设 A, B, C 分别表示输入信号为 $AAAA, BBBB, CCCC$, 则 $P(A) = p_1$, $P(B) = p_2$, $P(C) = p_3$, 设 D 表示输出 $ABCA$, 则根据全概率公式得

$$P(D) = P(A) P(D|A) + P(B) P(D|B) + P(C) P(D|C)$$

$$= p_1\alpha^2 \left(\frac{1-\alpha}{2}\right)^2 + p_2\alpha \left(\frac{1-\alpha}{2}\right)^3 + p_3\alpha \left(\frac{1-\alpha}{2}\right)^3$$

$$= \frac{1}{8}\left(2p_1\alpha^2\left(1-\alpha\right)^2 + \left(p_2+p_3\right)\alpha\left(1-\alpha\right)^3\right),$$

所以,

$$P\left(A\,|\,D\right) = \frac{P\left(A\right)P\left(D\,|\,A\right)}{P\left(D\right)}$$

$$= \frac{\dfrac{1}{4}p_1\alpha^2\left(1-\alpha\right)^2}{\dfrac{1}{8}\left(2p_1\alpha^2\left(1-\alpha\right)^2 + \left(1-p_1\right)\alpha\left(1-\alpha\right)^3\right)}$$

$$= \frac{2p_1\alpha}{\left(3\alpha-1\right)p_1 + \left(1-\alpha\right)}.$$

本 章 小 结

概率论是以随机现象及其规律性为研究对象的数学分支. 随机试验、样本空间和随机事件是描述随机现象的载体, 也是本章最基本的概念. 随机试验的一切可能的结果组成的集合称为样本空间 Ω. Ω 中的每个样本点是基本事件, 由多个样本点组成的集合是复合事件, 换句话说, 事件是 Ω 的子集, 当且仅当这个子集中某个样本点出现时, 称这一事件发生. 事件是集合范畴, 可以按照集合之间的关系和运算来理解事件之间的关系和运算.

概率是反映事件发生可能性大小的一种度量 (或者测度), 也是本章的主要内容. 概率统计定义的基础是随机试验中频率的稳定性; 古典概型要求样本空间有限并且各样本点的出现是等可能的, 计算公式 (见式 (1.4.1)) 比较简单; 几何概型是将古典概型中的有限样本空间推广到无限样本空间的情形; 概率的公理化定义赋予概率三条基本性质: 非负性、规范性和可列可加性, 这使概率论作为一门数学的分支理论更加严谨.

概率的计算是本章的主要任务. 除了利用概率的定义和性质求解有关事件的概率以外, 加法公式、条件概率公式、乘法公式、全概率公式和逆概率公式是计算一些事件概率的有力工具, 也补充和完善了概率的讨论和计算的依据. 条件概率也是概率, 它具有概率的所有性质, 是乘法公式、全概率公式和逆概率公式的基础, 其计算方法有两种: 在改变的样本空间 (或缩减的样本空间) 中的直接计算法和公式法. 在利用全概率公式和逆概率公式计算较为复杂事件的概率的时候, 需要寻找样本空间的一个适当划分, 而这个划分是结果事件产生的原因.

当条件概率等于无条件概率时, 对应两个事件相互独立. 事件的相互独立性是本章的另一个重要概念. n 重伯努利试验是事件独立性的推广, 它为第 2 章学习二项分布奠定基础.

本章重点: 正确理解随机试验、样本空间、随机事件、概率、条件概率和事件独立性等概念, 掌握互不相容事件、对立事件、相互独立事件之间的关系和判断, 熟练运用古典概型、几何概型概率的计算公式和概率的基本性质求解有关事件的概率, 掌握条件概率的计算方法, 掌握乘法公式、全概率公式和逆概率公式及其应用, 掌握伯努利概型和二项概率的计算方法.

需说明的是, 高中新课标数学教材已经对随机事件、事件之间的关系与运算、古典概型、频率与概率、随机事件的独立性等基本问题进行了初步直观的介绍, 本书主要从随机试验、样本空间与随机事件之间的关系这一角度出发较为抽象、深入地阐述这些概念和问题, 以期使读者的认识进一步深化和提高.

一、知识清单

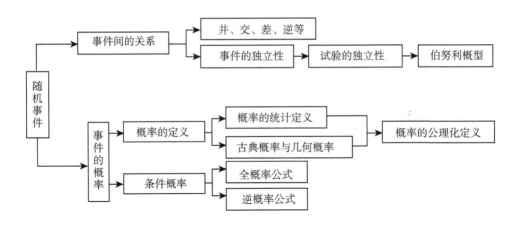

二、解题指导

1. 需熟练掌握概率的常用性质, 以方便概率的计算.

2. 应用全概率公式解题的关键是从已知条件中找到由有限个事件构成的 Ω 的一个划分, 并且公式中一些事件的概率和条件概率能从题设中求得. 它体现了"各个击破""分而食之"的解题策略.

3. 贝叶斯公式主要用于由"结果"的发生来探求导致这一结果的各种"原因"发生的可能性大小, 在各类推断问题中有广泛应用.

4. 伯努利概型是概率论中研究最多的一种数学模型, 由此可衍生出若干常见分布, 需熟练掌握其计算公式.

习 题 1

1. 写出下列随机试验的样本空间及其容量:

(1) 检查一件产品是否合格.

(2) 检查两件产品是否合格.

(3) 一只盒子里装有外观相同的 6 只晶体管, 其中只有一只是合格品. 在使用时, 从盒子中随机摸取一只, 经检验若为不合格品, 则将其放一旁, 再从盒子中摸取. 如此进行, 直到取得这个合格品为止.

(4) 监控器记录某医院一天前来就诊的人数.

(5) 测量某一个零件长度的误差.

(6) 观察某地一天内的温度与风力 (假设最低气温和最高气温分别为 T_1 和 T_2, 最大风力为 12 级).

2. 一个袋中装有 7 个球, 其中 3 个是红的, 2 个是白的, 2 个兼有红白两色. 现从该袋中随机摸取一个球, 请您构造两个不同的样本空间, 并求出它们的容量.

3. A_k 表示 "电话交换台在一分钟内收到 k 次呼叫" $(k = 0, 1, 2, 3, 4, 5)$, A 表示 "在一分钟内收到不多于 5 次呼叫", B 表示 "在一分钟内收到的呼叫次数多于 5". 以上几个事件, 哪些事件有包含关系? 哪些事件是对立的? 哪些事件是互斥的?

4. 设 A_k 表示 "第 k 次射击击中靶子" $(k = 1, 2, 3)$,

(1) 试用语言表述下列各事件:

$$\overline{A_1} \cup \overline{A_2} \cup \overline{A_3}, \quad \overline{\overline{A_1} \cup \overline{A_2}}, \quad A_1 A_2 \overline{A_3} + \overline{A_1} A_2 A_3;$$

(2) 试用 A_1, A_2, A_3 通过运算关系表示出下列事件: "三次射击恰好有一次击中靶子" 和 "三次射击中第一次不中而后两次至少有一次击中".

5. A, B, C 为事件, 用事件的运算表达下列各事件:

(1) A, B 都不发生;

(2) A, B 不都发生;

(3) A 与 B 都发生, C 不发生;

(4) 或者 A 与 B 不都发生, 或者 C 发生;

(5) A, B, C 中至少有 i 个发生 $(i = 1, 2, 3)$;

(6) A, B, C 中至多有 i 个发生 $(i = 1, 2)$;

(7) A, B 中恰有一个发生.

6. $\Omega = \{1, 2, \cdots, 10\}$, $A = \{2, 3, 4\}$, $B = \{3, 4, 5\}$, $C = \{5, 6, 7\}$, 具体写出下列等式:

(1) $\overline{A}B$; (2) $\overline{A} \cup B$; (3) $\overline{A}$; (4) $\overline{ABC}$; (5) $\overline{A \cup B}$.

7. 由 $A - B = A\overline{B}$, 能否推出下列两式成立:

(1) $(A - B) \cup B = A$; (2) $A \cup B - B = A$.

若不能, 请写出正确的等式.

8. 证明:

(1) $\overline{(\overline{A} \cup \overline{B})}\,\overline{C} = (A \cup C)(B \cup C)$; (2) $\overline{A \cup B \cup C} = \overline{ABC}$;

(3) $A \cup (BC) \neq (A \cup B)C$; (4) $C(A - B) = CA - CB$.

9. 对于事件 A, B, 判断下列命题是否正确, 并说明理由.

(1) A, B 互斥, 则 $\overline{A}, \overline{B}$ 也互斥;

(2) A, B 相容, 则 $\overline{A}, \overline{B}$ 也相容;

(3) A, B 对立, 则 $\overline{A}, \overline{B}$ 也对立.

10. 设 A, B 为两事件, 且 $P(A) = 0.6$, $P(B) = 0.7$. 问

(1) 在什么条件下, $P(AB)$ 取到最大值, 最大值是多少?

(2) 在什么条件下, $P(AB)$ 取到最小值, 最小值是多少?

11. 已知 A, B, C 是三个随机事件, 求下列事件的概率:

(1) 设 $P(A) = 0.4$, $P(B) = 0.3$, $P(A \cup B) = 0.6$, 求 $P(AB)$ 和 $P(A\overline{B})$;

(2) 设 $P(A) = 0.5$, $P(A - B) = 0.2$, 求 $P(\overline{AB})$;

(3) 设 $P(A) = P(B) = P(C) = \dfrac{1}{4}$, $P(AB) = P(BC) = 0$, $P(AC) = \dfrac{1}{8}$, 求 A, B, C 中至少有一个发生的概率;

(4) 设 A 与 C 互不相容, $P(AB) = \dfrac{1}{2}$, $P(C) = \dfrac{1}{3}$, 求 $P(AB \,|\, \overline{C})$;

(5) 设 $P(A) = 0.92$, $P(B) = 0.93$, $P(B \,|\, \overline{A}) = 0.85$, 求 $P(A \,|\, \overline{B})$ 和 $P(A \cup B)$;

(6) 设事件 A, B, C 两两相互独立, 且 $ABC = \varnothing$, $P(A) = P(B) = P(C) < \dfrac{1}{2}$, $P(A \cup B \cup C) = \dfrac{9}{16}$, 求 $P(A)$.

12. 一套文集 (共 3 本) 按任意顺序放到书架上去, 问各册自右向左或自左向右恰为 1, 2, 3 这样顺序的概率等于多少?

13. 箱内有 6 个球, 其中红、白、黑球的个数分别为 1, 2, 3 个, 现从箱中随机地取出两个球, 试求取到两个黑球的概率 p_1, 取到一个白球和一个黑球的概率 p_2, 取到一个红球和两个白球的概率 p_3.

14. 在整数 0, 1, 2, $\cdots$, 9 中任取 3 个数, 求下列事件的概率:

(1) 3 个数中最小的一个是 5; 　　　　　　(2) 3 个数中最大的一个是 5;

(3) 3 个数字含 0 但不含 5; 　　　　　　(4) 排成一个 3 位偶数;

(5) 排成一个 3 位奇数; 　　　　　　　　(6) 排成不能被 2 和 5 整除的 3 位数.

15. 在 11 张卡片上分别写上 Probability 这 11 个字母, 从中任意连抽 7 张, 求其排列结果为 ability 的概率.

16. 在电话号码簿中任取一个电话号码, 求后面 4 个数字全不相同的概率 (设后面 4 个数字中的每一个数字都是等可能地取自 0, 1, 2, $\cdots$, 9).

17. 一盒子中有 4 个次品晶体管, 6 个正品晶体管, 随机地抽取一个测试, 直到 4 个次品管子都找到为止. 求第 4 个次品晶体管在下列情况发现的概率.

(1) 在第 5 次测试发现; 　　　　　　　　(2) 在第 10 次测试发现.

18. 设有一个均匀的陀螺, 其圆周的一半上均匀地刻上区间 $[0, 1)$ 上的数字, 另一半上均匀地刻上区间 $[1, 3)$ 上的数字, 旋转这个陀螺. 求它停下时, 其圆周上触及桌面的点的刻度位于 $\left[\dfrac{1}{2}, \dfrac{3}{2} \right]$ 上的概率.

19. 在区间 $(0, 1)$ 中随机地取两个数, 求两数之差的绝对值小于 $\dfrac{1}{2}$ 的概率.

20. 一批产品共有 100 件, 对其进行不放回抽样检查, 整批产品合格的条件是: 被抽检的 4 件产品全是正品. 如果在该批产品中有 5% 的废品, 求该批产品被拒收的概率.

21.　(1) 设 A, B 是任意两个事件, 其中 A 的概率不等于 0 和 1, 证明: $P(B|A) = P(B|\overline{A})$ 是事件 A 与 B 独立的充分必要条件.

(2) 设事件 A, B, C 相互独立, 试证: C 与 $A \cup B$ 独立, C 与 $A \cap B$ 独立, C 与 $A - B$ 也独立.

22.　甲、乙两批种子, 发芽率分别为 0.8 和 0.7. 现从这两批种子中各任取一粒, 求:

(1) 两粒种子都发芽的概率 p_1;

(2) 两粒种子中至少有一粒能发芽的概率 p_2;

(3) 两粒种子中恰好有一粒能发芽的概率 p_3.

23.　根据统计资料, 某三口之家患某种传染病的概率有以下规律: 孩子得病设为事件 A, $P(A) = 0.6$; 母亲得病设为事件 B, 而 $P(B|A) = 0.5$; 父亲得病设为事件 C, $P(C|AB) = 0.4$. 现求母亲及孩子得病但父亲未得病的概率.

24.　一个黑色袋子里装有 10 个苹果, 其中 6 个好苹果、4 个坏苹果. 现从袋子中不放回地抽取两次, 每次随机取一个苹果. 当发现取出的第一个是好苹果时, 另一个也是好苹果的概率是多少?

25.　50 只铆钉随机取来用在 10 个部件上, 铆钉中有 3 个强度太弱, 每个部件用 3 只铆钉. 若将 3 只强度太弱的铆钉都装在一个部件上, 则这个部件强度就太弱, 问发生一个部件强度太弱的概率是多少?

26.　某种型号电子元件使用时数在 1000 小时以上的概率为 $\varepsilon\ (\varepsilon > 0)$. 假设该型号电子元件的使用时数是相互独立的.

(1) 求 n 个该型号电子元件中至少有一个使用时数在 1000 小时以上的概率 p, 并说明随着 n 的增加概率 p 的变化趋势;

(2) 若 $n = 4$, $p = 0.5904$, 求概率 ε.

27.　三人独立地去破译一个密码, 它们能译出的概率分别为 $\dfrac{1}{5}, \dfrac{1}{3}, \dfrac{1}{4}$, 问能将此密码译出的概率是多少?

28.　如下图所示: 1, 2, 3, 4, 5 表示继电器接点, 假设每一继电器接点闭合的概率为 p, 且设各继电器闭合与否相互独立, 求 L 至 R 是通路的概率.

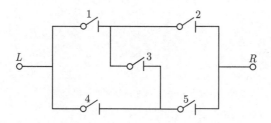

29.　某批产品中有 20% 的次品, 进行重复抽样检查, 共取 5 件样品, 计算这 5 件样品中恰有 3 件次品和至多有 3 件次品的概率.

30.　在某一车间里有 12 台车床, 每台车床由于工艺上的原因, 时常需要停车, 设各车床的停车或开车是相互独立的. 设每台车床在任一时刻处于停车状态的概率为 $\dfrac{1}{3}$, 计算在任一时刻车间里有 2 台车床处于停车状态的概率.

31. 一位医生知道某种疾病的自然痊愈率为 0.25, 为了试验一种新药是否有效, 选取有这种疾病的 10 个患者服用这种新药. 他事先规定一个决策规则: 若在这 10 个患者中至少有 4 个人治好了, 则认为这种新药有效; 反之, 则认为新药无效. 求:

(1) 虽然新药有效, 并把痊愈率提高到了 0.35, 但试验后却被否定的概率;

(2) 新药完全无效, 但试验后却被判为有效的概率.

32. 设有来自三个地区的各 10 名、15 名和 25 名考生的报名表, 其中女生的报名表分别为 3 份、7 份和 5 份, 随机地取一个地区的报名表, 从中先后抽出两份.

(1) 求先抽到的一份是女生表的概率 p;

(2) 已知后抽到的一份是男生表, 求先抽到的一份是女生表的概率 q.

33. 甲、乙、丙三人向同一架飞机射击, 设击中的概率分别是 0.4, 0.5, 0.7, 如果只有一人击中, 则飞机被击落的概率是 0.2; 如果有两人击中, 则飞机被击落的概率是 0.6; 如果三人都击中, 则飞机一定被击落. 求飞机被击落的概率.

34. 盒中放有 12 个乒乓球, 其中有 9 个是新的, 第一次比赛时从其中任取 3 个来用, 比赛后仍放回盒中, 第二次比赛时再从盒中任取 3 个, 求第二次取出的球都是新球的概率; 又已知第二次取出的球都是新球, 求第一次取到的都是新球的概率.

35. 某商店成箱出售玻璃杯, 每箱 20 只, 假设各箱分别有 0, 1, 2 只残次品的概率依次为 0.8, 0.1, 0.1. 一顾客欲买一箱玻璃杯, 在购买时, 售货员任取一箱, 而顾客开箱随机地察看 4 只, 如无残次品, 则买下该箱玻璃杯; 否则退回. 试求:

(1) 顾客买下该箱玻璃杯的概率 α;

(2) 在顾客买下的一箱玻璃杯中, 确实没有残次品的概率 β.

习题 1 参考解析

第 2 章　随机变量及其分布

2.1　随机变量

　　在第 1 章中我们讨论的随机事件及其概率的有关概念, 仅是针对随机试验的个别结果, 为了表示随机试验的全部可能结果, 并便于利用数学方法对其进行分析研究, 以从中揭示随机现象的统计规律性, 在本章我们引进一个新的概念——随机变量.

随机变量

　　例 1　随机掷一枚骰子观察出现的点数. 样本空间为 $\Omega = \{\omega \,|\, \omega = 1, 2, 3, 4, 5, 6\}$, 每个可能结果可以直接用一个数来表示, 若令变量 $X(\omega) = \omega$, 则试验结果可用一个变量 $X(\omega)$ 来表示, 这个变量可能取的值就是 $1, 2, 3, 4, 5, 6$, 至于确切取到哪个值, 只有在试验结束时才能知道, 即 $X(\omega)$ 的取值由随机试验结果而定.

　　例 2　测试某品牌电视机的寿命, 其样本空间为 $\Omega = \{\omega \,|\, \omega \geqslant 0\}$, 每个可能结果也可以直接用一个数来表示, 若令变量 $X(\omega) = \omega$, 则测试结果可用一个变量 $X(\omega)$ 来表示, 这个变量可能取的值就是所有非负实数, 至于确切取到哪个值, 由测试结果而定.

　　例 3　掷一枚硬币, 令 ω_1 表示正面朝上, ω_2 表示反面朝上, 样本空间为 $\Omega = \{\omega \,|\, \omega = \omega_1, \omega_2\}$, 虽然可能结果并不是数, 但只要将每个可能结果都与一个实数相对应, 那么试验的不同可能结果就可以用一个变量来表示了, 若令 $X(\omega) = \begin{cases} 1, & \omega = \omega_1, \\ 0, & \omega = \omega_2, \end{cases}$ 则变量 $X(\omega)$ 取 1 还是 0 取决于试验结果是正面朝上还是反面朝上.

　　由以上例子可以看出, 随机试验的可能结果不论是不是数, 都可以用定义在样本空间上的一个变量 $X(\omega)$ 表示, 而这个变量取什么值依赖于试验的可能结果 ω, 由于试验出现什么结果是随机的, $X(\omega)$ 取什么值也是随机的, 因此称 $X(\omega)$ 为**随机变量**.

　　在随机试验中, 我们关心的是某随机事件发生的概率, 当我们有了随机变量 $X(\omega)$ 的概念时, 自然不仅要关心它在随机试验中的取值, 更要关心的是它取这些值特别是取值在某一区间里 (如 $x_1 < X(\omega) < x_2$) 的概率, 而概率是对事件域中的事件定义的. 因此, 要保证 $X(\omega)$ 取这些值有确定的概率, 必须要求这些取值所对应的样本点的集合, 如 $\{\omega \,|\, X(\omega) = x\}$, $\{\omega \,|\, x_1 < X(\omega) < x_2\}$ 等都属于事件域,

从而保证能够对我们所关心的事件进行概率运算, 因此在随机变量的定义中应加上 $\{\omega\,|\,X(\omega) < x\} \in \mathcal{F}$ 的条件.

综合上述, 我们给出随机变量的严格数学定义.

定义 设 $(\Omega, \mathcal{F}, P)$ 是一个概率空间, 若对每一个 $\omega \in \Omega$, 有一个实数 $X(\omega)$ 与之对应, 而且对任意实数 x, $\{\omega\,|\,X(\omega) < x\} \in \mathcal{F}$, 则称实值单值函数 $X(\omega)$ 为**随机变量** (random variable), 简记为 X. 通常用大写英文字母 X, Y, Z 等来表示随机变量, 用小写英文字母 x, y, z 等表示随机变量的取值.

随机变量与微积分中的变量不同, 概率论中的随机变量 X 是一种 "随机取值" 的变量, 且它的定义域不是实数集合, 而是样本空间. 随机变量 X 是样本点 ω 的函数, 该函数可以是不同样本点对应不同的实数, 也允许多个样本点对应同一个实数. 这个函数的自变量 (样本点) 可以是数, 也可以不是数, 但因变量一定是实数.

引入随机变量之后, 我们便可以用随机变量的取值来表示事件了. 例如, $\{X = 2\}$, $\{X < 3\}$, $\{1 \leqslant X < 2\}$ 等. 这样的表示形式不仅简单, 而且便于进行各种数学运算. 根据取值的特点, 可将随机变量分为离散型随机变量和非离散型随机变量两类. 我们认识随机变量不仅要知道随机变量的取值情况, 还要了解它取值情况的概率, 这就需要引入随机变量分布的概念并对其进行研究.

2.2 离散型随机变量

2.2.1 离散型随机变量及其概率分布

离散型
随机变量

如果一个随机变量的可能取值为有限个或可列个, 则称该随机变量为**离散型随机变量**. 例如, "掷骰子" "投硬币" 试验中的随机变量. 它们的特点是所有结果是孤立的点并且能一一列举出来. 因此, 它的取值可以用下面的概率分布来描述.

定义 设离散型随机变量 X 的全部可能取值为 $x_1, x_2, \cdots$, X 取 x_k 的概率为 p_k, 即

$$P\{X = x_k\} = p_k, \quad k = 1, 2, \cdots. \tag{2.2.1}$$

称式 (2.2.1) 为离散型随机变量 X 的**概率分布列**, 简称为**分布列**, 或**分布律** (probability mass function), 其中 p_k 满足

(1) $p_k \geqslant 0$, $k = 1, 2, \cdots$;

(2) $\displaystyle\sum_{k=1}^{+\infty} p_k = 1.$ \hfill (2.2.2)

将式 (2.2.1) 写成表格的形式, 即

X	x_1	x_2	$\cdots$	x_k	$\cdots$
$P\{X = x_k\}$	p_1	p_2	$\cdots$	p_k	$\cdots$

称为**概率分布表**.

为了更直观, 也可用图形来表示式 (2.2.1), 横轴为 X 的可能值, 纵轴为 X 取相应值的概率.

在图 2-1 中, 概率 $1\left(\sum\limits_{k=1}^{+\infty} p_k = 1\right)$ 如同一个

单位的质量沿横轴分布在 $x_1,\ x_2,\ \cdots,\ x_k,\ \cdots$ 各点上, 各点上分别集中了"质量" $p_1,\ p_2,\ \cdots,$ $p_k,\ \cdots$, 故称图 2-1 为概率分布图.

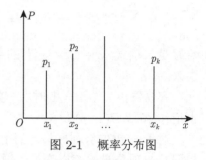

图 2-1　概率分布图

2.2.2　几种常见的离散型分布

1. 0-1 分布

若随机变量 X 以概率 p 取值 1, 以概率 q 取值 0, 其中 $p + q = 1$, 其概率分布表为

X	0	1
p_k	q	p

则称 X 服从 0-1 **分布**, 或 X 服从**两点分布** (two-point distribution).

两点分布的分布列也可以写为

$$p_k = P\{X = k\} = p^k (1-p)^{1-k},\ k = 0,1; \quad \sum_{k=0}^{1} p_k = 1.$$

显然, p_k 满足 $p_k > 0,\ k = 0,1; \sum\limits_{k=0}^{1} p_k = 0.$

如果一个随机试验的样本空间只包含两个样本点, 常可以在它的样本空间上定义一个服从 0-1 分布的随机变量, 用来描述这个随机试验的结果. 例如, 检查一产品的质量合格或不合格; 投篮一次, 投中或投不中; 对目标射击一次, 命中或命不中; 登记一新生婴儿的性别; 等等. 这些试验的结果都可以用服从 0-1 分布的随机变量来描述.

2. 二项分布

设随机变量 X 的概率分布列为

$$p_k = P\{X = k\} = \mathrm{C}_n^k p^k (1-p)^{n-k}, \quad k = 0,1,\cdots,n, \tag{2.2.3}$$

二项分布

其中 $0 < p < 1$, n 为非负整数, 则称 X 服从参数为 n, p 的**二项分布** (binomial distribution), 记作 $X \sim B(n, p)$.

由式 (2.2.3) 的定义, 显然满足式 (2.2.2), 即 $p_k \geqslant 0$, $k = 0, 1, 2, \cdots, n$;

$$\sum_{k=0}^{n} p_k = \sum_{k=0}^{n} \mathrm{C}_n^k p^k (1-p)^{n-k} = [p + (1-p)]^n = 1.$$ 由此可见, $\mathrm{C}_n^k p^k (1-p)^{n-k}$ 恰好是二项式 $[p + (1-p)]^n$ 的展开式中的第 $k+1$ 项, 这正是二项分布名称的由来.

容易看出, 当 $n = 1$ 时, 二项分布正是 0-1 分布. 因此, 若 X 服从 0-1 分布, 也记作 $X \sim B(1, p)$.

对于 n 重伯努利概型, 若用 X 表示在 n 次试验中事件 A 发生的次数, 则 X 是服从二项分布的随机变量. 例如, 若以 X 表示将一枚硬币连掷 n 次正面出现的次数; 以 Y 表示连续投球 n 次投中的次数, 则 X, Y 都是服从二项分布的随机变量.

例 1   用步枪射击低空敌机, 每支步枪命中的概率是 0.001, 若用 5000 支步枪一齐射击, 求: (1) 击中弹数的概率分布; (2) 击中 1 弹以上的概率.

解   5000 支步枪一齐射击, 可以看成一支步枪独立重复地射击 5000 次, 因此是 5000 重伯努利试验, 用 X 表示击中的弹数, 则 $X \sim B(5000, 0.001)$.

(1) 其概率分布为

$$P\{X = k\} = \mathrm{C}_{5000}^k (0.100)^k (0.999)^{5000-k}, \quad k = 0, 1, \cdots, 5000;$$

(2) 击中 1 弹以上的概率为

$$P\{X > 1\} = 1 - P\{X \leqslant 1\} = 1 - P\{X = 0\} - P\{X = 1\}$$

$$= 1 - (0.999)^{5000} - \mathrm{C}_{5000}^1 (0.001)(0.999)^{4999}$$

$$\approx 1 - 0.00673 - 0.0334$$

$$= 0.95987.$$

从计算结果可以看到, 尽管每支步枪击中目标的概率很小, 但大量步枪一齐射击, 命中目标的概率却是很大的.

例 2   某篮球运动员投篮 3 次, 每次投中的概率为 0.6, 求投中次数的概率分布.

解   以 X 表示投中的次数, 则 $X \sim B(3, 0.6)$, X 的可能值为 0, 1, 2, 3, 相应的概率分别为

$$P\{X = 0\} = \mathrm{C}_3^0 (0.6)^0 (0.4)^3 = 0.064,$$

$$P\{X=1\} = \mathrm{C}_3^1 (0.6)^1 (0.4)^2 = 0.288,$$

$$P\{X=2\} = \mathrm{C}_3^2 (0.6)^2 (0.4)^1 = 0.432,$$

$$P\{X=3\} = \mathrm{C}_3^3 (0.6)^3 (0.4)^0 = 0.216.$$

这就是 X 的概率分布. 其概率分布图如图 2-2 所示.

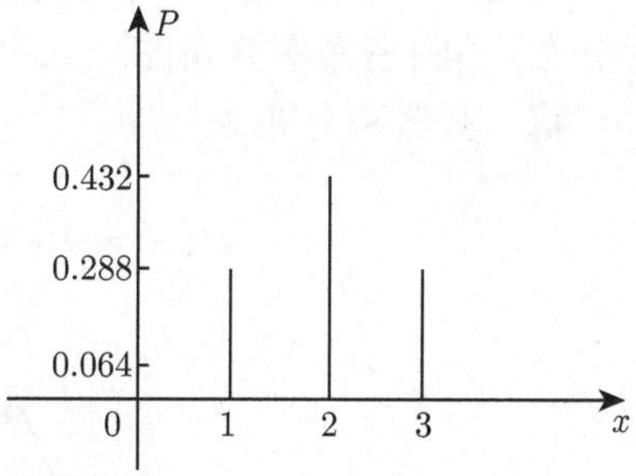

从图 2-2 中看到, $P\{X=k\}$ 的概率先是随着 k 的增大而增加, 直到达到最大值, 然后单调减少. 一般的二项分布 $B(n,p)$ 都具有这一性质. 事实上, 由

图 2-2 投中次数的概率分布图

$$\frac{P\{X=k\}}{P\{X=k-1\}} = \frac{\mathrm{C}_n^k p^k q^{n-k}}{\mathrm{C}_n^{k-1} p^{k-1} q^{n-k+1}}$$

$$= \frac{(n-k+1)p}{kq} = 1 + \frac{(n+1)p-k}{kq} \begin{cases} >1, & k<(n+1)p, \\ =1, & k=(n+1)p, \\ <1, & k>(n+1)p. \end{cases}$$

可以看到, 当 $k<(n+1)p$ 时, $P\{X=k\}$ 的值大于前项 $P\{X=k-1\}$ 的值, 即 $P\{X=k\}$ 随着 k 的增加而增加; 当 $k>(n+1)p$ 时, $P\{X=k\}$ 随着 k 的增加而下降; 当 $k=(n+1)p$, 并且 $(n+1)p$ 为正整数时, $P\{X=k\}=P\{X=k-1\}$, 此时该两项的值最大. 若 $(n+1)p$ 不是正整数, 则满足 $(n+1)p-1 < k < (n+1)p$ 的正整数 k, 使 $P\{X=k\}$ 达到最大值. 称使 $P\{X=k\}$ 达到最大值的 k 为最可能出现的次数.

3. 泊松分布

设随机变量 X 的概率分布列为

泊松分布

$$P\{X=k\} = \mathrm{e}^{-\lambda} \frac{\lambda^k}{k!}, \quad k=0,1,2,\cdots, \tag{2.2.4}$$

则称 X 服从参数为 λ 的**泊松分布** (Poisson distribution), 记作 $X \sim P(\lambda)$, 其中 $\lambda > 0$ 是常数.

易知, $p_k \geqslant 0$, $k=0,1,\cdots$, 且有

$$\sum_{k=0}^{+\infty} p_k = \sum_{k=0}^{+\infty} \frac{\lambda^k}{k!} \mathrm{e}^{-\lambda} = \mathrm{e}^{-\lambda} \sum_{k=0}^{+\infty} \frac{\lambda^k}{k!} = \mathrm{e}^{-\lambda} \cdot \mathrm{e}^{\lambda} = \mathrm{e}^0 = 1.$$

　　服从泊松分布的随机变量在实际问题中的应用是很广泛的. 例如, 某一超市一天内接待的顾客人数 X、某一地区一个时间间隔内发生交通事故的次数 Y、在单位时间内电话总机接到用户呼唤的次数 Z 等都服从泊松分布. 泊松分布也是概率论中的一种重要分布.

　　例 3　某电话交换台每分钟的呼叫数 X 服从参数 $\lambda = 3$ 的泊松分布, 求其概率分布, 并画出概率分布图.

　　解　其概率分布为

$$P\{X = k\} = \mathrm{e}^{-3}\frac{3^k}{k!}, \quad k = 0, 1, 2, \cdots,$$

$$P\{X = 0\} \approx 0.05,$$
$$P\{X = 1\} \approx 0.15,$$
$$P\{X = 2\} \approx 0.223,$$
$$P\{X = 3\} \approx 0.224,$$
$$P\{X = 4\} \approx 0.168,$$

$$\cdots\cdots$$

概率分布图如图 2-3 所示.

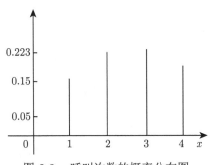

图 2-3　呼叫次数的概率分布图

　　从前面例 1 我们看到, 当 n 很大, p 很小时, 二项分布的计算量是相当大的. 此外, 同一个 p 的二项分布 $B(n,p)$ 随着 n 增大而趋于对称现象, 使我们想到 n 的改变可能引起二项分布趋于某种极限分布. 下面的泊松定理就说明二项分布的泊松逼近, 为二项分布提供了一个近似计算公式.

　　泊松定理　在 n 重伯努利试验中, 记事件 A 在一次试验中发生的概率为 p_n (与试验次数 n 有关), 如果 $\lim\limits_{n \to +\infty} np_n = \lambda > 0$, 则

$$\lim_{n \to \infty} \mathrm{C}_n^k p_n^k (1 - p_n)^{n-k} = \frac{\lambda^k}{k!}\mathrm{e}^{-\lambda}, \quad k = 0, 1, 2, \cdots, n. \tag{2.2.5}$$

　　证明　记 $np_n = \lambda_n$, 即 $p_n = \dfrac{\lambda_n}{n}$, 则

$$\mathrm{C}_n^k p_n^k (1 - p_n)^{n-k} = \frac{n(n-1)(n-2)\cdots(n-k+1)}{k!} \cdot \left(\frac{\lambda_n}{n}\right)^k \left(1 - \frac{\lambda_n}{n}\right)^{n-k}$$

$$= \frac{\lambda_n^k}{k!}\left(1 - \frac{1}{n}\right)\left(1 - \frac{2}{n}\right)\cdots\left(1 - \frac{k-1}{n}\right)\left(1 - \frac{\lambda_n}{n}\right)^{n-k}.$$

对固定的 k 有

$$\lim_{n \to +\infty}\lambda_n = \lambda, \quad \lim_{n \to +\infty}\left(1 - \frac{\lambda_n}{n}\right)^{n-k} = e^{-\lambda},$$

从而

$$\lim_{n \to \infty} C_n^k p_n^k (1 - p_n)^{n-k} = \frac{\lambda^k}{k!}e^{-\lambda}.$$

对任意的 k 成立, $k = 0, 1, 2, \cdots, n$, 定理得证.

由于泊松定理是在 $np_n \to \lambda$ 的条件下获得的, 故在计算二项分布 $B(n, p)$ 时, 当 n 很大, p 很小, 其乘积 $\lambda = np$ 适中时, 可以用泊松分布近似, 即

$$C_n^k p^k (1 - p)^{n-k} \approx \frac{\lambda^k}{k!}e^{-\lambda}, \quad k = 0, 1, 2, \cdots, n. \tag{2.2.6}$$

在实际计算中当 $n \geqslant 10, p \leqslant 0.1$ 时就可用泊松分布来近似二项分布. 泊松分布的概率值可从附表 2 中查得.

在前面例 1 中, $n = 5000$, $p = 0.001$, $\lambda = np = 5$, 由近似公式 (2.2.6) 可得

$$P\{X = 0\} = C_{5000}^0 (0.001)^0 (0.999)^{5000} \approx \frac{5^0}{0!}e^{-5} \approx 0.006738,$$

$$P\{X = 1\} = C_{5000}^1 (0.001)^1 (0.999)^{4999} \approx \frac{5}{1!}e^{-5} \approx 0.03369,$$

$$P\{X > 1\} \approx \sum_{k=2}^{+\infty} \frac{5^k}{k!}e^{-5} \approx 0.95957.$$

例 4 为了保证设备正常工作, 需要配备适量的维修工人, 现有同类型的设备 300 台, 各台工作是相互独立的. 发生故障的概率都是 0.01. 在通常情况下一台设备的故障可由一个人来处理 (只考虑这种情况). 问至少需配备多少工人, 才能保证设备发生故障但不能及时维修的概率小于 0.01?

解 设需要配备 N 人, 用 X 表示同一时刻发生故障的设备台数, 则 $X \sim B(300, 0.01)$, 所求就是满足条件 $P\{X > N\} < 0.01$ 的 N 等于多少. 由式 (2.2.6) (这里 $\lambda = np = 3$)

$$P\{X > N\} \approx \sum_{k=N+1}^{+\infty} \frac{3^k e^{-3}}{k!}.$$

要使得 $\sum_{k=N+1}^{+\infty} \dfrac{3^k \mathrm{e}^{-3}}{k!} < 0.01$, 查附表 2 可求得 N 等于 8, 因此达到上述要求最少需配备 8 个人.

例 5　设有 N 个产品, 其中有 M 个不合格品. 若从中不放回地抽取 n 个, 则其中含有的不合格品数 X 的概率分布列为

$$p_k = P\{X = k\} = \frac{C_M^k C_{N-M}^{n-k}}{C_N^n}, \quad k = 0, 1, \cdots, l, \tag{2.2.7}$$

其中 $0 \leqslant n \leqslant N$, $0 \leqslant M \leqslant N$, $l = \min(M, n)$, 且它们都是非负整数. 称随机变量 X 服从**超几何分布**, 记作 $X \sim h(n, N, M)$. 容易验证: 若 $\lim\limits_{N \to +\infty} \dfrac{M}{N} = p$, 即在无限多个产品中, 不合格品率是 p, 则在 n, k 不变的条件下, 有

$$\lim_{N \to +\infty} \frac{C_M^k C_{N-M}^{n-k}}{C_N^n} = C_n^k p^k (1-p)^{n-k}.$$

也就是说, 超几何分布的极限分布是二项分布.

2.3　连续型随机变量

连续型
随机变量

2.3.1　连续型随机变量及其概率密度

非离散型随机变量当中, 有一类很重要很常见的随机变量就是连续型随机变量.

在 "测试某品牌电视机的寿命" 这一试验中, 若用 X 表示测试的结果, 则 X 就是一个连续型的随机变量, 它的特点是, 其取值可以充满某一区间, 而不是只取有限个或可列个点. 因此, 对于连续型随机变量, 如果仍像离散型随机变量用列举它的可能值及其相应概率的方法来描述其取值规律, 这显然是做不到的. 然而, 若对任意实数 x_1, x_2 都能明确知道它取值于区间 (x_1, x_2) 内的概率, 那么就可以掌握它的取值规律. 为此, 引进概率密度的定义.

定义　若存在非负可积函数 $f(x)$, 使随机变量 X 取值于任意区间 $(x_1, x_2]$ 的概率为

$$P\{x_1 < X \leqslant x_2\} = \int_{x_1}^{x_2} f(x)\mathrm{d}x, \tag{2.3.1}$$

则称 X 为连续型随机变量, 称 $f(x)$ 为 X 的**概率密度函数** (probability density function), 简称为**概率密度**或**密度函数**.

从概率密度函数的定义可以知道 $f(x)$ 具有下述性质:

(1) $f(x) \geqslant 0$;

(2) $\displaystyle\int_{-\infty}^{+\infty} f(x)\mathrm{d}x = 1.$

利用定积分的性质容易推得

$$f(x_1) = \lim_{x_2 \to x_1} \frac{P\{x_1 < X \leqslant x_2\}}{x_2 - x_1}.$$

由此可见, 当 $f(x_1)$ 大时, X 落在 x_1 附近的概率也就较大, 即概率密度函数 $f(x)$ 描述了连续型随机变量的取值规律.

下面计算 $P\{X = x\}$.

设 $\Delta x > 0$, 则

$$P\{X = x\} \leqslant P\{x - \Delta x < X \leqslant x\} = \int_{x-\Delta x}^{x} f(t)\mathrm{d}t,$$

而

$$0 \leqslant P\{X = x\} \leqslant \lim_{\Delta x \to 0} \int_{x-\Delta x}^{x} f(t)\mathrm{d}t = 0,$$

所以

$$P\{X = x\} = 0,$$

即连续型随机变量取任何固定值的概率为零. 这与离散型随机变量的情形是不一样的. 因此, 若描述连续型随机变量的取值规律, 用列举它的可能值及其相应概率的方法不但做不到, 同时也是毫无意义的.

然而 $P\{X = x\} = 0$, 并不意味着事件 $\{X = x\}$ 是不可能事件, 因为 x 毕竟是实数轴上实实在在的一点, 倘若能无限次地进行重复试验的话, X 是不会永远跳过 x 的, $P\{X = x\} = 0$ 只能说明在大量重复试验中 $\{X = x\}$ 发生的次数将是非常少的.

因为 $P\{X = x\} = 0$, 所以对于连续型随机变量有

$$P\{x_1 < X < x_2\} = P\{x_1 < X \leqslant x_2\} = P\{x_1 \leqslant X < x_2\}$$

$$= P\{x_1 \leqslant X \leqslant x_2\} = \int_{x_1}^{x_2} f(x)\mathrm{d}x. \tag{2.3.2}$$

例 1 设随机变量 X 具有概率密度函数

$$f(x) = \begin{cases} Ax, & 0 \leqslant x \leqslant 1, \\ 0, & 其他, \end{cases}$$

求 (1) 系数 A; (2) $P\left\{X < \dfrac{1}{2}\right\}$.

解   (1) 利用概率密度函数的性质应有等式

$$\int_{-\infty}^{-\infty} f(x)\mathrm{d}x = \int_0^1 Ax\mathrm{d}x = 1,$$

解此等式即得 $A = 2$;

(2) 利用式 (2.3.2)

$$P\left\{X < \frac{1}{2}\right\} = \int_{-\infty}^{\frac{1}{2}} f(x)\mathrm{d}x = 2\int_0^{\frac{1}{2}} x\mathrm{d}x = \frac{1}{4}.$$

2.3.2   几种常见的连续型分布

均匀分布

1. 均匀分布

若随机变量 X 的概率密度函数为

$$f(x) = \begin{cases} \dfrac{1}{b-a}, & a < x < b, \\ 0, & \text{其他}, \end{cases}$$

则称 X 在 (a,b) 上服从**均匀分布** (uniform distribution) (图 2-4), 记为 $X \sim U(a,b)$, 其中 $a < b$ 为常数.

易知, $f(x) \geqslant 0$, 且 $\displaystyle\int_{-\infty}^{+\infty} f(x)\mathrm{d}x = 1$.

分布的 "均匀" 是指随机变量 X 落在任意等长度的子区间内的概率是相同的. 事实上, 若 $X \sim U(a,b)$, $a \leqslant c \leqslant d \leqslant b$, 则有

$$P\{c < X < d\} = \int_c^d \frac{1}{b-a}\mathrm{d}x = \frac{d-c}{b-a}, \quad (2.3.3)$$

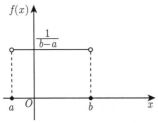

图 2-4   均匀分布的概率密度函数

即在 (a,b) 的任一子区间 (c,d) 内的概率与区间长度 $d-c$ 成正比, 与子区间在 (a,b) 中的位置无关. 均匀分布的这一特性告诉我们, 一维空间上的几何概型都可以用服从均匀分布的随机变量来描述. 在实际问题中, 计算机产生的随机数、正弦波的随机相位等通常都服从均匀分布. 在理论研究中, 尤其在分布的模拟研究中也常用到均匀分布.

2. 指数分布

设连续型随机变量 X 的概率密度函数为

$$f(x) = \begin{cases} \lambda e^{-\lambda x}, & x > 0, \\ 0, & x \leqslant 0, \end{cases} \tag{2.3.4}$$

其中 $\lambda > 0$ 是常数, 则称 X 服从参数为 λ 的 **指数分布** (exponential distribution), 记为 $X \sim E(\lambda)$.

指数分布的概率密度函数 $f(x)$ 的图形如图 2-5 所示. 指数分布一般常用作各种 "寿命" 分布的近似, 如电子元器件的寿命. 随机服务系统的服务时间、旅客在车站售票处购票需要等候的时间等都服从指数分布.

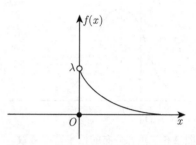

图 2-5　指数分布的概率密度函数

正态分布

3. 正态分布

设连续型随机变量 X 的概率密度为

$$f(x) = \frac{1}{\sqrt{2\pi}\sigma} e^{-\frac{(x-\mu)^2}{2\sigma^2}}, \quad -\infty < x < +\infty, \tag{2.3.5}$$

其中 $\mu, \sigma > 0$ 为常数, 则称 X 服从参数为 μ 和 σ 的 **正态分布** (normal distribution), 记为 $X \sim N(\mu, \sigma^2)$, 它的数学表达式是高斯最早给出的, 所以又称为高斯分布.

易知, $f(x) \geqslant 0$, 现在证明 $\int_{-\infty}^{+\infty} f(x)\mathrm{d}x = 1$. 令 $t = \dfrac{x-\mu}{\sigma}$, 则

$$\int_{-\infty}^{+\infty} \frac{1}{\sqrt{2\pi}\sigma} e^{-\frac{(x-\mu)^2}{2\sigma^2}} \mathrm{d}x = \frac{1}{\sqrt{2\pi}} \int_{-\infty}^{+\infty} e^{-\frac{t^2}{2}} \mathrm{d}t.$$

记 $I = \displaystyle\int_{-\infty}^{+\infty} e^{-\frac{t^2}{2}} \mathrm{d}t$, 则有 $I^2 = \displaystyle\int_{-\infty}^{+\infty} \int_{-\infty}^{+\infty} e^{-\frac{t^2+\mu^2}{2}} \mathrm{d}t\mathrm{d}\mu$, 化它为极坐标下的累次积分, 得

$$I^2 = \int_0^{2\pi} \int_0^{+\infty} e^{-\frac{r^2}{2}} r\mathrm{d}r\mathrm{d}\theta = 2\pi.$$

而 $I > 0$, 故有 $I = \sqrt{2\pi}$, 即有

$$\int_{-\infty}^{+\infty} e^{-\frac{t^2}{2}} \mathrm{d}t = \sqrt{2\pi},$$

于是 $\int_{-\infty}^{+\infty}\dfrac{1}{\sqrt{2\pi}\sigma}\mathrm{e}^{-\frac{(x-\mu)^2}{2\sigma^2}}\mathrm{d}x=\dfrac{1}{\sqrt{2\pi}}\int_{-\infty}^{+\infty}\mathrm{e}^{-\frac{t^2}{2}}\mathrm{d}t=\dfrac{1}{\sqrt{2\pi}}\cdot\sqrt{2\pi}=1.$

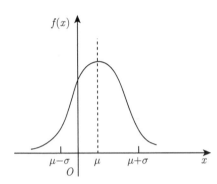

图 2-6   正态分布的概率密度函数

正态分布的概率密度函数 $f(x)$ 的图形如图 2-6 所示, 图形关于直线 $x=\mu$ 对称, 并且在 $x=\mu$ 处达到最大值 $\dfrac{1}{\sqrt{2\pi}\sigma}$, 在 $x=\mu\pm\sigma$ 处有拐点; 当 $x\to\pm\infty$ 时 $f(x)\to0$, 即曲线以 x 轴为渐近线, 当 σ 较大时曲线较平缓, 当 σ 较小时曲线陡峭 (图 2-7).

$\mu=0,\sigma=1$ 时的正态分布称为**标准正态分布**, 记为 $N(0,1)$, 其概率密度函数通常记为

$$\varphi(x)=\frac{1}{\sqrt{2\pi}}\mathrm{e}^{-\frac{x^2}{2}},\quad -\infty<x<+\infty.$$

(2.3.6)

$\varphi(x)$ 的图形如图 2-8 所示. 正态分布是概率论中最重要的分布. 一方面, 正态分布是自然界中最常见的一种分布, 如测量的误差, 同一种族的某种生物的身长或体重, 海洋波浪的高度, 某些工业产品的直径、长度、宽度、重量等都服从正态分布. 在地球化学中, 岩石和矿物中某些常量元素的含量也服从正态分布. 另一方面, 许多分布如二项分布、泊松分布都以正态分布为其极限分布, 这些分布都可用正态分布来近似. 还有些分布又可通过正态分布来导出. 因此, 正态分布在概率论与数理统计的理论研究和实际应用中都占有特别重要的地位.

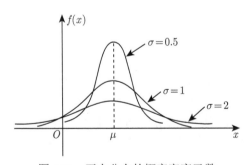

图 2-7   正态分布的概率密度函数

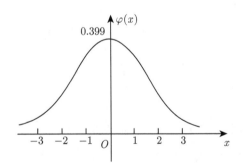

图 2-8   标准正态分布的概率密度函数

例 2 已知随机变量 X 只在 $[0,2]$ 上取值, X 在 $[0,2)$ 上的概率密度函数为

$$f(x)=\frac{1}{\theta}\mathrm{e}^{-x/\theta},$$

试求 $P\{X=2\}$.

解 由条件知 $P\{X \in [0, 2]\}=1$, 而

$$P\{0 \leqslant X < 2\} = \int_0^2 \frac{1}{\theta} \mathrm{e}^{-x/\theta} \mathrm{d}x = 1 - \mathrm{e}^{-2/\theta},$$

故

$$P\{X = 2\} = P\{0 \leqslant X \leqslant 2\} - P\{0 \leqslant X < 2\} = 1 - (1 - \mathrm{e}^{-2/\theta}) = \mathrm{e}^{-2/\theta}.$$

例 2 中介绍的随机变量 X 既不是连续型, 也不是离散型, 而是一种称为混合型的随机变量.

2.4 分 布 函 数

分布函数

由前面所述, 离散型随机变量的取值规律可以用分布律来描述, 连续型随机变量的取值规律可以用概率密度函数的积分来描述. 为了研究上的方便, 本节将给出一个描述随机变量取值规律的统一的方法. 下面引入分布函数的概念.

2.4.1 分布函数的定义

由随机变量的定义可知, 对于每一个实数 x, $\{X \leqslant x\}$ 都是一个随机事件, 因此有一个确定的概率 $P\{X \leqslant x\}$ 与 x 相对应, 所以 $P\{X \leqslant x\}$ 是 x 的函数, 为此我们有如下定义.

定义 设 X 为一随机变量, x 为任意实数, 称函数

$$F(x) = P\{X \leqslant x\} \tag{2.4.1}$$

为 X 的**累积分布函数** (cumulative distribution function), 简称为**分布函数**.

随着 x 在实数轴上不断向右移动, X 落在 x 左边的概率 $P\{X \leqslant x\}$ 不会减少, 因而分布函数 $P\{X \leqslant x\}$ 是 x 的不减函数. 若将点 x 沿实数轴无限地向右移动, 此时 $\{X \leqslant x\}$ 变成必然事件, 因此有 $F(+\infty) = \lim\limits_{x \to +\infty} F(x) = 1$. 相反, 若将 X 沿实数轴无限地向左移动, 那么 X 落在 x 左边变成不可能事件, 故 $F(-\infty) = \lim\limits_{x \to -\infty} F(x) = 0$.

根据分布函数的定义和上面的分析可知, $F(x)$ 具有下面的性质:
(1) $F(x)$ 是 x 的不减函数, 即当 $x_1 < x_2$ 时有 $F(x_1) \leqslant F(x_2)$;
(2) $0 \leqslant F(x) \leqslant 1$, $F(-\infty) = 0$, $F(+\infty) = 1$;
(3) $F(x)$ 是右连续的, 即 $F(x + 0) = F(x)$.

对任意实数 $x_1, x_2(x_1 < x_2)$, 由分布函数的定义有

$$P\{X = x_1\} = F(x_1) - F(x_1 - 0),$$

$$P\{X < x_1\} = F(x_1 - 0),$$

$$P\{x_1 \leqslant X < x_2\} = F(x_2 - 0) - F(x_1 - 0),$$

$$P\{X > x_1\} = 1 - F(x_1).$$

这些式子表明, 若知道了分布函数, 则可求出 X 落在各种形式区间上的概率. 因此可以说, 分布函数比较完全地描述了随机变量的取值规律. 同时, 这些式子还表明, 分布函数的引入, 使许多概率论的问题转化为函数的运算问题, 并且分布函数就是普通的实值函数, 这使得我们可以用数学分析的方法来研究随机变量.

例 1　设随机变量 X 的分布函数为

$$F(x) = \begin{cases} 0, & x < -\dfrac{\pi}{2}, \\ A(\sin x + 1), & -\dfrac{\pi}{2} \leqslant x \leqslant \dfrac{\pi}{2}, \\ 1, & x > \dfrac{\pi}{2}, \end{cases}$$

求: (1) 系数 A; (2) $P\{X > 0\}$.

解　(1) 因为分布函数是右连续函数, 所以当 $x = \dfrac{\pi}{2}$ 时, $F(x)$ 是右连续的, 即 $F\left(\dfrac{\pi}{2} + 0\right) = F\left(\dfrac{\pi}{2}\right)$, 即 $A\left(\sin\dfrac{\pi}{2} + 1\right) = 1$, 解得 $A = \dfrac{1}{2}$;

(2) $P\{X > 0\} = 1 - P\{X \leqslant 0\} = 1 - F(0) = \dfrac{1}{2}$.

2.4.2　离散型随机变量的分布函数

离散型随机变量的分布函数具有如下形式:

$$F(x) = P\{X \leqslant x\} = \sum_{x_k \leqslant x} P\{X = x_k\} = \sum_{x_k \leqslant x} p_k. \tag{2.4.2}$$

易知 $F(x)$ 是一个阶梯函数, 它在每个 x_k 处产生跳跃, 其跃度为 p_k (图 2-9).

例如, 0-1 分布的分布函数为

$$F(x) = \sum_{x_k \leqslant x} p_k = \begin{cases} 0, & x < 0, \\ q, & 0 \leqslant x < 1, \\ p + q = 1, & x \geqslant 1. \end{cases}$$

如图 2-10 所示.

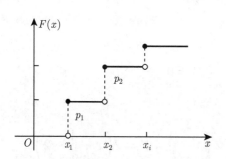

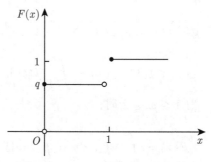

图 2-9　离散型随机变量的分布函数图形　　　　图 2-10　0-1 分布的分布函数图形

2.4.3　连续型随机变量的分布函数

对于连续型随机变量, 由分布函数的定义知其分布函数为 $F(x) = \displaystyle\int_{-\infty}^{x} f(t)\mathrm{d}t$, $F(x)$ 的几何意义就是位于点 x 左边的密度曲线下方的面积 (图 2-11).

显然

$$P\{x_1 \leqslant x \leqslant x_2\} = \int_{x_1}^{x_2} f(x)\mathrm{d}x = F(x_2) - F(x_1). \tag{2.4.3}$$

又由微积分理论知:

(1) $F(x)$ 是 x 的连续函数 (图 2-12);

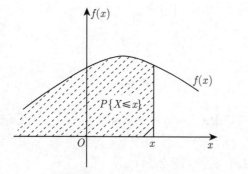

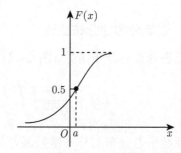

图 2-11　连续型随机变量的概率密度函数曲线　　图 2-12　连续型随机变量的分布函数曲线

(2) 在 $f(x)$ 的连续点上

$$f(x) = F'(x). \tag{2.4.4}$$

例 2　设随机变量 X 的密度函数为

$$f(x) = \begin{cases} 2\left(1 - \dfrac{1}{x^2}\right), & 1 \leqslant x \leqslant 2, \\ 0, & \text{其他}, \end{cases}$$

求: (1) X 的分布函数 $F(x)$; (2) $P\left\{0 < X < \dfrac{3}{2}\right\}$.

解　(1) $F(x) = P\{X \leqslant x\} = \displaystyle\int_{-\infty}^{x} f(t)\mathrm{d}t$.

当 $x < 1$ 时, $F(x) = \displaystyle\int_{-\infty}^{x} f(t)\mathrm{d}t = \int_{-\infty}^{x} 0\mathrm{d}t = 0$;

当 $1 \leqslant x \leqslant 2$ 时,

$$F(x) = \int_{-\infty}^{x} f(t)\mathrm{d}t = \int_{-\infty}^{1} 0\mathrm{d}t + \int_{1}^{x} 2\left(1 - \frac{1}{t^2}\right)\mathrm{d}t = 2\left(x + \frac{1}{x} - 2\right);$$

当 $x > 2$ 时, $F(x) = \displaystyle\int_{-\infty}^{x} f(t)\mathrm{d}t = \int_{-\infty}^{1} 0\mathrm{d}t + \int_{1}^{2} 2\left(1 - \frac{1}{t^2}\right)\mathrm{d}t + \int_{2}^{x} 0\mathrm{d}t = 1$,

所以

$$F(x) = \begin{cases} 0, & x < 1, \\ 2\left(x + \dfrac{1}{x} - 2\right), & 1 \leqslant x \leqslant 2, \\ 1, & x > 2. \end{cases}$$

(2) 由式 (2.4.3), 有

$$P\left\{0 < X < \frac{3}{2}\right\} = F\left(\frac{3}{2}\right) - F(0) = 2\left(\frac{3}{2} + \frac{2}{3} - 2\right) = \frac{1}{3}.$$

2.4.4　正态分布的分布函数

正态分布的分布函数 (图 2-13)

$$F(x) = \frac{1}{\sqrt{2\pi}\sigma} \int_{-\infty}^{x} \mathrm{e}^{-\frac{(t-\mu)^2}{2\sigma^2}}\mathrm{d}t, \quad -\infty < x < +\infty. \tag{2.4.5}$$

标准正态分布的分布函数通常用 $\Phi(x)$ 表示 (图 2-14)

$$\Phi(x) = \frac{1}{\sqrt{2\pi}} \int_{-\infty}^{x} \mathrm{e}^{-\frac{t^2}{2}}\mathrm{d}t, \quad -\infty < x < +\infty. \tag{2.4.6}$$

$\Phi(x)$ 的值已经制成表 (附表 1), 可供计算时查用.

由于标准正态分布的概率密度 $\varphi(x)$ 是偶函数, 其图形关于 y 轴对称 (图 2-8), 所以标准正态分布的分布函数 $\Phi(x)$ 有

$$\Phi(x) + \Phi(-x) = 1.$$

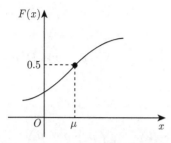

图 2-13　正态分布的分布函数

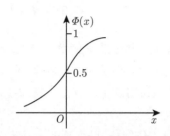

图 2-14　标准正态分布的分布函数

例 3　设 $X \sim N(0,1)$, 求 $P\{X > 1.21\}$; $P\{X \leqslant -1.52\}$; $P\{|X| < 0.34\}$.

解　$P\{X > 1.21\} = 1 - \Phi(1.21) \approx 1 - 0.8869 = 0.1131$;

$$P\{X \leqslant -1.52\} = \Phi(-1.52) = 1 - \Phi(1.52) \approx 1 - 0.9357 = 0.0643;$$

$$P\{|X| \leqslant 0.34\} = P\{-0.34 \leqslant X \leqslant 0.34\}$$

$$= \Phi(0.34) - \Phi(-0.34) = \Phi(0.34) - [1 - \Phi(0.34)]$$

$$= 2\Phi(0.34) - 1 \approx 2 \times 0.6331 - 1 = 0.2662;$$

对于一般的正态分布 $N(\mu, \sigma^2)$, $F(x)$ 的值可利用下列变换公式计算.

$$F(x) = \frac{1}{\sqrt{2\pi}\sigma} \int_{-\infty}^{x} \mathrm{e}^{-\frac{(t-\mu)^2}{2\sigma^2}} \mathrm{d}t \xrightarrow{\frac{t-\mu}{\sigma}=u} \frac{1}{\sqrt{2\pi}} \int_{-\infty}^{\frac{x-\mu}{\sigma}} \mathrm{e}^{-\frac{u^2}{2}} \mathrm{d}u = \Phi\left(\frac{x-\mu}{\sigma}\right).$$

$$(2.4.7)$$

由式 (2.4.3) 及式 (2.4.7), 如果 $X \sim N(\mu, \sigma^2)$, 则

$$P\{x_1 < X \leqslant x_2\} = \Phi\left(\frac{x_2-\mu}{\sigma}\right) - \Phi\left(\frac{x_1-\mu}{\sigma}\right).$$

此外, $P\{x_1 < X \leqslant x_2\} = P\left\{\frac{x_1-\mu}{\sigma} < \frac{X-\mu}{\sigma} \leqslant \frac{x_2-\mu}{\sigma}\right\} = \Phi\left(\frac{x_2-\mu}{\sigma}\right) -$

$\Phi\left(\frac{x_1-\mu}{\sigma}\right)$, 它意味着随机变量 $Z = \frac{X-\mu}{\sigma} \sim N(0,1)$. 这一结论在 2.5 节的例
3 中会得到进一步的证明.

例 4　设随机变量 $X \sim N(1,4)$, 求 $P\{X \leqslant 3.5\}$; $P\{0 < X \leqslant 1\}$.

解　$P\{X \leqslant 3.5\} = P\left\{\frac{X-1}{2} \leqslant \frac{3.5-1}{2}\right\}$

$$= \Phi\left(\frac{3.5-1}{2}\right) = \Phi(1.25) \approx 0.8944,$$

$$P\{0 < X \leqslant 1\} = P\left\{\frac{0-1}{2} < \frac{X-1}{2} \leqslant \frac{1-1}{2}\right\} = \Phi\left(\frac{1-1}{2}\right) - \Phi\left(\frac{0-1}{2}\right)$$

$$= \Phi(0) - \Phi(-0.5) \approx 0.1915.$$

例 5 设随机变量 $X \sim N(\mu, \sigma^2)$, 分别求 $P\{\mu-\sigma<X<\mu+\sigma\}$, $P\{\mu-2\sigma<X<\mu+2\sigma\}$ 和 $P\{\mu-3\sigma<X<\mu+3\sigma\}$.

解 利用式 (2.4.7), 由图 2-15 知

$$P\{\mu - \sigma < X < \mu + \sigma\} = \Phi\left(\frac{\mu + \sigma - \mu}{\sigma}\right) - \Phi\left(\frac{\mu - \sigma - \mu}{\sigma}\right)$$

$$= \Phi(1) - \Phi(-1)$$

$$\overset{\text{查表}}{\approx} 0.8413 - (1 - 0.8413) = 0.6826,$$

$$P\{\mu - 2\sigma < X < \mu + 2\sigma\} = \Phi\left(\frac{\mu + 2\sigma - \mu}{\sigma}\right) - \Phi\left(\frac{\mu - 2\sigma - \mu}{\sigma}\right)$$

$$= \Phi(2) - \Phi(-2)$$

$$\overset{\text{查表}}{\approx} 0.9772 - (1 - 0.9772) = 0.9544,$$

$$P\{\mu - 3\sigma < X < \mu + 3\sigma\} = \Phi(3) - \Phi(-3) \approx 0.9974.$$

从例 5 可以看出: 尽管正态分布的随机变量取值范围是 $(-\infty, +\infty)$, 但它的 68.26% 的值落在 $(\mu-\sigma, \mu+\sigma)$ 内, 95.44% 的值落在 $(\mu-2\sigma, \mu+2\sigma)$ 内, 99.74% 的值落在 $(\mu-3\sigma, \mu+3\sigma)$ 内. 如图 2-15 所示. 这个性质被实际工作者称为正态分布的 "3σ 原则". 正态分布的 3σ 原则在实际工作中很有用, 如工业生产上用的控制图、一些产品质量指数等都是根据 3σ 原则制定的.

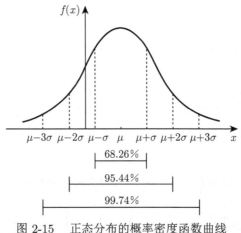

图 2-15 正态分布的概率密度函数曲线

例 6　将一温度调节器放置在储存着某种液体的容器内, 调节器整定在 $\mu°C$, 液体的温度 X (以 ℃ 计) 是一个随机变量, 且 $X \sim N(\mu, 0.5^2)$.

(1) 若 $\mu = 90$, 求 X 小于 89 的概率.

(2) 若要求保持液体的温度至少为 80 的概率不低于 0.99, 问 μ 至少为多少?

解　(1) 由题意可得概率为

$$P\{X < 89\} = P\left\{\frac{X - 90}{0.5} < \frac{89 - 90}{0.5}\right\}$$

$$= \Phi\left(\frac{89 - 90}{0.5}\right) = \Phi(-2)$$

$$= 1 - \Phi(2) \approx 1 - 0.9772$$

$$= 0.0228.$$

(2) 按题意需求 μ 满足

$$0.99 \leqslant P\{X \geqslant 80\} = P\left\{\frac{X - \mu}{0.5} \geqslant \frac{80 - \mu}{0.5}\right\}$$

$$= 1 - P\left\{\frac{X - \mu}{0.5} < \frac{80 - \mu}{0.5}\right\}$$

$$= 1 - \Phi\left(\frac{80 - \mu}{0.5}\right),$$

即 $\Phi\left(\dfrac{80 - \mu}{0.5}\right) \leqslant 1 - 0.99 \approx 1 - \Phi(2.33) = \Phi(-2.33)$, 也就是

$$\frac{80 - \mu}{0.5} \leqslant -2.33,$$

故需

$$\mu \geqslant 81.165.$$

2.5　随机变量函数的概率分布

在实际问题中, 不仅要研究随机变量的分布, 往往还要研究随机变量函数的分布. 若 X 是随机变量, $Y = g(X)$, 当 $g(x)$ 是实值连续函数时, Y 也是随机变量. 那么, 如何由 X 的分布求出 Y 的分布呢?

先举一个离散型的例子.

例 1 设离散型随机变量 X 的分布律为

X	-1	0	1
p_k	0.1	0.2	0.7

试求 (1) $Y = 2X + 1$ 的分布律; (2) $Y = X^2$ 的分布律.

解 (1) Y 的可能取值为 $-1, 1, 3$, 又因为

$$P\{Y = -1\} = P\{2X + 1 = -1\} = P\{X = -1\} = 0.1,$$

$$P\{Y = 1\} = P\{2X + 1 = 1\} = P\{X = 0\} = 0.2,$$

$$P\{Y = 3\} = P\{2X + 1 = 3\} = P\{X = 1\} = 0.7,$$

所以, $Y = 2X + 1$ 的分布律为

$Y = 2X + 1$	-1	1	3
p_k	0.1	0.2	0.7

(2) Y 的可能取值为 $0, 1$, 又因为

$$P\{Y = 0\} = P\{X^2 = 0\} = P\{X = 0\} = 0.2,$$

$$P\{Y = 1\} = P\{X^2 = 1\} = P\{X = -1 \text{ 或 } X = 1\} = P\{X = -1\} + P\{X = 1\} = 0.8,$$

所以, $Y = X^2$ 的分布律为

$Y = X^2$	0	1
p_k	0.2	0.8

一般地, 设离散型随机变量 X 的分布律为

X	x_1	x_2	$\cdots$	x_j	$\cdots$
p_k	p_1	p_2	$\cdots$	p_j	$\cdots$

则随机变量 $Y = g(X)$ 也是一个离散型随机变量, 此时 Y 的分布律就可以简单地表示为

Y	$g(x_1)$	$g(x_2)$	$\cdots$	$g(x_j)$	$\cdots$
p_k	p_1	p_2	$\cdots$	p_j	$\cdots$

当 $g(x_1), g(x_2), \cdots, g(x_j), \cdots$ 中有某些值相等时, 则把那些相等的值分别合并, 并把对应的概率相加即可.

下面讨论连续型随机变量的情形.

例 2 设随机变量 X 的概率密度函数为 $f_X(x)$, $Y = aX + b$, 其中 $a > 0$ 是常数, 试求 $Y = aX + b$ 的概率密度函数.

解 设 Y 的分布函数和密度函数分别为 $F_Y(y)$ 和 $f_Y(y)$, 则

$$F_Y(y) = P\{Y \leqslant y\} = P\{aX + b \leqslant y\}$$

$$= P\left\{X \leqslant \frac{y-b}{a}\right\} = \int_{-\infty}^{\frac{y-b}{a}} f_X(x)\mathrm{d}x.$$

令 $\dfrac{t-b}{a} = x$, 则

$$F_Y(y) = \int_{-\infty}^{y} \frac{1}{a} f_X\left(\frac{t-b}{a}\right) \mathrm{d}t,$$

连续型随机变量函数的分布

于是得到

$$f_Y(y) = \frac{1}{a} f_X\left(\frac{y-b}{a}\right).$$

定理 1 设 X 是连续型随机变量, 其密度函数为 $f_X(x)$, $-\infty < x < +\infty$, $Y = g(X)$ 是另一个随机变量, 若函数 $y = g(x)$ 严格单调, 其反函数 $h(y)$ 有连续导函数, 则 $Y = g(X)$ 的密度函数为

$$f_Y(y) = \begin{cases} f_X[h(y)]|h'(y)|, & a < y < b, \\ 0, & \text{其他}, \end{cases} \tag{2.5.1}$$

其中 a 是 $g(x)$ 的最小值, b 是 $g(x)$ 的最大值.

证明 不妨设 $g(x)$ 是严格单调增函数, 这时它的反函数 $h(y)$ 也是严格单调增函数, 且 $h'(y) > 0$. 记 a 为 $g(x)$ 的最小值, b 为 $g(x)$ 的最大值, 这意味着 $Y = g(X)$ 仅在区间 (a, b) 内取值. 于是, 当 $y \leqslant a$ 时,

$$F_Y(y) = P\{Y \leqslant y\} = 0;$$

当 $y \geqslant b$ 时,

$$F_Y(y) = P\{Y \leqslant y\} = 1;$$

当 $a < y < b$ 时,

$$F_Y(y) = P\{Y \leqslant y\} = P\{g(X) \leqslant y\}$$

$$= P\{X \leqslant h(y)\} = \int_{-\infty}^{h(y)} f_X(x)\mathrm{d}x.$$

由分布函数和密度函数的关系可得

$$f_Y(y) = \begin{cases} f_X[h(y)]h'(y), & a < y < b, \\ 0, & 其他. \end{cases}$$

同理可证当 $g(x)$ 是严格单调减函数时, 结论成立. 但要注意此时 $h'(y) < 0$, 故要加绝对值号.

例 3　设 $X \sim N(\mu, \sigma^2)$, $Y = \dfrac{X - \mu}{\sigma}$, $Z = aX + b$, 证明: (1) $Y \sim N(0, 1)$; (2) $Z \sim N(a\mu + b, a^2\sigma^2)$.

证明　由题意知 X 的密度函数为

$$f_X(x) = \frac{1}{\sqrt{2\pi}\sigma}\mathrm{e}^{-\frac{(x-\mu)^2}{2\sigma^2}}, \quad -\infty < x < +\infty,$$

(1) 由于 $\sigma > 0$, 则 $y = \dfrac{x - \mu}{\sigma}$ 是严格单调增函数, 其反函数 $x = \sigma y + \mu$ 在 $(-\infty, +\infty)$ 上单调递增, 且 $x' = \sigma$, 由式 (2.5.1) 可得 Y 的密度函数为

$$f_Y(y) = f_X(\sigma y + \mu) \cdot \sigma = \frac{1}{\sqrt{2\pi}\sigma}\mathrm{e}^{-\frac{(\sigma y + \mu - \mu)^2}{2\sigma^2}} \cdot \sigma = \frac{1}{\sqrt{2\pi}}\mathrm{e}^{-\frac{y^2}{2}}, \quad -\infty < y < +\infty,$$

即证 $Y \sim N(0, 1)$.

(2) 虽然不知道 a 的正负, 但知道 $z = ax + b$ 是严格单调函数, 其反函数为 $x = \dfrac{z - b}{a}$, 从而由式 (2.5.1) 可得 Z 的密度函数为

$$f_Z(z) = f_X\left(\frac{z - b}{a}\right) \cdot \left|\frac{1}{a}\right| = \frac{1}{\sqrt{2\pi}\sigma}\mathrm{e}^{-\frac{\left(\frac{z-b}{a} - \mu\right)^2}{2\sigma^2}} \cdot \left|\frac{1}{a}\right|$$

$$= \frac{1}{\sqrt{2\pi}|a|\sigma}\mathrm{e}^{-\frac{(z - a\mu - b)^2}{2a^2\sigma^2}}, \quad -\infty < z < +\infty,$$

即证 $Z \sim N(a\mu + b, a^2\sigma^2)$.

如果 $y = g(x)$ 不是单调函数, 就不能用上述定理 1, 那么情况就比较复杂, 下面通过一个例子来介绍解决此类问题的一般方法.

例 4　设随机变量 X 具有概率密度函数

$$f_X(x) = \begin{cases} \dfrac{x}{8}, & 0 < x < 4, \\ 0, & 其他, \end{cases}$$

求 $Y = X^2$ 的概率密度函数.

解 记 Y 的分布函数和概率密度函数分别为 $F_Y(y)$ 和 $f_Y(y)$, 则

$$F_Y(y) = P\{Y \leqslant y\} = P\{X^2 \leqslant y\},$$

显然, 当 $y \leqslant 0$ 时, $F_Y(y) = 0$;

当 $y > 0$ 时,

$$F_Y(y) = P\{-\sqrt{y} \leqslant X \leqslant \sqrt{y}\}$$

$$= \begin{cases} \int_0^{\sqrt{y}} \dfrac{x}{8}\mathrm{d}x, & 0 < y < 16, \\ \int_0^4 \dfrac{x}{8}\mathrm{d}x, & y \geqslant 16 \end{cases} = \begin{cases} \dfrac{y}{16}, & 0 < y < 16, \\ 1, & y \geqslant 16, \end{cases}$$

即得

$$F_Y(y) = \begin{cases} 0, & y \leqslant 0, \\ \dfrac{y}{16}, & 0 < y < 16, \\ 1, & y \geqslant 16, \end{cases}$$

所以 $Y = X^2$ 的概率密度函数为

$$f_Y(y) = \begin{cases} \dfrac{1}{16}, & 0 < y < 16, \\ 0, & 其他. \end{cases}$$

本 章 小 结

概率论的核心是随机变量及其概率分布. 随机变量 $X = X(\omega)$ 是定义在样本空间 $\Omega = \{\omega\}$ 上的实值单值函数, 也就是说, 它是随机试验结果的函数. 随机变量的引入, 使概率论的研究由个别随机事件扩展为随机变量所表示的随机现象. 以后, 我们主要研究随机变量和它的分布.

一个随机变量, 如果它的所有可能取值是有限个或可列无限个, 这种随机变量称为离散型随机变量, 否则, 称为非离散型随机变量. 连续型随机变量为非离散型随机变量中的一种. 读者不要误以为一个随机变量若不是离散型的, 一定是连续型的. 本书只讨论两种重要的随机变量: 离散型随机变量和连续型随机变量.

一、知识清单

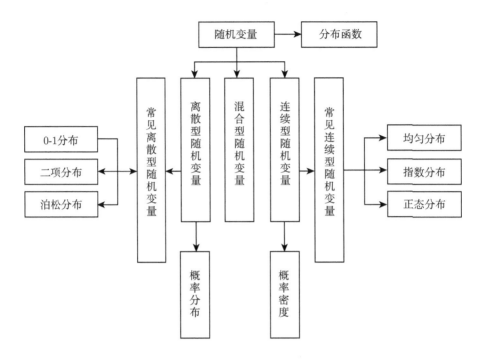

二、解题指导

1. 不论是离散型随机变量还是非离散型随机变量, 都可以借用分布函数来完整地描述它取值的统计规律性.

2. 对于离散型随机变量, 用分布律来描述它的统计规律性更为直观和简捷.

3. 对于连续型随机变量, 使用概率密度函数来描述更为方便.

4. 应掌握分布函数、分布律和概率密度的定义和性质.

5. 应掌握离散型随机变量分布函数和分布律之间的关系, 连续型随机变量分布函数和概率密度函数之间的关系.

6. 应掌握常见的几种分布的分布律或者概率密度函数.

习　题　2

1. 将一枚骰子连掷两次, 求两次点数之和的概率分布.

2. 某射手每次射击的命中率为 p, 现射手一次接一次地射击直到击中为止, 以 X 表示命中时所耗费的子弹数, 求 X 的分布律 (此时称 X 服从以 p 为参数的几何分布).

3. 设随机变量 X 的分布律为

$$P\{X = k\} = \frac{C}{2^k}, \quad k = 1, 2, \cdots,$$

试确定常数 C.

4. 从五个数 1, 2, 3, 4, 5 中任取三个数 x_1, x_2, x_3. 求:

(1) $X = \max\{x_1, x_2, x_3\}$ 的分布律及 $P\{X \leqslant 4\}$;

(2) $Y = \min\{x_1, x_2, x_3\}$ 的分布律及 $P\{Y > 3\}$.

5. 若 X 服从参数为 λ 的泊松分布, 问 k 为何值时, $P\{X = k\}$ 最大.

6. 一栋大楼装有 5 个同类型的供水设备, 调查表明在任一时刻 t 每个设备被使用的概率为 0.1, 求:

(1) 同一时刻被使用的设备数的概率分布;

(2) 同一时刻至少有 1 个设备被使用的概率;

(3) 至多有 3 个设备被使用的概率是多少?

7. 设事件 A 在一次试验中发生的概率为 0.3, 当 A 发生不少于 3 次时, 指示灯发出信号, 求进行 5 次独立试验时, 指示灯发出信号的概率.

8. 已知 X 在 $[1,4]$ 上服从均匀分布, 试求 $P\{1 < X < 3\}$, $P\{(X-3)^2 < 4\}$.

9. 设随机变量 X 的概率密度函数为

$$f(x) = \begin{cases} \dfrac{1}{x}, & 1 \leqslant x < \mathrm{e}, \\ 0, & \text{其他}. \end{cases}$$

求:

(1) X 的分布函数 $F(x)$;

(2) $P\left\{2 < X < \dfrac{5}{2}\right\}$.

10. 以 X 表示某商店从早晨开始营业起直到第一个顾客到达的等待时间 (以分钟计), X 的分布函数是

$$F_X(x) = \begin{cases} 1 - \mathrm{e}^{-0.4x}, & x > 0, \\ 0, & x < 0. \end{cases}$$

求:

(1) $P\{x \leqslant 3\}, P\{x \geqslant 4\}, P\{3 \leqslant x \leqslant 4\}, P\{x = 2.5\}$;

(2) X 的概率密度函数 $f(x)$.

11. 设 $X \sim N(3, 2^2)$,

(1) 求 $P\{2 < X \leqslant 5\}$, $P\{0.5 < X \leqslant 5.5\}$, $P\{|X| > 2\}$;

(2) 求 c 使得 $P\{X > c\} = P\{X \leqslant c\}$;

(3) 设 d 满足 $P\{X > d\} \geqslant 0.9$, 问 d 至多为多少?

12. 某机器生产的螺栓的长度 (单位: cm) 服从参数 $\mu = 10.05$, $\sigma = 0.06$ 的正态分布, 规定长度在范围 10.05 ± 0.12 内为合格品, 求螺栓为不合格品的概率.

13. 某工厂生产的某种元件的寿命 X (以小时计) 服从参数为 $\mu = 160, \sigma$ 的正态分布. 若要求 $P\{120 < X \leqslant 200\} \geqslant 0.80$, 允许 σ 最大为多少?

14. k 在 $(0,5)$ 上服从均匀分布, 求方程

$$4x^2 + 4xk + k + 2 = 0$$

有实根的概率.

15. 一批零件中有 9 个合格品 3 个次品, 每次从中任取一个, 取后不放回, 求在取得合格品之前已取出的次品数的分布函数.

16. 测量到某一目标的距离时发生的随机误差 X (单位: m) 具有概率密度

$$f(x) = \frac{1}{40\sqrt{2\pi}} e^{\frac{-(x-20)^2}{3200}},$$

求在 3 次测量中至少有一次误差的绝对值不超过 30m 的概率.

17. 一种电子管的使用寿命 X (单位: h) 的分布密度为

$$f(x) = \begin{cases} \dfrac{100}{x^2}, & x \geqslant 100, \\ 0, & x < 100. \end{cases}$$

设某种仪器内装有三个上述电子管. 求:

(1) 使用的最初 150h 内没有一个电子管损坏的概率;

(2) 这段时间内只有一个电子管损坏的概率;

(3) X 的分布函数.

18. 带有三枚炸弹的轰炸机向敌方铁路投弹, 若有一枚炸弹落在铁路 40m 以内, 铁路将完全被炸毁而无法运输. 用某种投弹瞄准器投弹, 弹着点与铁路的距离 X 的密度为

$$f(x) = \begin{cases} (100 + x)/10000, & -100 < x < 0, \\ (100 - x)/10000, & 0 \leqslant x < 100, \\ 0, & \text{其他}. \end{cases}$$

若三枚炸弹全部使用, 求铁路被炸毁的概率.

19. 设 X 的分布律为

X	-2	-1	0	1	2
p_k	0.1	0.2	0.2	0.1	0.4

求 $Y = 2X + 1$, $Z = |X| - 1$ 的分布律.

20. 设随机变量 X 在 $(0,1)$ 上服从均匀分布, 求 $Y = -2\ln X$ 的概率密度函数.

21. 已知 $X \sim N(0,1)$, 试求 $Y = X^2$ 的概率密度函数.

22. 设随机变量 X 服从参数为 λ 的指数分布, $F(x)$ 为 X 的分布函数.

(1) 求 $F(x)$;

(2) 设随机变量 $Y = F(X)$, 试证 $Y \sim U[0,1]$.

习题 2 参考解析

第 3 章 随 机 向 量

前面讲述的随机试验, 都可用一个随机变量来描述其试验结果. 这种被称为一维随机变量. 然而, 在实际应用和理论研究中, 还常会遇到这样的随机试验, 其试验的结果需要同时用多个随机变量来描述. 例如, 研究某河流的污染情况, 需要同时确定出它的含铜量 X_1、含银量 X_2、含铅量 X_3 等. 诸如此类的随机试验, 其结果需要用多个随机变量 $X_1, X_2, \cdots, X_n$ 来表示, 而每一个随机变量 X_i 都是定义在样本空间 $\Omega = \{\omega\}$ 上的实函数 $X_i(\omega)$. 当然, 我们可以逐个地对 $X_1(\omega), X_2(\omega), \cdots, X_n(\omega)$ 进行研究, 但更要将 $X_1(\omega), X_2(\omega), \cdots, X_n(\omega)$ 作为整体来研究, 这样, 不但能研究它们各自的性质, 还能研究各个变量之间的关系. 称 n 个随机变量的整体 $(X_1(\omega), X_2(\omega), \cdots, X_n(\omega))$ 为 n 维随机变量或 n 维随机向量.

若把一维随机向量看成直线上随机点的坐标, 则二维随机向量可看成平面上的随机点的坐标, n 维随机向量就可以看成 n 维空间中随机点的坐标. 由二维过渡到 n 维没有什么原理上的困难, 为简单起见, 我们着重讨论二维随机向量的情形.

3.1 二维随机向量及其分布

随机向量

3.1.1 二维随机向量

定义 1 设 $X = X(\omega), Y = Y(\omega)$ 是定义在同一样本空间 $\Omega = \{\omega\}$ 上的两个随机变量, 由它们构成的向量 (X, Y) 称为**二维随机向量** (random vector) 或**二维随机变量** (图 3-1).

例如, 研究某种生物的生长状态, 其样本空间 Ω 由此种生物全体所构成, 用

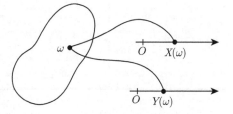

图 3-1　二维随机变量定义图示

$X(\omega)$ 和 $Y(\omega)$ 表示该生物的身长和体重, 则 $X(\omega)$ 和 $Y(\omega)$ 是定义在样本空间 Ω 上的两个随机变量, (X, Y) 是一个二维随机向量. 又如炮弹在地面上命中点的位置也可以用一个二维随机向量 (X, Y) 来描述, 其中 X 表示命中点的横坐标, Y 表示命中点的纵坐标.

前面已经讨论过一维的情况, 随机事件可以由随机变量来表示; 在二维的情况下, 随机事件同样可以由二维随机变量来表示, 例如, $\{X = x, Y = y\}, \{X \leqslant x, Y \leqslant y\}$ 和 $\{(X, Y) \in G \mid G$ 是某一个平面区域$\}$ 分别表示事件 $\{\omega \mid X(\omega) = x, Y(\omega) = y\}, \{\omega \mid X(\omega) \leqslant x, Y(\omega) \leqslant y\}$ 和 $\{\omega \mid (X(\omega), Y(\omega)) \in G\}$.

与一维的情形类似, 二维随机向量也有离散型与非离散型之分. 本书仍重点介绍离散型和连续型.

3.1.2 离散型随机向量及其分布律

定义 2 如果二维随机向量 (X, Y) 的所有可能取值是有限个或可列个数对 (x_i, y_j), 则称 (X, Y) 为二维离散型随机向量, 称

$$p_{ij} = P\{X = x_i, Y = y_j\}, \quad i, j = 1, 2, \cdots \tag{3.1.1}$$

为 (X, Y) 的**分布律** (或**分布列**, probability mass function), 也称为 X 和 Y 的**联合分布律** (或**联合分布列**, joint probability mass function).

(X, Y) 的分布律具有下面基本性质:

(1) $p_{ij} \geqslant 0 \ (i, j = 1, 2, \cdots)$;

(2) $\sum\limits_{i=1}^{\infty} \sum\limits_{j=1}^{\infty} p_{ij} = 1$.

联合分布
律和联合
分布密度

显然, 二维离散型随机向量 (X, Y) 的两个分量 X 与 Y 都是一维离散型随机变量.

(X, Y) 的分布律也可以用表 3-1 来表示.

表 3-1   二维随机变量的分布律

X \ Y	y_1	y_2	$\cdots$	y_j	$\cdots$
x_1	p_{11}	p_{12}	$\cdots$	p_{1j}	$\cdots$
x_2	p_{21}	p_{22}	$\cdots$	p_{2j}	$\cdots$
$\vdots$	$\vdots$	$\vdots$		$\vdots$	
x_i	p_{i1}	p_{i2}	$\cdots$	p_{ij}	$\cdots$
$\vdots$	$\vdots$	$\vdots$		$\vdots$	

例 1 坛中有三个球, 球上分别有数字 1, 2, 2, 从坛中任取两次, 每次取一球, 取后不放回, 以 (X, Y) 分别表示第一次和第二次取到的球上所标的数字, 求 (X, Y) 的分布律.

解 (X, Y) 的可能值为向量 $(1, 2), (2, 1), (2, 2)$. 其分布律为

$$P\{X = 1, Y = 2\} = P\{\{X = 1\} \cap \{Y = 2\}\} = \frac{1}{3} \times 1 = \frac{1}{3},$$

$$P\left\{X=2,Y=1\right\} = P\left\{\{X=2\} \cap \{Y=1\}\right\} = \frac{2}{3} \times \frac{1}{2} = \frac{1}{3},$$

$$P\left\{X=2,Y=2\right\} = P\left\{\{X=2\} \cap \{Y=2\}\right\} = \frac{2}{3} \times \frac{1}{2} = \frac{1}{3}.$$

将分布律列成表格形式就是

X \ Y	1	2
1	0	$\frac{1}{3}$
2	$\frac{1}{3}$	$\frac{1}{3}$

例 2 设 (X,Y) 为二维离散型随机向量, 其分布律为

X \ Y	0	1	2	3
0	0.1	0.1	0.05	0
1	0.05	0.2	0.2	0.1
2	0	0	0.1	0.1

求 $P\{X \leqslant 2, Y \leqslant 1\}$.

解 $P\{X \leqslant 2, Y \leqslant 1\} = P\{X=0,Y=0\} + P\{X=0,Y=1\}$

$$+ P\{X=1,Y=0\} + P\{X=1,Y=1\}$$

$$+ P\{X=2,Y=0\} + P\{X=2,Y=1\}$$

$$= 0.1 + 0.1 + 0.05 + 0.2 + 0 + 0 = 0.45.$$

3.1.3 连续型随机向量及其概率密度函数

和一维情形类似, 对于二维连续型随机向量也可以用概率密度函数来描述它的取值规律.

定义 3 对于二维随机向量 (X,Y), 若存在非负可积函数 $f(x,y)$ $(-\infty < x < +\infty, -\infty < y < +\infty)$, 使 (X,Y) 落在矩形域 $x_1 < X < x_2, y_1 < Y < y_2$ 内的概率为

$$P\{x_1 < X < x_2, y_1 < Y < y_2\} = \int_{x_1}^{x_2} \int_{y_1}^{y_2} f(x,y) \mathrm{d}y \mathrm{d}x, \tag{3.1.2}$$

则称 (X,Y) 为二维连续型随机向量, $f(x,y)$ 为 (X,Y) 的**概率密度函数** (probability density function), 简称为概率密度或密度函数. 也称为 X 和 Y 的**联合概率密度函数** (joint probability density function), 简称为联合密度函数.

按照定义, 概率密度函数 $f(x,y)$ 具有如下性质:

(1) $f(x,y) \geqslant 0$;

(2) $\displaystyle\int_{-\infty}^{+\infty} \int_{-\infty}^{+\infty} f(x,y)\mathrm{d}x\mathrm{d}y = 1$;

(3) 设 G 是 xOy 平面上的一个区域, (X,Y) 落在 G 内的概率为

$$P\{(X,Y) \in G\} = \iint\limits_{G} f(x,y)\mathrm{d}x\mathrm{d}y,$$

则 (X,Y) 落在 G 内的概率数值上等于以 $f(x,y)$ 为顶点, 以平面区域 G 为底的曲顶柱体的体积.

比较常见的二维连续型随机向量有均匀分布和正态分布.

均匀分布　设 G 是平面上的有界区域, 其面积为 S, 若二维随机向量 (X,Y) 的概率密度函数为

$$f(x,y) = \begin{cases} \dfrac{1}{S}, & (x,y) \in G, \\ 0, & \text{其他,} \end{cases} \tag{3.1.3}$$

则称 (X,Y) 在 G 上服从均匀分布.

二维正态分布　若随机向量 (X,Y) 的概率密度函数为

$$\begin{aligned}
f(x,y) = {} & \frac{1}{2\pi\sigma_1\sigma_2\sqrt{1-\rho^2}} \exp\left\{ -\frac{1}{2(1-\rho^2)}\left[\frac{(x-\mu_1)^2}{\sigma_1^2} \right.\right. \\
& \left.\left. -2\rho\frac{(x-\mu_1)(y-\mu_2)}{\sigma_1\sigma_2} + \frac{(y-\mu_2)^2}{\sigma_2^2} \right]\right\}, \\
& -\infty < x < +\infty, \quad -\infty < y < +\infty,
\end{aligned} \tag{3.1.4}$$

其中 $\sigma_1, \sigma_2 > 0, \mu_1, \mu_2$ 均为常数, $|\rho| < 1$, 则称 (X,Y) 服从二维正态分布, 记为 $N\left(\mu_1, \mu_2, \sigma_1^2, \sigma_2^2, \rho\right)$, 其概率密度函数如图 3-2 所示.

例 3　设随机向量 (X,Y) 的概率密度函数为

$$f(x,y) = \begin{cases} K\mathrm{e}^{-(3x+4y)}, & x > 0, y > 0, \\ 0, & \text{其他.} \end{cases}$$

求: (1) 常数 K; (2) (X,Y) 落在图 3-3 所示区域 G 内的概率.

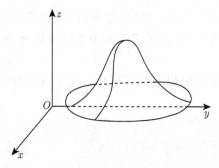

图 3-2 二维正态随机向量的概率密度函数

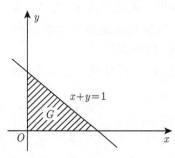

图 3-3 区域 G 的图示

解 (1) 由于

$$\int_{-\infty}^{+\infty}\int_{-\infty}^{+\infty} f(x,y)\mathrm{d}x\mathrm{d}y = 1,$$

又

$$\int_{-\infty}^{+\infty}\int_{-\infty}^{+\infty} f(x,y)\mathrm{d}x\mathrm{d}y = \int_{0}^{+\infty}\int_{0}^{+\infty} K\mathrm{e}^{-3x-4y}\mathrm{d}x\mathrm{d}y$$

$$= K\int_{0}^{+\infty}\mathrm{e}^{-3x}\mathrm{d}x\int_{0}^{+\infty}\mathrm{e}^{-4y}\mathrm{d}y = \frac{K}{12},$$

所以, $K = 12$.

(2) 由公式 (3.1.3) 可得

$$P\{(X,Y)\in G\} = \iint\limits_{G} f(x,y)\mathrm{d}x\mathrm{d}y = 12\int_{0}^{1}\mathrm{d}x\int_{0}^{1-x}\mathrm{e}^{-3x-4y}\mathrm{d}y$$

$$= 12\int_{0}^{1}\mathrm{e}^{-3x}\mathrm{d}x\int_{0}^{1-x}\mathrm{e}^{-4y}\mathrm{d}y$$

$$= 12\times\frac{1}{4}\left[\int_{0}^{1}\mathrm{e}^{-3x}\mathrm{d}x - \mathrm{e}^{-4}\int_{0}^{1}\mathrm{e}^{x}\mathrm{d}x\right]$$

$$= 1 - 4\mathrm{e}^{-3} + 3\mathrm{e}^{-4}.$$

3.1.4 分布函数

定义 4 设 x,y 为任意实数, 称二元函数

$$F(x,y) = P\{X \leqslant x, Y \leqslant y\}$$

为二维随机向量 (X,Y) 的**分布函数** (cumulative distribution function), 也称为 X 和 Y 的**联合分布函数** (joint cumulative distribution function).

若把二维随机向量 (X,Y) 看成是平面上随机点的坐标, 则 $F(x,y)$ 在点 (x,y) 处的函数值就是随机点落在以点 (x,y) 为顶点, 而位于该点左下方的无限角形域 (图 3-4) 内的概率.

由 $F(x,y)$ 的定义, 并借助图 3-5 容易算出随机点落在矩形区域 G 内的概率

$$P\{x_1 < X \leqslant x_2, y_1 < Y \leqslant y_2\}$$

$$= F(x_2,y_2) - F(x_1,y_2) - F(x_2,y_1) + F(x_1,y_1). \tag{3.1.5}$$

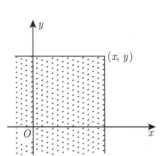
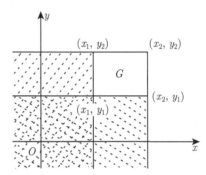

图 3-4　以 (x,y) 为顶点的四分之一平面　　　图 3-5　矩形区域展示图

类似于一维情形, $F(x,y)$ 具有下列性质:

(1) $F(x,y)$ 是 x 和 y 的不减函数, 即当 $x_1 < x_2$ 时, $F(x_1,y) \leqslant F(x_2,y)$; 当 $y_1 < y_2$ 时, $F(x,y_1) \leqslant F(x,y_2)$.

(2) $F(x,y)$ 是有界函数, $0 \leqslant F(x,y) \leqslant 1$, 且

$$F(-\infty,y) = F(x,-\infty) = F(-\infty,-\infty) = 0,$$

$$F(+\infty,+\infty) = 1.$$

(3) $F(x,y)$ 关于 x 右连续, 关于 y 也是右连续的.

离散型随机向量 (X,Y) 的分布函数和分布律之间有下列关系式:

$$F(x,y) = \sum_{x_i \leqslant x} \sum_{y_i \leqslant y} p_{ij}. \tag{3.1.6}$$

连续型随机向量 (X,Y) 的分布函数和概率密度函数之间有下列关系式:

(1) 对任意实数 (x,y), 有

$$F(x,y) = \int_{-\infty}^{x} \int_{-\infty}^{y} f(x,y)\mathrm{d}y\mathrm{d}x; \tag{3.1.7}$$

(2) 在 $f(x, y)$ 的连续点上

$$f(x, y) = \frac{\partial^2 F(x, y)}{\partial x \partial y}. \tag{3.1.8}$$

以上关于二维随机向量的讨论, 不难推广到 n ($n > 2$) 维随机向量的情形.

设 $X_1, X_2, \cdots, X_n$ 是定义在同一样本空间 Ω 上的 n 个随机变量, 由它们构成的 n 维向量 $(X_1, X_2, \cdots, X_n)$ 称为 n 维随机向量.

对于任意 n 个实数 $x_1, x_2, \cdots, x_n$, 称 n 元函数

$$F(x_1, x_2, \cdots, x_n) = P\{X_1 \leqslant x_1, X_2 \leqslant x_2, \cdots, X_n \leqslant x_n\}$$

为 n 维随机向量 $(X_1, X_2, \cdots, X_n)$ 的分布函数, 或随机变量 $X_1, X_2, \cdots, X_n$ 的联合分布函数. 它具有类似于二维随机向量分布函数的性质.

例 4 求本节例 3 中 (X, Y) 的分布函数.

解 例 3 中已求出 (X, Y) 的概率密度函数为

$$f(x, y) = \begin{cases} 12\mathrm{e}^{-(3x+4y)}, & x > 0, y > 0, \\ 0, & \text{其他}. \end{cases}$$

由式 (3.1.8) 知

$$\begin{aligned} F(x, y) &= \int_{-\infty}^{x} \int_{-\infty}^{y} f(u, v)\mathrm{d}v\mathrm{d}u \\ &= \begin{cases} \int_{0}^{x} \int_{0}^{y} 12\mathrm{e}^{-(3u+4v)}\mathrm{d}v\mathrm{d}u, & x > 0, y > 0, \\ 0, & \text{其他} \end{cases} \\ &= \begin{cases} (1 - \mathrm{e}^{-3x})(1 - \mathrm{e}^{-4y}), & x > 0, y > 0, \\ 0, & \text{其他}. \end{cases} \end{aligned}$$

3.2 边 缘 分 布

3.2.1 边缘分布函数

对于二维随机向量 (X, Y), 事件 $\{X \leqslant x_0\}$ 表示平面上的随机点落在直线 $x = x_0$ 左面无限区域的内部 (图 3-6), 即 $\{X \leqslant x_0\} = \{X \leqslant x_0, Y < +\infty\}$. 概率 $P\{X \leqslant x_0\} = P\{X \leqslant x_0, Y < +\infty\}$ 仅是 x_0 的函数, 记为 $F_X(x_0)$. 称函数

$$F_X(x) = P\{X \leqslant x\} = P\{X \leqslant x, Y < +\infty\} = F(x, +\infty) \tag{3.2.1}$$

为二维随机向量 (X, Y) 关于 X 的**边缘分布函数** (edge cumulative distribution function).

类似地, 概率 $P\{Y \leqslant y_0\} = P\{X < +\infty, Y \leqslant y_0\}$ 是随机点 (X, Y) 落在直线 $y = y_0$ 的下方无限区域内的概率 (图 3-7), 此概率仅是 y_0 的函数, 记为 $F_Y(y_0)$. 称函数

$$F_Y(y) = P\{Y \leqslant y\} = P\{X < +\infty, Y \leqslant y\} = F(+\infty, y) \tag{3.2.2}$$

为二维随机向量 (X, Y) 关于 Y 的边缘分布函数.

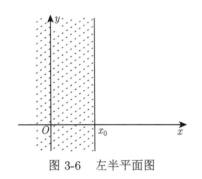
图 3-6   左半平面图

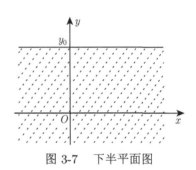
图 3-7   下半平面图

3.2.2   边缘分布律

边缘分布
律和边缘
概率密度

设二维离散型随机变量 (X, Y) 的分布律为

$$P\{X = x_i, Y = y_j\} = p_{ij}, \quad i, j = 1, 2, \cdots.$$

对于二维随机变量 (X, Y), 事件 $\{X = x_i\}$ 表示 (X, Y) 落在直线 $x = x_i$ 上, 即

$$\{X = x_i\} = \{X = x_i, Y = y_1\} \cup \{X = x_i, Y = y_2\} \cup \cdots \cup \{X = x_i, Y = y_j\} \cup \cdots,$$

而 $\{X = x_i, Y = y_k\}$ 与 $\{X = x_i, Y = y_j\}\, (k \neq j)$ 互不相容,

$$P\{X = x_i\} = P\{X = x_i, Y = y_1\} + P\{X = x_i, Y = y_2\} + \cdots$$
$$+ P\{X = x_i, Y = y_j\} + \cdots,$$

即 $P\{X = x_i\}$ 等于 (X, Y) 分布表中第 i 行上所分布的概率之和 $\displaystyle\sum_{j=1}^{+\infty} p_{ij}$, 就是

$$P\{X = x_i\} = \sum_{j=1}^{+\infty} p_{ij}.$$

记 $p_{i\cdot} = \sum\limits_{j=1}^{+\infty} p_{ij}$, 便得到 (X, Y) 关于 X 的分布律为

$$P\{X = x_i\} = \sum_{j=1}^{+\infty} p_{ij} = p_{i\cdot}, \quad i = 1, 2, \cdots. \tag{3.2.3}$$

类似地, (X, Y) 落在直线 $y = y_j$ 上的概率 $P\{Y = y_j\}$ 等于联合概率分布表中第 j 列上的概率之和, 即

$$P\{Y = y_j\} = \sum_{i=1}^{+\infty} p_{ij}.$$

记 $p_{\cdot j} = \sum\limits_{i=1}^{+\infty} p_{ij}$, 便得到 (X, Y) 关于 Y 的分布律为

$$P\{Y = y_j\} = \sum_{i=1}^{+\infty} p_{ij} = p_{\cdot j}, \quad j = 1, 2, \cdots, \tag{3.2.4}$$

分别称式 (3.2.3) 和式 (3.2.4) 为 (X, Y) 关于 X 和关于 Y 的**边缘分布律** (edge probability mass function).

边缘分布律由联合分布律所确定. 联合分布律与边缘分布律可列在同一表中 (表 3-2).

表 3-2　离散型随机变量的边缘分布律

X \ Y	y_1	y_2	$\cdots$	y_j	$\cdots$	$P\{X = x_i\}$
x_1	p_{11}	p_{12}	$\cdots$	p_{1j}	$\cdots$	$p_{1\cdot}$
x_2	p_{21}	p_{22}	$\cdots$	p_{2j}	$\cdots$	$p_{2\cdot}$
$\vdots$	$\vdots$	$\vdots$		$\vdots$		$\vdots$
x_i	p_{k1}	p_{k2}	$\cdots$	p_{ij}	$\cdots$	$p_{i\cdot}$
$\vdots$	$\vdots$	$\vdots$		$\vdots$		$\vdots$
$P\{Y = y_j\}$	$p_{\cdot 1}$	$p_{\cdot 2}$	$\cdots$	$p_{\cdot j}$	$\cdots$	1

例 1　求 3.1 节例 1 中的 (X, Y) 关于 X 和 Y 的边缘分布律.

解　$P\{X = 1\} = P\{X = 1, Y = 1\} + P\{X = 1, Y = 2\} = 0 + \dfrac{1}{3} = \dfrac{1}{3}$,

$P\{X = 2\} = P\{X = 2, Y = 1\} + P\{X = 2, Y = 2\} = \dfrac{1}{3} + \dfrac{1}{3} = \dfrac{2}{3}$,

$P\{Y = 1\} = P\{X = 1, Y = 1\} + P\{X = 2, Y = 1\} = 0 + \dfrac{1}{3} = \dfrac{1}{3}$,

$$P\{Y = 2\} = P\{X = 1, Y = 2\} + P\{X = 2, Y = 2\} = \frac{1}{3} + \frac{1}{3} = \frac{2}{3}.$$

将 (X, Y) 的分布律及其关于 X 和关于 Y 的边缘分布律用表格给出.

X ╲ Y	1	2	$P\{X = x_i\}$
1	0	$\frac{1}{3}$	$\frac{1}{3}$
2	$\frac{1}{3}$	$\frac{1}{3}$	$\frac{2}{3}$
$P\{Y = y_j\}$	$\frac{1}{3}$	$\frac{2}{3}$	1

例 2   在 3.1 节例 1 中, 将 "取后不放回", 改成 "取后放回", 并仍以 X, Y 分别表示第一次和第二次取到的球上标有的数字, 求 (X, Y) 关于 X 和 Y 的边缘分布律.

解   将计算的结果由下表给出.

X ╲ Y	1	2	$P\{X = x_i\}$
1	$\frac{1}{3} \times \frac{1}{3}$	$\frac{1}{3} \times \frac{2}{3}$	$\frac{1}{3}$
2	$\frac{2}{3} \times \frac{1}{3}$	$\frac{2}{3} \times \frac{2}{3}$	$\frac{2}{3}$
$P\{Y = y_j\}$	$\frac{1}{3}$	$\frac{2}{3}$	1

从以上两表我们可以看到, 例 1 和例 2 中的两个随机向量的边缘分布相同, 但它们的联合分布却不相同, 这说明联合分布不能由边缘分布唯一确定. 也就是说, 仅知道了边缘分布, 并不能确定出联合分布.

3.2.3 边缘概率密度

设 (X, Y) 为连续型随机向量, 其概率密度函数为 $f(x, y)$, 由

$$F_X(x) = F(x, +\infty) = \int_{-\infty}^{x} \left(\int_{-\infty}^{+\infty} f(t, s) \mathrm{d}s \right) \mathrm{d}t,$$

$$F_Y(y) = F(+\infty, y) = \int_{-\infty}^{y} \left(\int_{-\infty}^{+\infty} f(t, s) \mathrm{d}t \right) \mathrm{d}s$$

可知, 连续型随机向量 (X,Y) 的两个分量 X, Y 仍为连续型随机变量, 并且它们的概率密度函数分别为

$$f_X(x) = \int_{-\infty}^{+\infty} f(x,y)\mathrm{d}y, \quad -\infty < x < +\infty,$$

$$f_Y(y) = \int_{-\infty}^{+\infty} f(x,y)\mathrm{d}x, \quad -\infty < y < +\infty.$$

称 $f_X(x)$ 和 $f_Y(y)$ 分别为 (X,Y) 的关于 X 和 Y 的**边缘概率密度函数** (edge probability density function). 直观上看 $f_X(x_0)$ 是用平面 $x = x_0$ 去截以联合概率密度函数为顶点、以 xOy 平面为底的立体所得的截面的面积 (图 3-8). 截面面积 $f_X(x_0)$ 乘以 Δx 所得的体积近似等于分量 X 落在 $(x_0, x_0 + \Delta x)$ 内的概率.

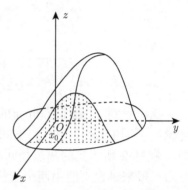

图 3-8　边缘概率密度图示

例 3 设 (X,Y) 服从二维正态分布 $N(\mu_1, \mu_2, \sigma_1^2, \sigma_2^2, \rho)$, 试求其关于 X 和 Y 的边缘概率密度函数.

解

$$f(x,y) = \frac{1}{2\pi\sigma_1\sigma_2\sqrt{1-\rho^2}} \exp\left\{ -\frac{1}{2(1-\rho^2)}\left[\frac{(x-\mu_1)^2}{\sigma_1^2} \right.\right.$$

$$\left.\left. - 2\rho\frac{(x-\mu_1)(y-\mu_2)}{\sigma_1\sigma_2} + \frac{(y-\mu_2)^2}{\sigma_2^2} \right] \right\}.$$

由于

$$\frac{(y-\mu_2)^2}{\sigma_2^2} - 2\rho\frac{(x-\mu_1)(y-\mu_2)}{\sigma_1\sigma_2} = \left[\frac{y-\mu_2}{\sigma_2} - \rho\frac{x-\mu_1}{\sigma_1} \right]^2 - \left[\rho\frac{x-\mu_1}{\sigma_1} \right]^2,$$

于是

$$f_X(x) = \int_{-\infty}^{+\infty} f(x,y)\mathrm{d}y$$

$$= \frac{1}{2\pi\sigma_1\sigma_2\sqrt{1-\rho^2}} \exp\left[-\frac{(x-\mu_1)^2}{2\sigma_1^2} \right]$$

$$\cdot \int_{-\infty}^{+\infty} \exp\left[\frac{1}{2(1-\rho^2)}\left(\frac{y-\mu_2}{\sigma_2} - \rho\frac{x-\mu_1}{\sigma_1} \right)^2 \right]\mathrm{d}y.$$

令 $t = \dfrac{1}{\sqrt{1-\rho^2}}\left(\dfrac{y-\mu_2}{\sigma_2} - \rho\dfrac{x-\mu_1}{\sigma_1}\right)$, 则有

$$f_X(x) = \frac{1}{2\pi\sigma_1}\mathrm{e}^{-\frac{(x-\mu_1)^2}{2\sigma_1^2}}\int_{-\infty}^{+\infty}\mathrm{e}^{-\frac{t^2}{2}}\mathrm{d}t,$$

即

$$f_X(x) = \frac{1}{\sqrt{2\pi}\sigma_1}\mathrm{e}^{-\frac{(x-\mu_1)^2}{2\sigma_1^2}}, \quad -\infty < x < +\infty.$$

同理

$$f_Y(y) = \frac{1}{\sqrt{2\pi}\sigma_2}\mathrm{e}^{-\frac{(y-\mu_2)^2}{2\sigma_2^2}}, \quad -\infty < y < +\infty.$$

我们看到, 二维正态分布的边缘分布仍为正态分布, 并且都不依赖于参数 ρ, 这说明不同的 ρ 所对应的不同的二维正态分布的边缘分布却相同, 这一事实与例 1 和例 2 所得到的离散型随机变量的情形相似, 即二维连续型随机向量的联合分布一般来讲也不能由两个边缘分布唯一确定, 还必须考虑两个分量之间的关系. 这也正是将两个分量作为一个整体——二维随机向量来研究的重要意义.

条件分布

3.3 条件分布

二维随机向量的两个分量之间的关系, 可以通过条件分布来描述.

3.3.1 离散型随机变量的条件分布律

设二维离散型随机向量 (X, Y) 的分布律为

$$P\{X = x_i, Y = y_j\} = p_{ij}, \quad i, j = 1, 2, \cdots,$$

在已知 $Y = y_j$ 的条件下 $(P\{Y = y_j\} > 0)$, 事件 $\{X = x_i\}$ 的条件概率为

$$P\{X = x_i \mid Y = y_j\} = \frac{P\{X = x_i, Y = y_j\}}{P\{Y = y_j\}} = \frac{p_{ij}}{p_{\cdot j}}, \quad i = 1, 2, \cdots. \tag{3.3.1}$$

称式 (3.3.1) 为在 $Y = y_j$ 的条件下随机变量 X 的**条件分布律** (conditional probability mass function).

同样, 当 $P\{X = x_i\} > 0$ 时, 称

$$P\{Y = y_j \mid X = x_i\} = \frac{P\{X = x_i, Y = y_j\}}{P\{X = x_i\}} = \frac{p_{ij}}{p_{i\cdot}}, \quad j = 1, 2, \cdots \tag{3.3.2}$$

为在 $X = x_i$ 的条件下随机变量 Y 的**条件分布律**.

易知, 条件分布律满足分布律的性质:

(1) $P\{X = x_i | Y = y_j\} \geqslant 0, P\{Y = y_j | X = x_i\} \geqslant 0$;

(2) $\sum\limits_{i=1}^{+\infty} P\{X = x_i | Y = y_j\} = \sum\limits_{i=1}^{+\infty} \dfrac{p_{ij}}{p_{\cdot j}} = \dfrac{1}{p_{\cdot j}} \sum\limits_{i=1}^{+\infty} p_{ij} = \dfrac{1}{p_{\cdot j}} p_{\cdot j} = 1$, 同样,

$$\sum_{j=1}^{+\infty} P\{Y = y_j | X = x_i\} = 1.$$

例 1 求 3.2 节例 1 中二维随机向量 (X, Y) 在 $Y = 2$ 的条件下 X 的条件分布律.

解 将 3.2 节例 1 中所求到的边缘分布律中的数值代入公式 (3.3.1), 便可求出在 $Y = 2$ 的条件下 X 的条件分布律为

$$P\{X = 1 | Y = 2\} = \frac{\dfrac{1}{3}}{\dfrac{2}{3}} = \frac{1}{2},$$

$$P\{X = 2 | Y = 2\} = \frac{\dfrac{1}{3}}{\dfrac{2}{3}} = \frac{1}{2}.$$

X	1	2
$P\{X = x_i | Y = 2\}$	$\dfrac{1}{2}$	$\dfrac{1}{2}$

3.3.2 条件分布函数

对于一般的随机向量 (X, Y), 由于可能出现 $P\{X = x\} = 0, P\{Y = y\} = 0$, 因此不能直接用条件概率的公式来定义分布函数, 而采用下面的定义.

设对任意 $\Delta y > 0, P\{y < Y \leqslant y + \Delta y\} > 0$. 若极限

$$\lim_{\Delta y \to 0+} P\{X \leqslant x | y < Y \leqslant y + \Delta y\} = \lim_{\Delta y \to 0+} \frac{P\{X \leqslant x, y < Y \leqslant y + \Delta y\}}{P\{y < Y \leqslant y + \Delta y\}} \quad (3.3.3)$$

存在, 则称此极限为在 $Y = y$ 的条件下 X 的**条件分布函数** (conditional cumulative distribution function), 记为

$$P\{X \leqslant x \,|\, Y = y\} \quad \text{或} \quad F_{X|Y}(x|y).$$

3.3.3　连续型随机变量的条件概率密度

设 (X, Y) 的概率密度函数 $f(x, y)$, 边缘概率密度分别为 $f_X(x), f_Y(y)$ 且都是连续函数, 并且 $f_X(x) > 0, f_Y(y) > 0$, 利用积分中值定理, 则有

$$
\begin{aligned}
F_{X|Y}(x|y) &= \lim_{\Delta y \to 0+} P\{X \leqslant x \,|\, y < Y \leqslant y + \Delta y\} \\
&= \lim_{\Delta y \to 0+} \frac{P\{X \leqslant x, y < Y \leqslant y + \Delta y\}}{P\{y < Y \leqslant y + \Delta y\}} \\
&= \lim_{\Delta y \to 0+} \frac{\displaystyle\int_y^{y+\Delta y} \left(\int_{-\infty}^{x} f(u, v) \mathrm{d}u \right) \mathrm{d}v}{\displaystyle\int_y^{y+\Delta y} f_Y(y) \mathrm{d}y} \\
&= \lim_{\Delta y \to 0+} \frac{\displaystyle\int_{-\infty}^{x} f(u, y + \theta_1 \Delta y) \mathrm{d}v}{f_Y(y + \theta_2 \Delta y)} \quad (|\theta_1| < 1, |\theta_2| < 1) \\
&= \frac{\displaystyle\int_{-\infty}^{x} f(u, y) \mathrm{d}u}{f_Y(y)} \\
&= \int_{-\infty}^{x} \frac{f(u, y)}{f_Y(y)} \mathrm{d}u.
\end{aligned}
$$

因此, 在 $Y = y$ 的条件下 X 的**条件概率密度函数** (conditional distribution density function) 为

$$
f_{X|Y}(x|y) = \frac{f(x, y)}{f_Y(y)}. \tag{3.3.4}
$$

同理, 在 $X = x$ 的条件下 Y 的条件概率密度函数为

$$
f_{Y|X}(y|x) = \frac{f(x, y)}{f_X(x)}. \tag{3.3.5}
$$

可以证明, 条件概率密度满足概率密度函数的性质:

(1) $f_{X|Y}(x|y) \geqslant 0, f_{Y|X}(y|x) \geqslant 0$;

(2) $\displaystyle\int_{-\infty}^{+\infty} f_{X|Y}(x|y) \mathrm{d}x = \int_{-\infty}^{+\infty} \frac{f(x, y)}{f_Y(y)} \mathrm{d}x = \frac{1}{f_Y(y)} \int_{-\infty}^{+\infty} f(x, y) \mathrm{d}x$

$$
= \frac{1}{f_Y(y)} f_Y(y) = 1,
$$

同理, $\displaystyle\int_{-\infty}^{+\infty} f_{Y|X}(y|x) \mathrm{d}y = 1$.

例 2 设二维随机向量 (X, Y) 的概率密度函数为

$$f(x, y) = \begin{cases} x\mathrm{e}^{-x(1+y)}, & x > 0, y > 0, \\ 0, & \text{其他}. \end{cases}$$

求 $f_{X|Y}(x|y), f_{Y|X}(y|x)$ 及概率 $P\{Y > 1 | X = 3\}$.

解 根据题意可知

$$f_X(x) = \int_{-\infty}^{+\infty} f(x, y)\mathrm{d}y = \begin{cases} \int_0^{+\infty} x\mathrm{e}^{-x(1+y)}\mathrm{d}y, & x > 0, \\ 0, & x \leqslant 0 \end{cases} = \begin{cases} \mathrm{e}^{-x}, & x > 0, \\ 0, & x \leqslant 0; \end{cases}$$

$$f_Y(y) = \int_{-\infty}^{+\infty} f(x, y)\mathrm{d}x = \begin{cases} \int_0^{+\infty} x\mathrm{e}^{-x(1+y)}\mathrm{d}y, & y > 0, \\ 0, & y \leqslant 0 \end{cases} = \begin{cases} \dfrac{1}{(y+1)^2}, & y > 0, \\ 0, & y \leqslant 0. \end{cases}$$

当 $y > 0$ 时, 有

$$f_{X|Y}(x|y) = \frac{f(x, y)}{f_Y(y)} = \begin{cases} \dfrac{x\mathrm{e}^{-x(1+y)}}{\dfrac{1}{(y+1)^2}}, & x > 0, \\ 0, & x \leqslant 0 \end{cases} = \begin{cases} x(y+1)^2\mathrm{e}^{-x(1+y)}, & x > 0, \\ 0, & x \leqslant 0; \end{cases}$$

当 $x > 0$ 时, 有

$$f_{Y|X}(y|x) = \frac{f(x, y)}{f_X(x)} = \begin{cases} \dfrac{x\mathrm{e}^{-x(1+y)}}{\mathrm{e}^{-x}}, & y > 0 \\ 0, & y \leqslant 0 \end{cases} = \begin{cases} x\mathrm{e}^{-xy}, & y > 0, \\ 0, & y \leqslant 0; \end{cases}$$

当 $X = 3$ 时, 有

$$P\{Y > 1 | X = 3\} = \int_1^{+\infty} f_{Y|X}(y|3)\mathrm{d}y$$

$$= \int_1^{+\infty} 3\mathrm{e}^{-3y}\mathrm{d}y = \mathrm{e}^{-3}.$$

3.4 随机变量的独立性

随机变量
的独立性

定义 设 X, Y 为两个随机变量, 若对任意实数 x, y 有

$$P\{X \leqslant x, Y \leqslant y\} = P\{X \leqslant x\}P\{Y \leqslant y\}, \tag{3.4.1}$$

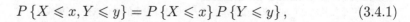

则称 X 和 Y 是**相互独立的** (independence).

式 (3.4.1) 的意义是对任意实数 x, y, 事件 $\{X \leqslant x\}$ 与事件 $\{Y \leqslant y\}$ 相互独立.

设 $F(x, y)$ 及 $F_X(x)$, $F_Y(y)$ 分别为二维随机向量 (X, Y) 的分布函数和边缘分布函数, 则式 (3.4.1) 等价于

$$F(x, y) = F_X(x) \cdot F_Y(y). \tag{3.4.2}$$

当 (X, Y) 为离散型随机变量时, 式 (3.4.2) 等价于对任何 $(x_i, y_j), i, j = 1, 2, \cdots$ 有

$$P\{X = x_i, Y = y_j\} = P\{X = x_i\} P\{Y = y_j\} = p_i. p_{.j}. \tag{3.4.3}$$

3.2 节例 2 中有放回抽样时的 X 和 Y 是相互独立的, 而 3.2 节例 1 中无放回抽样时的 X 和 Y 是不独立的. 从这两个例子中我们还看到, 两个具有相同分布的随机变量不一定是独立的.

当 (X, Y) 为连续型变量时, 式 (3.4.1) 等价于

$$f(x, y) = f_X(x) \cdot f_Y(y) \tag{3.4.4}$$

几乎处处成立[①], 其中 $f(x, y), f_X(x), f_Y(y)$ 分别是 (X, Y) 的概率密度函数、(X, Y) 的关于 X 和 Y 的边缘概率密度.

从式 (3.4.2)—式 (3.4.4) 我们可以看到, 当 (X, Y) 的两个分量 X 和 Y 相互独立时, (X, Y) 的联合分布由其边缘分布唯一确定, 并且此时条件分布化为无条件分布

$$P\{X = x_i \,|\, Y = y_j\} = P\{X = x_i\},$$

$$P\{X \leqslant x \,|\, Y = y\} = P\{X \leqslant x\},$$

$$f_{X|Y}(x|y) = f_X(x).$$

例 1 已知二维随机向量 (X, Y) 的分布律为

X \ Y	2	3	4
1	0.02	0.06	0.12
3	0.08	0.24	0.48

求关于 X 和关于 Y 的边缘分布律, 问 X 和 Y 是否相互独立?

---

① "几乎处处成立" 的含义是在平面上除去 "面积" 为零的集合以外, 处处成立.

解
$$P\{Y = 2\} = 0.02 + 0.08 = 0.1,$$

$$P\{Y = 3\} = 0.06 + 0.24 = 0.3,$$

$$P\{Y = 4\} = 0.12 + 0.48 = 0.6,$$

$$P\{X = 1\} = 0.02 + 0.06 + 0.12 = 0.2,$$

$$P\{X = 3\} = 0.08 + 0.24 + 0.48 = 0.8,$$

得到关于 X, Y 的边缘分布律为

X ＼ Y	2	3	4	$P\{X = i\} = p_{i\cdot}$
1	0.02	0.06	0.12	0.2
3	0.08	0.24	0.48	0.8
$P\{Y = j\} = p_{\cdot j}$	0.1	0.3	0.6	1

因为

$$P\{X = 1, Y = 2\} = 0.02 = P\{X = 1\}P\{Y = 2\},$$

$$P\{X = 3, Y = 2\} = 0.08 = P\{X = 3\}P\{Y = 2\},$$

$$P\{X = 1, Y = 3\} = 0.06 = P\{X = 1\}P\{Y = 3\},$$

$$P\{X = 3, Y = 3\} = 0.24 = P\{X = 3\}P\{Y = 3\},$$

$$P\{X = 1, Y = 4\} = 0.12 = P\{X = 1\}P\{Y = 4\},$$

$$P\{X = 3, Y = 4\} = 0.48 = P\{X = 3\}P\{Y = 4\},$$

所以 X 和 Y 相互独立.

例 2 试证服从二元正态分布的随机变量 (X, Y) 的两个分量 X 和 Y 相互独立的充要条件是 $\rho = 0$.

证明 3.2 节例 3 中已算出边缘概率密度

$$f_X(x) = \frac{1}{\sqrt{2\pi}\sigma_1} e^{-\frac{(x-\mu_1)^2}{2\sigma_1^2}}, \quad -\infty < x < +\infty,$$

$$f_Y(y) = \frac{1}{\sqrt{2\pi}\sigma_2} e^{-\frac{(y-\mu_2)^2}{2\sigma_2^2}}, \quad -\infty < y < +\infty,$$

$$f(x, y) = \frac{1}{2\pi\sigma_1\sigma_2\sqrt{1-\rho^2}} \exp\left\{-\frac{1}{2(1-\rho^2)}\left[\frac{(x-\mu_1)^2}{\sigma_1^2}\right.\right.$$

$$-2\rho\frac{(x-\mu_1)(y-\mu_2)}{\sigma_1\sigma_2}+\frac{(y-\mu_2)^2}{\sigma_2^2}\Big]\Big\},$$

$$-\infty<x<+\infty,\quad-\infty<y<+\infty.$$

若 $\rho=0$, 显然对所有的 x,y 都有

$$f(x,y)=f_X(x)\cdot f_Y(y).$$

反之, 当 X 和 Y 相互独立时, 则对任意 x,y 应有

$$f(x,y)=f_X(x)\cdot f_Y(y). \tag{3.4.5}$$

将 $x=\mu_1,y=\mu_2$ 代入式 (3.4.5) 就得到

$$\frac{1}{2\pi\sigma_1\sigma_2\sqrt{1-\rho^2}}=\frac{1}{2\pi\sigma_1\sigma_2},$$

故有

$$\rho=0.$$

随机变量相互独立的概念, 可以有下面的推广.

(1) 若对于任意的 n 个实数 $x_1,x_2,\cdots,x_n$, 有

$$F(x_1,x_2,\cdots,x_n)=F_{X_1}(x_1)F_{X_2}(x_2)\cdots F_{X_n}(x_n),$$

则称随机变量 $X_1,X_2,\cdots,X_n$ 是相互独立的.

(2) 若对于任意的 $m+n$ 个实数 $x_1,x_2,\cdots,x_m,y_1,y_2,\cdots,y_n$, 有

$$F(x_1,x_2,\cdots,x_m,y_1,y_2,\cdots,y_n)=F_1(x_1,x_2,\cdots,x_m)F_2(y_1,y_2,\cdots,y_n),$$

其中 F_1,F_2,F 依次为随机向量 $(X_1,X_2,\cdots,X_m),(Y_1,Y_2,\cdots,Y_n)$ 和 $(X_1,X_2,\cdots,X_m,Y_1,Y_2,\cdots,Y_n)$ 的分布函数, 则称随机向量 $(X_1,X_2,\cdots,X_m)$ 和 $(Y_1,Y_2,\cdots,Y_n)$ 是相互独立的.

关于随机变量函数的独立性, 我们有以下定理, 它在数理统计中是很有用的.

定理 设随机向量 $(X_1,X_2,\cdots,X_m)$ 和 $(Y_1,Y_2,\cdots,Y_n)$ 相互独立, 则随机变量 $X_i(i=1,2,\cdots,m)$ 和 $Y_j(j=1,2,\cdots,n)$ 相互独立. 又若 $h(\cdot)$, $g(\cdot)$ 是连续函数, 则随机向量函数 $h(X_1,X_2,\cdots,X_m)$ 和 $g(Y_1,Y_2,\cdots,Y_n)$ 相互独立.

证明 略.

3.5 随机变量的函数的分布

对于二维随机向量 (X,Y) 的函数 $Z = g(X,Y)$, 当 $g(x,y)$ 为连续函数时, Z 为随机变量, 其分布可以利用 (X,Y) 的分布求出.

先看一个二维离散型随机向量函数的例子.

例 1 设 (X,Y) 的分布律为

X \ Y	-1	1	2
-1	$\dfrac{5}{20}$	$\dfrac{2}{20}$	$\dfrac{6}{20}$
2	$\dfrac{3}{20}$	$\dfrac{3}{20}$	$\dfrac{1}{20}$

求 $Z = X+Y, Z = XY$ 的分布律.

解 先将原分布律列表改编为下面表格里的第 1, 2 行, 对应计算 $X+Y, XY$ 的取值, 其概率仍为对应第 1 行的值. 再将取值相同的合并便得所求的分布律.

P	$\dfrac{5}{20}$	$\dfrac{2}{20}$	$\dfrac{6}{20}$	$\dfrac{3}{20}$	$\dfrac{3}{20}$	$\dfrac{1}{20}$
(X,Y)	$(-1,-1)$	$(-1,1)$	$(-1,2)$	$(2,-1)$	$(2,1)$	$(2,2)$
$X+Y$	-2	0	1	1	3	4
XY	1	-1	-2	-2	2	4

所以 $Z = X+Y$ 的分布律为

$Z = X+Y$	-2	0	1	3	4
P	$\dfrac{5}{20}$	$\dfrac{2}{20}$	$\dfrac{9}{20}$	$\dfrac{3}{20}$	$\dfrac{1}{20}$

$Z = XY$ 的分布律为

$Z = XY$	-2	-1	1	2	4
P	$\dfrac{9}{20}$	$\dfrac{2}{20}$	$\dfrac{5}{20}$	$\dfrac{3}{20}$	$\dfrac{1}{20}$

如果 (X,Y) 是二维连续型随机向量, 概率密度函数是 $f(x,y)$, 如何求函数 $Z = g(X,Y)$ 的概率密度函数呢? 一般求法如下.

首先求 Z 的分布函数

$$F_Z(z) = P\{Z \leqslant z\} = P\{g(X,Y) \leqslant z\} = \iint\limits_{g(x,y)\leqslant z} f(x,y)\mathrm{d}x\mathrm{d}y,$$

然后由分布函数求出概率密度函数 $f_Z(z) = F_Z'(z)$.

例 2   设二维随机向量 (X,Y) 的概率密度函数为

$$f(x,y) = \begin{cases} \mathrm{e}^{-y}, & 0 < x < y, \\ 0, & 其他, \end{cases}$$

求 $Z = 2X + Y$ 的概率密度函数.

解 $F_Z(z) = P\{Z \leqslant z\} = P\{2X + Y \leqslant z\} = \iint\limits_{2x+y\leqslant z} f(x,y)\mathrm{d}x\mathrm{d}y$

$$= \begin{cases} \displaystyle\int_0^{\frac{z}{3}}\mathrm{d}x\int_x^{z-2x}\mathrm{e}^{-y}\mathrm{d}y, & z > 0, \\ 0, & z \leqslant 0 \end{cases} = \begin{cases} 1 + \dfrac{1}{2}\mathrm{e}^{-z} - \dfrac{3}{2}\mathrm{e}^{-\frac{z}{3}}, & z > 0, \\ 0, & z \leqslant 0, \end{cases}$$

故 $f_Z(z) = F_Z'(z) = \begin{cases} \dfrac{1}{2}\mathrm{e}^{-\frac{z}{3}} - \dfrac{1}{2}\mathrm{e}^{-z}, & z > 0, \\ 0, & z \leqslant 0. \end{cases}$

在实际计算中, 要把一般的随机变量函数的分布函数求出来并不容易, 下面仅对以下特殊情形进行讨论.

1. 和的分布

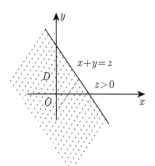

图 3-9   区域 D 展示图

设二维随机向量 (X,Y) 的概率密度函数为 $f(x,y)$, 求 $Z = X + Y$ 的概率密度函数 $f_Z(z)$.

令 Z 的分布函数为 $F_Z(z)$. 事件 $\{X + Y \leqslant z\}$ 表示随机点 (X,Y) 的两个坐标之和 $x + y$ 小于等于 z, 即随机点 (X,Y) 落在区域 D 内 (图 3-9).

因此

$$F_Z(z) = P\{Z \leqslant z\} = P\{X + Y \leqslant z\}$$

$$= \iint\limits_{x+y\leqslant z} f(x,y)\mathrm{d}x\mathrm{d}y$$

$$= \int_{-\infty}^{+\infty} \mathrm{d}x \int_{-\infty}^{z-x} f(x,y)\mathrm{d}y$$

$$\xrightarrow{\diamondsuit\, u-x=y} \int_{-\infty}^{+\infty} \mathrm{d}x \int_{-\infty}^{z} f(x,u-x)\mathrm{d}u$$

$$= \int_{-\infty}^{z} \int_{-\infty}^{+\infty} f(x,u-x)\mathrm{d}x\mathrm{d}u.$$

于是得到

$$f_Z(z) = \int_{-\infty}^{+\infty} f(x,z-x)\mathrm{d}x \quad (-\infty < z < +\infty). \tag{3.5.1}$$

由 X 与 Y 的对称性, $f_Z(z)$ 又可以表示成

$$f_Z(z) = \int_{-\infty}^{+\infty} f(z-y,y)\mathrm{d}y \quad (-\infty < z < +\infty).$$

当 X 与 Y 相互独立时, $f(x,y) = f_X(x) \cdot f_Y(y)$, 那么 $Z = X + Y$ 的概率密度函数为

$$f_Z(z) = \int_{-\infty}^{+\infty} f_X(x)f_Y(z-x)\mathrm{d}x$$

$$= \int_{-\infty}^{+\infty} f_X(z-y)f_Y(y)\mathrm{d}y \quad (-\infty < z < +\infty), \tag{3.5.2}$$

式 (3.5.2) 称为**卷积公式**.

例如, $X \sim N(0,1), Y \sim N(0,1)$, 且 X 与 Y 相互独立, 则 $Z = X + Y$ 的概率密度函数为

$$f_Z(z) = \int_{-\infty}^{+\infty} f_X(x)f_Y(z-x)\mathrm{d}x$$

$$= \frac{1}{2\pi} \int_{-\infty}^{+\infty} \mathrm{e}^{-\frac{x^2}{2}} \mathrm{e}^{-\frac{(z-x)^2}{2}} \mathrm{d}x = \frac{1}{2\pi} \mathrm{e}^{-\frac{z^2}{4}} \int_{-\infty}^{+\infty} \mathrm{e}^{-(x-\frac{z}{2})^2} \mathrm{d}x.$$

令 $t = x - \dfrac{z}{2}$, 得到

$$f_Z(z) = \frac{1}{2\pi} \mathrm{e}^{-\frac{z^2}{4}} \int_{-\infty}^{+\infty} \mathrm{e}^{-t^2} \mathrm{d}t = \frac{1}{2\sqrt{\pi}} \mathrm{e}^{-\frac{z^2}{4}} \quad (-\infty < z < +\infty),$$

即 $Z \sim N(0,2)$.

一般地, 若随机变量 X, Y 相互独立, 并且

$$X \sim N(\mu_1, \sigma_1^2), \quad Y \sim N(\mu_2, \sigma_2^2),$$

则可以证明 $Z = X + Y$ 仍然服从正态分布, 并且

$$Z \sim N(\mu_1 + \mu_2, \sigma_1^2 + \sigma_2^2). \tag{3.5.3}$$

进一步还可以证明, 若 $X_i \sim N(\mu_i, \sigma_i^2)(i = 1, 2, \cdots, n)$, 且它们相互独立, 则它们的和 $Z = \sum_{i=1}^{n} X_i$ 也服从正态分布, 且有 $Z \sim N\left(\sum_{i=1}^{n} \mu_i, \sum_{i=1}^{n} \sigma_i^2 \right)$. 特别地, 当 $\mu_i = \mu, \sigma_i^2 = \sigma^2, \overline{X} = \dfrac{1}{n} \sum_{i=1}^{n} X_i$ 时, $\overline{X} \sim N\left(\mu, \dfrac{\sigma^2}{n} \right)$. 更一般地, 可以证明有限个相互独立的正态随机变量的线性组合服从正态分布.

2. 最大值与最小值的分布

设 X, Y 是两个相互独立的随机变量, 它们的分布函数分别为 $F_X(x)$ 和 $F_Y(y)$. 现在来求 $M = \max(X, Y)$ 及 $N = \min(X, Y)$ 的分布函数.

由于 $M = \max(X, Y)$ 不大于 z 等价于 X 和 Y 都不大于 z, 所以

$$P\{M \leqslant z\} = P\{X \leqslant z, Y \leqslant z\}.$$

又由于 X 和 Y 相互独立, 得到 $M = \max(X, Y)$ 的分布函数为

$$F_M(z) = P\{M \leqslant z\} = P\{X \leqslant z, Y \leqslant z\} = P\{X \leqslant z\}P\{Y \leqslant z\},$$

即有

$$F_M(z) = P\{X \leqslant z\}P\{Y \leqslant z\} = F_X(z)F_Y(z). \tag{3.5.4}$$

类似地, 可得 $N = \min(X, Y)$ 的分布函数为

$$F_N(z) = P\{N \leqslant z\} = 1 - P\{N > z\} = 1 - P\{X > z, Y > z\}$$

$$= 1 - P\{X > z\}P\{Y > z\},$$

即有

$$F_N(z) = 1 - [1 - F_X(z)][1 - F_Y(z)]. \tag{3.5.5}$$

以上结果容易推广到 n 个相互独立的随机变量情况. 设 $X_1, X_2, \cdots, X_n$ 是 n 个相互独立的随机变量, 其分布函数分别为 $F_{X_i}(x_i)(i = 1, 2, \cdots, n)$, 则 $M = \max(X_1, X_2, \cdots, X_n)$ 及 $N = \min(X_1, X_2, \cdots, X_n)$ 的分布函数分别为

$$F_M(z) = F_{X_1}(z)F_{X_2}(z) \cdots F_{X_n}(z) = \prod_{i=1}^{n} F_{X_i}(z), \tag{3.5.6}$$

$$F_N(z) = 1 - [1 - F_{X_1}(z)][1 - F_{X_2}(z)] \cdots [1 - F_{X_n}(z)]$$

$$= 1 - \prod_{i=1}^{n} [1 - F_{X_i}(z)]. \tag{3.5.7}$$

特别地, 当 $X_1, X_2, \cdots, X_n$ 相互独立且具有相同分布函数 $F(x)$ 时, 有

$$F_M(z) = [F(z)]^n, \tag{3.5.8}$$

$$F_N(z) = 1 - [1 - F(z)]^n, \tag{3.5.9}$$

又当 $X_1, X_2, \cdots, X_n$ 为连续型随机变量, 相互独立且具有相同概率密度函数 $f(x)$ 时, $M = \max(X_1, X_2, \cdots, X_n)$ 及 $N = \min(X_1, X_2, \cdots, X_n)$ 的概率密度函数分别为

$$f_M(z) = n[F(z)]^{n-1}f(x), \tag{3.5.10}$$

$$f_N(z) = n[1 - F(z)]^{n-1}f(x), \tag{3.5.11}$$

例 3 设系统 L 由两个相互独立的子系统 L_1, L_2 联结而成, 联结的方式分别为 (1) 串联, (2) 并联, (3) 备用 (当系统 L_1 损坏时, 系统 L_2 开始工作), 如图 3-10 所示. 设 L_1, L_2 的寿命分别为 X, Y, 已知它们的概率密度函数分别为

$$f_X(x) = \begin{cases} \alpha e^{-\alpha x}, & x > 0, \\ 0, & x \leqslant 0, \end{cases} \tag{3.5.12}$$

$$f_Y(y) = \begin{cases} \beta e^{-\beta y}, & y > 0, \\ 0, & y \leqslant 0, \end{cases} \tag{3.5.13}$$

其中 $\alpha > 0, \beta > 0$ 且 $\alpha \neq \beta$. 试分别就以上三种联结方式写出 L 的寿命 Z 的概率密度函数.

解 (1) 串联的情况.

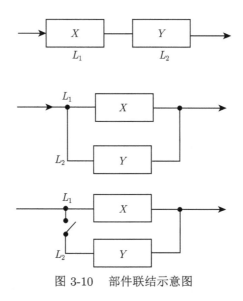

图 3-10   部件联结示意图

由于当 L_1, L_2 中有一个损坏时, 系统 L 就停止工作, 所以这时 L 的寿命为 $Z = \min(X, Y)$. 由式 (3.5.12)、式 (3.5.13) 得 X, Y 的分布函数为

$$F_X(x) = \begin{cases} 1 - \mathrm{e}^{-\alpha x}, & x > 0, \\ 0, & x \leqslant 0, \end{cases}$$

$$F_Y(y) = \begin{cases} 1 - \mathrm{e}^{-\beta y}, & y > 0, \\ 0, & y \leqslant 0. \end{cases}$$

由式 (3.5.5) 得 $Z = \min(X, Y)$ 的分布函数为

$$F_{\min}(z) = \begin{cases} 1 - \mathrm{e}^{-(\alpha+\beta)z}, & z > 0, \\ 0, & z \leqslant 0, \end{cases}$$

于是 $Z = \min(X, Y)$ 的概率密度函数为

$$f_{\min}(z) = \begin{cases} (\alpha + \beta)\mathrm{e}^{-(\alpha+\beta)z}, & z > 0, \\ 0, & z \leqslant 0. \end{cases}$$

(2) 并联的情况.

由于当 L_1, L_2 中都损坏时, 系统 L 才停止工作, 所以这时 L 的寿命为 $Z = \max(X, Y)$. 由式 (3.5.4) 得 $Z = \max(X, Y)$ 的分布函数为

$$F_{\max}(z) = F_X(z)F_Y(z) = \begin{cases} (1 - \mathrm{e}^{-\alpha z})(1 - \mathrm{e}^{-\beta z}), & z > 0, \\ 0, & z \leqslant 0. \end{cases}$$

于是 $Z = \max(X, Y)$ 的概率密度函数为

$$f_{\max}(z) = \begin{cases} \alpha \mathrm{e}^{-\alpha z} + \beta \mathrm{e}^{-\beta z} - (\alpha + \beta)\mathrm{e}^{-(\alpha + \beta)z}, & z > 0, \\ 0, & z \leqslant 0. \end{cases}$$

(3) 备用的情况.

由于当系统 L_1 损坏时系统 L_2 才开始工作, 因此整个系统 L 的寿命 Z 是 L_1, L_2 两者之和, 即

$$Z = X + Y.$$

按式 (3.5.2), 当 $z > 0$ 时, $Z = X + Y$ 的概率密度函数为

$$\begin{aligned} f_Z(z) &= \int_{-\infty}^{+\infty} f_X(z - y)f_Y(y)\mathrm{d}y = \int_0^z \alpha \mathrm{e}^{-\alpha(z-y)}\beta \mathrm{e}^{-\beta y}\mathrm{d}y \\ &= \alpha\beta \mathrm{e}^{-\alpha z} \int_0^z \mathrm{e}^{-(\beta-\alpha)y}\mathrm{d}y \\ &= \frac{\alpha\beta}{\beta - \alpha}(\mathrm{e}^{-\alpha z} - \mathrm{e}^{-\beta z}). \end{aligned}$$

当 $z \leqslant 0$ 时, $f(z) = 0$, 于是 $Z = X + Y$ 的概率密度函数为

$$f_Z(z) = \begin{cases} \dfrac{\alpha\beta}{\beta - \alpha}(\mathrm{e}^{-\alpha z} - \mathrm{e}^{-\beta z}), & z > 0, \\ 0, & z \leqslant 0. \end{cases}$$

本 章 小 结

将一维随机变量的概念加以扩充就得到多维随机向量, 在自然科学和社会科学的许多问题中, 随机试验的基本结果必须用多维随机向量来表示. 本章重点讨论二维随机向量及其概率分布、两个随机变量之间的关系和二维随机变量函数的分布等.

一、知识清单

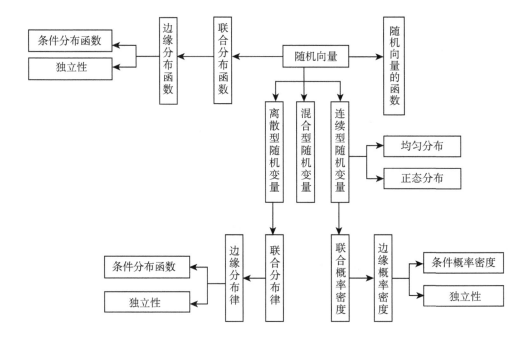

二、解题指导

1. 随机向量的联合分布函数、联合概率分布和联合概率密度, 是随机变量的分布函数、概率分布和概率密度的自然推广, 它们的性质和处理问题的方法与随机变量的情形类似.

2. 条件分布与独立性概念用来研究随机向量的各分量之间的关系, 为此需先确定边缘分布. 由随机向量的联合分布可以确定其分量的边缘分布, 但是联合分布一般来讲不能由其边缘分布唯一确定. 当随机向量的各分量独立时, 联合分布等于边缘分布之积.

3. 读者应熟知均匀分布和正态分布的联合概率密度.

4. 分布函数法是讨论连续型随机变量的函数的概率密度的基本方法, 对随机变量的特殊函数形式还可以用公式法, 读者应熟记相关公式.

习 题 3

1. 箱子里装有 12 只开关, 其中有 2 只次品. 今从箱中随机地抽取两次, 每次取一只, 令 X 表示第一次取到次品的个数, Y 表示第二次取到次品的只数. 试分别就放回抽样和不放回抽样两种情况, 写出 (X, Y) 分布律.

2. 将一枚硬币连掷三次, 以 X 表示三次中出现正面的次数, 以 Y 表示三次中出现正面与出现反面次数之差的绝对值, 试写出 (X, Y) 的分布律.

3. 若 (X, Y) 概率密度函数为

$$f(x, y) = \begin{cases} Ae^{-(2x+y)}, & x > 0, y > 0, \\ 0, & \text{其他}. \end{cases}$$

试求: (1) 系数 A; (2) $P\{X < 2, Y < 1\}$; (3) (X, Y) 的分布函数.

4. 设随机向量 (X, Y) 的概率密度函数为

$$f(x, y) = \begin{cases} Cxy^2, & 0 < x < 1, 0 < y < 1, \\ 0, & \text{其他}. \end{cases}$$

试求常数 C, 并证明 X 与 Y 相互独立.

5. 在第 1 题中求边缘分布和 X 的条件分布律.

6. 在第 2 题中求 (X, Y) 的边缘分布律和 X 的条件分布律.

7. 设 (X, Y) 的分布函数为 $F(x, y)$, 试用分布函数表示出下列概率:

(1) $P\{a < X \leqslant b, Y \leqslant y\}$;   (2) $P\{X = a, Y \leqslant y\}$;   (3) $P\{X > a, Y > b\}$.

8. 设二维随机向量 (X, Y) 的概率密度函数为

$$f(x, y) = \begin{cases} \dfrac{1}{8}(6 - x - y), & 0 < x < 2, 2 < y < 4, \\ 0, & \text{其他}. \end{cases}$$

试求 $P\{X < 1, Y < 3\}$; $P\{X + Y \leqslant 4\}$.

9. 设 X, Y 相互独立且分别具有相同的分布律, 即

X	0	1
p_k	$\dfrac{3}{5}$	$\dfrac{2}{5}$

Y	0	1
p_k	$\dfrac{3}{5}$	$\dfrac{2}{5}$

求 (X, Y) 的分布律和分布函数.

10. 设二维随机向量 (X, Y) 在如下图所示的区域 D 上服从均匀分布, 试求 (X, Y) 的概率密度函数及边缘概率密度.

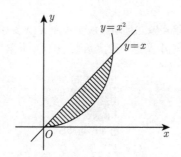

11. 一电子器件包含两部分, 分别以 X, Y 记这两部分的寿命 (以小时计), 设 (X, Y) 的分布函数为

$$F(X, Y) = \begin{cases} 1 - \mathrm{e}^{-0.01x} - \mathrm{e}^{-0.01y} + \mathrm{e}^{-0.01(x+y)}, & x \geqslant 0, y \geqslant 0, \\ 0, & \text{其他}. \end{cases}$$

(1) 求 (X, Y) 的概率密度函数;　　　　　　(2) 求一维分布函数;

(3) 求 $P\{X > 120, Y > 120\}$;　　　　　　(4) 判定 X, Y 是否独立.

12. 设二维随机向量 (X, Y) 的概率密度函数为

$$f(x, y) = \begin{cases} \mathrm{e}^{-y}, & 0 < x < y, \\ 0, & \text{其他}. \end{cases}$$

求 (X, Y) 关于 X 和 Y 的边缘概率密度.

13. 判定第 1 题中的 X, Y 是否独立.

14. 设 (X, Y) 的概率密度函数为

$$f(x, y) = \begin{cases} 3x, & 0 < x < 1, 0 < y < x, \\ 0, & \text{其他}. \end{cases}$$

试求: (1) 边缘分布密度; (2) X 和 Y 是否独立.

15. 设 X, Y 相互独立, 且边缘密度分别为

$$f_X(x) = \begin{cases} \mathrm{e}^{-x}, & x > 0, \\ 0, & \text{其他}, \end{cases} \qquad f_Y(y) = \begin{cases} \mathrm{e}^{-y}, & y > 0, \\ 0, & \text{其他}. \end{cases}$$

试求 X 和 Y 的联合概率密度函数以及条件概率密度.

16. 设 X, Y 的分布律分别为

X	0	1	2
p_k	0.5	0.3	0.2

Y	0	2
p_k	0.6	0.4

且 X 和 Y 相互独立, 试求 $Z = X + Y$ 的分布律.

17. 若 X_1 和 X_2 相互独立, 且分别服从参数为 λ_1, λ_2 的泊松分布. 证明: $X_1 + X_2$ 服从参数 $\lambda_1 + \lambda_2$ 的泊松分布.

18. 若 X_1 和 X_2 相互独立, 且 $X_1 \sim B(n_1, p), X_2 \sim B(n_2, p)$. 试证: $X_1 + X_2$ 服从二项分布 $B(n_1 + n_2, p)$.

19. 设 $X_1, X_2, \cdots, X_n$ 为相互独立且同服从参数为 $\lambda\,(\lambda > 0)$ 指数分布, $Y = \min(X_1, X_2, \cdots, X_n)$, 求 Y 的分布函数 $F_Y(y)$ 及概率密度函数 $f_Y(y)$, 并解释其意义.

习题 3 参考解析

第 4 章　随机变量的数字特征

前两章讨论的随机变量的分布函数能够完整地描述随机变量的统计规律性. 但在许多实际问题中, 随机变量的分布函数并不容易确定; 有时也并不需要全面考察随机变量的变化情况, 而只需知道它某些方面的特征, 这类特征往往通过若干个实数来反映, 在概率论中称它们为随机变量的数字特征.

例如, 顾客在购买商品时关注的是产品的平均寿命, 并不需要了解产品寿命具体服从的分布; 股民在炒股票时, 在意的是大盘的平均走势及波动情况, 具体的大盘指数服从何种分布并不关心. 又如, 评价一个选手的射击水平, 我们关心的是他命中环数的平均数以及命中点的分散程度, 这两个数字指标分别反映选手的一般水准以及发挥的稳定程度. 类似的数字指标还有很多, 总的看来, 它们都是随机变量某一方面性质的反映, 是在分布函数基础上进一步抽象出的指标, 是由分布函数所决定的常数, 是随机变量的数字特征. 它们对随机变量的刻画虽不完整, 但却更直接、更简洁、更清晰和更实用地反映出随机变量的本质.

对随机变量数字特征的研究, 具有理论和实际上的重要意义. 首先, 数字特征能够比较容易地用数理统计方法估算出来, 方便我们概括性地认识随机变量; 其次, 前两章列出的分布函数中, 很多含有一个或多个参数, 我们将会发现, 这些参数往往就是某些数字特征. 因此, 找到这些特征, 分布函数就随之确定.

本章将要介绍的随机变量的数字特征, 主要包括数学期望、方差、标准差、协方差和相关系数等. 这些数字特征又统称为矩, 其中协方差和相关系数可以表示两个随机变量的相互关系.

4.1　数　学　期　望

我们希望找到一个数字特征, 能够反映随机变量取值的平均水平, 如上文的平均寿命或平均环数, 这种平均值就是随机变量的数学期望.

为了理解数学期望的意义, 先来看一个例子: 选手甲每次射击的得分是随机变量 X, X 的可能取值是 0, 1, 2, 3. 令甲射击 10 次, 得分情况如下表.

得分 x_k	0	1	2	3
次数 n_k	4	3	2	1
频率 f_k	0.4	0.3	0.2	0.1

显然, 甲在 10 次射击中的平均得分是 $\bar{x} = \dfrac{\sum\limits_{k=1}^{4} x_k n_k}{n} = \sum\limits_{k=1}^{4} x_k f_k = 1$, 它是以频率为权重, 对 X 各个取值的加权平均.

我们知道, 当试验次数 (射击次数) n 增大时, 频率的稳定值就是概率, 此时上表演变为 X 的分布律

得分 x_k	0	1	2	3
概率 p_k	p_1	p_2	p_3	p_4

自然地, X 的平均取值就是 $\sum\limits_{k=1}^{4} x_k p_k$, 它是以概率为权重、对 X 各个取值的加权平均. 这个平均值是唯一的, 完全取决于 X 的概率分布, 我们称它为 X 的数学期望.

4.1.1　一维随机变量的数学期望

1. 离散型

定义 1　设离散型随机变量 X 的分布律为

$$P\{X = x_k\} = p_k, \quad k = 1, 2, \cdots .$$

数学期望

若级数

$$\sum_{k=1}^{+\infty} x_k p_k$$

绝对收敛, 则称级数 $\sum\limits_{k=1}^{+\infty} x_k p_k$ 为随机变量 X 的**数学期望** (mathematical expectation), 简称为**期望**、**期望值**或**均值**, 记为 $E(X)$, 即

$$E(X) = \sum_{k=1}^{+\infty} x_k p_k. \tag{4.1.1}$$

当 $\sum\limits_{k=1}^{+\infty} |x_k| p_k$ 发散时, 称 X 的数学期望不存在.

注　定义中要求级数 "绝对收敛" 的目的在于使数学期望唯一. 因为随机变量的取值可正可负, 取值次序可先可后, 由无穷级数的理论知道, 如果此无穷级数

绝对收敛, 则可保证 $E(X)$ 的值不因求和次序的改变而改变, 即级数 $\sum\limits_{k=1}^{+\infty} x_k p_k$ 与

项的排列次序无关, 如此数学期望才是存在且唯一的.

下面计算一些常见的离散型随机变量的数学期望.

例 1 设 X 服从参数为 p 的 0-1 分布, 求 $E(X)$.

解 设 X 的分布律为

X	0	1
p_k	q	p

其中 $p+q=1$. 由式 (4.1.1) 有

$$E(X) = 0 \times q + 1 \times p = p.$$

例 2 设 X 服从参数为 n,p 的二项分布, 求 $E(X)$.

解 由题可知 X 的分布律为

$$P\{X = k\} = \mathrm{C}_n^k p^k q^{n-k}, \quad k = 0, 1, 2, \cdots, n,$$

其中 $p+q=1, 0 < p < 1$. 由式 (4.1.1) 有

$$
\begin{aligned}
E(X) &= \sum_{k=0}^{n} k P\{X = k\} = \sum_{k=0}^{n} k \mathrm{C}_n^k p^k q^{n-k} \\
&= \sum_{k=0}^{n} k \frac{n!}{k!(n-k)!} p^k q^{n-k} \\
&= np \sum_{k=1}^{n} \frac{(n-1)!}{(k-1)!(n-k)!} p^{k-1} q^{n-k} \\
&= np \sum_{r=0}^{n-1} \frac{(n-1)!}{r!((n-1)-r)!} p^r q^{n-1-r} \\
&= np \sum_{r=0}^{n-1} \mathrm{C}_{n-1}^r p^r q^{n-1-r} = np(p+q)^{n-1} = np.
\end{aligned}
$$

二项分布的期望值是 np, 这在直观上容易理解. 因为 X 定义为 n 次重复的伯努利试验中事件 A 发生的次数, 而 A 在一次试验中发生的概率为 p, 则 n 次试验时当然平均出现 np 次.

例 3　设 X 服从参数为 λ 的泊松分布, 即 X 的分布律为

$$P\{X = k\} = \frac{\lambda^k}{k!}\mathrm{e}^{-\lambda}, \quad k = 0, 1, 2, \cdots, \lambda > 0,$$

求 $E(X)$.

解　由式 (4.1.1) 得

$$E(X) = \sum_{k=0}^{n} kP\{X = k\} = \sum_{k=0}^{n} k\frac{\lambda^k}{k!}\mathrm{e}^{-\lambda} = \lambda\mathrm{e}^{-\lambda} \sum_{k=1}^{+\infty} \frac{\lambda^{k-1}}{(k-1)!} = \lambda\mathrm{e}^{-\lambda}\mathrm{e}^{\lambda} = \lambda.$$

由此看出, 泊松分布的参数 λ 就是它的数学期望.

注　利用 e^x 的展开式 $\mathrm{e}^x = 1 + x + \dfrac{x^2}{2!} + \cdots$ 可知 $\displaystyle\sum_{k=1}^{+\infty} \frac{\lambda^{k-1}}{(k-1)!} = \sum_{r=0}^{+\infty} \frac{\lambda^r}{r!} = \mathrm{e}^{\lambda}$.

下面介绍几个离散型随机变量数学期望的应用实例.

例 4　某一彩票中心发行彩票 10 万张, 每张 2 元. 设一等奖 1 个, 奖金 1 万元; 二等奖 2 个, 奖金各 5000 元; 三等奖 10 个, 奖金各 1000 元; 四等奖 100 个, 奖金各 100 元; 五等奖 1000 个, 奖金各 10 元. 每张彩票的成本费为 0.3 元, 请计算彩票发行单位的创收利润.

解　设每张彩票中奖的数额为随机变量 X, 则

X	10000	5000	1000	100	10	0
p_k	$1/10^5$	$2/10^5$	$10/10^5$	$100/10^5$	$1000/10^5$	p_0

每张彩票平均能得到奖金

$$E(X) = 10000 \times \frac{1}{10^5} + 5000 \times \frac{2}{10^5} + \cdots + 0 \times p_0$$
$$= 0.5(元),$$

每张彩票平均可赚

$$2 - 0.5 - 0.3 = 1.2(元),$$

因此彩票发行单位发行 10 万张彩票的创收利润为

$$100000 \times 1.2 = 120000(元).$$

例 5　如何确定投资决策方向?

某人有 10 万元现金, 想投资于某项目, 预估成功的机会为 30%, 可得利润 8 万元, 失败的机会为 70%, 将损失 2 万元. 若存入银行, 同期间的利率为 5%, 问是否作此项投资?

解 设 X 为投资利润, 则

X	8	-2
p_k	0.3	0.7

所以 $E(X) = 8 \times 0.3 - 2 \times 0.7 = 1$(万元), 存入银行的利息为 $10 \times 5\% = 0.5$(万元), 故应选择投资.

例 6 投篮测试规则为每人最多投三次, 投中为止, 且第 i 次投中得分为 $(4 - i)$ 分, $i = 1, 2, 3$. 若三次均未投中不得分, 假设某人投篮测试中投篮的平均次数为 1.56 次.

求: (1) 该人投篮的命中率; (2) 该人投篮的平均得分.

解 (1) 设该投篮人投篮次数为 X, 投篮得分为 Y; 每次投篮命中率为 $p\,(0 < p < 1), q = 1 - p$, 则 X 的概率分布为

$$P\{X = 1\} = p, \quad P\{X = 2\} = pq, \quad P\{X = 3\} = q^2,$$

$$E(X) = p + 2pq + 3q^2 = p^2 - 3p + 3.$$

依题意 $p^2 - 3p + 3 = 1.56$, 解得 $p = 0.6\,(p = 2.4$ 不合题意, 舍去).

(2) Y 可以取 $0, 1, 2, 3$ 四个可能值, 且

$$P\{Y = 0\} = q^3 = (0.4)^3, \qquad P\{Y = 1\} = pq^2 = 0.6 \times 0.4^2 = 0.096,$$

$$P\{Y = 2\} = pq = 0.6 \times 0.4 = 0.24, \quad P\{Y = 3\} = p = 0.6,$$

于是该人的投篮平均得分为 $E(Y) = \sum_{i=0}^{3} iP\{Y = i\} = 2.376$(分).

2. 连续型

为了获得连续型随机变量的期望, 我们先设法将连续型随机变量 "离散化", 借助式 (4.1.1) 展开讨论. 设连续型随机变量 X 的密度函数为 $f(x)$, 取很密的分点 $x_0 < x_1 < x_2 < \cdots < x_n$ 将 X 的取值区间分为 n 段, 则 X 落在区间 (x_k, x_{k+1}) 的概率近似等于 $f(x_k)(x_{k+1} - x_k)$, 此时的 X 可近似地看成一个离散型随机变量 Y, Y 的分布律为

$$P\{Y = x_k\} = f(x_k)(x_{k+1} - x_k), \quad k = 0, 1, \cdots, n-1.$$

由式 (4.1.1), Y 的数学期望为 $\sum_{k=0}^{n-1} x_k f(x_k)(x_{k+1}-x_k)$, 它正是积分 $\int_{-\infty}^{+\infty} x f(x)\mathrm{d}x$ 的部分和. 这个直观的结论, 启发我们引入如下定义.

定义 2 设连续型随机变量 X 的概率密度函数为 $f(x)$, 若广义积分

$$\int_{-\infty}^{+\infty} x f(x)\mathrm{d}x$$

绝对收敛, 则称积分 $\int_{-\infty}^{+\infty} x f(x)\mathrm{d}x$ 为 X 的**数学期望**, 记为 $E(X)$, 即

$$E(X) = \int_{-\infty}^{+\infty} x f(x)\mathrm{d}x. \tag{4.1.2}$$

下面计算常见的连续型随机变量的数学期望.

例 7 设 X 在 (a,b) 上服从均匀分布, 求 $E(X)$.

解 X 的概率密度函数为

$$f(x) = \begin{cases} \dfrac{1}{b-a}, & a < x < b, \\ 0, & \text{其他}. \end{cases}$$

由式 (4.1.2) 有

$$E(X) = \int_{-\infty}^{+\infty} x f(x)\mathrm{d}x = \int_a^b \frac{x}{b-a}\mathrm{d}x = \frac{a+b}{2}.$$

由此例可见, 在 (a,b) 上服从均匀分布的随机变量的平均值位于区间 (a,b) 的中点.

例 8 设 $X \sim N(\mu,\sigma^2)$, 求 $E(X)$.

解 X 的概率密度函数为

$$f(x) = \frac{1}{\sqrt{2\pi}\sigma}\mathrm{e}^{-\frac{(x-\mu)^2}{2\sigma^2}}, \quad -\infty < x < +\infty.$$

由式 (4.1.2) 有

$$E(X) = \int_{-\infty}^{+\infty} x f(x)\mathrm{d}x = \frac{1}{\sqrt{2\pi}\sigma}\int_{-\infty}^{+\infty} x\mathrm{e}^{-\frac{(x-\mu)^2}{2\sigma^2}}\,\mathrm{d}x.$$

作代换 $t = \dfrac{x - \mu}{\sigma}$, 即 $x = \sigma t + \mu$, 于是

$$E(X) = \frac{1}{\sqrt{2\pi}} \int_{-\infty}^{+\infty} (\sigma t + \mu) \mathrm{e}^{-\frac{t^2}{2}} \, \mathrm{d}t$$

$$= \frac{\sigma}{\sqrt{2\pi}} \int_{-\infty}^{+\infty} t \mathrm{e}^{-\frac{t^2}{2}} \, \mathrm{d}t + \frac{\mu}{\sqrt{2\pi}} \int_{-\infty}^{+\infty} \mathrm{e}^{-\frac{t^2}{2}} \, \mathrm{d}t.$$

利用 $\displaystyle\int_{-\infty}^{+\infty} \mathrm{e}^{-\frac{t^2}{2}} \mathrm{d}t = \sqrt{2\pi}$, 并注意 $\displaystyle\int_{-\infty}^{+\infty} t \mathrm{e}^{-\frac{t^2}{2}} \mathrm{d}t = 0$, 得到

$$E(X) = \frac{\mu}{\sqrt{2\pi}} \sqrt{2\pi} + 0 = \mu.$$

注   由此可见, 正态分布中的参数 μ 正是 X 的数学期望.

例 9   设 X 服从参数为 $\lambda\,(\lambda > 0)$ 的指数分布, 求 $E(X)$.

解 X 的概率密度函数为

$$f(x) = \begin{cases} \lambda \mathrm{e}^{-\lambda x}, & x > 0, \\ 0, & \text{其他.} \end{cases}$$

由式 (4.1.2) 有

$$E(X) = \int_{-\infty}^{+\infty} x f(x) \mathrm{d}x = \int_{0}^{+\infty} \lambda x \mathrm{e}^{-\lambda x} \, \mathrm{d}x = \frac{1}{\lambda}.$$

需要注意的是, 有些随机变量的数学期望并不存在, 如下面两例.

例 10   设 X 的分布律为

$$P\left\{ X = (-1)^k \frac{2^k}{k} \right\} = \frac{1}{2^k}, \quad k = 1, 2, \cdots.$$

易知

$$\sum_{k=1}^{+\infty} x_k p_k = \sum_{k=1}^{+\infty} (-1)^k \frac{1}{k} = -\ln 2,$$

但由于

$$\sum_{k=1}^{+\infty} |x_k| \, p_k = \sum_{k=1}^{+\infty} \frac{1}{k} = +\infty,$$

因此 X 的数学期望不存在.

例 11　设 X 服从柯西分布, 概率密度函数为

$$f(x) = \frac{1}{\pi(1+x^2)}, \quad -\infty < x < +\infty.$$

这时

$$
\begin{aligned}
\int_{-\infty}^{+\infty} |x| f(x)\mathrm{d}x &= \int_{-\infty}^{+\infty} \frac{|x|}{\pi(1+x^2)}\mathrm{d}x \\
&> \frac{1}{\pi} \int_0^{+\infty} \frac{x}{1+x^2}\,\mathrm{d}x \\
&= \frac{1}{2\pi} \ln\left(1+x^2\right)\Big|_0^{+\infty} = \lim_{x \to +\infty} \frac{1}{2\pi} \ln\left(1+x^2\right) = +\infty,
\end{aligned}
$$

即积分 $\displaystyle\int_{-\infty}^{+\infty} |x|\, f(x)\mathrm{d}x$ 是发散的, 故 $E(X)$ 不存在.

4.1.2　一维随机变量函数的数学期望

设 Y 是随机变量 X 的函数, $Y = g(X)$, 此处的 $g(x)$ 为实值连续函数, 因此 Y 也是随机变量. 为了计算 Y 的数学期望, 可以先求出 Y 的分布律或概率密度函数, 然后按式 (4.1.1) 或式 (4.1.2) 计算. 但是, 很多情况下求 Y 的分布是相当困难的, 一种简便的方法是利用以下公式, 直接从 X 的分布出发计算 Y 的期望. 我们不加证明地给出该公式.

定理 1 (一维随机变量函数的期望公式)　(1) 设 X 为离散型随机变量, 分布律为

$$P\{X = x_k\} = p_k, \quad k = 1, 2, \cdots.$$

若级数

$$\sum_{k=1}^{+\infty} g(x_k) p_k$$

绝对收敛, 则

$$E(Y) = E(g(X)) = \sum_{k=1}^{+\infty} g(x_k) p_k. \tag{4.1.3}$$

(2) 设 X 为连续型随机变量, 概率密度函数为 $f(x)$, 若广义积分

$$\int_{-\infty}^{+\infty} g(x) f(x)\mathrm{d}x$$

绝对收敛, 则

$$E(Y) = \int_{-\infty}^{+\infty} g(x)f(x)\mathrm{d}x. \tag{4.1.4}$$

例 12 设随机变量 X 的分布律为

X	-2	0	2
p_k	0.4	0.3	0.3

求 $E(X), E\left(X^2\right), E\left(3X^2+5\right)$.

解 $E(X) = \sum_{k=1}^{+\infty} x_k p_k = (-2) \times 0.4 + 0 \times 0.3 + 2 \times 0.3 = -0.2;$

$$E\left(X^2\right) = \sum_{k=1}^{+\infty} x_k^2 p_k = 4 \times 0.4 + 0 \times 0.3 + 4 \times 0.3 = 2.8;$$

$$E\left(3X^2+5\right) = \sum_{k=1}^{+\infty} \left(3x_k^2+5\right)p_k = 17 \times 0.4 + 5 \times 0.3 + 17 \times 0.3 = 13.4$$

或

$$E(3X^2+5) = 3E(X^2) + 5 = 13.4.$$

例 13 设风速 V 是一个随机变量, 它服从 $(0,a)$ 上的均匀分布, 而飞机某部位受到的压力 $Y = kV^2$(常数 $k > 0$) 是风速的函数, 求 Y 的数学期望.

解 因为 V 服从 $(0,a)$ 上的均匀分布, 则其概率密度为

$$f(v) = \begin{cases} \dfrac{1}{a}, & 0 < v < a, \\ 0, & \text{其他}, \end{cases}$$

所以

$$E(Y) = E(kV^2) = \int_{-\infty}^{+\infty} kv^2 f(v)\mathrm{d}v = \int_0^a kv^2 \frac{1}{a}\mathrm{d}v = \frac{1}{3}ka^2.$$

4.1.3 二维随机向量及其函数的数学期望

1. 二维随机向量的数学期望

若 $E(X), E(Y)$ 都存在, 则称 $(E(X), E(Y))$ 为**二维随机向量** (X,Y) 的**数学期望**.

当 (X, Y) 为离散型随机向量时, 设其分布律为

$$P\{X = x_i, Y = y_j\} = p_{ij}, \quad i, j = 1, 2, \cdots,$$

则

$$E(X) = \sum_{i=1}^{+\infty} x_i P\{X = x_i\} = \sum_{i=1}^{+\infty} x_i \sum_{j=1}^{+\infty} p_{ij},$$

$$E(Y) = \sum_{j=1}^{+\infty} y_j P\{Y = y_j\} = \sum_{j=1}^{+\infty} y_j \sum_{i=1}^{+\infty} p_{ij}.$$

当 (X, Y) 为连续型随机向量时, 设其边缘概率密度函数分别为 $f_X(x)$ 和 $f_Y(y)$, 则 X 与 Y 的数学期望分别为

$$E(X) = \int_{-\infty}^{+\infty} x f_X(x) \mathrm{d}x, \quad E(Y) = \int_{-\infty}^{+\infty} y f_Y(y) \mathrm{d}y.$$

2. 二维随机向量函数的数学期望

定理 2 (二维随机向量函数的期望公式)　(1) 若二维离散型随机向量 (X, Y) 的分布律为

$$P\{X = x_i, Y = y_j\} = p_{ij}, \quad i, j = 1, 2, \cdots,$$

$Z = g(X, Y)$, 若级数

$$\sum_{i=1}^{+\infty} \sum_{j=1}^{+\infty} g(x_i, y_j) p_{ij}$$

绝对收敛, 则 $E(Z)$ 存在, 并且

$$E(Z) = \sum_{i=1}^{+\infty} \sum_{j=1}^{+\infty} g(x_i, y_j) p_{ij}.$$

(2) 若二维连续型随机向量 (X, Y) 的概率密度函数为 $f(x, y)$, $Z = g(X, Y)$, 若积分

$$\int_{-\infty}^{+\infty} \int_{-\infty}^{+\infty} g(x, y) f(x, y) \mathrm{d}x \mathrm{d}y$$

绝对可积, 则 $E(Z)$ 存在, 并且

$$E(Z) = \int_{-\infty}^{+\infty} \int_{-\infty}^{+\infty} g(x, y) f(x, y) \mathrm{d}x \mathrm{d}y. \tag{4.1.5}$$

例 14 设 (X, Y) 的分布律为

X \\ Y	-1	1	2
-1	$\dfrac{5}{20}$	$\dfrac{2}{20}$	$\dfrac{6}{20}$
2	$\dfrac{3}{20}$	$\dfrac{3}{20}$	$\dfrac{1}{20}$

求 $Z = X + Y, Z = XY$ 的数学期望.

解 由 3.5 节例 1 知 $Z = X + Y$ 的分布律为

$Z = X + Y$	-2	0	1	3	4
p_k	$\dfrac{5}{20}$	$\dfrac{2}{20}$	$\dfrac{9}{20}$	$\dfrac{3}{20}$	$\dfrac{1}{20}$

所以

$$E(Z) = E(X + Y) = -2 \times \frac{5}{20} + 1 \times \frac{9}{20} + 3 \times \frac{3}{20} + 4 \times \frac{1}{20} = 0.6;$$

$Z = XY$ 的分布律为

$Z = XY$	-2	-1	1	2	4
p_k	$\dfrac{9}{20}$	$\dfrac{2}{20}$	$\dfrac{5}{20}$	$\dfrac{3}{20}$	$\dfrac{1}{20}$

$$E(Z) = E(XY) = -2 \times \frac{9}{20} - 1 \times \frac{2}{20} + 1 \times \frac{5}{20} + 2 \times \frac{3}{20} + 4 \times \frac{1}{20} = -0.25.$$

4.1.4 数学期望的性质

(1) 设 C 为常数, 则 $E(C) = C$.

(2) 设 X 为随机变量, C 为常数, 则 $E(CX) = CE(X)$.

(3) 设 X, Y 为两个随机变量, 则 $E(X \pm Y) = E(X) \pm E(Y)$.

性质 (3) 可推广到有限个随机变量代数和的情况, 再结合性质 (1) 和 (2), 就是数学期望的线性性质:

$$E\left(\sum_{i=1}^{n} c_i X_i + b\right) = \sum_{i=1}^{n} c_i E(X_i) + b,$$

其中 $c_i, i = 1, 2, \cdots, n$ 以及 b 为任意常数, X_i 为随机变量.

(4) 设 X, Y 相互独立, 则 $E(XY) = E(X)E(Y)$.

证明 仅就连续型来证. 由于 X, Y 相互独立, 所以 $f(x,y) = f_X(x)f_Y(y)$. 再由式 (4.1.5) 有

$$E(XY) = \int_{-\infty}^{+\infty} \int_{-\infty}^{+\infty} xy f(x,y) \mathrm{d}x \mathrm{d}y$$

$$= \int_{-\infty}^{+\infty} \int_{-\infty}^{+\infty} x f_X(x) \cdot y f_Y(y) \mathrm{d}x \mathrm{d}y$$

$$= \int_{-\infty}^{+\infty} x f_X(x) \mathrm{d}x \int_{-\infty}^{+\infty} y f_Y(y) \mathrm{d}y$$

$$= E(X)E(Y).$$

这个性质可推广到有限个相互独立的随机变量之积的情况. 若 $X_1, X_2, \cdots, X_n$ 相互独立, 则有

$$E(X_1 X_2 \cdots X_n) = E(X_1)E(X_2) \cdots E(X_n).$$

例 15 设 Y 服从参数为 n, p 的二项分布, 试利用期望的性质求 $E(Y)$.

解 引入随机变量

$$X_i = \begin{cases} 0, & \text{在第 } i \text{ 次试验中事件} A \text{ 不发生}, \\ 1, & \text{在第 } i \text{ 次试验中事件} A \text{ 发生}, \end{cases} \quad i = 1, 2, \cdots, n,$$

则

$$Y = X_1 + X_2 + \cdots + X_n,$$

由期望的性质 (3) 有

$$E(Y) = E(X_1) + E(X_2) + \cdots + E(X_n).$$

注意 X_i 的分布律为

X_i	0	1
p_k	$1-p$	p

可以求得 $E(X_i) = p, i = 1, 2, \cdots, n$. 于是

$$E(Y) = E(X_1) + E(X_2) + \cdots + E(X_n) = np.$$

注　例 15 直观地说明了为何二项分布的数学期望恰为相应的 0-1 分布的数学期望的 n 倍. 该例也说明, 将随机变量分解成若干个随机变量之和, 一般会使数学期望的计算变得简单, 如下例.

例 16　对 N 个人的血液进行某项检验, 可以采用两种方法:

(a) 逐个检验, 这样需要化验 N 次.

(b) 把 k 个人的血样合在一起检验 (设 N 是 k 的倍数, 并且 N 很大), 若化验结果为阴性, 说明 k 个人的血液都呈阴性, 这样对这 k 个人只需要一次化验; 若 k 个人的血样合在一起呈阳性, 说明 k 个人中至少有一个人的血液为阳性, 这时对这 k 个人的血样再逐个检验, 这样, 这 k 个人需进行 $k+1$ 次检验. 设对每个人的检验结果为阳性的概率都独立地为 p, 求:

(1) k 个人的血样混在一起检验呈阳性的概率;

(2) 在第二种方案下, 需要进行检验次数的数学期望.

解　(1) 记 $q = 1 - p$, 则 k 个人的血样混在一起呈阳性的概率为 $1 - q^k$.

(2) 设在第二个方案下, N 个人分成 $m = \dfrac{N}{k}$ 个组, 引入随机变量

$$X_i = \begin{cases} 1, & 第\ i\ 组呈阴性, \\ k+1, & 第\ i\ 组呈阳性, \end{cases} \quad i = 1, 2, \cdots, m,$$

则 X_i 的分布律为

X_i	1	$k+1$
p_k	q^k	$1 - q^k$

因此,

$$E(X_i) = 1 \times q^k + (k+1)(1 - q^k) = 1 + k - kq^k.$$

依题意知

$$X = X_1 + X_2 + \cdots + X_m,$$

故

$$\begin{aligned} E(X) &= E(X_1) + E(X_2) + \cdots + E(X_m) \\ &= m\left(1 + k - kq^k\right) = \frac{N}{k}\left(1 + k - kq^k\right), \\ &= N\left(\frac{1}{k} + 1 - q^k\right). \end{aligned}$$

方差

4.2　方　　差

4.2.1　随机变量的方差和均方差

数学期望反映随机变量取值的平均水平, 它总位于分布的中心, 随机变量的取值在其周围波动. 但是, 仅用这个数字特征描述随机变量是不够的. 例如, 对甲、乙两个选手长期以来的射击成绩进行统计, 情况如下表.

$X_甲$	0	1	2	3
p_k	0.3	0.2	0.2	0.3

$X_乙$	0	1	2	3
p_k	0	0.6	0.3	0.1

易知 $E(X_甲) = E(X_乙) = 1.5$, 但选手甲的成绩明显比乙的成绩波动厉害, 这一特征并未在数学期望中得到反映, 可它又是衡量选手水平时必须要考虑的方面. 因此, 有必要构造新的数字特征, 用来描述随机变量取值的波动性或离散程度.

对于随机变量 X, 如何衡量其取值的离散程度呢？一个自然的想法是: 用代表着 X 取值中心位置的数学期望 $E(X)$ 作参照点, 求出 X 的取值与 $E(X)$ 的偏离程度, 那么, 用怎样的量来度量这个偏离程度呢？容易看到 $E[|X - E(X)|]$ 能够度量 X 的取值与其均值 $E(X)$ 的偏离程度, 但是绝对值运算在数学上处理不太方便, 所以通常用 $E[X - E(X)]^2$ 来度量 X 的取值与其均值 $E(X)$ 的偏离程度. 若 X 的取值比较集中, 则 $E[X - E(X)]^2$ 就比较小; 反之, 若取值比较分散, 则 $E[X - E(X)]^2$ 就比较大, 从而 $E[X - E(X)]^2$ 衡量了随机变量 X 取值的离散程度.

定义 1　对于随机变量 X, 若 $E[X - E(X)]^2$ 存在, 则称 $E[X - E(X)]^2$ 为 X 的**方差** (variance), 记为 $D(X)$ 或 $\text{Var}(X)$, 即

$$D(X) = E[X - E(X)]^2. \tag{4.2.1}$$

称 $\sqrt{D(X)}$ 为**标准差** (standard deviation) 或**均方差**.

由定义可知, 随机变量 X 的方差就是 X 的函数 $[X - E(X)]^2$ 的数学期望, 因此, 根据随机变量函数的期望公式 (4.1.3) 和公式 (4.1.4), 可直接得到方差的计算公式.

对离散型随机变量 X, 若其分布律为

$$P\{X = x_k\} = p_k, \quad k = 1, 2, \cdots,$$

则

$$D(X) = E[X - E(X)]^2 = \sum_{k=1}^{+\infty} [x_k - E(X)]^2 p_k. \tag{4.2.2}$$

对连续型随机变量 X, 若其概率密度函数为 $f(x)$, 则

$$D(X) = E\left[X - E(X)\right]^2 = \int_{-\infty}^{+\infty} [x - E(X)]^2 f(x)\mathrm{d}x. \tag{4.2.3}$$

根据数学期望的性质, 方差还可按以下公式计算:

$$D(X) = E[X - E(X)]^2 = E\left\{X^2 - 2XE(X) + [E(X)]^2\right\}$$
$$= E\left(X^2\right) - 2E(X)E(X) + [E(X)]^2$$
$$= E\left(X^2\right) - [E(X)]^2,$$

即

$$D(X) = E\left(X^2\right) - [E(X)]^2. \tag{4.2.4}$$

例 1　设 X 服从参数为 p 的 0-1 分布, 求 $D(X)$.

解　设 X 的分布律为

X	0	1
p_k	q	p

其中 $p + q = 1$. 由 4.1 节例 1 知 $E(X) = p$, 则

$$D(X) = \sum_{k=1}^{2} \left[x_k - E(X)\right]^2 p_k = (0 - p)^2 q + (1 - p)^2 p$$
$$= p^2 q + p - 2p^2 + p^3 = p^2(1 - p) + p - 2p^2 + p^3$$
$$= p - p^2 = p(1 - p) = pq.$$

例 2　设 X 服从参数为 λ 的泊松分布, 求 $D(X)$.

解　已知 X 的分布律为

$$P\{X = x_k\} = \frac{\lambda^k}{k!}\mathrm{e}^{-\lambda}, \quad k = 0, 1, 2, \cdots, \quad \lambda > 0,$$

且由 4.1 节例 3 知 $E(X) = \lambda$. 而

$$E\left(X^2\right) = \sum_{k=0}^{n} k^2 \frac{\lambda^k}{k!}\mathrm{e}^{-\lambda} = \lambda\mathrm{e}^{-\lambda} \sum_{k=1}^{+\infty} k \frac{\lambda^{k-1}}{(k-1)!} = \lambda\mathrm{e}^{-\lambda} \sum_{k=1}^{+\infty} [(k-1) + 1] \frac{\lambda^{k-1}}{(k-1)!}$$

$$= \lambda e^{-\lambda} \sum_{k=1}^{+\infty} (k-1) \frac{\lambda^{k-1}}{(k-1)!} + \lambda e^{-\lambda} \sum_{k=1}^{+\infty} \frac{\lambda^{k-1}}{(k-1)!}$$

$$= \lambda e^{-\lambda} \sum_{m=0}^{+\infty} m \frac{\lambda^m}{m!} + \lambda e^{-\lambda} \sum_{m=0}^{+\infty} \frac{\lambda^m}{m!}$$

$$= \lambda E(X) + \lambda e^{-\lambda} e^{\lambda}$$

$$= \lambda^2 + \lambda.$$

再由式 (4.2.4), 得

$$D(X) = E(X^2) - [E(X)]^2 = \lambda^2 + \lambda - \lambda^2 = \lambda.$$

注　泊松分布中的参数 λ 既是分布的数学期望, 又是方差.

例 3　设 X 在 (a,b) 上服从均匀分布, 概率密度函数为

$$f(x) = \begin{cases} \dfrac{1}{b-a}, & a < x < b, \\ 0, & \text{其他,} \end{cases}$$

求 $D(X)$.

解　由 4.1 节例 7 知 $E(X) = \dfrac{a+b}{2}$, 再由式 (4.2.3) 有

$$D(X) = \int_a^b \left(x - \frac{a+b}{2} \right)^2 \frac{1}{b-a} \mathrm{d}x.$$

利用代换 $t = x - \dfrac{a+b}{2}$, 得

$$D(X) = \frac{1}{b-a} \int_{\frac{a-b}{2}}^{\frac{b-a}{2}} t^2 \mathrm{d}t = \frac{2}{b-a} \int_0^{\frac{b-a}{2}} t^2 \mathrm{d}t = \frac{(b-a)^2}{12}.$$

例 4　设 $X \sim N(\mu, \sigma^2)$, 求 $D(X)$.

解　由 4.1 节例 8 知 $E(X) = \mu$, 再由式 (4.2.3) 有

$$D(X) = \int_a^b (x-\mu)^2 \frac{1}{\sqrt{2\pi}\sigma} e^{-\frac{(x-\mu)^2}{2\sigma^2}} \mathrm{d}x,$$

利用代换 $t = \dfrac{x-\mu}{\sigma}$, 得

$$D(X) = \frac{\sigma^2}{\sqrt{2\pi}} \int_{-\infty}^{+\infty} t^2 e^{-\frac{t^2}{2}} \mathrm{d}t = \frac{\sigma^2}{\sqrt{2\pi}} \left[-t e^{-\frac{t^2}{2}} \Big|_{-\infty}^{+\infty} + \int_{-\infty}^{\infty} e^{-\frac{t^2}{2}} \mathrm{d}t \right] = \sigma^2.$$

此例说明正态分布的第二个参数 σ 正是 X 的标准差. 从图 2-7 可见, 当 σ 较小时, 密度曲线 $f(x)$ 在 $x = \mu$ 处的峰较高, 说明 X 的取值集中在 μ 附近, 离散程度较小; 反之, 若 σ 较大, $f(x)$ 在 $x = \mu$ 处的峰较平缓, 两侧的尾巴较厚, 说明 X 取值的集中情况不明显, 比较分散.

例 5 设 X 服从参数为 λ $(\lambda > 0)$ 的指数分布, 求 $D(X)$.

解 由 4.1 节例 9 知 $E(X) = \dfrac{1}{\lambda}$, 而

$$E\left(X^2\right) = \int_0^{+\infty} \lambda x^2 \mathrm{e}^{-\lambda x} \mathrm{d}x = -x^2 \mathrm{e}^{-\lambda x}\big|_0^{+\infty} + 2\int_0^{+\infty} x\mathrm{e}^{-\lambda x}\mathrm{d}x = \frac{2}{\lambda^2},$$

故 $D(X) = E\left(X^2\right) - [E(X)]^2 = \dfrac{1}{\lambda^2}$.

4.2.2　方差的性质

(1) 设 C 为常数, 则 $D(C) = 0$.

(2) $D(X + C) = D(X), D(CX) = C^2 D(X)$.

证明 由方差的定义及期望的性质, 有

$$D(CX) = E[CX - E(CX)]^2 = E[CX - CE(X)]^2$$
$$= E\left\{C^2[X - E(X)]^2\right\} = C^2 E[X - E(X)]^2 = C^2 D(X).$$

(3) 若 X, Y 相互独立, 则

$$D(X \pm Y) = D(X) + D(Y).$$

证明 由方差的定义及期望的性质, 有

$$D(X \pm Y) = E[X \pm Y - E(X \pm Y)]^2$$
$$= E\{[X - E(X)] \pm [Y - E(Y)]\}^2$$
$$= E[X - E(X)]^2 + E[Y - E(Y)]^2 \pm 2E[X - E(X)][Y - E(Y)].$$

上式右端第三项

$$2E[X - E(X)][Y - E(Y)]$$
$$= 2E[XY - YE(X) - XE(Y) + E(X)E(Y)]$$
$$= 2[E(XY) - E(Y)E(X) - E(X)E(Y) + E(X)E(Y)]$$

$$= 2[E(XY) - E(X)E(Y)]. \tag{4.2.5}$$

由于 X, Y 相互独立, 故 $E(XY) = E(X)E(Y)$, 从而式 (4.2.5) 右端等于 0, 于是

$$D(X \pm Y) = D(X) + D(Y).$$

这个性质可推广到有限个两两相互独立随机变量的情况: 设 $X_1, X_2, \cdots, X_n$ 两两独立, $C_1, C_2, \cdots, C_n$ 为任意常数, 则

$$D\left(\sum_{i=1}^n C_i X_i\right) = \sum_{i=1}^n C_i^2 D(X_i). \tag{4.2.6}$$

特别地, 若 $X_1, X_2, \cdots, X_n$ 有共同的方差 σ^2, 则

$$D\left(\frac{1}{n}\sum_{i=1}^n X_i\right) = \sum_{i=1}^n \frac{1}{n^2} D(X_i) = \frac{1}{n}\sigma^2.$$

若 $X_i \sim N\left(\mu_i, \sigma_i^2\right) (i = 1, 2, \cdots, n)$, 且相互独立, 由第 3 章的讨论我们知道, 它们的线性组合 $C_1 X_1 + C_2 X_2 + \cdots + C_n X_n$ ($C_1, C_2, \cdots, C_n$ 是不全为零的实数) 也服从正态分布, 于是由数学期望和方差的性质可以得到

$$C_1 X_1 + C_2 X_2 + \cdots + C_n X_n \sim N\left(\sum_{i=1}^n C_i \mu_i, \sum_{i=1}^n C_i^2 \sigma_i^2\right).$$

例 6　设 Y 服从参数为 n, p 的二项分布, 求 $D(Y)$.

解　由 4.1 节例 15 知

$$Y = X_1 + X_2 + \cdots + X_n,$$

其中 $X_1, X_2, \cdots, X_n$ 相互独立, 具有相同的分布律

X_i	0	1
p_k	q	p

其中 $p + q = 1, i = 1, 2, \cdots, n$. 由本节例 1 已求出 $D(X_i) = pq$, 应用式 (4.2.6), 得

$$D(X_1 + X_2 + \cdots + X_n) = nD(X_1) = npq.$$

4.2.3 随机变量的标准化

若随机变量 X 的数学期望 $E(X)$ 和方差 $D(X)$ 都存在, 且 $D(X) > 0$, 称

$$X^* = \frac{X - E(X)}{\sqrt{D(X)}} \tag{4.2.7}$$

为**标准化随机变量**.

根据数学期望和方差的性质可以证明, 标准化随机变量 X^* 的数学期望是 0, 方差是 1, 标准化随机变量是无量纲的随机变量, 在实际问题中有广泛的应用.

对于服从正态分布的随机变量, 有如下的结果.

若 $X \sim N(\mu, \sigma^2)$, 则 $X^* \sim N(0, 1)$, 这意味着无论随机变量服从什么样的正态分布, 标准化后, 都得到一个标准正态分布的随机变量, 从而任何一般正态分布的计算问题都可以转化成标准正态分布来解决.

例 7 设活塞的直径 (单位: cm) $X \sim N(22.40, 0.03^2)$, 气缸的直径 $Y \sim N(22.50, 0.04^2)$, X, Y 相互独立, 任取一只活塞, 任取一只气缸, 求活塞能装入气缸的概率.

解 按题意需求 $P\{X < Y\} = P\{X - Y < 0\}$. 由于

$$X - Y \sim N(-0.10, 0.0025),$$

故有

$$
\begin{aligned}
P\{X < Y\} &= P\{X - Y < 0\} \\
&= P\left\{ \frac{(X - Y) - (-0.10)}{\sqrt{0.0025}} < \frac{0 - (-0.10)}{\sqrt{0.0025}} \right\} \\
&= \Phi\left(\frac{0.10}{0.05} \right) = \Phi(2) \approx 0.9772.
\end{aligned}
$$

4.3 协方差和相关系数

协方差

前两节中介绍了一维随机变量的数学期望和方差, 二者分别描述了单个随机变量取值的集中程度和相对于均值偏离程度. 对于二维随机向量 (X, Y), 除了讨论随机变量 X 和 Y 的数学期望和方差, 还需要研究二者之间的相互关系, 有必要构造新的数字特征. 例如, 假设某品牌企业的广告支出 X 和销售收入 Y 都为随机变量, 二者往往不相互独立, 需要分析二者之间的依赖关系, 即相关性. 本节介绍的**协方差**和**相关系数**就是用来描述 X 与 Y 之间相互关系的数字特征.

定义 1　设 (X, Y) 为二维随机向量, 若

$$E\left\{[X - E(X)][Y - E(Y)]\right\}$$

存在, 则称它为 X 与 Y 的**协方差** (covariance), 记为 $\text{Cov}(X, Y)$ 或者 σ_{XY}, 即

$$\text{Cov}(X, Y) = E\left\{[X - E(X)][Y - E(Y)]\right\}. \tag{4.3.1}$$

由定义 1 可知, X 与 Y 的协方差是偏差 $X - E(X)$ 与 $Y - E(Y)$ 乘积的数学期望, 由于偏差可正可负, 故协方差可正可负, 也可为零.

有了协方差的定义后, 两个随机变量代数和的方差可展开为如下形式:

$$D(X \pm Y) = D(X) + D(Y) \pm 2\text{Cov}(X, Y).$$

协方差就是 X 与 Y 的函数 $[X - E(X)][Y - E(Y)]$ 的数学期望, 所以可利用 4.1.3 节的理论计算 $\text{Cov}(X, Y)$. 此外, $\text{Cov}(X, Y)$ 的计算更常用下面的公式:

$$\text{Cov}(X, Y) = E(XY) - E(X)E(Y). \tag{4.3.2}$$

事实上, 利用数学期望的性质, 将 $\text{Cov}(X, Y)$ 的定义式展开, 便可得到

$$\begin{aligned}
\text{Cov}(X, Y) &= E\{[X - E(X)][Y - E(Y)]\} \\
&= E(XY) - E(X)E(Y) - E(Y)E(X) + E(X)E(Y) \\
&= E(XY) - E(X)E(Y).
\end{aligned}$$

例 1　设二维随机变量 (X, Y) 的概率密度函数为

$$f(x, y) = \begin{cases} 3x, & 0 < y < x < 1, \\ 0, & \text{其他}. \end{cases}$$

试求 $\text{Cov}(X, Y)$.

解　利用协方差的计算公式, 先计算 $E(X), E(Y), E(XY)$ 的值.

$$E(X) = \int_0^1 \int_0^x x \cdot 3x \mathrm{d}y \mathrm{d}x = \int_0^1 3x^3 \mathrm{d}x = \frac{3}{4},$$

$$E(Y) = \int_0^1 \int_0^x y \cdot 3x \mathrm{d}y \mathrm{d}x = \int_0^1 \frac{3}{2}x^3 \mathrm{d}x = \frac{3}{8},$$

$$E(XY) = \int_0^1 \int_0^x xy \cdot 3x \mathrm{d}y \mathrm{d}x = \int_0^1 \frac{3}{2}x^4 \mathrm{d}x = \frac{3}{10}.$$

因此, 可得

$$\text{Cov}(X,Y) = E(XY) - E(X)E(Y) = \frac{3}{10} - \frac{3}{4} \times \frac{3}{8} = \frac{3}{160}.$$

协方差在一定程度上描述了两个随机变量的相关性, 但是它是一个有量纲的量, 随机变量量纲的变化会引起协方差的数值变动. 为了克服这个缺点, 我们采用 X 和 Y 标准化后的协方差来描述 X 与 Y 的相关性.

若 $D(X) > 0$, $D(Y) > 0$, 令 X^* 和 Y^* 分别为 X 和 Y 标准化后的随机变量, 则由式 (4.3.2) 以及 X^* 和 Y^* 的数学期望都为零, 可以得到

$$\text{Cov}(X^*,Y^*) = E(X^*Y^*) = E\left[\left(\frac{X - E(X)}{\sqrt{D(X)}}\right)\left(\frac{Y - E(Y)}{\sqrt{D(Y)}}\right)\right] = \frac{\text{Cov}(X,Y)}{\sqrt{D(X)}\sqrt{D(Y)}}.$$

定义 2 设 $D(X) \neq 0$, $D(Y) \neq 0$, 称

$$\rho_{XY} = \frac{\text{Cov}(X,Y)}{\sqrt{D(X)}\sqrt{D(Y)}} \tag{4.3.3}$$

为 X 与 Y 的**相关系数** (correlation coefficient).

从以上定义可以看出, X 与 Y 的相关系数是相应标准化随机变量的协方差. 相关系数与协方差同号, 故可正、可负, 也可以为零. 若 $\rho_{XY} > 0$, 称 X 与 Y **正相关** (positive correlation); 若 $\rho_{XY} < 0$, 称 X 与 Y **负相关** (negative correlation); 若 $\rho_{XY} = 0$, 称 X 与 Y **不相关** (uncorrelation).

例 2 设 (X,Y) 服从二维正态分布, 概率密度函数为

$$f(x,y) = \frac{1}{2\pi\sigma_1\sigma_2\sqrt{(1-\rho^2)}}$$

$$\cdot \exp\left\{-\frac{1}{2(1-\rho^2)}\left[\frac{(x-\mu_1)^2}{\sigma_1^2} - 2\rho\frac{(x-\mu_1)(y-\mu_2)}{\sigma_1\sigma_2} + \frac{(y-\mu_2)^2}{\sigma_2^2}\right]\right\},$$

$$-\infty < x < +\infty, \quad -\infty < y < +\infty.$$

求 X 与 Y 的相关系数.

解 在 3.2 节例 3 中已求出 (X,Y) 的两个边缘概率密度函数为

$$f_X(x) = \frac{1}{\sqrt{2\pi}\sigma_1}\exp\left\{-\frac{(x-\mu_1)^2}{2\sigma_1^2}\right\}, \quad -\infty < x < +\infty,$$

$$f_Y(y) = \frac{1}{\sqrt{2\pi}\sigma_2} \exp\left\{ -\frac{(y-\mu_2)^2}{2\sigma_2^2} \right\}, \quad -\infty < y < +\infty.$$

由参数的意义知道 $E(X) = \mu_1, E(Y) = \mu_2, D(X) = \sigma_1^2, D(Y) = \sigma_2^2$. 由式 (4.3.1) 有

$$\begin{aligned}
\text{Cov}(X, Y) &= \int_{-\infty}^{+\infty} \int_{-\infty}^{+\infty} (x - \mu_1)(y - \mu_2) \frac{1}{2\pi\sigma_1\sigma_2\sqrt{(1-\rho^2)}} \\
&\quad \cdot \exp\left\{ -\frac{1}{2(1-\rho^2)}\left[\frac{(x-\mu_1)^2}{\sigma_1^2} - 2\rho\frac{(x-\mu_1)(y-\mu_2)}{\sigma_1\sigma_2} \right.\right. \\
&\qquad \left.\left. + \frac{(y-\mu_2)^2}{\sigma_2^2} \right] \right\}\mathrm{d}x\mathrm{d}y \\
&= \frac{1}{2\pi\sigma_1\sigma_2\sqrt{(1-\rho^2)}} \int_{-\infty}^{+\infty} \mathrm{e}^{-\frac{(x-\mu_1)^2}{2\sigma_1^2}} \int_{-\infty}^{+\infty} (x-\mu_1)(y-\mu_2) \\
&\quad \cdot \mathrm{e}^{-\frac{1}{2(1-\rho^2)}\left[\frac{y-\mu_2}{\sigma_2} - \rho\frac{x-\mu_1}{\sigma_1}\right]^2} \mathrm{d}y\mathrm{d}x.
\end{aligned}$$

令 $\dfrac{1}{\sqrt{1-\rho^2}}\left(\dfrac{y-\mu_2}{\sigma_2} - \rho\dfrac{x-\mu_1}{\sigma_1}\right) = t$, 则

$$\text{Cov}(X, Y) = \frac{\sigma_2\rho}{\sqrt{2\pi}\sigma_1^2} \int_{-\infty}^{+\infty} (x-\mu_1)^2 \mathrm{e}^{-\frac{(x-\mu_1)^2}{2\sigma_1^2}} \mathrm{d}x,$$

再令 $\dfrac{x-\mu_1}{\sigma_1} = u$, 就得到

$$\text{Cov}(X, Y) = \frac{\sigma_1\sigma_2\rho}{\sqrt{2\pi}} \int_{-\infty}^{+\infty} u^2 \mathrm{e}^{-\frac{u^2}{2}} \mathrm{d}u = \sigma_1\sigma_2\rho,$$

即

$$\rho = \frac{\text{Cov}(X, Y)}{\sigma_1\sigma_2} = \rho_{XY}.$$

例 2 说明, 二维正态分布随机变量 (X, Y) 的概率密度函数中的参数 ρ 就是 X 与 Y 的相关系数, 且当 $\rho = 0$ 时, 显然有 $f(x, y) = f_X(x)f_Y(y)$, 则 X 与 Y 相互独立.

协方差和相关系数具有以下性质:

(1) $\text{Cov}(X, Y) = \text{Cov}(Y, X)$.

(2) $\text{Cov}(aX + bY, cU + dV) = ac\,\text{Cov}(X, U) + ad\,\text{Cov}(X, V) + bc\,\text{Cov}(Y, U) + bd\,\text{Cov}(Y, V)$, 其中 a, b, c, d 为常数. 特别地,

$$\text{Cov}(X + Y, U) = \text{Cov}(X, U) + \text{Cov}(Y, U), \quad \text{Cov}(aX, cY) = ac\,\text{Cov}(Y, X).$$

(3) 若 X 与 Y 相互独立, 则 $\text{Cov}(X, Y) = 0$, $\rho_{XY} = 0$.

(4) 对于随机变量 X 与 Y, 下面四个结论是等价的:

$$\text{Cov}(X, Y) = 0 \Leftrightarrow X \text{ 与 } Y \text{ 不相关} \Leftrightarrow E(XY) = E(X)E(Y)$$

$$\Leftrightarrow D(X + Y) = D(X) + D(Y).$$

这些性质说明, 两个独立的随机变量一定不相关, 但反之不然, 两个不相关的随机变量不一定独立 (见例 3), 因此 "不相关" 是一个比 "独立" 弱的概念. $\rho_{XY} = 0$ 只说明 X 与 Y 没有线性相关关系, 但可能存在其他关系 (图 4-1).

(5) 若 X 与 Y 之间有线性关系

$$Y = aX + b,$$

则二者的相关系数 $\rho_{XY} = \pm 1$. 当 $a > 0$ 时, $\rho_{XY} = 1$; 当 $a < 0$ 时, $\rho_{XY} = -1$.

证明 因为

$$E(Y) = aE(X) + b, \quad D(Y) = a^2 D(X), \quad \sqrt{D(Y)} = |a|\sqrt{D(X)},$$

所以

$$\begin{aligned}
\text{Cov}(X, Y) &= E\{[X - E(X)][Y - E(Y)]\} \\
&= E\{[X - E(X)][aX + b - aE(X) - b]\} \\
&= E\left\{a[X - E(X)]^2\right\} \\
&= aE[X - E(X)]^2 = aD(X).
\end{aligned}$$

故

$$\rho_{XY} = \frac{\text{Cov}(X, Y)}{\sqrt{D(X)}\sqrt{D(Y)}} = \frac{aD(X)}{|a|\sqrt{D(X)}\sqrt{D(Y)}} = \frac{a}{|a|},$$

即

$$\rho_{XY} = \frac{a}{|a|} = \begin{cases} 1, & a > 0, \\ -1, & a < 0. \end{cases}$$

(6) 任意随机变量 X, Y, 有

$$|\rho_{XY}| \leqslant 1.$$

证明　令

$$Z = \sqrt{D(Y)} \cdot X \pm \sqrt{D(X)} \cdot Y,$$

则

$$D(Z) = D(Y)D(X) + D(X)D(Y) \pm 2\sqrt{D(Y)}\sqrt{D(X)}\,\text{Cov}(X,Y)$$

$$= 2D(Y)D(X) \pm 2\sqrt{D(Y)}\sqrt{D(X)}\,\text{Cov}(X,Y).$$

因为方差非负, 所以必有

$$2D(Y)D(X) \pm 2\sqrt{D(Y)}\sqrt{D(X)}\text{Cov}(X,Y) \geqslant 0,$$

即

$$D(Y)D(X) \geqslant \left| \sqrt{D(Y)}\sqrt{D(X)}\text{Cov}(X,Y) \right|,$$

$$\left| \frac{\text{Cov}(X,Y)}{\sqrt{D(Y)}\sqrt{D(X)}} \right| \leqslant 1.$$

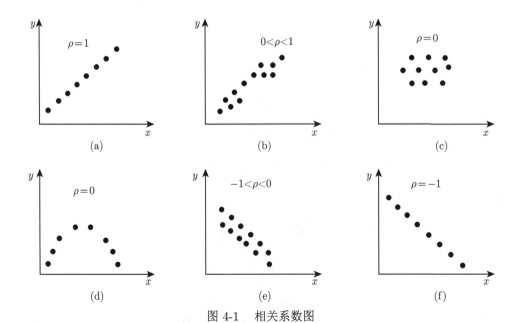

图 4-1　相关系数图

注 性质 (5) 和 (6) 可以进一步说明相关系数反映了随机变量之间的一种相互关系的本质. $|\rho_{XY}|$ 越大, 这时 Y 与 X 的线性关系越密切, 当 $|\rho_{XY}| = 1$ 时, Y 与 X 就有确定的线性关系; 反之, $|\rho_{XY}|$ 越小, 说明 Y 与 X 的线性关系就越弱, 若 $|\rho_{XY}| = 0$, 则表明 Y 与 X 之间无线性关系, 故称 X 与 Y 是不相关的. 可见 $|\rho_{XY}|$ 的大小确实是 X 与 Y 间线性关系强弱的一种度量.

图 4-1(a) 中所示 X 与 Y 有正线性相关关系. 图 4-1(f) 中所示 X 与 Y 有负线性相关关系. 图 4-1(b) 和 (e) 所示 X 与 Y 存在线性相关关系, 但线性相关程度低于 (a) 和 (f). 图 4-1(c) 和 (d) 所示 X 与 Y 不存在线性相关关系.

例 3 设 X 服从 $(-\pi, \pi)$ 上的均匀分布, $X_1 = \sin X$, $X_2 = \cos X$, 试判断 X_1 与 X_2 是否不相关, 是否独立.

解 X 的概率密度函数为

$$f(x) = \begin{cases} \dfrac{1}{2\pi}, & -\pi < x < \pi, \\ 0, & \text{其他}. \end{cases}$$

$$E(X_1) = E(\sin X) = \int_{-\pi}^{\pi} \sin x \cdot \frac{1}{2\pi} \mathrm{d}x = 0,$$

$$E(X_2) = E(\cos X) = \int_{-\pi}^{\pi} \cos x \cdot \frac{1}{2\pi} \mathrm{d}x = 0,$$

$$E(X_1 X_2) = E(\sin X \cos X) = \int_{-\pi}^{\pi} \sin x \cos x \cdot \frac{1}{2\pi} \mathrm{d}x = 0,$$

故

$$\mathrm{Cov}(X_1, X_2) = E(X_1 X_2) - E(X_1) E(X_2) = 0.$$

因此 $\rho_{X_1 X_2} = 0$, 即 X_1 与 X_2 不相关; 但是, 由于 $X_1^2 + X_2^2 = 1$, 两者间有确定的函数关系, 不能说两者独立.

例 3 说明, 两个随机变量的独立与不相关是两个不同概念, 不相关只说明两变量之间没有线性关系, 而独立说明两变量之间既无线性关系, 也无非线性关系, 所以独立必导致不相关, 反之不然.

不过, 由例 2 知道有一个例外情形: 对于二维正态分布 (X, Y), 不相关性与独立性是等价的.

4.4 矩

为了更好地描述随机变量的特征, 除数学期望、方差、协方差外, 我们以数学期望为基础定义更一般性的数字特征——**矩** (moment), 它在理论和实践中都有重要作用.

定义 1　设 X 和 Y 是随机变量, 如果

$$E(X^k), \quad k = 1, 2, \cdots$$

存在, 称之为随机变量 X 的 k **阶原点矩** (k-order origin moment), 记作

$$E\left(X^k\right) = \mu_k, \quad k = 1, 2, \cdots ;$$

如果

$$E[X - E(X)]^k, \quad k = 2, 3, \cdots$$

存在, 称之为随机变量 X 的 k **阶中心矩** (k-order central moment); 如果

$$E\left(X^k Y^l\right), \quad k, l = 1, 2, \cdots$$

存在, 称之为随机变量 X 和 Y 的 $k + l$ **阶混合原点矩** (mixed origin moment); 如果

$$E\left\{[X - E(X)]^k [Y - E(Y)]^l\right\}, \quad k, l = 1, 2, \cdots$$

存在, 称之为随机变量 X 和 Y 的 $k + l$ **阶混合中心矩** (mixed central moment).

　　显然, 随机变量 X 的数学期望 $E(X)$ 是 X 的一阶原点矩, 方差 $D(X)$ 是 X 的二阶中心矩, 随机变量 X 和 Y 的协方差 $\text{Cov}(X, Y)$ 是 X 和 Y 的二阶混合中心矩.

　　定义 2　设二维随机向量 (X_1, X_2) 关于 X_1 和 X_2 的二阶中心矩以及二阶混合中心矩

$$c_{11} = D\left(X_1\right), \quad c_{12} = E\left[\left(X_1 - E\left(X_1\right)\right)\left(X_2 - E\left(X_2\right)\right)\right],$$

$$c_{21} = E\left[\left(X_2 - E\left(X_2\right)\right)\left(X_1 - E\left(X_1\right)\right)\right], \quad c_{22} = D\left(X_2\right)$$

都存在, 则称矩阵

$$C = \left(\begin{array}{cc} c_{11} & c_{12} \\ c_{21} & c_{22} \end{array}\right)$$

为二维随机向量 (X_1, X_2) 的**协方差矩阵** (covariance matrix).

　　设 n 维随机向量 $(X_1, X_2, \cdots, X_n)$ 关于 $X_1, X_2, \cdots, X_n$ 的二阶中心矩和二阶混合中心矩

$$c_{ij} = E\left\{\left[X_i - E\left(X_i\right)\right]\left[X_j - E\left(X_j\right)\right]\right\}, \quad i, j = 1, 2, \cdots, n$$

都存在, 则称矩阵

$$C = \begin{pmatrix} c_{11} & c_{12} & \cdots & c_{1n} \\ c_{21} & c_{22} & \cdots & c_{2n} \\ \vdots & \vdots & & \vdots \\ c_{n1} & c_{n2} & \cdots & c_{nn} \end{pmatrix}$$

为 n 维随机向量 $(X_1, X_2, \cdots, X_n)$ 的**协方差矩阵**. 由于

$$c_{ij} = c_{ji}, \quad i \neq j = 1, 2, \cdots, n,$$

所以 C 是对称矩阵.

利用协方差矩阵, 二维正态分布可以表示成便于处理的形式.

设 (X_1, X_2) 服从二维正态分布, 其概率密度函数为

$$f(x, y) = \frac{1}{2\pi\sigma_1\sigma_2\sqrt{(1-\rho^2)}}$$
$$\cdot \exp\left\{ -\frac{1}{2(1-\rho^2)} \left[\frac{(x_1-\mu_1)^2}{\sigma_1^2} - 2\rho\frac{(x_1-\mu_1)(x_2-\mu_2)}{\sigma_1\sigma_2} + \frac{(x_2-\mu_2)^2}{\sigma_2^2} \right] \right\},$$

(X_1, X_2) 的协方差矩阵为

$$C = \begin{pmatrix} \sigma_1^2 & \rho\sigma_1\sigma_2 \\ \rho\sigma_1\sigma_2 & \sigma_2^2 \end{pmatrix},$$

其行列式 $|C| = \sigma_1^2\sigma_2^2(1-\rho^2)$, C 的逆矩阵为

$$C^{-1} = \frac{1}{|C|} \begin{pmatrix} \sigma_2^2 & -\rho\sigma_1\sigma_2 \\ -\rho\sigma_1\sigma_2 & \sigma_1^2 \end{pmatrix}.$$

令 $X = \begin{pmatrix} x_1 \\ x_2 \end{pmatrix}, \mu = \begin{pmatrix} \mu_1 \\ \mu_2 \end{pmatrix}$, 则

$$(X - \mu)^{\mathrm{T}} C^{-1} (X - \mu)$$

$$= \frac{1}{|C|} (x_1 - \mu_1, x_2 - \mu_2) \begin{pmatrix} \sigma_2^2 & -\rho\sigma_1\sigma_2 \\ -\rho\sigma_1\sigma_2 & \sigma_1^2 \end{pmatrix} \begin{pmatrix} x_1 - \mu_1 \\ x_2 - \mu_2 \end{pmatrix}$$

$$= \frac{1}{(1-\rho^2)} \left[\frac{(x_1-\mu_1)^2}{\sigma_1^2} - 2\rho\frac{(x_1-\mu_1)(x_2-\mu_2)}{\sigma_1\sigma_2} + \frac{(x_2-\mu_2)^2}{\sigma_2^2} \right],$$

因此, 二维正态随机向量 (X_1, X_2) 的概率密度函数可以写成

$$f(x_1, x_2) = \frac{1}{(2\pi)^{\frac{2}{2}} |\boldsymbol{C}|^{\frac{1}{2}}} \exp\left\{-\frac{1}{2}(\boldsymbol{X} - \boldsymbol{\mu})^{\mathrm{T}} \boldsymbol{C}^{-1}(\boldsymbol{X} - \boldsymbol{\mu})\right\}.$$

由前面的结果可知, X_1 与 X_2 相互独立当且仅当 $\rho = 0$, 这时协方差矩阵

$$\boldsymbol{C} = \left(\begin{array}{cc} \sigma_1^2 & 0 \\ 0 & \sigma_2^2 \end{array}\right)$$

为对角矩阵.

上式容易推广到 n 维正态随机向量的情形. 设 $(X_1, X_2, \cdots, X_n)$ 为 n 维随机向量, 记

$$\boldsymbol{X} = \left(\begin{array}{c} x_1 \\ x_2 \\ \vdots \\ x_n \end{array}\right), \quad \boldsymbol{\mu} = \left(\begin{array}{c} \mu_1 \\ \mu_2 \\ \vdots \\ \mu_n \end{array}\right) = \left(\begin{array}{c} E(X_1) \\ E(X_2) \\ \vdots \\ E(X_n) \end{array}\right).$$

如果 $(X_1, X_2, \cdots, X_n)$ 具有概率密度函数

$$f(x_1, x_2, \cdots, x_n) = \frac{1}{(2\pi)^{\frac{n}{2}} |\boldsymbol{C}|^{\frac{1}{2}}} \exp\left\{-\frac{1}{2}(\boldsymbol{X} - \boldsymbol{\mu})^{\mathrm{T}} \boldsymbol{C}^{-1}(\boldsymbol{X} - \boldsymbol{\mu})\right\},$$

其中 $\boldsymbol{C}$ 为 $(X_1, X_2, \cdots, X_n)$ 的协方差矩阵, 则称 $(X_1, X_2, \cdots, X_n)$ 服从 n **维正态分布**, 并且可以证明: n 维正态分布随机变量间相互独立当且仅当协方差矩阵为对角矩阵.

本 章 小 结

本章主要讨论随机变量的数字特征, 概率分布全面地描述随机变量取值的统计规律性, 而数字特征则描述这种统计规律性的某些重要特征. 对于一个随机变量, 最重要的数字特征是数学期望和方差, 数学期望 $E(X)$ 描述了随机变量取值的平均水平, 方差 $D(X)$ 描述了随机变量 X 取值的波动程度. 协方差和相关系数描述两个随机变量间的相互关联程度.

一、知识清单

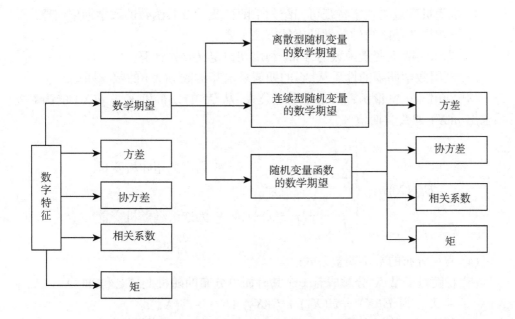

表 4-1　常用离散型概率分布 $(q = 1 - p, 0 < p < 1)$

分布名称	分布律	可能值 k	分布参数	数学期望	方差
0-1 分布	$p^k q^{1-k}$	1 和 0	p	p	pq
二项分布	$C_n^k p^k q^{1-k}$	$0, 1, \cdots, n$	n, p $(n \geqslant 1)$	np	npq
几何分布	pq^{k-1}	$1, 2, 3, \cdots$	p	$\dfrac{1}{p}$	$\dfrac{q}{p^2}$
超几何分布	$\dfrac{C_M^k C_{N-M}^{n-k}}{C_N^n}$	k 为整数 $(\max\{0, n-N+M\} \leqslant k \leqslant \min\{n, M\})$	n, M, N $\begin{pmatrix} M \leqslant N \\ n \leqslant N \end{pmatrix}$	np $\left(p = \dfrac{M}{N}\right)$	$npq \dfrac{N-n}{N-1}$
泊松分布	$\dfrac{\lambda^k}{k!}e^{-\lambda}$	$0, 1, 2, \cdots$	λ $(\lambda > 0)$	λ	λ

表 4-2　常用连续型概率分布

分布名称	概率密度函数	定义域	分布参数	数学期望	方差
均匀分布	$\dfrac{1}{b-a}$	(a, b)	a, b $(a < b)$	$\dfrac{a+b}{2}$	$\dfrac{(b-a)^2}{12}$
指数分布	$\lambda e^{-\lambda x}$	$(0, +\infty)$	λ	$\dfrac{1}{\lambda}$	$\dfrac{1}{\lambda^2}$
正态分布	$\dfrac{1}{\sqrt{2\pi}}e^{-\frac{(x-\mu)^2}{2\sigma^2}}$	$(-\infty, +\infty)$	μ, σ^2 $(\sigma > 0)$	μ	σ^2
标准正态分布	$\dfrac{1}{\sqrt{2\pi}}e^{-\frac{x^2}{2}}$	$(-\infty, +\infty)$	$\mu = 0$ $\sigma = 1$	0	1

二、解题指导

1. 求随机变量的数字特征可归结为求随机变量及其函数的数学期望问题.

2. 求随机变量函数的数学期望的方法主要有:

(1) 先求出随机变量函数的分布, 利用期望定义直接计算;

(2) 利用数学期望的性质从 X 的期望求出其函数 $g(X)$ 的数学期望;

(3) 利用随机变量函数的数学期望公式, 从 X 的分布和 $Y = g(X)$ 的函数关系求出 $g(X)$ 的数学期望

$$E(g(X)) = \begin{cases} \sum_{k=1}^{+\infty} g(x_k) p_k, & X \text{ 为离散型随机变量}, \\ \int_{-\infty}^{+\infty} g(x)f(x)\mathrm{d}x, & X \text{ 为连续型随机变量}; \end{cases}$$

(4) 常见分布的数学期望公式;

(5) 将随机变量 X 分解成若干个具有简单分布的随机变量之和, 即 $X = X_1 + X_2 + \cdots + X_n$, 则 $E(X) = E(X_1) + E(X_2) + \cdots + E(X_n)$;

(6) 利用两个随机变量函数的期望公式求 $g(X,Y)$ 的数学期望, 即

$$E(g(X,Y)) = \begin{cases} \sum_{i=1}^{+\infty} \sum_{j=1}^{+\infty} g(x_i, y_j) p_{ij}, & (X,Y) \text{ 为离散型}, \\ \int_{-\infty}^{+\infty} \int_{-\infty}^{+\infty} g(x,y)f(x,y)\mathrm{d}x\mathrm{d}y, & (X,Y) \text{ 为连续型}. \end{cases}$$

三、关于随机变量 X 和 Y 的独立性与相关性的结论

由于 X 与 Y 不相关是指 X 与 Y 之间不存在线性关系, 但是它们之间还可能存在其他非线性关系, 而 X 与 Y 相互独立是对 X 与 Y 的一般关系而言的, 因而:

1. 若随机变量 X 与 Y 相互独立, 则 X 与 Y 一定不相关, 但是若 X 与 Y 不相关, 则 X 与 Y 不一定相互独立.

2. 若随机变量 X 与 Y 的联合分布是二维正态分布, 则 X 与 Y 相互独立的充要条件是 X 与 Y 不相关.

3. 若随机变量 X 与 Y 都服从 0-1 分布, 则 X 与 Y 相互独立的充分必要条件是 X 与 Y 不相关.

四、经典问题——分赌本问题 [①]

分赌本问题又称为分点问题, 在概率论中是一个极其著名的问题, 在历史上它对概率论这门科学的形成和发展曾起到非常重要的作用. 1654 年, 法国有个叫 De Mere 的赌徒向法国著名的数学家帕斯卡提出了如下的分赌本问题: 甲、乙两个赌徒下了赌注后, 就按某种方式赌了起来, 规定: 甲、乙谁胜一局就得一分, 且谁先得到某个确定的分数就赢得所有的赌本. 但是在谁也没有得到确定的分数之前, 赌博因故中止了. 如果甲需要再得 n 分才赢得所有赌注, 乙需要再得 m 分才赢得所有赌注, 那么如何分这些赌注呢?

帕斯卡为解决这一问题, 就与当时享有很高声誉的法国数学家费马建立了联系. 当时, 荷兰年轻的物理学家惠更斯知道了这事后, 也赶到巴黎参加他们的讨论. 这样, 当时世界上很多有名的数学家对概率论产生了浓厚的兴趣, 从而使得概率论这门科学得到了迅速的发展. 后来人们把帕斯卡与费马建立联系的日子 (1654 年 7 月 29 日) 作为概率论的生日, 公认帕斯卡和费马为概率论的奠基人.

如何解决分赌注问题呢? 帕斯卡提出了一个重要的思想: 赌徒分得赌注的比例应该等于从这以后继续赌下去他们能获胜的概率. 算例如下:

甲乙两赌徒赌技相同, 各出赌注 50 法郎, 每局中无平局. 他们约定, 谁先赢三局, 则得全部赌本 100 法郎. 当甲赢了两局、乙赢了一局时, 因故要中止赌博. 现问这 100 法郎如何分才算公平?

这个问题引起了不少人的兴趣, 有人建议按乙赢的次数的比例来分赌本, 即甲得全部赌本的 $\dfrac{2}{3}$, 乙得余下的 $\dfrac{1}{3}$. 有人提出异议, 认为这完全没有考虑每个赌徒必须再赢的局数, 这样不符合事先约定的规则. 1654 年, 帕斯卡提出了如下的解决办法: 在甲赢得两次而乙只赢得一次时, 最多只需玩两次即可结束这场赌博, 而再玩两次可能出现的结果有如下四种, 并且这四种情况出现的概率相等.

次数＼结果	W_1	W_2	W_3	W_4
1	甲	甲	乙	乙
2	甲	乙	甲	乙

其中前三种结果都是使得甲赢得 100 法郎, 其相应的概率为 $\dfrac{3}{4}$, 而甲得 0 法郎的概率为 $\dfrac{1}{4}$, 故甲赢得的数学期望为

$$100 \times \frac{3}{4} + 0 \times \frac{1}{4} = 75(\text{法郎});$$

① 陈希孺. 数理统计学简史. 长沙: 湖南教育出版社, 2002.

而乙赢得的数学期望为

$$0 \times \frac{3}{4} + 100 \times \frac{1}{4} = 25(\text{法郎}).$$

1657 年, 惠更斯在《赌博中的计算》一文中提出了一般解法: 如果在 $u + v$ 个等可能场合中某人有 u 种可能赢得 a, 有 v 种可能赢得 b, 则该人在 $u + v$ 次中可赢得 $ua + vb$. 而每次平均可赢得

$$\frac{ua + vb}{u + v} = ap + b(1 - p),$$

其中 $p = \dfrac{u}{u + v}$, $ap + b(1 - p)$ 就是该人赢得的数学期望. 若设 $u = 3, v = 1$, $a = 100, b = 0$ 就是帕斯卡的解法. 从概率分布看, 若设 X 是某人所赢得的钱数, 按赢得全部赌本的结果看, X 的分布律为

X	a	b
p_k	p	$1 - p$

该人赢得的钱数的数学期望为

$$E(X) = ap + b(1 - p) = \frac{ua + vb}{u + v}.$$

分赌本问题可以推广为集资合伙办厂等投资问题方面的应用, 如果甲乙两人合资办厂, 经营一段时间后, 甲乙两人都要单独经营或者由于某种原因不能继续合作下去, 应该怎样分配经营成果; 或者因为经营不善而亏损, 应该如何分摊债务等相关问题.

习　题　4

1. 设随机变量 X 的概率分布为

X	1	2	3
p_k	$\frac{1}{6}$	$\frac{1}{2}$	$\frac{1}{3}$

求 $E(X)$.

2. 甲、乙进行乒乓球比赛, 先赢四局者获胜, 比赛结束, 设甲、乙每局比赛赢的概率都是 $\frac{1}{2}$, 求比赛结束时比赛局数的数学期望.

3. 设 X 的概率密度函数为

$$f(x) = \begin{cases} 0, & x \leqslant 0, \\ \dfrac{4x^2}{a^3\sqrt{\pi}} \mathrm{e}^{-\frac{x^2}{a^2}}, & x > 0. \end{cases}$$

求 $E(X)$ 和 $D(X)$.

4. 设随机变量 X_1, X_2 的概率密度函数分别为

$$f_1(x) = \begin{cases} 2\mathrm{e}^{-2x}, & x > 0, \\ 0, & x \leqslant 0; \end{cases} \qquad f_2(x) = \begin{cases} 4\mathrm{e}^{-4x}, & x > 0, \\ 0, & x \leqslant 0. \end{cases}$$

求 $E(X_1 + X_2)$, $E(2X_1 - 3X_2^2)$.

5. 设 X_1 和 X_2 是两个相互独立的随机变量, 其概率密度函数分别为

$$f_1(x) = \begin{cases} 2x, & 0 \leqslant x \leqslant 1, \\ 0, & \text{其他}; \end{cases} \qquad f_2(x) = \begin{cases} \mathrm{e}^{-(x-5)}, & x > 5, \\ 0, & \text{其他}. \end{cases}$$

求 $E(X_1 X_2)$.

6. 设随机变量 X 服从拉普拉斯分布, 即 X 的概率密度函数为

$$f(x) = \frac{1}{2}\mathrm{e}^{-|x|}, \quad |x| < +\infty,$$

求 $E(X)$ 和 $D(X)$.

7. 设随机变量 X 服从瑞利分布, 即 X 的概率密度函数为

$$f(x) = \begin{cases} 0, & x \leqslant 0, \\ \dfrac{x}{\sigma^2} \mathrm{e}^{-\frac{x^2}{2\sigma^2}}, & x > 0. \end{cases}$$

求 $E(X)$ 和 $D(X)$.

8. 对某一目标进行射击, 直到击中为止, 如果每次射击命中率为 p, 求射击次数的数学期望和方差.

9. 一批零件中有 9 个合格品, 3 个废品, 安装机器时从这批零件中任取一个, 如果取出废品不再放回, 求在取得合格品之前, 取出的废品数的数学期望和方差.

10. 证明: 当 $k = E(X)$ 时, $E(X-k)^2$ 的值最小, 最小值为 $D(X)$.

11. 一机场大巴载有 20 位乘客自机场开出, 中途有 10 个车站, 如果到达一个车站没人下车就不停车, 以 X 表示停车的次数, 求 $E(X)$(设每位乘客在各个车站下车是等可能的, 并设各乘客是否下车相互独立).

12. 将 n 个球放入 m 个盒子中去, 设每个球落入各个盒子是等可能的, 求有球的盒子数 X 的数学期望. (提示: 引入随机变量

$$X_i = \begin{cases} 1, & \text{第 } i \text{ 个盒子中有球}, \\ 0, & \text{第 } i \text{ 个盒子中无球}, \end{cases}$$

则 $X = \sum\limits_{i=1}^{m} X_i$, 先求 $E(X_i)$).

13. 袋中装有 n 张卡片, 记号码为 1—n, 从中有放回地任取 $m\,(1 \leqslant m \leqslant n)$ 张, 求号码之和的数学期望.

14. 设随机变量 X 的概率密度函数为

$$f(x) = \begin{cases} \mathrm{e}^{-x}, & x > 0, \\ 0, & x \leqslant 0. \end{cases}$$

求 $Y = \mathrm{e}^{-2X}$ 的期望.

15. 过半径为 R 的圆周上一点作圆的弦, 求这些弦的平均长度.

16. 假设由自动流水线加工的某种零件的内径 X(单位: mm) 服从正态分布 $N(\mu, 1)$, 内径小于 10 或大于 12 为不合格品, 其余为合格品, 销售合格品获利, 销售不合格品亏损, 已知销售利润 T(单位: 元) 与零件内径 X 的关系为

$$T = \begin{cases} -1, & X < 10, \\ 20, & 10 \leqslant X \leqslant 12, \\ -5, & X > 12. \end{cases}$$

问平均内径 μ 取何值时, 销售一个零件的平均利润最大.

17. 设某种商品的需求量是随机变量 X, 且 $X \sim U[10, 30]$, 经销商进货量为区间 $[10, 30]$ 中的某一整数, 商店每销售一单位该商品可获利 5000 元, 若供大于求, 则削价处理, 每处理一单位商品亏损 100 元; 若供不应求, 则可以外部调剂供应, 此时一单位商品获利 300 元, 试问经销商的进货量为多少才能使销售此种商品所获平均利润最大?

18. 某商店对某种家用电器的销售采用先使用后付款的方式, 记使用寿命为 X(以年计), 规定

$$X \leqslant 1, \quad\quad 一台付款 1500 元; \quad 1 < X \leqslant 2, \quad 一台付款 2000 元;$$
$$2 < X \leqslant 3, \quad 一台付款 2500 元; \quad X > 3, \quad\quad 一台付款 3000 元.$$

设寿命 X 服从指数分布, 概率密度函数为

$$f(x) = \begin{cases} \dfrac{1}{10}\mathrm{e}^{-x/10}, & x > 0, \\ 0, & x \leqslant 0. \end{cases}$$

试求该类家用电器一台收费 Y 的数学期望.

19. 一工厂生产的某种设备的寿命 X(以年计) 服从以 $\dfrac{1}{4}$ 为参数的指数分布, 工厂规定, 出售的设备在售出一年之内损坏可予以调换, 若工厂售出一台设备赢利 100 元, 调换一台设备厂方需花费 300 元. 求工厂出售一台设备净赢利的数学期望.

20. 设国际市场每年对我国出口商品的需求量是随机变量 X(单位: 吨), 它服从区间 $[2000, 4000]$ 上的均匀分布. 每销售出一吨该种商品, 可为国家赚取外汇 3 万元; 若销售不出去, 则每吨商品需储存费 1 万元. 问该商品应出口多少吨, 才能使国家的平均收益最大?

21. 甲、乙两人相约于某地在 12: 00—13: 00 会面, 设 X, Y 分别是甲、乙到达的时间, 且假设 X 和 Y 相互独立, 已知 X, Y 的概率密度函数分别为

$$f_X(x) = \begin{cases} 3x^2, & 0 < x < 1, \\ 0, & \text{其他}; \end{cases} \qquad f_Y(y) = \begin{cases} 2y, & 0 < y < 1, \\ 0, & \text{其他}. \end{cases}$$

求先到达者需要等待的时间的数学期望.

22. 设随机变量 X 和 Y 相互独立, 且都服从标准正态分布, 求 $Z = \sqrt{X^2 + Y^2}$ 的数学期望.

23. 设随机变量 X 和 Y 的联合分布在以 $(0,1), (1,0), (1,1)$ 为顶点的三角形区域上服从均匀分布, 试求随机变量 $Z = X + Y$ 的方差.

24. 设二维随机变量 (X, Y) 的分布律为

X \ Y	0	1
0	0.1	0.2
1	0.3	0.4

求 (X, Y) 的数学期望 $(E(X), E(Y))$.

25. 设 (X, Y) 的分布律为

X \ Y	0	1	2	3
1	0	3/8	3/8	0
3	1/8	0	0	1/8

求 $E(X)$, $E(Y)$, $E(XY)$.

26. 设二维随机变量 (X, Y) 的概率密度函数为

$$f(x, y) = \begin{cases} \dfrac{1}{8}(x + y), & 0 \leqslant x \leqslant 2, 0 \leqslant y \leqslant 2, \\ 0, & \text{其他}. \end{cases}$$

求 $(E(X), E(Y))$.

27. 试求第 24 题中 X 与 Y 的协方差和相关系数.

28. 试求第 26 题中 X 与 Y 的协方差和相关系数.

29. 设 X 与 Y 的联合分布律为

X \ Y	−1	0	1
−1	1/8	1/8	1/8
0	1/8	0	1/8
1	1/8	1/8	1/8

试验证 X 与 Y 不相关, 但 X 与 Y 并不独立.

30. 设 (X,Y) 的概率密度函数为

$$f(x,y) = \begin{cases} \dfrac{1}{\pi}, & x^2 + y^2 \leqslant 1, \\ 0, & \text{其他.} \end{cases}$$

试验证 X 与 Y 不相关, 也不独立.

31. 已知变量 $X \sim N\left(1, 3^2\right), Y \sim N\left(0, 4^2\right)$, 且 X 与 Y 的相关系数 $\rho_{XY} = -\dfrac{1}{2}$, 设 $Z = \dfrac{X}{3} + \dfrac{Y}{2}$.

　(1) 求 $E(Z)$ 和 $D(Z)$;

　(2) 求 X 与 Z 的相关系数 ρ_{XY}.

32. 已知二维随机变量 (X,Y) 的分布律为

X ＼ Y	-1	0	1	$P\{X = x_i\}$
-1	0.1	a	0.1	
1	b	0.1	c	0.5
$P\{Y = y_j\}$				

且 X 与 Y 不相关.

　(1) 求未知参数 a, b, c.

　(2) 事件 $A = \{X = 1\}$ 与 $B = \{\max(X, Y) = 1\}$ 是否相互独立, 为什么?

　(3) 随机变量 $X + Y$ 与 $X - Y$ 是否相关, 是否相互独立?

33. 设随机变量 X 在区间 $[-1, 1]$ 服从均匀分布, 随机变量

$$Y = \begin{cases} 1, & X > 0, \\ 0, & X = 0, \\ -1, & X < 0. \end{cases}$$

试求出 $D(Y)$ 和 $\mathrm{Cov}(X, Y)$.

34. 设随机变量 X 在区间 $[-1, 1]$ 服从均匀分布, 随机变量

$$Y = \frac{X}{1 + X^2}.$$

试求出 $D(Y)$ 和 $\mathrm{Cov}(X, Y)$.

习题 4 参考解析

第 5 章　大数定律与中心极限定理

如前所述, 概率论与数理统计是研究随机现象的统计规律性的科学, 但随机现象的统计规律性只有在相同的条件下进行大量的重复试验或观察才能呈现出来. 例如, 虽然随机事件在一次试验中可能发生也可能不发生, 但在大量的重复试验中却呈现出 "频率的稳定性", 当试验次数增大时, 事件发生的频率将逼近于某一常数. 在实践中人们还认识到大量测量值的算术平均值也具有稳定性, 这就是所谓的大数定律, 它是概率论的理论基础.

5.1　大 数 定 律

介绍大数定律之前, 我们先引入一个重要不等式, 为定律的证明做好准备.

5.1.1　切比雪夫不等式

设随机变量 X 具有数学期望 $E(X)$ 和方差 $D(X)$, 则对任意 $\varepsilon > 0$, 有

$$P\{|X - E(X)| \geqslant \varepsilon\} \leqslant \frac{D(X)}{\varepsilon^2}. \tag{5.1.1}$$

证明　设 X 为连续型随机变量 (离散型的证明与此相仿), 其概率密度函数为 $f(x)$(图 5-1), 则有

$$P\{|X - E(X)| \geqslant \varepsilon\} = \int_{|x-E(X)| \geqslant \varepsilon} f(x)\mathrm{d}x \leqslant \int_{|x-E(X)| \geqslant \varepsilon} \frac{(x - E(X))^2}{\varepsilon^2} f(x)\mathrm{d}x$$

$$\leqslant \int_{-\infty}^{+\infty} \frac{(x - E(X))^2}{\varepsilon^2} f(x)\mathrm{d}x = \frac{D(X)}{\varepsilon^2}.$$

这就证明了 (5.1.1) 式.

切比雪夫 (Chebyshev) 不等式还有另外两种常用形式:

(1)　　　　　　$P\{|X - E(X)| < \varepsilon\} \geqslant 1 - \dfrac{D(X)}{\varepsilon^2}.$ 　　　　　　(5.1.2)

(2) 取 ε 为 t 倍的标准差, 即 $\varepsilon = t\sqrt{D(X)}$, 则

$$P\left\{\left|\frac{X - E(X)}{\sqrt{D(X)}}\right| < t\right\} \geqslant 1 - \frac{1}{t^2}. \tag{5.1.3}$$

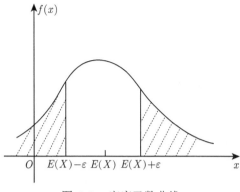

图 5-1　密度函数曲线

切比雪夫不等式利用数学期望与方差, 估计了随机变量落在以期望为中心的某个范围内的概率. 例如, 对任一个方差存在的随机变量 X 来说, X 落在 $(E(X) - 3\sqrt{D(X)}, E(X) + 3\sqrt{D(X)})$ 中的概率不小于 $\dfrac{8}{9}$. 由于切比雪夫不等式不涉及随机变量的具体分布形式, 只利用期望和方差就概括了变量的变化情况, 因此在理论和实践中很有价值.

在切比雪夫不等式中, 方差是起决定作用的, $D(X)$ 越小, 事件 $|X - E(X)| \geqslant \varepsilon$ 的概率就越小, X 的取值就越集中在 $E(X)$ 周围.

例 1　证明: 若 $D(X) = 0$, 则 $P\{X = E(X)\} = 1$, 即方差为零的随机变量几乎处处为常数.

证明　由切比雪夫不等式可知, 对 $\forall \varepsilon > 0$, 有

$$P\{|X - E(X)| < \varepsilon\} \geqslant 1 - \frac{D(X)}{\varepsilon^2} = 1.$$

注意概率不能大于 1, 故 $P\{|X - E(X)| < \varepsilon\} = 1$. 由于 ε 的任意性, 上式必导致 $P\{X = E(X)\} = 1$.

例 2　将一枚骰子连续重复掷 4 次, 以 X 表示 4 次掷出的点数之和, 问根据切比雪夫不等式计算 $P\{10 < X < 18\}$ 不小于哪个值?

解　设 $X_k(k = 1, 2, 3, 4)$ 表示第 k 次掷出的点数, 则 $X_k(k = 1, 2, 3, 4)$ 独立同分布, 分布律为

$$P\{X_k = i\} = \frac{1}{6} \quad (i = 1, 2, \cdots, 6),$$

所以

$$E(X_k) = \frac{1}{6}(1 + 2 + \cdots + 6) = \frac{7}{2},$$

$$E(X_k^2) = \frac{1}{6}\left(1 + 2^2 + \cdots + 6^2\right) = \frac{91}{6},$$

$$D(X_k) = E(X_k^2) - (E(X_k))^2 = \frac{35}{12}.$$

又由于 $X = X_1 + X_2 + X_3 + X_4$, 而 $X_k(k = 1, 2, 3, 4)$ 相互独立, 所以

$$E(X) = 4 \times \frac{7}{2} = 14, \quad D(X) = 4 \times \frac{35}{12} = \frac{35}{3}.$$

因此, 根据切比雪夫不等式, 有

$$P\{10 < X < 18\} = P\{-4 < X - 14 < 4\} = P\{|X - 14| < 4\}$$
$$= P\{|X - E(X)| < 4\} \geqslant 1 - \frac{D(X)}{4^2} = \frac{13}{48}.$$

5.1.2 大数定律

为方便理解, 不妨将频率的稳定性放在伯努利概型下讨论. 若以 μ_n 表示 n 重伯努利试验中事件 A 发生的次数, 则 "稳定性" 意味着当 $n \to \infty$ 时, 频率 $\frac{\mu_n}{n}$ 也在某种意义上 "收敛" 于概率 $P(A) = p$. 需注意的是, 由于 $\frac{\mu_n}{n}$ 是随机变量, 对其收敛性的定义不同于微积分学, 而是一种概率意义上的收敛, 我们称为依概率收敛, 定义如下.

随机变量序列的收敛性

定义 1 设 $X_1, X_2, \cdots, X_n, \cdots$ 为一随机变量序列, a 是一常数, 若对 $\forall \varepsilon > 0$, 有

$$\lim_{n \to \infty} P\{|X_n - a| < \varepsilon\} = 1,$$

则称序列 $X_1, X_2, \cdots, X_n, \cdots$ **依概率收敛** (convergence in probability) 于 a, 记为 $X_n \xrightarrow{P} a$.

$X_n \xrightarrow{P} a$ 的直观解释是: 对 $\forall \varepsilon > 0$, 当 n 充分大时, "X_n 与 a 的偏差大于 ε" 这一事件 (即 $\{|X_n - a| > \varepsilon\}$) 发生的概率很小 (收敛于 0), 换言之, X_n 与 a 的偏差大于 ε 是有可能发生的, 但概率如此之小, 小到可以忽略不计, 因此, 当 n 很大时, 我们能够很有把握地判断 X_n 很接近于 a.

有了依概率收敛的定义, 伯努利概型中频率的稳定性就可表述为 $\frac{\mu_n}{n} \xrightarrow{P} p$, 这就是著名的伯努利大数定律. 伯努利大数定律对频率的稳定性作出数学阐述; 在此基础上, 进一步引出两个常用的大数定律.

定理 1 (伯努利 (Bernoulli) 大数定律) 设 μ_n 是 n 重伯努利试验中事件 A 发生的次数, p 是 A 在每次试验中发生的概率, 则 $\frac{\mu_n}{n} \xrightarrow{P} p$, 即对 $\forall \varepsilon > 0$, 有

$$\lim_{n \to \infty} P\left\{ \left| \frac{\mu_n}{n} - p \right| < \varepsilon \right\} = 1. \tag{5.1.4}$$

证明 因为 $\mu_n \sim B(n, p)$, 故 $E(\mu_n) = np$, $D(\mu_n) = np(1 - p)$. 由数学期望和方差的性质, 有 $E\left(\frac{\mu_n}{n}\right) = p$, $D\left(\frac{\mu_n}{n}\right) = \frac{p(1 - p)}{n}$. 任取 $\varepsilon > 0$, 由切比雪夫不等式可得

$$P\left\{ \left| \frac{\mu_n}{n} - p \right| < \varepsilon \right\} \geqslant 1 - \frac{p(1 - p)}{n \varepsilon^2}.$$

上式中令 $n \to \infty$, 并注意 $0 < p < 1$, 即得

$$\lim_{n\to\infty} P\left\{\left|\frac{\mu_n}{n} - p\right| < \varepsilon\right\} = 1.$$

伯努利大数定律以严格的数学形式表述了频率的稳定性: 当 n 很大时, 事件 A 发生的频率与概率有较大偏差的可能性很小, 这就是实际应用中, 当试验次数较大时, 用事件发生频率来代替概率的理论依据. 譬如, 抛一枚硬币出现正面的概率 $p = 0.5$. 若把这枚硬币连抛 10 次, 则因为 n 较小, 发生偏差的可能性有时会大一些, 有时会小一些. 若把这枚硬币连抛 10 万次, 由切比雪夫不等式知: 正面出现的频率与 0.5 的偏差大于预先给定的精度 ε (若取精度 $\varepsilon = 0.01$) 的可能性为

$$P\left\{\left|\frac{\mu_n}{n} - 0.5\right| > 0.01\right\} \leqslant \frac{0.5 \times 0.5}{0.01^2 n} = \frac{10^4}{4n}.$$

大偏差发生的可能性小于 $1/40 = 2.5\%$. 当 $n = 10^6$ 时, 大偏差发生的可能性小于 $1/400 = 0.25\%$. 可见试验次数愈多, 大偏差发生的可能性愈小.

定理 1 中, 若引入随机变量

$$X_i = \begin{cases} 0, & \text{在第 } i \text{ 次试验中事件} A \text{ 不发生,} \\ 1, & \text{在第 } i \text{ 次试验中事件} A \text{ 发生,} \end{cases}$$

其中, $i = 1, 2, \cdots, n$, 则 $E(X_i) = p, \mu_n = \sum_{i=1}^{n} X_i$, 式 (5.1.4) 可以写成

$$\lim_{n\to\infty} P\left\{\left|\frac{1}{n}\sum_{i=1}^{n} X_i - \frac{1}{n}\sum_{i=1}^{n} E(X_i)\right| < \varepsilon\right\} = 1.$$

上式意味着一系列相互独立的、服从同一个 0-1 分布的随机变量之和的平均结果 $\frac{1}{n}\sum_{i=1}^{n} X_i$ 具有稳定性, 依概率收敛于其数学期望 $\frac{1}{n}\sum_{i=1}^{n} E(X_i)$. 可以证明, 对于一个随机变量序列, 分布形式不限于 0-1 分布, 也不需要同分布, 只要这个序列是相互独立的, 在一定条件下变量和的平均结果都具有类似性质.

定理 2 (切比雪夫大数定律)　设 $X_1, X_2, \cdots, X_k, \cdots$ 是两两不相关的随机变量序列, 且 $E(X_k) = \mu_k, D(X_k) = \sigma_k^2 (k = 1, 2, \cdots)$, 且 $\{\sigma_k^2, k = 1, 2, \cdots\}$ 有界, 则对任意的 $\varepsilon > 0$, 有

$$\lim_{n\to\infty} P\left\{\left|\frac{1}{n}\sum_{k=1}^{n} X_k - \frac{1}{n}\sum_{k=1}^{n} E(X_k)\right| < \varepsilon\right\} = 1.$$

证明 设 $\sigma_k^2 \leqslant M(k=1,2,3,\cdots)$. 利用切比雪夫不等式可得

$$P\left\{\left|\frac{1}{n}S_n - \frac{1}{n}E(S_n)\right| < \varepsilon\right\} \geqslant 1 - \frac{D(S_n)}{n^2\varepsilon^2},$$

其中 $S_n = \sum_{k=1}^{n} X_k$. 由于 $X_1, X_2, \cdots, X_n$ 两两不相关, $D(S_n) = \sum_{k=1}^{n} D(X_k) \leqslant nM$. 于是

$$P\left\{\left|\frac{1}{n}S_n - \frac{1}{n}E(S_n)\right| < \varepsilon\right\} \geqslant 1 - \frac{M}{n\varepsilon^2}.$$

在上式中令 $n \to \infty$, 并注意概率不能大于 1, 即得

$$\lim_{n\to\infty} P\left\{\left|\frac{1}{n}S_n - \frac{1}{n}E(S_n)\right| < \varepsilon\right\} = 1.$$

推论 1 (切比雪夫大数定律的特殊情形) 设 $X_1, X_2, \cdots, X_n, \cdots$ 相互独立, 且

$$E(X_1) = E(X_2) = \cdots = E(X_n) = \cdots = \mu,$$

$$D(X_1) = D(X_2) = \cdots = D(X_n) = \cdots = \sigma^2,$$

则对任意 $\varepsilon > 0$, 有

$$\lim_{n\to\infty} P\left\{\left|\frac{1}{n}\sum_{i=1}^{n} X_i - \mu\right| < \varepsilon\right\} = 1.$$

定理 1 和定理 2 的证明都建立在切比雪夫不等式的基础上, 因此都要求随机变量的方差存在, 但当各变量同分布时, 这个条件可以放松, 我们不加证明地给出如下定理.

定理 3 (辛钦 (Khinchin) 大数定律) 设 $X_1, X_2, \cdots, X_n, \cdots$ 为相互独立同分布的随机变量序列, 具有数学期望 $E(X_i) = \mu$, 则对任意的 $\varepsilon > 0$, 有

$$\lim_{n\to\infty} P\left\{\left|\frac{1}{n}\sum_{i=1}^{n} X_i - \mu\right| < \varepsilon\right\} = 1.$$

这个定理表明, n 个独立同分布的随机变量的算术平均 $\frac{1}{n}\sum_{i=1}^{n} X_i$ 在概率意义下接近 $E(X_i) = \mu$, 即当 n 无限大时, $\frac{1}{n}\sum_{i=1}^{n} X_i$ 几乎变成一个常数. 辛钦大数定律在数理统计中十分有用, 它为寻找随机变量的数学期望提供了一条实际可行的途径. 譬如, 用观察到的某地区 5000 个人的平均寿命作为该地区的人均寿命的近似值是合适的, 这样做法的依据就是辛钦大数定律.

中心极限定理

5.2　中心极限定理

大数定律描述大量独立随机变量之和的平均结果的稳定性, 它断言: 当 $n \to \infty$ 时, $P\left\{\left|\dfrac{1}{n}\sum_{i=1}^{n} X_i - \mu\right| < \varepsilon\right\}$ 趋于 1, 因此研究的只是概率接近于 1 或 0 的事件; 至于在给定 n 和 ε 的情况下, $P\left\{\left|\dfrac{1}{n}\sum_{i=1}^{n} X_i - \mu\right| < \varepsilon\right\}$ 究竟有多大的问题, 大数定律并不能解答, 解答该问题需要知道独立随机变量和 $\sum_{i=1}^{n} X_i$ 的分布, 这个分布在 n 较小时可利用卷积公式求得, n 较大时就很难求出, 因此有必要讨论分布的极限形式 (渐近分布).

　　研究大量独立随机变量之和的渐近分布具有重要的现实意义. 在客观实际中, 常常需要考虑许多随机因素所产生的总影响. 例如, 一门炮向一指定目标射击, 弹着点与目标的偏差 X 是一随机变量, 产生这种偏差的原因很多, 如炮身的震动、瞄准的误差、炮弹间的差异、风力和风向的变化、空气的温度和湿度的变化等, 所有这些不同的随机因素所引起的局部误差可以看成是相互独立的. 我们所观察到的随机偏差 X 是这许许多多随机因素所引起的误差的总和, 而它们当中每一个的作用只是总和中的极小一部分, 那么 X 的分布如何? 中心极限定理指出: 当一个量受许多随机因素 (主导因素除外) 的共同影响而随机取值时, 其分布就近似服从正态分布.

　　下面仅介绍两个常用的中心极限定理: 林德伯格-列维 (Lindeberg-Lévy) 中心极限定理 (又被称为独立同分布的中心极限定理) 和棣莫弗-拉普拉斯 (De Moivre-Laplace) 定理.

　　定理 1 (独立同分布的中心极限定理)　设随机变量 $X_1, X_2, \cdots, X_n, \cdots$ 相互独立, 具有相同分布, 且 $E(X_i) = \mu, D(X_i) = \sigma^2 \neq 0 \, (i = 1, 2, \cdots)$. 记

$$Z_n = \frac{\sum\limits_{i=1}^{n} X_i - n\mu}{\sqrt{n}\sigma}, \quad F_n(x) = P\{Z_n \leqslant x\},$$

则对任意 x 有

$$\lim_{n \to \infty} F_n(x) = \lim_{n \to \infty} P\left\{\frac{\sum\limits_{i=1}^{n} X_i - n\mu}{\sqrt{n}\sigma} \leqslant x\right\} = \frac{1}{\sqrt{2\pi}} \int_{-\infty}^{x} \mathrm{e}^{-\frac{t^2}{2}} \, \mathrm{d}t. \qquad (5.2.1)$$

证明 略.

注 定理 1 在 20 世纪 20 年代由林德伯格和列维给出证明. 该定理表明, 当 n 充分大时, n 个独立同分布的随机变量之和的标准化变量近似服从标准正态分布, 即

$$\frac{\sum\limits_{i=1}^{n} X_i - n\mu}{\sqrt{n}\sigma} \overset{\text{近似}}{\sim} N(0,1),$$

由此可知, 当 n 充分大时,

$$\sum_{i=1}^{n} X_i \overset{\text{近似}}{\sim} N\left(n\mu, n\sigma^2\right), \quad \frac{1}{n}\sum_{i=1}^{n} X_i \overset{\text{近似}}{\sim} N\left(\mu, \frac{\sigma^2}{n}\right).$$

因此, 定理 1 又可叙述为: 独立同分布的随机变量之和渐近服从正态分布.

定理 2 (棣莫弗-拉普拉斯定理) 设随机变量 Y_n 服从参数为 n, p 的二项分布, 则

$$\lim_{n\to\infty} P\left\{\frac{Y_n - np}{\sqrt{npq}} \leqslant x\right\} = \frac{1}{\sqrt{2\pi}} \int_{-\infty}^{x} \mathrm{e}^{-\frac{t^2}{2}} \mathrm{d}t.$$

证明 由 4.1 节例 15 知 $Y_n = X_1 + X_2 + \cdots + X_n$, 其中 $X_1, X_2, \cdots, X_n$ 相互独立, 且服从同一 0-1 分布, 分布律为

X_i	0	1
p_k	q	p

其中 $p + q = 1, i = 1, 2, \cdots, n$. $E(X_i) = p, D(X_i) = pq \neq 0$. 由定理 1 得

$$\lim_{n\to\infty} P\left\{\frac{Y_n - np}{\sqrt{npq}} \leqslant x\right\} = \lim_{n\to\infty} P\left\{\frac{\sum\limits_{i=1}^{n} X_i - np}{\sqrt{npq}} \leqslant x\right\} = \frac{1}{\sqrt{2\pi}} \int_{-\infty}^{x} \mathrm{e}^{-\frac{t^2}{2}} \mathrm{d}t.$$

由定理 2 可知, 二项分布的极限分布是正态分布.

从上面两个极限定理可以得到两个近似计算公式:

(1) 在定理 1 的条件下有

$$P\left\{x_1 < \sum_{i=1}^{n} X_i \leqslant x_2\right\} \approx \Phi\left(\frac{x_2 - n\mu}{\sqrt{n}\sigma}\right) - \Phi\left(\frac{x_1 - n\mu}{\sqrt{n}\sigma}\right). \tag{5.2.2}$$

(2) 在定理 2 的条件下有

$$P\{x_1 < Y_n \leqslant x_2\} \approx \Phi\left(\frac{x_2 - np}{\sqrt{npq}}\right) - \Phi\left(\frac{x_1 - np}{\sqrt{npq}}\right). \tag{5.2.3}$$

当 p 不太接近 0 或 1, 且 n 又不太小时, 用式 (5.2.3) 对服从二项分布的 Y_n 计算概率 $P\{x_1 < Y_n \leqslant x_2\}$ 的近似程度很好.

例 1　设有 30 个同类型的电子器件 $D_1, D_2, \cdots, D_{30}$, 每次使用其中一个, 它们的使用情况如下: 当 D_1 损坏时, 接着使用 D_2; 当 D_2 损坏时, 接着使用 D_3; 等等. 设器件 $D_i(i = 1, 2, \cdots, 30)$ 的使用寿命都服从参数 $\lambda = 0.1$ (单位: h) 的指数分布. 令 T 为 30 个器件使用的总时间, 问 T 超过 350 h 的概率是多少?

解　设 X_i 为器件 D_i 的使用寿命, 则 X_i 服从参数 $\lambda = 0.1$ 的指数分布, 容易求得 $E(X_i) = 10, D(X_i) = 100$, 且 $X_1, X_2, \cdots, X_{30}$ 独立同分布, $T = \sum\limits_{i=1}^{30} X_i$. 由定理 1 知, T 渐近于正态分布, 于是按公式 (5.2.2) 得

$$P\{T > 350\} = 1 - P\{T \leqslant 350\}$$
$$\approx 1 - \Phi\left(\frac{350 - 300}{\sqrt{30 \times 100}}\right) \approx 1 - 0.8186 = 0.1814.$$

例 2　某车间有 200 台机床, 它们独立地工作着, 开工率都为 0.6, 开工时耗电都为 1kW, 问供电所至少要给这个车间多少电力, 才能以 99.9% 的概率保证这个车间不会因供电不足而影响生产?

解　记任一时刻工作着的机床台数为 Y, 则 Y 服从 $n = 200, p = 0.6$ 的二项分布, 此时的耗电量为 $Y \times 1$(kW), 若用 k 表示供电所需要供给这个车间的最少电力, 此题所求的就是: 当 k 为何值时, $P\{0 \leqslant Y \leqslant k\} = 99.9\%$. 由定理 2 知 Y 渐近于正态分布, 于是按式 (5.2.3) 应有

$$P\{0 \leqslant Y \leqslant k\} \approx \Phi\left(\frac{k - 200 \times 0.6}{\sqrt{200 \times 0.6 \times 0.4}}\right) - \Phi\left(\frac{0 - 200 \times 0.6}{\sqrt{200 \times 0.6 \times 0.4}}\right).$$

注意 $P\{0 \leqslant Y \leqslant k\} \approx \Phi\left(\dfrac{k - 120}{\sqrt{48}}\right)$, 要使 k 满足 $P\{0 \leqslant Y \leqslant k\} = 0.999$, 只要 k 满足

$$\Phi\left(\frac{k - 120}{\sqrt{48}}\right) \approx 0.999.$$

查正态分布表求得

$$\frac{k - 120}{\sqrt{48}} \approx 3.01,$$

由此解得

$$k \approx 141.$$

即只要给这个车间供应 141kW 的电力, 就能以 0.999 的概率保证这个车间不会因供电不足而影响生产.

本 章 小 结

本章介绍了三个大数定律和两个中心极限定理.

大数定律描述了大量独立随机变量的平均结果的稳定性. 其中, 由第 1 章的内容知道, 频率的稳定性是概率定义的客观基础, 而伯努利大数定律以严格的数学形式表述了频率的稳定性: 当试验次数很大时, 事件发生的频率与概率有较大偏差的可能性很小, 这就为实际应用中当试验次数较大时用事件发生的频率来代替概率提供了理论依据.

中心极限定理表明, 在相当一般的条件下, 当独立随机变量的个数增加时, 其和的分布趋于正态分布, 这一方面说明了正态分布的重要性, 另一方面提供了独立同分布随机变量之和的近似分布, 这在应用中是十分有效且非常重要的.

一、知识清单

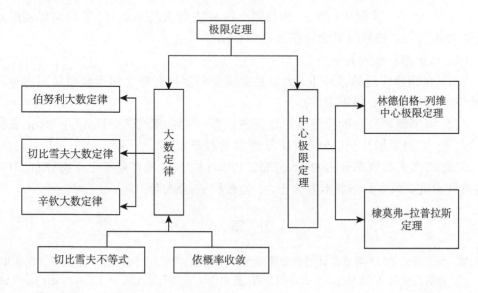

二、解题指导

1. 会利用切比雪夫不等式求解一些事件发生的上界或者下界.

2. 注意切比雪夫大数定律、伯努利大数定律与辛钦大数定律这三个大数定律成立的条件有何异同.

三、常用概率分布之间的关系

1. 与二项分布的关系.

(1) 参数为 p 的 0-1 分布就是参数为 n, p 的二项分布 $B(n, p)$ 当 $n = 1$ 时的特例.

(2) 设随机变量 $X_1, X_2, \cdots, X_n$ 相互独立且都服从参数为 p 的 0-1 分布, 则

$$X = X_1 + X_2 + \cdots + X_n \sim B(n, p).$$

(3) 泊松定理: 设 $X \sim B(n, p)$, 则当 n 充分大而 p 充分小且 np 适中时, X 近似服从参数为 $\lambda = np$ 的泊松分布.

(4) 棣莫弗-拉普拉斯定理: 设 $X \sim B(n, p)$, 则当 n 充分大时, X 近似服从正态分布 $N(np, npq)$.

(5) 结合 2.2 节例 5 可知当 N 和 n 充分大, 但 n 相对 N 较小时, 超几何分布和二项分布的概率相近, 即

$$\frac{C_M^k C_{N-M}^{n-k}}{C_N^n} \approx C_n^k p^k (1-p)^{1-k},$$

其中 $p = M/N$. 实际中, 当 N 和抽样次数 n 充分大且 $n \leqslant 0.1N$ 时可以利用此近似公式. (关于抽样的概念将在第 6 章介绍)

2. 与正态分布的关系.

(1) 在相当广泛的条件下, 大量独立同分布随机变量之和近似服从正态分布 (林德伯格-列维中心极限定理).

(2) 许多概率分布的极限分布是正态分布. 例如, 若 $X \sim B(n, p)$, 当 n 充分大时, 则 X 近似服从正态分布 (棣莫弗-拉普拉斯定理).

(3) 许多重要概率分布如 χ^2 分布、t 分布和 F 分布都是基于正态分布, 可以构造许多重要概率分布如卡方分布、t 分布和 F 分布等.

习 题 5

1. 利用切比雪夫不等式估计随机变量与其数学期望的差的绝对值小于 3 倍标准差的概率.

2. 若随机变量 X 服从 $[a, 5]$ 的均匀分布, 且由切比雪夫不等式得 $P\{|X - 3| < \varepsilon\} \geqslant 0.99$. 求 a 和 ε 值.

3. 设 $X_i (i = 1, 2, \cdots, 50)$ 是相互独立的随机变量, 且它们都服从参数为 $\lambda = 0.03$ 的泊松分布, 记 $Y = X_1 + X_2 + \cdots + X_{50}$, 试利用中心极限定理计算 $P\{Y > 3\}$.

4. 设随机变量 $X_1, X_2, \cdots, X_{20}$ 相互独立, 且都来自均匀分布 $U(0, 1)$, 其中, $E(X_i) = 1/2, D(X_i) = 1/12 (i = 1, 2, \cdots, 20)$, 令 $Y_{20} = X_1 + X_2 + \cdots + X_{20}$, 求概率 $P\{Y_{20} \leqslant 9.1\}$.

5. 一部件包括 10 部分, 每部分的长度是一个随机变量, 它们相互独立且具有同一分布, 其数学期望为 2 mm, 标准差为 0.05 mm, 规定总长度为 (20 ± 0.1)mm 时产品合格, 试求产品合格的概率.

6. 某单位设置一电话总机, 共有 200 架电话分机, 设每个电话分机是否使用外线通话是相互独立的, 设每时每刻每个分机有 5% 的概率要使用外线通话, 问总机需要多少外线才能以不低于 90% 的概率保证每个分机要使用外线时可供使用?

7. (1) 一个复杂的系统, 由 100 个相互独立的部件所组成, 在系统运行期间每个部件损坏的概率为 0.1, 又知, 为使系统正常运行, 至少必须有 85 个部件工作, 求系统的可靠度 (即系统正常运行的概率);

(2) 假如上述系统由 n 个相互独立的部件组成, 而且至少有 80% 的部件工作才能使整个系统正常运行, 问 n 至少为多大时才能保证系统的可靠度为 0.95?

8. 已知某人寿保险公司有 10000 个同一年龄段的人参加保险, 在同一年里这些人的死亡率都为 0.2%, 每人在一年的第一天交付保险费 10 元, 死亡后家属可以从保险公司领取 2000 元的抚恤金, 求保险公司一年中获利不少于 50000 元的概率.

9. 某出租车公司有 500 辆的士参加保险, 在一年里出事故的概率为 0.006, 参加保险的的士每年交 800 元的保险费. 若出事故, 保险公司最多赔偿 50000 元, 试利用中心极限定理, 计算保险公司一年赚钱不小于 200000 元的概率.

10. 一批种子, 其中良种占 1/6, 在其中任选 6000 粒, 试问在这些种子中, 良种所占的比例与 1/6 之差的绝对值小于 1% 的概率是多少?

11. 一生产线生产的产品成箱包装, 每箱的重量是随机的, 假设每箱平均重 50 千克, 标准差为 5 千克. 若用最大载重量为 5 吨的汽车承运, 试利用中心极限定理说明每辆车最多可以装多少箱, 才能保障不超载的概率大于 0.977.

12. 设某公司生产某件产品的时间服从指数分布, 平均需要 10min, 且生产每件产品的时间是相互独立的. 试求

(1) 生产 100 件产品需要 15h 至 20h 的概率;

(2) 16h 内以 95% 的可能性最多可以生产多少件产品.

习题 5 参考解析

第 6 章　数理统计的基本知识

前面五章讲述了概率论的最基本的内容, 从中可知, 随机变量及其概率分布全面描述了随机现象的统计规律. 但在许多实际问题中, 用来描述随机现象的随机变量服从什么样的概率分布却未必知道, 或者, 即使知道它服从什么概率分布, 也未必知道这些分布的重要参数 (包括分布中的参数和分布的数字特征), 如数学期望、方差等. 怎样才能大体知道一个随机变量的概率分布或分布的重要参数呢?

数理统计是以概率论为理论基础的具有广泛应用的一个数学分支. 它的中心任务就是从所要研究的对象全体中抽取一部分进行观测或试验以取得信息, 从而对随机变量的分布或分布参数作出估计或推断. 这种由局部观察来推断整体的方法具有普遍意义, 数理统计学已成为各种科学研究及产业部门进行有效工作的重要工具.

6.1　总体和样本

总体和样本

在统计问题中, 我们把研究对象的全体称为**总体** (population), 有时也称为**母体**, 组成总体的每一个基本单位称为**个体** (individual). 例如, 某钢铁厂某一天生产 10000 根 16Mn 型钢筋, 现要研究这批钢筋的强度, 这 10000 根钢筋就是一个总体, 每一根钢筋都是一个个体. 又如, 在研究某灯泡厂生产的灯泡的质量时, 该厂某天生产的灯泡的全体可以作为一个总体, 每一个灯泡是一个个体.

个体总数是有限的总体, 称为**有限总体** (finite population); 否则, 称为**无限总体** (infinite population).

在统计问题中, 我们所关心的往往不是个体的一切方面, 而是它的某一数量特征 (即数量指标, 如钢筋的强度) 及其在总体中的分布情况 (如强度在 500 N/mm^2 到 600 N/mm^2 间的钢筋在 10000 根中所占的比例). 就某一数量特征而言, 每一个个体所取的值不一定相同, 但对一个总体来讲, 个体的取值又是按一定规律分布的. 例如钢筋强度, 就每一个个体而言, 有的是 600 N/mm^2, 有的是 610 N/mm^2, 但在总体 10000 根钢筋中各种强度的钢筋所占的比例却是确定的, 即是客观存在的, 所以, 从总体中任取一根钢筋, 其强度取什么值是服从一定概率分布的. 正因为如此, 对总体来说, 一个数量指标就是一个随机变量. 由于我们主要是研究总体的某个数量指标, 所以我们总把总体的某个数量指标与随机变量等同起来. 于是,

总体分布是指相应随机变量的概率分布, 可用概率分布表、概率密度函数、分布函数具体表示出来; 总体分布的数字特征指的是相应随机变量的数字特征.

例 1 考察某厂生产的产品质量, 将其产品只分为合格品和不合格品, 并以 0 记合格品, 以 1 记不合格品, 则

总体 = {该厂生产的全部合格品与不合格品} = { 由 0 或 1 组成的一堆数}.

若以 p 表示这一堆数中 1 的比例 (不合格品率), 则该总体可由一个 0-1 分布表示为

X	0	1
p_k	$1-p$	p

不同的 p 反映了总体间的差异. 譬如, 两个生产同种产品的工厂的总体分布分别为

X_1	0	1
p_k	0.98	0.02

X_2	0	1
p_k	0.91	0.09

从两个总体分布可知, 第一个工厂生产的产品质量优于第二个工厂. 实际中, 不合格品率 p 是未知的, 如何对之进行估计是统计学要研究的问题.

在进行统计推断时, 我们往往不是对所有个体逐一进行观测或试验, 而是按一定规则从总体中抽取一部分个体, 测定这一部分个体的有关指标值, 以获得关于总体的信息, 实现对总体的推断, 这一抽取过程称为**抽样** (sampling). 在数理统计中, 采用的抽样方法是**随机抽样** (random sampling), 即每一个个体都是从总体中被随机地抽取出来的. 常见的随机抽样方式有两种: 有放回抽样和不放回抽样. 我们把有放回抽样称为**简单随机抽样**. 所谓有放回抽样主要是对于有限总体而言, 对于无限总体则可以采取不放回抽样. 在实际问题中, 只要总体中所包含个体的总数 N 远大于抽取部分的个体数 n (如 $N/n \geqslant 10$) 即可采取不放回抽样, 并把不放回抽样近似地看成简单随机抽样.

从总体中抽取一个个体, 就是对代表总体的随机变量 X 进行一次观测, 观测的可能结果记为 X_i, 则 X_i 为一随机变量; 一次观测的具体结果记为 x_i, 则 x_i 是一个确定的数值, 称 x_i 为 X_i 的**观测值** (observed value) 或**实现**. 从总体 X 中随机抽取 n 个个体, 不妨记为 $X_1, X_2, \cdots, X_n$, 称这 n 个个体 $X_1, X_2, \cdots, X_n$ 为总体 X 的一个**随机样本** (random sample), 简称**样本**或**子样**, 样本中的每一个个体称为**样品**, 样本中个体的个数 n 称为**样本容量**, 或**样本大小**, 或**样本数**. 样本具有随机变量和数的二重性. 在观测或试验之前, 我们并不知道 $X_1, X_2, \cdots, X_n$ 的具体取值, 可以把它们看成随机变量; 但是, 在观测或试验之后, $X_1, X_2, \cdots, X_n$ 的

取值是已知的和具体的数值, 不妨记为 $x_1, x_2, \cdots, x_n$, 它们是确定的数值, 称为样本 $X_1, X_2, \cdots, X_n$ 的**观测值**或**样本值**.

样本 $X_1, X_2, \cdots, X_n$ 也可用 n 维随机向量 $(X_1, X_2, \cdots, X_n)$ 表示, 并称 $(x_1, x_2, \cdots, x_n)$ 为样本观测值. 样本 $(X_1, X_2, \cdots, X_n)$ 的所有可能取值的全体称为**样本空间** (sample space), 它是 n 维空间或其中的一个子集, 样本观测值 $(x_1, x_2, \cdots, x_n)$ 则是样本空间中的一个点.

例 2　啤酒厂生产的瓶装啤酒规定净含量为 640g, 由于随机性, 事实上不可能使得所有啤酒的净含量为 640g. 现在从某厂生产的啤酒中随机抽取 10 瓶测定其净含量, 测定结果如下:

$$640, \ 639, \ 643, \ 645, \ 638, \ 643, \ 637, \ 640, \ 635, \ 641.$$

这是一个样本容量为 10 的样本的观测值, 对应的总体为该厂生产的瓶装啤酒的净含量.

例 3　某厂生产的电容器的使用寿命 X 服从指数分布, 为了解其平均寿命 $E(X)$, 从中抽出 n 件产品试验, 测其实际使用寿命. 这是一个样本容量为 n 的样本, 该样本来自服从指数分布的总体. 如果设总体的概率密度函数为

$$f(x) = \begin{cases} \lambda \mathrm{e}^{-\lambda x}, & x > 0, \\ 0, & \text{其他}, \end{cases}$$

则 $E(X) = \dfrac{1}{\lambda}$. 要了解平均寿命 $E(X)$ 即通过样本观测值对参数 λ 进行统计推断.

数理统计的任务就是根据样本观测值 $x_1, x_2, \cdots, x_n$ 的性质来对总体的某些特性进行估计或推断, 为了使抽到的样本能够尽可能全面地反映总体的特性, 通常要求样本满足

(1) 独立性: $X_1, X_2, \cdots, X_n$ 是相互独立的, 即样本中每一个个体的取值不影响其他个体的取值;

(2) 随机性: $(X_1, X_2, \cdots, X_n)$ 中的每一个分量都与总体 X 具有相同的分布, 即总体中每一个个体都有同等机会被选入样本.

我们把满足上述两个条件的样本 $X_1, X_2, \cdots, X_n$ 称为来自总体 X 的一个**简单随机样本** (simple random sample). 一般地, 通过简单随机抽样所得到的样本为**简单随机样本**, 这与高中新课标数学教材采用抽样专著中的 "把不放回抽样得到的样本作为简单随机样本" 看似矛盾, 但是, 当不放回抽样能够近似地被看成简单随机抽样时, 不放回抽样得到的样本就可以近似地被看成简单随机样本. 事实上, 简单随机样本的这两种定义体现了理论与实践的统一, 前者侧重于理论分析的方

便, 后者着重于实际问题的应用. 今后, 如不特别说明, 本书中所提及的抽样均指简单随机抽样, 样本均指简单随机样本.

从上面的讨论我们容易看到: 如果总体 X 的分布函数为 $F(x)$, 则来自总体 X 的样本 $X_1, X_2, \cdots, X_n$ 的联合分布函数为

$$G(x_1, x_2, \cdots, x_n) = \prod_{i=1}^{n} F(x_i);$$

如果总体 X 的概率密度函数为 $f(x)$, 则来自总体 X 的样本 $X_1, X_2, \cdots, X_n$ 的联合概率密度函数为

$$g(x_1, x_2, \cdots, x_n) = \prod_{i=1}^{n} f(x_i).$$

例 4 设 $(X_1, X_2, \cdots, X_n)$ 是来自总体 $X \sim B(1, p)$ 的一个样本, 求 $(X_1, X_2, \cdots, X_n)$ 的分布律.

解 由题设知总体 X 的分布律为

$$P\{X = i\} = p^i (1-p)^{1-i} \quad (i = 0, 1),$$

因为 $X_1, X_2, \cdots, X_n$ 相互独立同分布, 所以 $(X_1, X_2, \cdots, X_n)$ 的分布律为

$$P\{X_1 = x_1, X_2 = x_2, \cdots, X_n = x_n\}$$
$$= P\{X_1 = x_1\} P\{X_2 = x_2\} \cdots P\{X_n = x_n\}$$
$$= p^{\sum\limits_{i=1}^{n} x_i} (1-p)^{n - \sum\limits_{i=1}^{n} x_i},$$

其中 $x_1, x_2, \cdots, x_n$ 在集合 $\{0, 1\}$ 中取值.

例 5 某公司为制订营销策略, 需要研究一城市居民的收入情况. 假定该城市居民年收入 X 服从正态分布 $N(\mu, \sigma^2)$. 现在随机调查 n 户居民收入, 记为 $X_1, X_2, \cdots, X_n$, 这里 $(X_1, X_2, \cdots, X_n)$ 即为从总体 $N(\mu, \sigma^2)$ 中抽取的随机样本, 它们是相互独立的, 且与总体 $N(\mu, \sigma^2)$ 有相同的分布, 则 $X_i \sim N(\mu, \sigma^2), i = 1, 2, \cdots, n$. 试求 $(X_1, X_2, \cdots, X_n)$ 的概率密度函数.

解 由题设知总体 X 的概率密度函数为

$$f(x) = \frac{1}{\sqrt{2\pi}\sigma} \exp\left\{-\frac{(x-\mu)^2}{2\sigma^2}\right\}, \quad -\infty < x < +\infty.$$

于是 $(X_1, X_2, \cdots, X_n)$ 的概率密度函数为

$$g\left(x_1, x_2, \cdots, x_n\right) = \frac{1}{(\sqrt{2\pi}\sigma)^n} \exp\left\{-\frac{\sum\limits_{i=1}^{n}\left(x_i - \mu\right)^2}{2\sigma^2}\right\}.$$

这个函数概括了样本 $(X_1, X_2, \cdots, X_n)$ 中所包含的总体 $N\left(\mu, \sigma^2\right)$ 的全部信息. 我们知道, 正态分布由它的均值 μ 和方差 σ^2 确定, 因此, 概率密度函数 $g\left(x_1, x_2, \cdots, x_n\right)$ 也概括了样本 $(X_1, X_2, \cdots, X_n)$ 中所包含的 μ 和 σ^2 全部信息, 它是我们做进一步统计推断的基础和出发点.

如果我们要研究总体的两个指标 (X, Y), 则所抽取的 n 个个体的指标构成一个容量为 n 的样本. 由此可见, 二维总体的容量为 n 的样本由 $2n$ 个随机变量 $(X_1, Y_1, X_2, Y_2, \cdots, X_n, Y_n)$ 构成, 它的一组观测值 $(x_1, y_1, x_2, y_2, \cdots, x_n, y_n)$ 是 $2n$ 维空间中一个样本点. 类似地, k 维总体的容量为 n, 样本是由 $k \times n$ 个随机变量构成的, 它的一组观测值由 $k \times n$ 个数组成, 是 $k \times n$ 维空间中的一个样本点. 关于二维或多维总体的研究类似于一维情形.

6.2　经验分布函数

我们知道, 基于样本观测值 $x_1, x_2, \cdots, x_n$, 利用频率分布直方图 (参见附录 "预备知识" A.6 节) 可以近似求解总体 X 的概率密度函数 $f(x)$. 进一步地, 我们可否利用样本观测值 $x_1, x_2, \cdots, x_n$ 近似求解总体 X 的分布函数 $F(x)$ 呢? 经验分布函数可以作为未知分布函数的良好近似.

定义 1　设 $x_1, x_2, \cdots, x_n$ 是总体 X 的样本观测值, 将这些值依由小到大的顺序排列为 $x_1^* \leqslant x_2^* \leqslant \cdots \leqslant x_n^*$, 对任意实数 $x(-\infty < x < \infty)$, 定义函数

$$F_n(x) = \begin{cases} 0, & x < x_1^*, \\ \dfrac{k}{n}, & x_k^* \leqslant x < x_{k+1}^* \ (k = 1, 2, \cdots, n-1), \\ 1, & x_n^* \leqslant x. \end{cases}$$

称函数 $F_n(x)$ 为**总体 X 的经验分布函数**, 简称**经验分布函数** (empirical distribution function).

经验分布函数的定义形式上类似于离散型随机变量分布函数的定义, 经验分布函数的图像也类似于离散型随机变量分布函数的图像, 如图 6-1 所示.

易见, 经验分布函数 $F_n(x)$ 是单调、非降、右连续且在 $x = x_k^*$ 处有间断点, 在每个间断点上有跳跃. 若样本观测值中的各个数字 $x_1, x_2, \cdots, x_n$ 没有重复数字, 则在每个间断点上的跳跃量都是 $\dfrac{1}{n}$; 若某一数字重复 l 次, 则在该数字处的跳跃量为 $\dfrac{1}{n}$ 的 l 倍. 显然, $0 \leqslant F_n(x) \leqslant 1$, 同时还具有分布函数的其他性质 (图 6-1), 比如, $F_n(-\infty) = 0$ 和 $F_n(+\infty) = 1$.

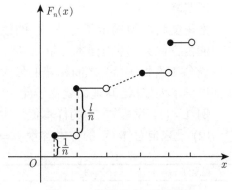

图 6-1　经验分布函数图像

由经验分布函数的定义知, 对任意实数 $x, F_n(x)$ 之值等于每个 x_i 中不超过 x 的个数再除以 n; 对于 x 的每一数值, $F_n(x)$ 将随着样本 $X_1, X_2, \cdots, X_n$ 的不同而取不同的值, 故知 $F_n(x)$ 是样本的函数, 是一个随机变量, 其可能取值为 $0, \dfrac{1}{n}, \cdots, \dfrac{n-1}{n}, 1$. 由于 $X_1, X_2, \cdots, X_n$ 相互独立并且它们具有相同的分布函数 $F(x)$, 因而事件 $\left\{F_n(x) = \dfrac{k}{n}\right\}$ 发生的概率等价于 n 次独立重复试验的伯努利概型中事件 $\{X \leqslant x\}$ 发生 k 次而其余 $n - k$ 次不发生的概率, 即有

$$P\left\{F_n(x) = \frac{k}{n}\right\} = \mathrm{C}_n^k \left\{F(x)\right\}^k \left\{1 - F(x)\right\}^{n-k},$$

其中 $F(x) = P\{X \leqslant x\}$, 它是总体 X 的分布函数.

对于固定的 x, 经验分布函数 $F_n(x)$ 表示 n 次试验事件 $\{X \leqslant x\}$ 发生的频率, 分布函数 $F(x)$ 表示事件 $\{X \leqslant x\}$ 发生的概率. 根据伯努利大数定律, 当 n 充分大时, $F_n(x)$ 依概率收敛于 $F(x)$, 即对任意给定的 $\varepsilon > 0$,

$$\lim_{n \to \infty} P\{|F_n(x) - F(x)| < \varepsilon\} = 1$$

成立. 这个结果针对每一个 x 而言, 具有局部性, 格里文科 (Glivenko) 于 1933 年给出了一个更深刻的具有全局性的结果.

格里文科定理　设总体 X 的分布函数为 $F(x)$, 经验分布函数为 $F_n(x)$, 则对任意实数 x, 有

$$P\left\{\lim_{n \to \infty} \sup_{-\infty < x < +\infty} |F_n(x) - F(x)| = 0\right\} = 1.$$

证明略.

格里文科定理揭示了总体 X 的经验分布函数 $F_n(x)$ 与理论分布函数 $F(x)$ 之间的内在联系, 即当样本容量 n 足够大时, 从样本算得的经验分布函数 $F_n(x)$ 与理论分布函数 $F(x)$ 之间相差的最大值可以足够小. 经典统计学中一切统计推断都以样本为依据, 其理由就在于此.

例 1　(1) 设总体 X 的样本值为 $-1, 0, 6$, 求总体 X 的经验分布函数 $F_3(x)$;
(2) 设来自总体 X 的样本容量 $n = 10$ 的样本观测值如下表:

观测值 x_i	-3	-1	2	5
频数 n_i	1	3	4	2

求经验分布函数 $F_{10}(x)$.

解　(1) 由经验分布函数的定义可知

$$F_3(x) = \begin{cases} 0, & x < -1, \\ \dfrac{1}{3}, & -1 \leqslant x < 0, \\ \dfrac{2}{3}, & 0 \leqslant x < 6, \\ 1, & x \geqslant 6. \end{cases}$$

(2) 由经验分布函数的定义可知

$$F_n(x) = \sum_{x_i \leqslant x} \frac{n_i}{n} = \begin{cases} 0, & x < -3, \\ \dfrac{1}{10}, & -3 \leqslant x < -1, \\ \dfrac{1}{10}(1+3), & -1 \leqslant x < 2, \\ \dfrac{1}{10}(1+3+4), & 2 \leqslant x < 5, \\ \dfrac{1}{10}(1+3+4+2), & x \geqslant 5, \end{cases}$$

即

$$F_{10}(x) = \begin{cases} 0, & x < -3, \\ 0.1, & -3 \leqslant x < -1, \\ 0.4, & -1 \leqslant x < 2 \\ 0.8, & 2 \leqslant x < 5, \\ 1, & x \geqslant 5. \end{cases}$$

6.3 统计量与样本数字特征

样本包含总体的信息, 是总体的反映, 但是样本所包含的信息一般不能直接用于解决我们所研究的问题, 需要根据统计推断问题的需求对样本进行加工、整理. 在实际工作中, 我们往往是针对具体问题构造一个合适的依赖于样本的函数, 通过它提取样本中与总体有关的主要信息, 以推断总体的某些特征.

定义 1 设 $X_1, X_2, \cdots, X_n$ 为总体的一个样本, 如果 $g(x_1, x_2, \cdots, x_n)$ 为 $x_1, x_2, \cdots, x_n$ 的一个实值函数, 且 g 中不包含任何未知参数, 则称 $g(X_1, X_2, \cdots, X_n)$ 为一**统计量** (statistic).

例如, 设 $X_1, X_2, \cdots, X_n$ 是从正态总体 $N(\mu, \sigma^2)$ 中抽取的样本, 其中 μ, σ^2 是未知参数, 则 $\frac{1}{n}(X_1 + X_2 + \cdots + X_n), X_1^2 + X_2^2 + \cdots + X_n^2$ 都是统计量, 而 $X_1 - \mu, \sum_{i=1}^{n} X_i / \sigma$ 都不是统计量.

常见统计量

应该注意, 尽管一个统计量 $g(X_1, X_2, \cdots, X_n)$ 不依赖于任何未知参数, 但是, 作为随机变量, 它的分布可能是依赖于未知参数的. 若 $x_1, x_2, \cdots, x_n$ 是样本 $X_1, X_2, \cdots, X_n$ 的观测值, 则 $g(x_1, x_2, \cdots, x_n)$ 是统计量 $g(X_1, X_2, \cdots, X_n)$ 的观测值.

对总体进行统计推断的目的不同, 需要构造和使用不同的统计量, 下面列出一些常用的统计量.

定义 2 设 $X_1, X_2, \cdots, X_n$ 是来自总体的随机样本, 称统计量

$$\overline{X} = \frac{1}{n} \sum_{i=1}^{n} X_i \qquad (6.3.1)$$

为**样本均值** (sample mean); 称统计量

$$S^2 = \frac{1}{n-1} \sum_{i=1}^{n} (X_i - \overline{X})^2 \qquad (6.3.2)$$

为**样本方差** (sample variance); 称统计量

$$S = \sqrt{\frac{1}{n-1} \sum_{i=1}^{n} (X_i - \overline{X})^2} \qquad (6.3.3)$$

为**样本标准差** (sample standard deviation); 称统计量

$$\tilde{S}^2 = \frac{1}{n} \sum_{i=1}^{n} (X_i - \overline{X})^2 \tag{6.3.4}$$

为**样本二阶中心矩** (sample second-order central moment); 称统计量

$$A_k = \frac{1}{n} \sum_{i=1}^{n} X_i^k, \quad k = 1, 2, \cdots$$

为**样本 k 阶原点矩** (k-order origin moment); 称统计量

$$B_k = \frac{1}{n} \sum_{i=1}^{n} (X_i - \overline{X})^k, \quad k = 2, 3, \cdots$$

为**样本 k 阶中心矩** (k-order central moment).

如果样本观测值为 $x_1, x_2, \cdots, x_n$, 则上述各种样本矩的观测值分别为

$$\overline{x} = \frac{1}{n} \sum_{i=1}^{n} x_i;$$

$$s^2 = \frac{1}{n-1} \sum_{i=1}^{n} (x_i - \overline{x})^2;$$

$$s = \sqrt{\frac{1}{n-1} \sum_{i=1}^{n} (x_i - \overline{x})^2};$$

$$\tilde{s}^2 = \frac{1}{n} \sum_{i=1}^{n} (x_i - \overline{x})^2;$$

$$a_k = \frac{1}{n} \sum_{i=1}^{n} x_i^k, \quad k = 1, 2, \cdots;$$

$$b_k = \frac{1}{n} \sum_{i=1}^{n} (x_i - \overline{x})^k, \quad k = 2, 3, \cdots.$$

注意, 高中新课标数学教材将样本二阶中心矩 $\tilde{S}^2$ 及其算术平方根 $\tilde{S}$ 分别定义为样本方差和样本标准差, 这种定义的不足是, $\tilde{S}^2$ 不具有无偏性, 而 S^2 具有无偏性. 事实上, 两者之间有密切的关系, 即 $S^2 = \dfrac{n}{n-1} \tilde{S}^2$, 换句话说, S^2 是 $\tilde{S}^2$ 的一种改进和修正形式. 有关无偏性的概念, 请参见 7.2 节.

定义 3 设 $X_1, X_2, \cdots, X_n$ 是总体的样本, 称 $X_1^*, X_2^*, \cdots, X_n^*$ 为**顺序统计量** (order statistics), 如果 $X_k^*(k = 1, 2, \cdots, n)$ 是样本 $X_1, X_2, \cdots, X_n$ 这样的函数: 它的观测值为 x_k^*, x_k^* 为样本观测值 $x_1, x_2, \cdots, x_n$ 中按由小到大的顺序排列

$$x_1^* \leqslant x_2^* \leqslant \cdots \leqslant x_n^*$$

顺序统计量

后的第 k 个数值.

易见, $X_1^* = \min\{X_1, X_2, \cdots, X_n\}$, $X_n^* = \max\{X_1, X_2, \cdots, X_n\}$, 称 X_1^* 为**样本的最小值**, X_n^* 为**样本的最大值**. 称

$$\tilde{X} = \begin{cases} X_{(n+1)/2}^*, & n \text{ 为奇数}, \\ \dfrac{1}{2}\left(X_{n/2}^* + X_{n/2+1}^*\right), & n \text{ 为偶数} \end{cases} \tag{6.3.5}$$

为**样本中位数** (sample median). 称

$$R = X_n^* - X_1^* \tag{6.3.6}$$

为**样本极差** (sample range).

样本均值、最小值、最大值和中位数, 描述了样本在数轴上的大致位置; 样本方差和极差描述样本的离散程度.

在推断两个总体的相关性时, 可以考虑样本相关系数.

定义 4 设 $X_1, X_2, \cdots, X_n$ 和 $Y_1, Y_2, \cdots, Y_n$ 分别是总体 X 和 Y 的样本, 则称统计量

$$\gamma = \frac{\sum\limits_{i=1}^{n}(X_i - \overline{X})(Y_i - \overline{Y})}{\sqrt{\sum\limits_{i=1}^{n}(X_i - \overline{X})^2 \sum\limits_{i=1}^{n}(Y_i - \overline{Y})^2}} \tag{6.3.7}$$

为**样本相关系数** (sample correlation coefficient).

例 1 随机地从一批铆钉中抽取 16 枚, 测得其长度 (单位: cm) 为

$$2.14, \ 2.10, \ 2.12, \ 2.15, \ 2.13, \ 2.12, \ 2.13, \ 2.10,$$

$$2.15, \ 2.12, \ 2.14, \ 2.10, \ 2.13, \ 2.11, \ 2.14, \ 2.11,$$

则有

$$\overline{x} = \frac{1}{16}(2.14 + 2.10 + \cdots + 2.11) = 2.124375,$$

$$\tilde{s}^2 = \frac{1}{16}\left(2.14^2 + 2.10^2 + \cdots + 2.11^2\right) - 2.124375^2 \approx 0.0002746,$$

$$s^2 = \frac{16}{15}\tilde{s}^2 = \frac{16}{15} \times 0.0002746 \approx 0.0002929.$$

将这 16 个数据按由小到大的顺序重新排列如下:

$$2.10,\ 2.10,\ 2.10,\ 2.11,\ 2.11,\ 2.12,\ 2.12,\ 2.12,$$

$$2.13,\ 2.13,\ 2.13,\ 2.14,\ 2.14,\ 2.14,\ 2.15,\ 2.15,$$

可得

$$x_1^* = 2.10, \quad x_{16}^* = 2.15,$$

$$R = 2.15 - 2.10 = 0.05,$$

$$\tilde{x} = \frac{1}{2}(2.12 + 2.13) = 2.125.$$

例 2　设来自总体 X 的样本 $X_1, X_2, \cdots, X_n$, 其样本均值为 $\overline{X} = \dfrac{1}{n}\sum\limits_{i=1}^{n} X_i$, 样本方差为 $S_X^2 = \dfrac{1}{n-1}\sum\limits_{i=1}^{n}\left(X_i - \overline{X}\right)^2$. 令 $Y = aX + b$, 其中 a 和 b 为已知常数, 且 $a \neq 0$. 我们可以得到总体 Y 的样本为 $Y_1, Y_2, \cdots, Y_n$, 其中 $Y_i = aX_i + b$ $(i = 1, 2, \cdots, n)$, 容易计算, 该样本均值 $\overline{Y}$ 和样本方差 S_Y^2 分别为

$$\overline{Y} = \frac{1}{n}\sum_{i=1}^{n} Y_i = \frac{1}{n}\sum_{i=1}^{n}(aX_i + b) = a\overline{X} + b,$$

$$S_Y^2 = \frac{1}{n-1}\sum_{i=1}^{n}\left(Y_i - \overline{Y}\right)^2 = \frac{1}{n-1}\sum_{i=1}^{n}\left(aX_i - a\overline{X}\right)^2 = a^2 S_X^2.$$

6.4　一些统计量的分布

统计量是我们对总体的分布函数或数字特征进行统计推断的最基本的工具, 在利用某统计量时, 常常需要知道它的概率分布. 统计量的分布称为**抽样分布** (sampling distribution). 抽样分布决定了统计量的性质, 以及利用统计量对总体进行推断的精度和可靠性. 然而, 对于一般抽样分布的求解是比较麻烦的. 能够精确计算出抽样分布且分布的形式较为简单的情况并不多见. 对于正态总体, 我们可以计算出一些统计量的精确分布. 本节列出在数理统计学中占有重要地位且最常用的统计量的分布, 并且不予严格推证.

6.4.1 χ^2 分布

χ^2分布

定义 1 设 $X_1, X_2, \cdots, X_n$ 为独立同分布的随机变量, 并且它们都服从标准正态分布 $N(0,1)$. 记

$$\chi^2 = X_1^2 + X_2^2 + \cdots + X_n^2, \tag{6.4.1}$$

则称 χ^2 为服从自由度为 n 的 χ^2 分布, 记为 $\chi^2 \sim \chi^2(n)$.

由定义 1 容易看出, 若 $X_1, X_2, \cdots, X_n$ 为来自标准正态总体 $N(0,1)$ 的一个样本, 则统计量 $\chi^2 = \sum_{i=1}^{n} X_i^2$ 服从自由度为 n 的 χ^2 分布.

注 自由度可粗略地解释为平方和式中独立变量的个数.

可以证明 $\chi^2(n)$ 分布的概率密度函数为

$$f(x) = \begin{cases} \dfrac{1}{2^{\frac{n}{2}}\Gamma\left(\dfrac{n}{2}\right)} x^{\frac{n}{2}-1} \mathrm{e}^{-\frac{1}{2}x}, & x > 0, \\ 0, & x \leqslant 0, \end{cases}$$

其中 $\Gamma(t) = \displaystyle\int_0^{+\infty} x^{t-1}\mathrm{e}^{-x}\mathrm{d}x (t > 0)$ 为 Γ 函数. 有关 Γ 函数的运算性质, 参见附录 A.3 节.

图 6-2 画出了 $n = 1$, $n = 4$ 和 $n = 10$ 时 χ^2 分布的概率密度函数曲线. 从图中可以看出, 当自由度 n 增大时, χ^2 分布的概率密度函数曲线逐渐接近于正态分布的概率密度函数曲线.

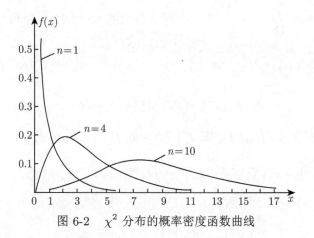

图 6-2 χ^2 分布的概率密度函数曲线

对于给定的 $\alpha(0 < \alpha < 1)$, 如果存在 $\chi_\alpha^2(n)$, 使得

$$P\{\chi^2 > \chi_\alpha^2(n)\} = \int_{\chi_\alpha^2(n)}^{+\infty} f(x)\mathrm{d}x = \alpha,$$

那么, 称 $\chi_\alpha^2(n)$ 为 χ^2 **分布的上 α 分位点** (见附表 4 图). 对于不同的 α 和 n, χ^2 分布的上 α 分位点 $\chi_\alpha^2(n)$ 可以通过附表 4 查得. 例如, 对于 $\alpha = 0.05$, $n = 10$, 查表可得 $\chi_{0.05}^2(10) = 18.31$.

例 1　设 $X_1, X_2, \cdots, X_6$ 是来自正态总体 $X \sim N\left(0, 3^2\right)$ 的样本, 求常数 a, b, c, 使

$$Y = aX_1^2 + b(X_2 + X_3)^2 + c(X_4 + X_5 + X_6)^2$$

服从 χ^2 分布, 并求自由度 m.

解　由 $X_1, X_2, \cdots, X_6$ 独立同分布, 得

$$X_1 \sim N\left(0, 3^2\right), \quad X_2 + X_3 \sim N(0, 18), \quad X_4 + X_5 + X_6 \sim N(0, 27),$$

于是

$$\frac{X_1}{3} \sim N(0, 1), \quad \frac{X_2 + X_3}{\sqrt{18}} \sim N(0, 1), \quad \frac{X_4 + X_5 + X_6}{\sqrt{27}} \sim N(0, 1),$$

且它们相互独立. 由 χ^2 分布的定义知

$$\frac{X_1^2}{9} + \frac{(X_2 + X_3)^2}{18} + \frac{(X_4 + X_5 + X_6)^2}{27} \sim \chi^2(3).$$

所以当 $a = \dfrac{1}{9}$, $b = \dfrac{1}{18}$, $c = \dfrac{1}{27}$ 时, Y 服从自由度为 3 的 χ^2 分布.

下面给出 χ^2 分布的一些主要性质和结论.

性质 1　设 $\chi^2 \sim \chi^2(n)$, 则

$$E\left(\chi^2\right) = n, \quad D\left(\chi^2\right) = 2n. \tag{6.4.2}$$

证明　由于 $X_i \sim N(0, 1)$, 即 $E\left(X_i\right) = 0, D\left(X_i\right) = 1$, 故

$$E\left(X_i^2\right) = E\left[X_i - E\left(X_i\right)\right]^2 = D\left(X_i\right) = 1 \quad (i = 1, 2, \cdots, n).$$

又因为

$$E\left(X_i^4\right) = \frac{1}{\sqrt{2\pi}} \int_{-\infty}^{+\infty} x^4 \mathrm{e}^{-\frac{x^2}{2}} \mathrm{d}x = 3,$$

所以
$$D\left(X_i^2\right) = E\left(X_i^4\right) - \left[E\left(X_i^2\right)\right]^2 = 3 - 1 = 2 \quad (i = 1, 2, \cdots, n).$$

故
$$E\left(\chi^2\right) = E\left(\sum_{i=1}^{n} X_i^2\right) = \sum_{i=1}^{n} E\left(X_i^2\right) = n.$$

由于 $X_1, X_2, \cdots, X_n$ 相互独立, 所以 $X_1^2, X_2^2, \cdots, X_n^2$ 也相互独立, 于是

$$D(\chi^2) = D\left(\sum_{i=1}^{n} X_i^2\right) = \sum_{i=1}^{n} D(X_i^2) = 2n.$$

性质 2 设 $\chi_1^2 \sim \chi^2(n_1)$, $\chi_2^2 \sim \chi^2(n_2)$, 并且 χ_1^2 与 χ_2^2 相互独立, 则

$$\chi_1^2 + \chi_2^2 \sim \chi^2(n_1 + n_2). \tag{6.4.3}$$

证明 根据 χ^2 分布的定义和已知条件, 可以将 χ_1^2 和 χ_2^2 分别表示为

$$\chi_1^2 = X_1^2 + X_2^2 + \cdots + X_{n_1}^2, \quad \chi_2^2 = Y_1^2 + Y_2^2 + \cdots + Y_{n_2}^2,$$

其中 $X_1, X_2, \cdots, X_{n_1}$ 和 $Y_1, Y_2, \cdots, Y_{n_2}$ 相互独立, 并且均服从标准正态分布 $N(0,1)$, 再由 χ^2 分布的定义可知

$$\chi_1^2 + \chi_2^2 = X_1^2 + X_2^2 + \cdots + X_{n_1}^2 + Y_1^2 + Y_2^2 + \cdots + Y_{n_2}^2$$

服从自由度为 $n_1 + n_2$ 的 χ^2 分布, 即 $\chi_1^2 + \chi_2^2 \sim \chi^2(n_1 + n_2)$.

性质 2 称为 χ^2 分布的可加性, 它可以推广到一般情形. 若随机变量 $\chi_i^2 \sim \chi^2(n_i)(i = 1, 2, \cdots, m)$, 并且 $\chi_1^2, \chi_2^2, \cdots, \chi_m^2$ 相互独立, 则 $\sum\limits_{i=1}^{m} \chi_i^2 \sim \chi^2\left(\sum\limits_{i=1}^{m} n_i\right)$.

定理 1 设 $X_1, X_2, \cdots, X_n$ 是来自正态总体 $N\left(\mu, \sigma^2\right)$ 的一个样本, 样本均值为 $\overline{X} = \dfrac{1}{n}\sum\limits_{i=1}^{n} X_i$, 样本方差为 $S^2 = \dfrac{1}{n-1}\sum\limits_{i=1}^{n}\left(X_i - \overline{X}\right)^2$, 那么

(1) $\overline{X} \sim N\left(\mu, \dfrac{\sigma^2}{n}\right)$, 且

$$\frac{\overline{X} - \mu}{\sigma/\sqrt{n}} \sim N(0, 1); \tag{6.4.4}$$

(2) $$\chi^2 = \frac{1}{\sigma^2}\sum_{i=1}^{n}\left(X_i - \mu\right)^2 \sim \chi^2(n); \tag{6.4.5}$$

(3) $\dfrac{(n-1)S^2}{\sigma^2} = \dfrac{1}{\sigma^2}\sum_{i=1}^{n}\left(X_i - \overline{X}\right)^2$ 服从自由度为 $n-1$ 的 χ^2 分

布, 即

$$\frac{(n-1)S^2}{\sigma^2} \sim \chi^2(n-1); \tag{6.4.6}$$

(4) $\overline{X}$ 与 S^2 相互独立.

证明略.

6.4.2　t 分布

定义 2　设 $X \sim N(0,1)$, $Y \sim \chi^2(n)$ 且 X 与 Y 相互独立, 则称随机变量

t分布与F分布

$$t = \frac{X}{\sqrt{\dfrac{Y}{n}}} \tag{6.4.7}$$

服从自由度为 n 的 t 分布, 记为 $t \sim t(n)$.

t 分布又称学生 (student) 分布, 这种分布是由戈塞特 (Gosset) 首先发现的, 他在 1908 年以学生作为笔名发表了有关该分布的论文. 可以证明, t 分布的概率密度函数为

$$f(x) = \frac{\Gamma\left(\dfrac{n+1}{2}\right)}{\sqrt{n\pi}\,\Gamma\left(\dfrac{n}{2}\right)}\left(1 + \frac{x^2}{n}\right)^{-\frac{n+1}{2}}, \quad -\infty < x < +\infty.$$

显然, t 分布的概率密度函数 $f(x)$ 是偶函数, 它的图像关于 $x = 0$ 对称, 并且

$$\lim_{n\to\infty} f(x) = \frac{1}{\sqrt{2\pi}}\mathrm{e}^{-\frac{x^2}{2}}.$$

图 6-3 给出了自由度为 1, 4, 10 的 t 分布的概率密度函数曲线的图形.

对于给定的实数 $\alpha\,(0 < \alpha < 1)$, 如果存在 $t_\alpha(n)$, 使得

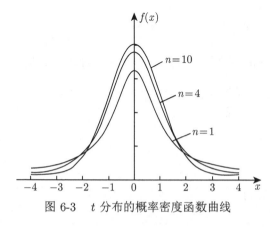

图 6-3　t 分布的概率密度函数曲线

$$P\{t > t_\alpha(n)\} = \int_{t_\alpha(n)}^{+\infty} f(x)\mathrm{d}x = \alpha,$$

那么称 $t_\alpha(n)$ 为 t **分布的上 α 分位点** (见附表 3 中的图). 由 t 分布的上 α 分位点的定义及其概率密度函数 $f(x)$ 图形的对称性, 易知

$$t_{1-\alpha}(n) = -t_\alpha(n). \tag{6.4.8}$$

对于不同的 α 和 n, t 分布的上 α 分位点 $t_\alpha(n)$ 可以通过附表 3 查得, 例如, 对于 $\alpha = 0.05, n = 10$, 查表可得 $t_{0.05}(10) = 1.812$. 又如, 对于 $\alpha = 0.975, n = 2$, 查表可得 $t_{0.025}(2) = 4.303$, 从而知 $t_{0.975}(2) = -4.303$.

下面给出 t 分布的一些常用结论.

设 $X \sim N\left(\mu, \sigma^2\right), Y/\sigma^2 \sim \chi^2(n)$, 且 X, Y 相互独立, 则由定义 2 可知

$$\frac{X - \mu}{\sqrt{Y/n}} \sim t(n). \tag{6.4.9}$$

定理 2 设 $X_1, X_2, \cdots, X_n$ 是来自正态总体 $N(\mu, \sigma^2)$ 的一个样本, 则

$$\frac{\sqrt{n}(\overline{X} - \mu)}{S} \sim t(n-1). \tag{6.4.10}$$

证明 由定理 1 知

$$\overline{X} \sim N\left(\mu, \frac{\sigma^2}{n}\right),$$

于是,

$$\frac{\overline{X} - \mu}{\sigma/\sqrt{n}} \sim N(0, 1).$$

又由定理 1 知

$$\frac{(n-1)S^2}{\sigma^2} \sim \chi^2(n-1),$$

并且 $\dfrac{\overline{X} - \mu}{\sigma/\sqrt{n}}$ 与 $\dfrac{(n-1)S^2}{\sigma^2}$ 相互独立, 从而由定义 2 可得

$$\frac{\sqrt{n}(\overline{X} - \mu)}{S} = \frac{\dfrac{\overline{X} - \mu}{\sigma/\sqrt{n}}}{\sqrt{\dfrac{(n-1)S^2}{\sigma^2} \bigg/ (n-1)}} \sim t(n-1).$$

定理 3　设 $X_1, X_2, \cdots, X_{n_1}$ 和 $Y_1, Y_2, \cdots, Y_{n_2}$ 分别是来自正态总体 $N\left(\mu_1, \sigma^2\right)$ 和 $N\left(\mu_2, \sigma^2\right)$ 的样本, 并且这两个样本相互独立, 则

$$\frac{(\overline{X} - \overline{Y}) - (\mu_1 - \mu_2)}{S_w\sqrt{\dfrac{1}{n_1} + \dfrac{1}{n_2}}} \sim t(n_1 + n_2 - 2), \tag{6.4.11}$$

其中

$$\overline{X} = \frac{1}{n_1}\sum_{i=1}^{n_1} X_i, \quad S_1^2 = \frac{1}{n_1 - 1}\sum_{i=1}^{n_1}\left(X_i - \overline{X}\right)^2,$$

$$\overline{Y} = \frac{1}{n_2}\sum_{i=1}^{n_2} Y_i, \quad S_2^2 = \frac{1}{n_2 - 1}\sum_{i=1}^{n_2}\left(Y_i - \overline{Y}\right)^2,$$

$$S_w = \sqrt{S_w^2}, \quad S_w^2 = \frac{(n_1 - 1)S_1^2 + (n_2 - 1)S_2^2}{n_1 + n_2 - 2}.$$

证明　易知

$$\overline{X} - \overline{Y} \sim N\left(\mu_1 - \mu_2, \frac{\sigma^2}{n_1} + \frac{\sigma^2}{n_2}\right),$$

从而

$$U = \frac{(\overline{X} - \overline{Y}) - (\mu_1 - \mu_2)}{\sigma\sqrt{\dfrac{1}{n_1} + \dfrac{1}{n_2}}} \sim N(0, 1).$$

由给定条件知

$$\frac{(n_1 - 1)S_1^2}{\sigma^2} \sim \chi^2(n_1 - 1),$$

$$\frac{(n_2 - 1)S_2^2}{\sigma^2} \sim \chi^2(n_2 - 1),$$

并且它们相互独立, 故由 χ^2 分布的可加性知

$$V = \frac{(n_1 - 1)S_1^2}{\sigma^2} + \frac{(n_2 - 1)S_2^2}{\sigma^2} \sim \chi^2(n_1 + n_2 - 2).$$

从而, 由定义 2 得

$$\frac{U}{\sqrt{V/(n_1 + n_2 - 2)}}$$

$$= \frac{(\overline{X} - \overline{Y}) - (\mu_1 - \mu_2)}{\sqrt{(n_1 - 1)S_1^2 + (n_2 - 1)S_2^2}} \cdot \sqrt{\frac{n_1 n_2 (n_1 + n_2 - 2)}{n_1 + n_2}} \sim t(n_1 + n_2 - 2),$$

即

$$\frac{(\overline{X} - \overline{Y}) - (\mu_1 - \mu_2)}{S_w \sqrt{\dfrac{1}{n_1} + \dfrac{1}{n_2}}} \sim t(n_1 + n_2 - 2).$$

注 定理 3 的结论只有在两个总体方差相等时才成立, 对于两个总体方差不相同的情形, 见习题 6 第 12 题. 特别地, 有下面的结论.

推论 1 设 $X_1, X_2, \cdots, X_{n_1}$ 和 $Y_1, Y_2, \cdots, Y_{n_2}$ 是来自服从同一正态分布 $N\left(\mu, \sigma^2\right)$ 的总体的两个样本, 它们相互独立, 则

$$\frac{\overline{X} - \overline{Y}}{S_w \sqrt{\dfrac{1}{n_1} + \dfrac{1}{n_2}}} \sim t(n_1 + n_2 - 2). \tag{6.4.12}$$

其中各字母符号的含义同定理 3.

6.4.3 F 分布

定义 3 设 $X \sim \chi^2(m), Y \sim \chi^2(n)$, 且 X 与 Y 相互独立, 则称随机变量

$$F = \frac{X/m}{Y/n} \tag{6.4.13}$$

服从自由度为 (m, n) 的 F **分布**, 记为 $F \sim F(m, n)$, 其中, m 称为**第一自由度**, n 称为**第二自由度**.

可以证明 F 分布的概率密度函数为

$$f(x) = \begin{cases} \dfrac{\Gamma\left(\dfrac{m+n}{2}\right)}{\Gamma\left(\dfrac{m}{2}\right)\Gamma\left(\dfrac{n}{2}\right)} \left(\dfrac{m}{n}\right) \left(\dfrac{m}{n}x\right)^{\frac{m}{2}-1} \left(1 + \dfrac{m}{n}x\right)^{-\frac{1}{2}(m+n)}, & x > 0, \\ 0, & x \leqslant 0. \end{cases}$$

图 6-4 中画出了自由度为 $(20,\ 10)$, $(20,\ 25)$, $(20,\ +\infty)$ 时 F 分布的概率密度函数曲线.

对于给定的 $\alpha\,(0 < \alpha < 1)$, 如果存在 $F_\alpha(m, n)$, 使得

$$P\{F > F_\alpha(m, n)\} = \int_{F_\alpha(m, n)}^{+\infty} f(x)\mathrm{d}x = \alpha,$$

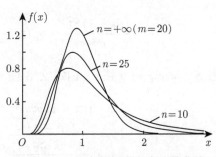

图 6-4 F 分布的概率密度函数曲线

那么, 称 $F_\alpha(m, n)$ 为 F **分布的上 α 分位点** (见附表 5 中的图).

由 F 分布的构造知, 若 $F \sim F(m, n)$, 则

$$\frac{1}{F} \sim F(n, m). \tag{6.4.14}$$

对于给定的 $\alpha\,(0 < \alpha < 1)$, 因为

$$1 - \alpha = P\left\{\frac{1}{F} \leqslant F_\alpha(n, m)\right\} = P\left\{F \geqslant \frac{1}{F_\alpha(n, m)}\right\}.$$

$$P\{F > F_\alpha(m, n)\} = \int_{F_\alpha(m, n)}^{+\infty} f(x)\mathrm{d}x = \alpha,$$

这说明

$$F_{1-\alpha}(m, n) = \frac{1}{F_\alpha(n, m)}. \tag{6.4.15}$$

对于不同的 α, m 和 n, F 分布的上 α 分位点 $F_\alpha(m, n)$ 可以通过附表 5 查得. 例如, 对于 $\alpha = 0.01, m = 2, n = 12$, 查表可得 $F_{0.01}(2, 12) = 6.93$. 又如, 对于 $\alpha = 0.95, m = 11, n = 5$, 先查表得到 $F_{0.05}(5, 11) = 3.20$, 再由式 (6.4.15) 可得

$$F_{0.95}(11, 5) = \frac{1}{F_{0.05}(5, 11)} = \frac{1}{3.20} = 0.3125.$$

下面给出 F 分布的一些重要结论.

定理 4 设 $X_1, X_2, \cdots, X_m$ 和 $Y_1, Y_2, \cdots, Y_n$ 分别是来自正态总体 $N\left(\mu_1, \sigma_1^2\right)$ 和 $N\left(\mu_2, \sigma_2^2\right)$ 的样本, 并且这两个样本相互独立. 记 S_1^2 和 S_2^2 分别为这两个样本的样本方差, 则

$$F = \frac{S_1^2/\sigma_1^2}{S_2^2/\sigma_2^2} \sim F(m-1, n-1). \tag{6.4.16}$$

证明 由定理 1 知

$$\frac{(m-1)S_1^2}{\sigma_1^2} \sim \chi^2(m-1), \quad \frac{(n-1)S_2^2}{\sigma_2^2} \sim \chi^2(n-1).$$

因 S_1^2 与 S_2^2 相互独立, 由定义 3 便知

$$F = \frac{\dfrac{(m-1)S_1^2/\sigma_1^2}{m-1}}{\dfrac{(n-1)S_2^2/\sigma_2^2}{n-1}} = \frac{S_1^2/\sigma_1^2}{S_2^2/\sigma_2^2} \sim F(m-1, n-1).$$

推论 2 在定理 4 的条件下, 若两个正态总体的方差相同, 即 $\sigma_1^2 = \sigma_2^2 = \sigma^2$, 则

$$F = \frac{S_1^2}{S_2^2} \sim F(m-1, n-1). \tag{6.4.17}$$

需要指出的是, t 分布与 F 分布之间有密切的关系. 如果随机变量 $X \sim t(n)$, 那么, $X^2 \sim F(1, n)$. 事实上, 由 t 分布的定义, 可将 X 表示为

$$X = \frac{U}{\sqrt{\dfrac{V}{n}}},$$

其中 $U \sim N(0,1), V \sim \chi^2(n)$, 并且 U 与 V 相互独立. 从而 $U^2 \sim \chi^2(1)$, 并且 U^2 与 V 也是相互独立的随机变量, 注意到 $X^2 = \dfrac{U^2}{V/n}$, 由 F 分布的定义可得 $X^2 \sim F(1, n)$.

本 章 小 结

数理统计的任务有两方面, 一个是如何合理地搜集数据; 另一个是根据搜集到的部分数据如何比较正确地分析、推断整体情况, 即统计推断. 统计推断是数理统计的主题, 它包括三大内容——抽样分布、参数估计和假设检验.

本章主要介绍总体、样本、统计量及其分布.

一、知识清单

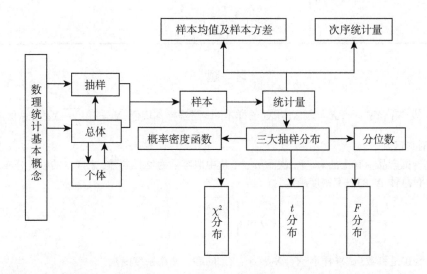

二、解题指导

1. 理解并掌握随机样本的概念及其应用.

2. 样本均值、样本方差、样本的各阶原点矩与各阶中心矩都是样本统计量. 并且特别需要注意样本二阶中心矩与样本方差不等.

3. 熟悉 χ^2 分布、t 分布、F 分布的重要结论. 会查表写出 χ^2 分布、t 分布和 F 分布的上 α 分位点.

4. 了解经验分布函数与顺序统计量的概念.

三、三大统计量的构造及其抽样分布

设 $(X_1, X_2, \cdots, X_n)$ 和 $(Y_1, Y_2, \cdots, Y_m)$ 是来自标准正态分布的两个相互独立的样本, 见表 6-1.

表 6-1　三大统计量的构造及其抽样分布

统计量的构造	抽样分布的密度函数	期望	方差
$\chi^2 = X_1^2 + X_2^2 + \cdots + X_n^2$	$f(x) = \dfrac{1}{2^{\frac{n}{2}} \Gamma\left(\dfrac{n}{2}\right)} x^{\frac{n}{2}-1} \mathrm{e}^{-\frac{x}{2}}$ $(x > 0)$	n	$2n$
$t = \dfrac{Y_1}{\sqrt{(X_1^2 + X_2^2 + \cdots + X_n^2)/n}}$	$f(x) = \dfrac{\Gamma\left(\dfrac{n+1}{2}\right)}{\sqrt{n\pi}\,\Gamma\left(\dfrac{n}{2}\right)} \left(1 + \dfrac{x^2}{n}\right)^{-\frac{n+1}{2}}$ $(-\infty < x < +\infty)$	0 $(n > 1)$	$\dfrac{n}{n-2}$ $(n > 2)$
$F = \dfrac{(Y_1^2 + Y_2^2 + \cdots + Y_m^2)/m}{(X_1^2 + X_2^2 + \cdots + X_n^2)/n}$	$f(x) = \dfrac{\Gamma\left(\dfrac{m+n}{2}\right)\left(\dfrac{m}{n}\right)^{m/2}}{\Gamma\left(\dfrac{m}{2}\right)\Gamma\left(\dfrac{n}{2}\right)} x^{\frac{m}{2}-1}$ $\cdot \left(1 + \dfrac{m}{n}x\right)^{-\frac{m+n}{2}}$ $(x > 0)$	$\dfrac{n}{n-2}$ $(n > 2)$	$\dfrac{2n^2(m+n-2)}{m(n-2)^2(n-4)}$ $(n > 4)$

习　题　6

1. 设 $X_1, X_2, \cdots, X_n$ 为总体 X 的样本, 试回答样本均值 $\overline{X} = \dfrac{1}{n}\sum_{i=1}^{n} X_i$ 与总体的期望 $E(X)$ 有何区别.

2. 一批产品中有正品 m 个, 次品 n 个, 从中取容量为 2 的样本, 求样本的联合分布.

3. 设总体 X 的概率密度函数为

$$f(x) = \begin{cases} \lambda \mathrm{e}^{-\lambda x}, & x > 0, \\ 0, & \text{其他}, \end{cases}$$

其中 $\lambda > 0$ 是参数, 试求样本 $X_1, X_2, \cdots, X_n$ 的联合概率密度函数.

4. 设总体 X 的均值为 μ, 方差为 σ^2, 从该总体中抽取样本为 $X_1, X_2, \cdots, X_n$, 记样本均值为 $\overline{X} = \dfrac{1}{n}\sum_{i=1}^{n} X_i$, 样本二阶原点矩为 $A_2 = \dfrac{1}{n}\sum_{i=1}^{n} X_i^2$, 证明: $E(\overline{X}) = \mu, D(\overline{X}) = \dfrac{\sigma^2}{n}$,

$E(A_2) = \mu^2 + \sigma^2$.

5. 从一批人中抽取 10 人, 测量他们每个人的身高, 得数据 (单位: cm):

$$173, \ 170, \ 148, \ 160, \ 168, \ 181, \ 151, \ 168, \ 154, \ 177.$$

求相应于这个样本观测值的经验分布函数.

6. 对以下两组样本观测值, 计算样本均值、样本方差、最小值、最大值、中位数和极差.

(1) 99.3, 98.7, 100.05, 101.2, 98.3, 99.7, 99.5, 102.1, 100.5;

(2) 54, 67, 68, 78, 70, 66, 67, 70, 65, 69.

7. 设 $X_1, X_2, \cdots, X_n$ 为服从 0-1 分布的总体 X 的一个样本, $\overline{X}$ 和 S^2 分别为样本均值和样本方差, 试求 $E(\overline{X}), D(\overline{X}), E(S^2)$.

8. 设总体 X 服从参数为 $\lambda(\lambda > 0)$ 的泊松分布, $X_1, X_2, \cdots, X_n(n \geqslant 2)$ 为来自总体 X 的样本, 对应的统计量 $T_1 = \dfrac{1}{n} \sum_{i=1}^{n} X_i, T_2 = \dfrac{1}{n-1} \sum_{i=1}^{n-1} X_i + \dfrac{1}{n} X_n$, 试判断 $E(T_1)$ 与 $E(T_2), D(T_1)$ 与 $D(T_2)$ 的大小关系.

9. 设 $X_1, X_2, \cdots, X_n$ 为总体 X 的样本, 样本均值为 $\overline{X} = \dfrac{1}{n} \sum_{i=1}^{n} X_i$, 证明: 当 $k = \overline{X}$ 时, $\sum_{i=1}^{n} (X_i - k)^2$ 达到最小; 并且 $\sum_{i=1}^{n} (X_i - \overline{X})^2 = \sum_{i=1}^{n} X_i^2 - n\overline{X}^2$.

10. 在总体 $N(52, 6.3^2)$ 中随机抽取一容量为 36 的样本, 求样本均值 $\overline{X}$ 落在 50.8 到 53.8 之间的概率.

11. 设总体 $X \sim N(3.4, 6^2)$, 从该总体中抽取容量为 n 的样本 $X_1, X_2, \cdots, X_n$, 若样本均值位于区间 $(1.4, 5.4)$ 内的概率不小于 0.95, 试问样本容量 n 至少应取多大?

12. 设 $\overline{X}$ 是来自正态总体 $N(\mu_1, \sigma_1^2)$ 的容量为 m 的样本均值, $\overline{Y}$ 是来自正态总体 $N(\mu_2, \sigma_2^2)$ 的容量为 n 的样本均值, 假设两个样本相互独立, 求 $Z = \overline{X} - \overline{Y}$ 的分布.

13. 已知 $X \sim t(n), Y = \dfrac{1}{X^2}$, 试证: $Y \sim F(n, 1)$.

14. 设总体 $X \sim N(\mu, \sigma^2)$, 来自该总体的样本为 $X_1, X_2, \cdots, X_9$, $Y_1 = \dfrac{1}{6} \sum_{i=1}^{6} X_i, Y_2 = \dfrac{1}{3} \sum_{i=7}^{9} X_i, S^2 = \dfrac{1}{2} \sum_{i=7}^{9} (X_i - Y_2)^2, Z = \dfrac{\sqrt{2}(Y_1 - Y_2)}{S}$. 试证: $Z \sim t(2)$.

15. 设 X_1, X_2, X_3, X_4 为来自总体 $X \sim N(1, \sigma^2)$ $(\sigma > 0)$ 的样本, 试求统计量 $\dfrac{X_1 - X_2}{|X_3 + X_4 - 2|}$ 的分布.

16. 设总体 $X \sim N(\mu, \sigma^2)$, 从该总体中抽取一个容量为 16 的样本, 其样本方差记为 S^2, 求 $(1) P\left\{ \dfrac{S^2}{\sigma^2} \leqslant 2.041 \right\}$; $(2) D(S^2)$.

习题 6 参考解析

17. 设 $X_1, X_2, \cdots, X_{2n}$ 是来总体 X 的简单随机样本, $\overline{X} = \dfrac{1}{2n} \sum_{i=1}^{2n} X_i$, 设总体 X 的均值 μ 与方差 σ^2 均存在, 求统计量 $Y = \sum_{i=1}^{n} (X_i + X_{n+i} - 2\overline{X})^2$ 的数学期望 $E(Y)$.

第 7 章　参　数　估　计

本章所指的参数有以下三种情况: 其一, 设总体的分布函数是 $F(x; \theta_1, \theta_2, \cdots, \theta_m)$, 其中 $\theta_1, \theta_2, \cdots, \theta_m$ 是未知参数, 根据样本观测值 $x_1, x_2, \cdots, x_n$ 提供的信息, 如何对未知参数 $\theta_1, \theta_2, \cdots, \theta_m$ 作出估计, 如何对估计的效果进行评价? 这类统计问题, 称为参数估计问题. 其二, 在有些实际问题中, 事先并不知道总体服从什么分布, 而要对其数字特征作出估计. 因为随机变量的数字特征同它的概率分布中的参数有一定关系, 所以对数字特征的估计问题也称为参数估计问题. 其三, 各种事件的概率.

参数估计是数理统计中一个很重要的内容, 主要包括点估计和区间估计两种情形.

7.1　点　估　计

7.1.1　问题的提出

先看两个例子.

例 1　纺纱厂细纱机上的断条次数 X 服从泊松分布 $P\{X = k\} = \dfrac{\lambda^k}{k!} \mathrm{e}^{-\lambda}$, 但是参数 λ 未知, 如何确定 λ 取什么值?

例 2　某厂生产一批铆钉, 现要检查铆钉头部直径, 从产品中随机抽取 12 只, 测得头部直径 (单位: mm) 如下:

$$13.30, \ 13.38, \ 13.40, \ 13.43, \ 13.32, \ 13.48,$$

$$13.54, \ 13.31, \ 13.34, \ 13.47, \ 13.44, \ 13.50.$$

设铆钉头部直径 X 服从正态分布 $N\left(\mu, \sigma^2\right)$, 其中 μ 和 σ^2 未知, 试估计 μ 和 σ^2.

这两个问题都是点估计问题.

点估计问题的一般提法: 设总体 X 的分布函数为 $F\left(x; \theta_1, \theta_2, \cdots, \theta_m\right)$, 其中 $\theta_1, \theta_2, \cdots, \theta_m$ 是未知参数, 根据样本 $X_1, X_2, \cdots, X_n$ 构造 m 个统计量 $\hat{\theta}_k(X_1, X_2, \cdots, X_n) \, (k = 1, 2, \cdots, m)$ 来估计 θ_k, 称 $\hat{\theta}_k\left(X_1, X_2, \cdots, X_n\right)$ 为参数 θ_k 的估计量. 对应于样本的观测值 $x_1, x_2, \cdots, x_n$, 估计量 $\hat{\theta}_k\left(X_1, X_2, \cdots, X_n\right) \, (k = 1, 2, \cdots, m)$ 的值 $\hat{\theta}_k\left(x_1, x_2, \cdots, x_n\right)$ 称为参数 θ_k 的估计值. 需要指出的是: 估计量

是样本的函数, 是随机变量; 对于不同的样本观测值, 参数的估计值通常也是不相同的. 今后, 在不致混淆的情况下, 统称估计量和估计值为估计, 并且都简记为 $\hat{\theta}_k$. 由于对于一个样本观测值而言, 这种估计值在数轴上是一个点, 所以, 又称这种估计为点估计.

求参数的点估计, 常用的有两种方法: 矩估计法和最大似然估计法.

7.1.2 矩估计法

设 $X_1, X_2, \cdots, X_n$ 是来自总体 X 的样本. 由辛钦大数定律可知, 若总体 X 具有 l 阶原点矩 $\mu_l = E(X^l)$, 则

$$\frac{1}{n} \sum_{i=1}^{n} X_i \xrightarrow{P} E(X).$$

更一般地, 也有

$$\frac{1}{n} \sum_{i=1}^{n} X_i^l \xrightarrow{P} E(X^l).$$

这就启发我们想到, 在利用样本所提供的信息来对总体 X 的分布函数中未知参数作估计时, 可以先用样本矩来估计与之相应的总体矩, 然后再依此确定未知参数的估计. 这种估计方法称为矩估计法. 所求得的参数的估计量称为参数的**矩估计量** (moment estimation). 矩估计法的思想实质是 "替换原则", 即采用样本矩代替总体矩的原则. 由于这种方法简单, 运算也不复杂, 而且矩估计量具有一定的优良性质, 因此在实际问题中得到广泛使用.

设总体 X 的分布函数中有 m 个未知待估参数 $\theta_1, \theta_2, \cdots, \theta_m, X_1, X_2, \cdots, X_n$ 是来自总体 X 的样本. 矩估计的一般步骤为:

(1) 求出总体 X 的 l 阶原点矩 $\mu_l = E(X^l)$ 和对应的样本 l 阶原点矩 $A_l = \frac{1}{n} \sum_{i=1}^{n} X_i^l, l = 1, 2, \cdots, m$;

(2) 用样本矩代替总体矩, 建立矩方程 (组)

$$\begin{cases} \mu_1 = A_1, \\ \mu_2 = A_2, \\ \cdots\cdots \\ \mu_m = A_m; \end{cases}$$

(3) 解上述矩方程 (组), 得其解为 $\hat{\theta}_1, \hat{\theta}_2, \cdots, \hat{\theta}_m$, 这就是 $\theta_1, \theta_2, \cdots, \theta_m$ 的矩估计量;

(4) 用样本观测值 $x_1, x_2, \cdots, x_n$ 替换矩估计量中的样本 $X_1, X_2, \cdots, X_n$ 所得的结果, 仍记为 $\hat{\theta}_1, \hat{\theta}_2, \cdots, \hat{\theta}_m$, 就是所求参数 $\theta_1, \theta_2, \cdots, \theta_m$ 的矩估计值. 简单地说, 矩估计量的观测值即矩估计值.

通常, 用样本均值 $\overline{X} = \dfrac{1}{n}\sum\limits_{i=1}^{n} X_i$ 作为总体均值 μ 的矩估计量, 即

$$\hat{\mu} = \overline{X} = \frac{1}{n}\sum_{i=1}^{n} X_i;$$

用样本二阶中心矩 $\tilde{S}^2 = \dfrac{1}{n}\sum\limits_{i=1}^{n}\left(X_i - \overline{X}\right)^2$ 作为总体方差 σ^2 的矩估计量, 即

$$\hat{\sigma}^2 = \tilde{S}^2 = \frac{1}{n}\sum_{i=1}^{n}\left(X_i - \overline{X}\right)^2,$$

或

$$\hat{\sigma} = \tilde{S}.$$

事实上, $\mu_1 = E\left(X\right) = \mu, \mu_2 = E\left(X^2\right) = D\left(X\right) + \left[E\left(X\right)\right]^2 = \sigma^2 + \mu^2.$ 令

$$\begin{cases} \mu_1 = A_1 = \overline{X}, \\ \mu_2 = A_2 = \dfrac{1}{n}\sum\limits_{i=1}^{n} X_i^2. \end{cases}$$

解得 μ 和 σ^2 的矩估计量分别为

$$\hat{\mu} = A_1 = \overline{X}, \quad \hat{\sigma}^2 = A_2 - A_1^2 = \frac{1}{n}\sum_{i=1}^{n} X_i^2 - \overline{X}^2 = \frac{1}{n}\sum_{i=1}^{n}\left(X_i - \overline{X}\right)^2 = \tilde{S}^2.$$

这表明, 不论总体 X 服从什么分布, 只要它的均值 μ 和方差 σ^2 存在, 那么, 样本均值 $\overline{X}$ 和样本二阶中心矩 $\tilde{S}^2$ 分别是 μ 和 σ^2 的矩估计量.

例 3　试用矩估计法估计例 1 中总体的未知参数 λ.

解　由于

$$\mu_1 = E\left(X\right) = \lambda.$$

用样本均值 $\overline{X} = \dfrac{1}{n}\sum\limits_{i=1}^{n} X_i$ 作为总体均值 μ 的矩估计量, 有

$$\hat{\lambda} = \overline{X}.$$

例 4 试用矩估计法估计例 2 中总体的未知参数 μ 和 σ^2.

解 用矩估计法有

$$\hat{\mu} = \overline{x} = \frac{1}{12}\left(13.30 + 13.38 + \cdots + 13.44 + 13.50\right)$$

$$= \frac{1}{12} \times 160.91 = 13.41,$$

$$\hat{\sigma}^2 = \tilde{s}^2$$

$$= \frac{1}{12}\left[(13.30 - 13.41)^2 + (13.38 - 13.41)^2 + \cdots \right.$$

$$\left. + (13.44 - 13.41)^2 + (13.50 - 13.41)^2\right]$$

$$= 0.0059.$$

例 5 设总体 X 具有概率密度

$$f(x;\theta) = \begin{cases} C^{\frac{1}{\theta}}\dfrac{1}{\theta}x^{-\left(1+\frac{1}{\theta}\right)}, & x > C, \\ 0, & \text{其他}, \end{cases}$$

其中参数 $0 < \theta < 1, C$ 为已知常数, 且 $C > 0$, 从中抽得一个样本 $X_1, X_2, \cdots, X_n$, 求 θ 的矩估计.

解 $$\mu_1 = EX = \int_C^{+\infty} C^{\frac{1}{\theta}}\frac{1}{\theta}x^{-\frac{1}{\theta}}\mathrm{d}x = C^{\frac{1}{\theta}}\frac{1}{\theta}\frac{1}{1-\dfrac{1}{\theta}}x^{1-\frac{1}{\theta}}\Bigg|_C^{+\infty}$$

$$= C^{\frac{1}{\theta}}\frac{1}{\theta-1}\left(-C \cdot C^{-\frac{1}{\theta}}\right) = \frac{C}{1-\theta},$$

解出 θ 得

$$\theta = 1 - \frac{C}{\mu_1},$$

于是 θ 的矩估计为

$$\hat{\theta} = 1 - \frac{C}{\overline{X}}.$$

例 6 设总体 X 服从参数为 λ 的指数分布, 其概率密度为

$$f(x;\lambda) = \begin{cases} \lambda\mathrm{e}^{-\lambda x}, & x > 0, \\ 0, & x \leqslant 0, \end{cases}$$

其中 $\lambda > 0$ 为常数, $x_1, x_2, \cdots, x_n$ 为一样本观测值, 试用矩估计法求 λ 的估计值.

解   因

$$E\left(X\right) = \int_{-\infty}^{+\infty} x f\left(x; \lambda\right) \mathrm{d}x = \lambda \int_{0}^{+\infty} x \mathrm{e}^{-\lambda x} \mathrm{d}x = \frac{1}{\lambda},$$

用样本均值的观测值 $\overline{x} = \dfrac{1}{n} \sum\limits_{i=1}^{n} x_i$ 作为总体期望 $E\left(X\right)$ 的估计值, 则有

$$\frac{1}{n} \sum_{i=1}^{n} x_i = \frac{1}{\lambda}.$$

解这个方程, 得 λ 的估计值为

$$\hat{\lambda} = \frac{n}{\sum\limits_{i=1}^{n} x_i} = \frac{1}{\overline{x}}.$$

另外, 由于 $D(X) = \dfrac{1}{\lambda^2}$, 其反函数为 $\lambda = \dfrac{1}{\sqrt{D(X)}}$, 因此, 从替换原则来看, λ 的矩估计也可取为 $\hat{\lambda} = \dfrac{1}{\tilde{S}}$. 这说明矩估计可能不唯一. 此时通常应该尽量采用低阶矩给出未知参数的估计.

例 7   设总体 X 的密度函数为

$$f\left(x; \theta\right) = \frac{1}{2\theta} \exp\left(-\frac{|x|}{\theta}\right), \quad -\infty < x < +\infty,$$

其中 $\theta > 0$ 为未知参数, 求 θ 的矩估计量.

解   由题, 易知

$$\mu_1 = E\left(X\right) = \int_{-\infty}^{+\infty} x \frac{1}{2\theta} \exp\left(-\frac{|x|}{\theta}\right) \mathrm{d}x = 0,$$

它不含未知参数 θ, 无法据此求出 θ 的矩估计量. 于是, 考虑总体 X 的二阶原点矩 μ_2, 即

$$\mu_2 = E\left(X^2\right) = \int_{-\infty}^{+\infty} x^2 \frac{1}{2\theta} \exp\left(-\frac{|x|}{\theta}\right) \mathrm{d}x = \frac{1}{\theta} \int_{0}^{+\infty} x^2 \exp\left(-\frac{x}{\theta}\right) \mathrm{d}x$$

$$= \theta^2 \int_{0}^{+\infty} \left(\frac{x}{\theta}\right)^2 \exp\left(-\frac{x}{\theta}\right) \mathrm{d}\left(\frac{x}{\theta}\right) = \theta^2 \Gamma\left(3\right) = 2\theta^2,$$

令 $\mu_2 = A_2$, 其中 $A_2 = \dfrac{1}{n} \displaystyle\sum_{i=1}^{n} X_i^2$, 则有

$$2\theta^2 = A_2,$$

解得 θ 的矩估计量为

$$\hat{\theta} = \sqrt{\frac{A_2}{2}} = \sqrt{\frac{1}{2n} \sum_{i=1}^{n} X_i^2}.$$

矩估计法是最古老的点估计方法, 它简单直观、便于运算, 特别是在对总体的数学期望和方差进行估计时, 并不需要知道总体的分布类型. 但这种方法比较粗糙, 这是因为样本矩的表达式与总体的分布函数的表达式无关, 因而没有充分利用总体分布所提供的关于未知参数的信息. 另外, 用矩估计法时, 分布函数中有几个未知参数, 就要求总体的几阶矩存在, 当总体矩不存在时, 矩估计量也不存在. 此时, 就不能用矩估计法了. 因此, 有必要研究其他的估计方法.

7.1.3 最大似然估计法

最大似然估计法 (maximum likelihood estimation) 是建立在最大似然原理基础上的一种统计方法, 也称为**最大或然估计法**或者**极大似然估计法**. 由于最大似然估计法具有很多优良性质, 因此是参数点估计中最重要的方法之一.

最大似然原理的直观想法是: 设一个随机试验有若干个可能结果, 若在一次试验中某结果 A 出现了, 则一般认为试验条件对 A 出现最有利, 即认为 A 出现的概率最大. 按此想法再利用总体的分布函数及样本提供的信息给出总体未知参数的估计量.

最大似然估计法

为说明最大似然估计法原理, 先考察一个简单的估计问题.

例 8 设罐中装有许多白球和黑球, 只知道两种球数目比为 3:1, 但不知道黑球多还是白球多, 就是说 "随机抽取一球是黑球" 的概率 p 可能是 $\dfrac{3}{4}$, 也可能是 $\dfrac{1}{4}$. 今若连续抽取两球 (有放回抽样) 全得黑球, 试问罐中是黑球多还是白球多? 人们自然会认为是黑球多.

现在我们从概率上来分析一下例 8 的判断. 当抽取一球为黑球的概率为 p 时, 抽取 n 个而出现 x 个黑球的概率服从二项分布 $C_n^x p^x (1-p)^{n-x}$, 记

$$C_n^x p^x (1-p)^{n-x} = f_n (x, p), \quad x = 0, 1, \cdots, n,$$

则抽取两个全是黑球的概率为

$$f_2 (2, p) = C_2^2 p^2 (1-p)^0 = p^2.$$

若 $p = \dfrac{3}{4}$, 则 $f_2(2, p) = \dfrac{9}{16}$; 若 $p = \dfrac{1}{4}$, 则 $f_2(2, p) = \dfrac{1}{16}$. 显然, 罐中是黑球多时出现两个都是黑球的概率 $\dfrac{9}{16}$ 比罐中是白球多时出现两个都是黑球的概率 $\dfrac{1}{16}$ 大得多. 这表明 $x = 2$ 的样本来自 $p = \dfrac{3}{4}$ 的总体比来自 $p = \dfrac{1}{4}$ 的总体的可能性大得多. 因而取 $p = \dfrac{3}{4}$ 作为 p 的估计值比取 $p = \dfrac{1}{4}$ 作为 p 的估计值更为合理. 这里我们用了 "概率最大的事件最可能出现" 的原理. 从参数估计的角度上说, 总体的参数 p 有 $\hat{p}_1 = \dfrac{3}{4}$ 和 $\hat{p}_2 = \dfrac{1}{4}$ 两种选择, 我们自然选取使概率 $f_n(x, p)$ 大的 $\hat{p}_1 = \dfrac{3}{4}$ 作为 p 的估计值. 一般, 如果对于 p 可供选择的估计值有多个, 也自然应该选择出现概率最大的一个 $\hat{p}$ 作为 p 的估计. 这就是最大似然估计法的原理.

在上述问题中, p 只有两个可能值. 若 p 的可能值不是有限个, 而是在 $(0, 1)$ 内取值, 那么就不能采用将 p 的值代入 $f_n(x, p)$ 来计算, 然后用比较结果大小的方法来找出使概率达到最大值的点来作为 p 的估计值了, 而是根据 "使概率达到最大值" 的想法, 用微积分学中求极值的方法来解决.

当总体为连续型随机变量时, 设总体的密度函数为 $f(x; \theta)$, θ 为未知参数, $x_1, x_2, \cdots, x_n$ 为一样本观测值, 则样本 $X_1, X_2, \cdots, X_n$ 落在 $x_1, x_2, \cdots, x_n$ 的邻域内的概率为 $\displaystyle\prod_{i=1}^{n} f(x_i; \theta)\mathrm{d}x_i$. 可见, θ 的取值不同, 直接影响到 $\displaystyle\prod_{i=1}^{n} f(x_i; \theta)\mathrm{d}x_i$, 因而它是 θ 的函数. 最大似然原理就是选取使得样本落在观测值 $x_1, x_2, \cdots, x_n$ 的邻域内的概率 $\displaystyle\prod_{i=1}^{n} f(x_i; \theta)\mathrm{d}x_i$ 达到最大的数值 $\hat{\theta} = \hat{\theta}(x_1, x_2, \cdots, x_n)$ 作为参数 θ 的估计值. 由于 $\mathrm{d}x_i$ 不依赖于 θ, 因而使 $\displaystyle\prod_{i=1}^{n} f(x_i; \theta)\mathrm{d}x_i$ 达到最大等价于使 $\displaystyle\prod_{i=1}^{n} f(x_i; \theta)$ 达到最大.

最大似然估计的一般提法: 设总体 X 的概率密度形式 $f(x; \theta)$ 为已知, θ 为未知参数 (若 X 是离散型, 则 $f(x; \theta)$ 表示概率 $P\{X = x\}$). $X_1, X_2, \cdots, X_n$ 是来自总体 X 的样本, 其联合密度等于 $\displaystyle\prod_{i=1}^{n} f(x_i; \theta)\left(\text{若 } X \text{ 是离散型, 它表示概率}\right.$ $P\{X_1 = x_1, X_2 = x_2, \cdots, X_n = x_n\} = \displaystyle\prod_{i=1}^{n} P\{X_i = x_i\}\bigg)$. 显然, 对于样本的观测值 $x_1, x_2, \cdots, x_n$, $\displaystyle\prod_{i=1}^{n} f(x_i; \theta)$ 是 θ 的函数, 记为 $L(\theta)$, 即

$$L\left(\theta\right) = L\left(x_1, x_2, \cdots, x_n; \theta\right) = \prod_{i=1}^{n} f(x_i; \theta). \tag{7.1.1}$$

称 $L\left(\theta\right)$ 为**似然函数**.

当 θ 已知时, 似然函数 $L\left(\theta\right)$ 描述了样本取得具体观测值 $x_1, x_2, \cdots, x_n$ 的可能性. 而 "最可能出现" 的样本值 $x_1', x_2', \cdots, x_n'$ 应该是使似然函数 $L\left(\theta\right)$ 达到最大的样本值. 同样, 当一个样本值 $x_1, x_2, \cdots, x_n$ 已知时, 问它最大可能来自什么样的总体 (即总体的参数 θ 等于什么值的可能性最大), 也应该是使似然函数 $L\left(\theta\right)$ 达到最大的 θ 值. 使似然函数 $L\left(\theta\right)$ 达到的最大的 θ 值, 称为 θ 的**最大似然估计值**, 记为 $\hat{\theta} = \hat{\theta}\left(x_1, x_2, \cdots, x_n\right)$. 与它相对应的统计量 $\hat{\theta}\left(X_1, X_2, \cdots, X_n\right)$ 称为参数 θ 的**最大似然估计量**.

最大似然估计具有下述性质: 若 $\hat{\theta}$ 为 θ 的最大似然估计, 又函数 $u = u\left(\theta\right)$ 具有单值反函数, 则 $\hat{u} = u(\hat{\theta})$ 是 $u\left(\theta\right)$ 的最大似然估计. 此性质称为**最大似然估计的不变性**.

求最大似然估计值问题, 就是求似然函数 $L\left(\theta\right)$ 的最大值问题. 在 $L\left(\theta\right)$ 关于 θ 可微时, 要使 $L\left(\theta\right)$ 取得最大值, θ 必须满足方程

$$\frac{\mathrm{d}L\left(\theta\right)}{\mathrm{d}\theta} = 0. \tag{7.1.2}$$

解此方程便可求得 θ 的最大似然估计值 $\hat{\theta}$(在具体问题中一般容易判断 $L(\hat{\theta})$ 是否为 $L\left(\theta\right)$ 在 θ 处的最大值).

因为 $L\left(\theta\right)$ 与 $\ln L\left(\theta\right)$ 在同一 θ 值处取到极值, 所以还可以从方程

$$\frac{\mathrm{d}\ln L\left(\theta\right)}{\mathrm{d}\theta} = 0 \tag{7.1.3}$$

求 $\hat{\theta}$ 的值, 并且较直接使用式 (7.1.2) 更为方便. 称 $\ln L\left(\theta\right)$ 为**对数似然函数**, 式 (7.1.3) 为**对数似然方程**.

当总体 X 的分布中含有多个未知参数 $\theta_1, \theta_2, \cdots, \theta_m$ 时, 似然函数为

$$L\left(\theta_1, \theta_2, \cdots, \theta_m\right) = \prod_{i=1}^{n} f\left(x_i; \theta_1, \theta_2, \cdots, \theta_m\right). \tag{7.1.4}$$

此时 θ_j 的最大似然估计值 $\hat{\theta}_j = \hat{\theta}_j\left(x_1, x_2, \cdots, x_n\right)\left(j = 1, 2, \cdots, m\right)$ 一般可由方程组

$$\frac{\partial L\left(\theta_1, \theta_2, \cdots, \theta_m\right)}{\partial \theta_j} = 0 \quad \left(j = 1, 2, \cdots, m\right), \tag{7.1.5}$$

或方程组

$$\frac{\partial \ln L\left(\theta_1, \theta_2, \cdots, \theta_m\right)}{\partial \theta_j} = 0 \qquad (j = 1, 2, \cdots, m) \tag{7.1.6}$$

求得. $\ln L\left(\theta_1, \theta_2, \cdots, \theta_m\right)$ 也称为对数似然函数, 称式 (7.1.6) 为**对数似然方程组**.

可见, 最大似然估计法本质上就是根据使样本观测值出现的可能性达到最大这一原则来选取未知参数 $\theta_1, \theta_2, \cdots, \theta_m$ 的估计量的, 其理论依据就是最大似然原理: "概率最大的事件最可能出现".

综上所述, 求最大似然估计量可归纳为以下几个步骤:

(1) 按问题写出似然函数:

$$L\left(\theta_1, \theta_2, \cdots, \theta_m\right) = \prod_{i=1}^{n} f\left(x_i; \theta_1, \theta_2, \cdots, \theta_m\right);$$

(2) 对似然函数取对数, 得对数似然函数:

$$\ln L\left(\theta_1, \theta_2, \cdots, \theta_m\right) = \sum_{i=1}^{n} \ln f\left(x_i; \theta_1, \theta_2, \cdots, \theta_m\right);$$

(3) 对对数似然函数的自变量 $\theta_1, \theta_2, \cdots, \theta_m$ 分别求偏导数, 并令其为 0, 得对数似然方程组:

$$\frac{\partial \ln L\left(\theta_1, \theta_2, \cdots, \theta_m\right)}{\partial \theta_j} = 0 \qquad (j = 1, 2, \cdots, m);$$

(4) 解该对数似然方程组, 即可求得 $\theta_1, \theta_2, \cdots, \theta_m$ 的最大似然估计量 $\hat{\theta}_1, \hat{\theta}_2, \cdots, \hat{\theta}_m$.

例 9　设总体 $X \sim N\left(\mu, \sigma^2\right)$, 其中 μ 和 σ^2 为未知参数, $X_1, X_2, \cdots, X_n$ 是来自该总体的一个样本, 求 μ, σ^2 和 σ 的最大似然估计.

解　设样本观测值为 $x_1, x_2, \cdots, x_n$, 则似然函数和对数似然函数分别为

$$L\left(\mu, \sigma^2\right) = \prod_{i=1}^{n} \frac{1}{\sqrt{2\pi}\sigma} \mathrm{e}^{-\frac{(x_i - \mu)^2}{2\sigma^2}} = \left(\frac{1}{2\pi\sigma^2}\right)^{\frac{n}{2}} \mathrm{e}^{-\frac{\sum\limits_{i=1}^{n}(x_i - \mu)^2}{2\sigma^2}},$$

$$\ln L\left(\mu, \sigma^2\right) = -\frac{n}{2} \ln\left(2\pi\sigma^2\right) - \frac{1}{2\sigma^2} \sum_{i=1}^{n} (x_i - \mu)^2. \tag{7.1.7}$$

由式 (7.1.7) 求得方程组:

$$\begin{cases} \dfrac{\partial \ln L\left(\mu, \sigma^2\right)}{\partial \mu} = \dfrac{1}{\sigma^2} \sum_{i=1}^{n} (x_i - \mu) = 0, \\ \dfrac{\partial \ln L\left(\mu, \sigma^2\right)}{\partial \sigma^2} = -\dfrac{n}{2} \dfrac{1}{\sigma^2} + \dfrac{1}{2\sigma^4} \sum_{i=1}^{n} (x_i - \mu)^2 = 0. \end{cases}$$

解此方程组求得 μ 和 σ^2 的最大似然估计值分别为

$$\hat{\mu} = \frac{1}{n} \sum_{i=1}^{n} x_i = \overline{x}, \quad \hat{\sigma}^2 = \frac{1}{n} \sum_{i=1}^{n} (x_i - \overline{x})^2.$$

所以, μ 和 σ^2 的最大似然估计量分别为

$$\hat{\mu} = \frac{1}{n} \sum_{i=1}^{n} X_i = \overline{X}, \quad \hat{\sigma}^2 = \frac{1}{n} \sum_{i=1}^{n} \left(X_i - \overline{X}\right)^2.$$

由于函数 $u = u\left(\sigma^2\right) = \sqrt{\sigma^2}$ 具有单值反函数 $\sigma^2 = u^2$ $(u \geqslant 0)$, 于是, 根据最大似然估计的不变性可得标准差 σ 的最大似然估计值和最大似然估计量分别为

$$\hat{\sigma} = \sqrt{\hat{\sigma}^2} = \sqrt{\frac{1}{n} \sum_{i=1}^{n} (x_i - \overline{x})^2} \quad \text{和} \quad \hat{\sigma} = \sqrt{\hat{\sigma}^2} = \sqrt{\frac{1}{n} \sum_{i=1}^{n} \left(X_i - \overline{X}\right)^2}.$$

例 10 设总体 $X \sim B(1, p)$, p 为未知参数, $X_1, X_2, \cdots, X_n$ 为简单随机样本. 求 p 的最大似然估计.

解 设样本观测值为 $x_1, x_2, \cdots, x_n$, 则似然函数为

$$L(p) = p^{\sum_{i=1}^{n} x_i} (1-p)^{n - \sum_{i=1}^{n} x_i},$$

对似然函数取对数, 可得对数似然函数

$$\ln L(p) = \sum_{i=1}^{n} x_i \ln p + \left(n - \sum_{i=1}^{n} x_i\right) \ln(1-p),$$

对数似然函数关于 p 求导数并令其为 0, 得对数似然方程

$$\frac{\mathrm{d} \ln L(p)}{\mathrm{d}p} = \frac{1}{p} \sum_{i=1}^{n} x_i - \left(n - \sum_{i=1}^{n} x_i\right) \frac{1}{1-p} = 0,$$

解对数似然方程, 可得 p 的最大似然估计值为

$$\hat{p} = \overline{x},$$

故 p 的最大似然估计量为

$$\hat{p} = \overline{X}.$$

例 11 设总体 X 服从泊松分布:

$$P\{X = k\} = \frac{\lambda^k}{k!}\mathrm{e}^{-\lambda} \quad (k = 0,\, 1,\, 2,\, \cdots),$$

样本为 $X_1, X_2, \cdots, X_n$, 求参数 λ 的最大似然估计.

解 设样本观测值为 $x_1, x_2, \cdots, x_n$, 则似然函数为

$$L(\lambda) = \left(\frac{\lambda^{x_1}}{x_1!}\mathrm{e}^{-\lambda}\right)\left(\frac{\lambda^{x_2}}{x_2!}\mathrm{e}^{-\lambda}\right)\cdots\left(\frac{\lambda^{x_n}}{x_n!}\mathrm{e}^{-\lambda}\right) = \mathrm{e}^{-n\lambda}\prod_{i=1}^{n}\frac{\lambda^{x_i}}{x_i!}.$$

对似然函数取对数, 可得对数似然函数

$$\ln L(\lambda) = -n\lambda + \sum_{i=1}^{n}\ln\frac{\lambda^{x_i}}{x_i!} = -n\lambda + \sum_{i=1}^{n}x_i\ln\lambda - \sum_{i=1}^{n}\ln x_i!,$$

对数似然函数关于 λ 求导数并令其为 0, 得对数似然方程

$$\frac{\mathrm{d}\ln L(\lambda)}{\mathrm{d}\lambda} = -n + \frac{1}{\lambda}\sum_{i=1}^{n}x_i = 0,$$

解对数似然方程, 可得 λ 的最大似然估计值为

$$\hat{\lambda} = \frac{1}{n}\sum_{i=1}^{n}x_i = \overline{x}.$$

所以, λ 的最大似然估计量为

$$\hat{\lambda} = \frac{1}{n}\sum_{i=1}^{n}X_i = \overline{X}.$$

这表明, 泊松分布的参数 λ 的最大似然估计量是样本均值.

例 12 设总体 X 服从参数为 $\frac{1}{\theta}$ 的指数分布, $X_1, X_2, \cdots, X_n$ 为简单随机样本. 求 θ 的最大似然估计量.

解 设样本观测值为 $x_1, x_2, \cdots, x_n$, 则似然函数为

$$L(\theta) = \frac{1}{\theta^n}\mathrm{e}^{-\frac{1}{\theta}\sum\limits_{i=1}^{n}x_i}.$$

对似然函数取对数, 可得对数似然函数

$$\ln L(\theta) = -n \ln \theta - \frac{1}{\theta} \sum_{i=1}^{n} x_i.$$

对数似然函数关于 θ 求导数并令其为 0, 得对数似然方程

$$\frac{\mathrm{d} \ln L(\theta)}{\mathrm{d} \theta} = -\frac{n}{\theta} + \frac{1}{\theta^2} \sum_{i=1}^{n} x_i = 0.$$

解对数似然方程, 可得 θ 的最大似然估计值为

$$\hat{\theta} = \frac{1}{n} \sum_{i=1}^{n} x_i = \overline{x},$$

故 θ 的最大似然估计量为

$$\hat{\theta} = \frac{1}{n} \sum_{i=1}^{n} X_i = \overline{X}.$$

虽然求导函数是求最大似然估计最常用的方法, 但并不是在所有场合求导都是有效的, 下面的例子说明了这个问题.

例 13 设总体 X 具有均匀分布, 密度函数为

$$f(x; \theta) = \begin{cases} \dfrac{1}{\theta}, & 0 < x \leqslant \theta, \\ 0, & \text{其他}, \end{cases}$$

其中 $0 < \theta < \infty$, 求未知参数 θ 的最大似然估计.

解 设样本为 $X_1, X_2, \cdots, X_n$, 样本观测值为 $x_1, x_2, \cdots, x_n$, 则似然函数为

$$L(\theta) = \prod_{i=1}^{n} f(x_i; \theta) = \frac{1}{\theta^n}, \quad 0 < x_i \leqslant \theta,$$

显然, 似然函数 $L(\theta)$ 关于 θ 是单调递减函数, 换言之, θ 越小, $L(\theta)$ 就越大. 由于最大观测值 $x_n^* = \max\limits_{1 \leqslant i \leqslant n} \{x_i\} \leqslant \theta$, 所以, 在 $0 < x_i \leqslant \theta$, $i = 1, 2, \cdots, n$ 中要使 $L(\theta)$ 达到最大, 就需 θ 达到最小, 但是 θ 不能小于 x_n^*, 于是, 参数 θ 的最大似然估计值为

$$\hat{\theta} = x_n^* = \max_{1 \leqslant i \leqslant n} \{x_i\}.$$

从而参数 θ 的最大似然估计量为

$$\hat{\theta} = X_n^* = \max_{1 \leqslant i \leqslant n} \{X_i\}.$$

由例 9 可以看出, μ 和 σ^2 的最大似然估计量与它们相应的矩估计量是相同的. 但一般情况下, 一个参数的最大似然估计量和矩估计量却未必相同. 比如, 例 13 中参数 θ 的矩估计量为 $\hat{\theta} = 2\overline{X}$, 其中 $\overline{X} = \dfrac{1}{n}\sum_{i=1}^{n} X_i$. 事实上, 易知

$$\mu_1 = E(X) = \int_{-\infty}^{+\infty} x f(x)\,\mathrm{d}x = \int_0^{\theta} \frac{x}{\theta}\,\mathrm{d}x = \frac{\theta}{2}.$$

令 $\mu_1 = A_1 = \overline{X}$, 即 $\dfrac{\theta}{2} = \overline{X}$, 解得参数 θ 的矩估计量为 $\hat{\theta} = 2\overline{X}$, 这与最大似然估计量是不同的.

需要注意的是: 求解未知参数的最大似然估计时, 必须知道总体的概率密度或者概率分布, 而且有时还不容易求出似然方程 (组) 或者对数似然方程 (组) 的解.

上面我们讨论了总体参数点估计的矩估计法和最大似然估计法, 两种方法的思想都是: 从样本出发构造一些统计量作为总体参数的估计量, 当样本取得一组观测值时, 就以相应的统计量的值作为总体参数的估计值. 用样本的一个统计量作为总体参数的估计量, 估计量的形式可能由于构造方法的不同而不同, 同时, 既然是估计值, 就不可能完全精确, 那么在同一个参数的许多可能的估计量中, 哪一个是最好的估计呢? 所谓 "好" 的标准又是什么呢? 这就需要确定评选估计量好坏的标准.

估计量的
评选标准

7.2   估计量的评选标准

下面我们介绍评选估计量好坏的三个最基本的标准: 无偏性、有效性和一致性. 它们都是从估计量与未知参数在某种意义下的接近程度来考虑的.

7.2.1   无偏性

待估参数 θ 是一个确定的数 (虽然我们不知道它的值), 但由于抽样是随机的, 估计量 $\hat{\theta}(X_1, X_2, \cdots, X_n)$ 是随机变量, 因而不能保证每次试验所得到的 θ 的估计值 $\hat{\theta}(x_1, x_2, \cdots, x_n)$ 恰好就是真正的 θ, 而是有的估计值可能大于 θ, 有的估计值可能小于 θ. 即一般情况下有一个偏差 $\hat{\theta}(x_1, x_2, \cdots, x_n) - \theta$(虽然我们不知道它是多少), 这个偏差可能是正的, 也可能是负的. 因此我们不能用一次试验结果来

判断估计量的好坏, 而是希望在多次试验中, 用估计量 $\hat{\theta}(X_1, X_2, \cdots, X_n)$ 来估计 θ 时偏差的平均值为零. 这就是所谓无偏性的概念, 严格定义如下.

定义 1 设 $\hat{\theta}$ 是未知参数 θ 的估计量, 若

$$E(\hat{\theta}) = \theta, \tag{7.2.1}$$

则称 $\hat{\theta}$ 为 θ 的**无偏估计量**. 记

$$E(\hat{\theta}) - \theta = b_n, \tag{7.2.2}$$

称 b_n 为估计量 $\hat{\theta}$ 的偏差. 若 $b_n \neq 0$, 则称 $\hat{\theta}$ 为 θ 的**有偏估计量**. 如果

$$\lim_{n \to \infty} b_n = 0, \tag{7.2.3}$$

则称 $\hat{\theta}$ 为 θ 的**渐近无偏估计量**.

在科学技术中, b_n 反映了 $\hat{\theta}$ 作为 θ 的估计的系统误差. 若 $b_n > 0$, 则会产生正偏差; 若 $b_n < 0$, 则会产生负偏差. 无偏估计 (此时 $b_n = 0$) 的实际意义就是没有系统误差.

例 1 样本均值 $\overline{X}$ 是总体均值 μ 的无偏估计量.

证明 事实上,

$$E\left(\frac{1}{n}\sum_{i=1}^{n} X_i\right) = \frac{1}{n}\sum_{i=1}^{n} E(X_i) = \mu.$$

例 1 表明, 样本均值 $\overline{X} = \dfrac{1}{n}\sum_{i=1}^{n} X_i$ 是总体均值 μ 的无偏估计. 这一结论可推广到更一般的情形.

例 2 设总体 X 的 $k\,(k \geqslant 1)$ 阶原点矩 $\mu_k = E\left(X^k\right)$ 存在, $X_1, X_2, \cdots, X_n$ 是来自总体 X 的一个样本, 证明不论总体 X 服从什么分布, 样本 k 阶原点矩 $A_k = \dfrac{1}{n}\sum_{i=1}^{n} X_i^k$ 是总体 k 阶原点矩 μ_k 的无偏估计量.

证明 由题设知, $X_1, X_2, \cdots, X_n$ 与总体 X 具有相同的分布, 因而,

$$E\left(X_i^k\right) = E\left(X^k\right) = \mu_k, \quad i = 1, 2, \cdots, n.$$

于是

$$E(A_k) = \frac{1}{n}\sum_{i=1}^{n} E\left(X_i^k\right) = \mu_k,$$

所以, 样本 k 阶原点矩 A_k 是总体 k 阶原点矩 μ_k 的无偏估计量.

例 3 样本方差 S^2 是总体方差 σ^2 的无偏估计量.

证明 事实上,

$$
\begin{aligned}
E\left(S^2\right) &= E\left[\frac{1}{n-1}\sum_{i=1}^{n}\left(X_i-\overline{X}\right)^2\right] \\
&= \frac{1}{n-1}E\left\{\sum_{i=1}^{n}\left[\left(X_i-\mu\right)-\left(\overline{X}-\mu\right)\right]^2\right\} \\
&= \frac{1}{n-1}E\left[\sum_{i=1}^{n}\left(X_i-\mu\right)^2-2\sum_{i=1}^{n}\left(X_i-\mu\right)\left(\overline{X}-\mu\right)+n\left(\overline{X}-\mu\right)^2\right] \\
&= \frac{1}{n-1}\left\{\sum_{i=1}^{n}E\left[\left(X_i-\mu\right)^2\right]-nE\left[\left(\overline{X}-\mu\right)^2\right]\right\} \\
&= \frac{1}{n-1}\left(n\sigma^2-n\cdot\frac{\sigma^2}{n}\right) \\
&= \sigma^2.
\end{aligned}
$$

但是, 若用样本二阶中心矩 $\tilde{S}^2$ 作为 σ^2 的估计量, 则有

$$
E\left(\tilde{S}^2\right)=E\left[\frac{1}{n}\sum_{i=1}^{n}\left(X_i-\overline{X}\right)^2\right]=E\left(\frac{n-1}{n}S^2\right)=\frac{n-1}{n}E\left(S^2\right)=\frac{n-1}{n}\sigma^2.
$$

所以 $\tilde{S}^2$ 是有偏的, 因此, 通常总是取 S^2 作为 σ^2 的估计量.

由下例可知, 对于同一参数可以有很多无偏估计量.

例 4 设 $X_1,X_2,\cdots,X_n$ 是来自数学期望为 μ 的总体的样本, 则可以证明

$$
X_i\left(i=1,2,\cdots,n\right),\quad \sum_{i=1}^{n}c_iX_i\text{都是 }\mu\text{ 的无偏估计量},
$$

其中 $\displaystyle\sum_{i=1}^{n}c_i=1,\,c_i\geqslant 0\,(i=1,2,\cdots,n).$

证明 事实上,

$$
E\left(X_i\right)=\mu\quad\left(i=1,2,\cdots,n\right),
$$

$$
E\left(\sum_{i=1}^{n}c_iX_i\right)=\sum_{i=1}^{n}E\left(c_iX_i\right)=\sum_{i=1}^{n}c_iE\left(X_i\right)=\sum_{i=1}^{n}c_i\mu=\mu\sum_{i=1}^{n}c_i=\mu.
$$

$\sum\limits_{i=1}^{n} c_i X_i$, 其中 $\sum\limits_{i=1}^{n} c_i = 1, c_i \geqslant 0 \, (i = 1, 2, \cdots, n)$, 称为参数 μ 的**线性无偏估计类**.

例 5 设总体 X 的密度函数为

$$f(x) = \begin{cases} \dfrac{6x}{\theta^3}(\theta - x), & 0 < x < \theta, \\ 0, & \text{其他,} \end{cases}$$

其中 $\theta > 0$ 是未知参数, $X_1, X_2, \cdots, X_n$ 是从该总体中抽取的一个样本. 求未知参数 θ 的矩估计 $\hat{\theta}$ 并判断它是否 θ 的无偏估计.

解 因为 $E(X) = \displaystyle\int_{-\infty}^{+\infty} x f(x)\,\mathrm{d}x = \int_0^\theta \dfrac{6}{\theta^3} x^2(\theta - x)\mathrm{d}x = \dfrac{\theta}{2}$. 所以, 有 $\theta = 2E(X)$. 将 $E(X)$ 替换成样本均值 $\overline{X}$, 得 θ 的矩估计量为

$$\hat{\theta} = 2\overline{X}.$$

由于

$$E(\hat{\theta}) = E(2\overline{X}) = 2E(\overline{X}) = \theta,$$

故矩估计量 $\hat{\theta} = 2\overline{X}$ 是 θ 的无偏估计.

例 6 已知总体 X 服从参数为 θ 的泊松分布, 其分布列为

$$P\{X = k\} = \dfrac{1}{k!}\theta^k \mathrm{e}^{-\theta}, \quad k = 0, 1, 2, \cdots, \quad \theta > 0.$$

$X_1, X_2, \cdots, X_n$ 为取自总体 X 的样本. 求 θ 的无偏估计量.

解 因为 $E(X) = D(X) = \theta$, 而样本均值 $\overline{X}$ 和样本二阶中心矩 $\tilde{S}^2 = \dfrac{1}{n}\sum\limits_{i=1}^{n}(X_i - \overline{X})^2$ 分别是 $E(X)$ 和 $D(X)$ 的点估计, 故 $\overline{X}$ 和 $\tilde{S}^2 = \dfrac{1}{n}\sum\limits_{i=1}^{n}(X_i - \overline{X})^2$ 都可作为 θ 的估计量.

由于 $E(\overline{X}) = E(X) = \theta$, 而

$$E(\tilde{S}^2) = \dfrac{n-1}{n}E(S^2) = \dfrac{n-1}{n}\sigma^2,$$

故 $\overline{X}$ 是 θ 的无偏估计, $\tilde{S}^2 = \dfrac{1}{n}\sum\limits_{i=1}^{n}(X_i - \overline{X})^2$ 不是 θ 的无偏估计.

需要注意的是: 对于实值函数 $g(\theta)$, 即使 $\hat{\theta}$ 为 θ 的无偏估计量, $g(\hat{\theta})$ 也不一定是 $g(\theta)$ 的无偏估计量. 比如, 在总体方差 $D(X) = \sigma^2 \neq 0$ 的情况下, 虽然样本

均值 $\overline{X}$ 是总体均值 μ 的无偏估计量, 即 $E\left(\overline{X}\right) = \mu$, 但是, $\overline{X}^2$ 却不是 μ^2 的无偏估计量. 事实上,

$$E\left(\overline{X}^2\right) = D\left(\overline{X}\right) + \left[E\left(\overline{X}\right)\right]^2 = \frac{\sigma^2}{n} + \mu^2 \neq \mu^2.$$

7.2.2 有效性

无偏估计量保证了它的可能值围绕着未知参数 θ 散布, 但是, 一个未知参数的无偏估计量有时不止一个, 它们散布的区域有的大些, 有的小些. 对不同的无偏估计量, 例如, 对于参数 θ 的两个无偏估计量 $\hat{\theta}_1$, $\hat{\theta}_2$, 如何比较它们的好坏? 如果 $\hat{\theta}_1$ 较 $\hat{\theta}_2$ 更密集在 θ 附近, 我们很自然地认为 $\hat{\theta}_1$ 较 $\hat{\theta}_2$ 更好. 估计量 $\hat{\theta}$ 密集在 θ 附近的程度通常用平均平方误差 $E\left[\left(\hat{\theta} - \theta\right)^2\right]$ 来衡量. 因 $\hat{\theta}$ 是 θ 的无偏估计量, 故

$$E\left[\left(\hat{\theta} - \theta\right)^2\right] = E\left\{\left[\hat{\theta} - E(\hat{\theta})\right]^2\right\} = D(\hat{\theta}).$$

所以, 无偏估计以方差小者为好.

定义 2 设 $\hat{\theta}$ 及 $\hat{\theta}'$ 都是 θ 的无偏估计量, 若

$$D(\hat{\theta}) < D(\hat{\theta}'),$$

则称 $\hat{\theta}$ 较 $\hat{\theta}'$ 有效; 若对固定的 n, $D(\hat{\theta})$ 的值达到最小, 则称 $\hat{\theta}$ 为 θ 的有效估计量.

例 7 设 $X_1, X_2, \cdots, X_n$ 是来自数学期望为 μ, 方差为 σ^2 的总体的样本, 由例 1 和例 4 知

$$\hat{\mu} = \sum_{i=1}^{n} c_i X_i, \quad \hat{\mu}' = \frac{1}{n} \sum_{i=1}^{n} X_i$$

都是 μ 的无偏估计量. 而

$$D\left(\hat{\mu}'\right) = D\left(\frac{1}{n} \sum_{i=1}^{n} X_i\right) = \frac{1}{n^2} \sum_{i=1}^{n} D\left(X_i\right) = \frac{1}{n^2} \cdot n\sigma^2 = \frac{1}{n}\sigma^2.$$

利用柯西–施瓦茨 (Cauchy-Schwarz) 不等式

$$\left(\sum_{i=1}^{n} c_i\right)^2 \leqslant \left(\sum_{i=1}^{n} 1\right)\left(\sum_{i=1}^{n} c_i^2\right) = n \sum_{i=1}^{n} c_i^2,$$

可以得到

$$D\left(\hat{\mu}'\right) = \frac{\sigma^2}{n} = \frac{\sigma^2}{n}\left(\sum_{i=1}^{n} c_i\right)^2 < \sigma^2 \sum_{i=1}^{n} c_i^2 = D\left(\sum_{i=1}^{n} c_i X_i\right) = D\left(\hat{\mu}\right),$$

$$\left(\sum_{i=1}^{n} c_i = 1, \text{ 且 } c_i \geqslant 0 \, (i = 1, 2, \cdots, n) \text{ 不全相等}\right), \text{ 即 } \hat{\mu}' = \frac{1}{n}\sum_{i=1}^{n} X_i = \overline{X} \text{ 较一}$$

切 $\hat{\mu} = \displaystyle\sum_{i=1}^{n} c_i X_i$ 有效. 因此, 我们总是用 $\overline{X}$ 作为总体均值 μ 的估计量.

7.2.3 一致性

无偏性和有效性都是在样本容量 n 确定的情况下讨论的. 一个估计量即便是无偏且方差较小, 有时在应用上或理论上还不够, 还希望当样本容量 n 趋于无穷时, 估计量 $\hat{\theta}$ 与 θ 任意接近的可能性越来越大, 由此又有所谓一致性 (或相合性) 定义.

定义 3 设 $\hat{\theta}_n = \hat{\theta}_n(X_1, X_2, \cdots, X_n)$ 是总体 X 未知参数 θ 的估计量序列, 若对任意 $\varepsilon > 0$, 有

$$\lim_{n \to \infty} P\left\{\left|\hat{\theta}_n - \theta\right| > \varepsilon\right\} = 0,$$

则称 $\hat{\theta}_n$ 为 θ 的**一致估计量** (或**相合估计量**).

定义 3 又可叙述为: 若 $\hat{\theta}_n$ 依概率收敛于 θ, 则称 $\hat{\theta}_n$ 是 θ 的一致估计量.

例 8 若 $E(X)$ 存在, 则样本均值 $\overline{X} = \dfrac{1}{n}\displaystyle\sum_{i=1}^{n} X_i$ 是 $E(X)$ 的一致估计量.

证明 事实上, 根据大数定律, 当 $n \to \infty$ 时有

$$\lim_{n \to \infty} P\left\{\left|\frac{1}{n}\sum_{i=1}^{n} X_i - E(X)\right| > \varepsilon\right\} = 0.$$

这就证明了 $\overline{X} = \dfrac{1}{n}\displaystyle\sum_{i=1}^{n} X_i$ 是 $E(X)$ 的一致估计量.

同样可以证明, 当总体 X 的 l 阶矩 $E(X^k)$ 存在时, 样本的 l 阶矩 $A_l = \dfrac{1}{n}\displaystyle\sum_{i=1}^{n} X_i^l$ 是总体 l 阶矩 $E(X^k)$ 的一致估计量.

可以证明样本方差序列 S_n^2 和 $\tilde{S}_n^2$ 都是总体方差 $D(X)$ 的一致估计量.

一致性或相合性的概念适用于大样本情形 (即样本容量较大的情形). 估计量的一致性说明: 对于大样本, 由一次抽样得到的估计量 $\hat{\theta}$ 的值可以作为未知参数

θ 的近似值. 如果估计量 $\hat{\theta}$ 不是 θ 的一致估计量, 那么, 不论样本容量取多大, $\hat{\theta}$ 都不能足够准确地估计 θ, 这样的估计量往往是不可取的. 一致性是对估计量的基本要求, 不满足一致性要求的估计一般不予考虑. 证明估计的一致性可应用大数定律或直接由定义来证.

区间估计

7.3 区 间 估 计

前面我们介绍了总体未知参数的点估计方法, 这一估计方法用一个统计量 $\hat{\theta}(X_1, X_2, \cdots, X_n)$ 来作为未知参数 θ 的估计. 一旦获得了样本的观测值 $x_1, x_2, \cdots, x_n$, 估计值 $\hat{\theta}(x_1, x_2, \cdots, x_n)$ 能给人们一个明确的数量概念, 因而在实际中常使用点估计对客观事物作出某种推断. 但这种推断的精度如何, 可靠性多大, 点估计并没有提供任何信息, 这也是点估计的不足之处. 在实际中有时还需要估计未知参数在什么范围内, 并希望知道这个范围包含参数真值的可靠程度. 将这样的范围用区间的形式给出, 该区间包含参数真值的可靠程度用概率语言来描述, 这样形式的估计称为**区间估计** (interval estimation).

定义 设总体 X 含有未知参数 θ, $\theta_1 = \theta_1(X_1, X_2, \cdots, X_n)$ 和 $\theta_2 = \theta_2(X_1, X_2, \cdots, X_n)$ 是由样本 $X_1, X_2, \cdots, X_n$ 确定的两个统计量, 且恒有 $\theta_1 < \theta_2$. 若

$$P\{\theta_1(X_1, X_2, \cdots, X_n) < \theta < \theta_2(X_1, X_2, \cdots, X_n)\} = 1 - \alpha, \qquad (7.3.1)$$

即随机区间 (θ_1, θ_2) 包含 θ 的概率为 $1 - \alpha$ ($0 < \alpha < 1$ 是预先给定的数), 则称 (θ_1, θ_2) 是 θ 的**置信度** (confidence coefficient)(或置信水平) 为 $1 - \alpha$ 的置信区间 (confidence interval), 有时直接称 (θ_1, θ_2) 是 θ 的 $1 - \alpha$ 置信区间, 称 θ_1 为**置信下限**, θ_2 为**置信上限**.

置信区间不同于一般的区间, 它的两个端点 θ_1 和 θ_2 是不依赖于未知参数 θ 的随机变量, 因此置信区间 (θ_1, θ_2) 是随机区间. 不同的样本值得到不同的区间, 这些区间中, 有的包含参数 θ 的真值, 有的不包含 θ 的真值, 置信水平 $1 - \alpha$ 在区间估计中的作用是说明随机区间 (θ_1, θ_2) 包含 θ 的可靠程度. 由式 (7.3.1) 可知, 区间 (θ_1, θ_2) 包含 θ 的概率为 $1 - \alpha$, 而它不包含 θ 的概率为 α. $1 - \alpha$ 越大, (θ_1, θ_2) 作为置信区间就越可靠. 对于样本的一组观测值 $x_1, x_2, \cdots, x_n$, 置信上、下限 $\theta_2(x_1, x_2, \cdots, x_n)$ 和 $\theta_1(x_1, x_2, \cdots, x_n)$ 都是确定的值. 区间 (θ_1, θ_2) 是确定的区间, 区间 (θ_1, θ_2) 或者包含 θ 的真值, 或者不包含 θ 的真值, 其结论也是确定的. 若反复抽样多次 (每次的样本容量都相等), 每次得到的样本观测值确定一个区间 (θ_1, θ_2), 在这些确定的区间中包含 θ 真值的约占 $100(1 - \alpha)\%$, 不包含 θ 真值的约占 $100\alpha\%$.

区间 (θ_1, θ_2) 的长度 $\theta_2 - \theta_1$ 反映了区间估计的精确度, 长度越短区间估计的

精度就越高. α 越小, 随机区间 (θ_1, θ_2) 包含 θ 真值的概率 $1 - \alpha$ 越大, 即估计越可靠, 但一般说来, 此时区间 (θ_1, θ_2) 的长度将会越长, 估计越不精确, 使置信区间的应用价值下降. 反之, 要提高估计的精度, 就要求区间的长度缩短, 区间的长度越短, 置信度 $1 - \alpha$ 越小, (θ_1, θ_2) 作为 θ 的估计就越不可靠. 所以, 区间估计的一般提法是: 在给定的较大的置信度 $1 - \alpha$ 下, 确定未知参数 θ 的置信区间 (θ_1, θ_2), 并尽量选其中长度最小者作为 θ 的置信区间.

寻找未知参数 θ 的置信区间的一般步骤是:

(1) 根据已知条件构造随机变量 $g(X_1, X_2, \cdots, X_n; \theta)$, 该随机变量满足以下两个条件: 一是 $g(X_1, X_2, \cdots, X_n; \theta)$ 只含有未知参数 θ, 而不含其他未知参数; 二是 $g(X_1, X_2, \cdots, X_n; \theta)$ 的分布是已知的, 且分布中不含任何未知参数 (也不含 θ).

(2) 对给定的置信度 $1 - \alpha$, 查随机变量 $g(X_1, X_2, \cdots, X_n; \theta)$ 的分布表求出常数 λ_1 和 λ_2, 使满足

$$P\{\lambda_1 < g(X_1, X_2, \cdots, X_n; \theta) < \lambda_2\} = 1 - \alpha. \tag{7.3.2}$$

(3) 由不等式

$$\lambda_1 < g(X_1, X_2, \cdots, X_n; \theta) < \lambda_2$$

等价推出不等式

$$\theta_1(X_1, X_2, \cdots, X_n) < \theta < \theta_2(X_1, X_2, \cdots, X_n), \tag{7.3.3}$$

则有式 (7.3.1)

$$P\{\theta_1(X_1, X_2, \cdots, X_n) < \theta < \theta_2(X_1, X_2, \cdots, X_n)\} = 1 - \alpha,$$

便得到 θ 的置信度为 $1 - \alpha$ 的置信区间

$$(\theta_1(X_1, X_2, \cdots, X_n), \theta_2(X_1, X_2, \cdots, X_n)). \tag{7.3.4}$$

在求置信区间的步骤中, 关键是要选择适当的随机变量 $g = g(X_1, X_2, \cdots, X_n; \theta)$, 并且确定它的分布. 通常可以从 θ 的点估计来构造样本函数 g. 注意: 选取的 g 只能含有未知参数 θ, 而不能含有其他未知参数; g 的分布还需是可求的, 并且它的分布不依赖于任何未知参数 (当然也不依赖于待估参数 θ). 要做到这一点, 在许多实际问题中是比较困难的, 但是, 对于正态总体来说, 还是比较容易解决的.

正态总体均值
的置信区间

7.4　正态总体均值的置信区间

　　正态总体是最常见的分布. 设 $X_1, X_2, \cdots, X_n$ 为来自正态总体 $X \sim N\left(\mu, \sigma^2\right)$ 的一个样本. 本节我们讨论正态总体均值 μ 的置信区间.

7.4.1　σ^2 已知时 μ 的置信区间

　　构造随机变量

$$u = \frac{\overline{X} - \mu}{\sigma/\sqrt{n}}, \tag{7.4.1}$$

其中 $\overline{X} = \dfrac{1}{n}\displaystyle\sum_{i=1}^{n} X_i$ 为样本均值. 由式 (6.4.4) 和式 (4.2.7) 知 $u \sim N(0,1)$.

　　给定 $\alpha\,(0 < \alpha < 1)$, 查标准正态分布表求出正数 $u_{\frac{\alpha}{2}}$, 使

$$P\left\{-u_{\frac{\alpha}{2}} < u < u_{\frac{\alpha}{2}}\right\} = 1 - \alpha, \tag{7.4.2}$$

即

$$P\left\{-u_{\frac{\alpha}{2}} < \frac{\overline{X} - \mu}{\sigma/\sqrt{n}} < u_{\frac{\alpha}{2}}\right\} = 1 - \alpha.$$

如图 7-1 所示.

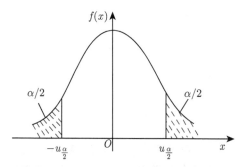

图 7-1　标准正态分布的密度函数曲线

　　由不等式

$$-u_{\frac{\alpha}{2}} < \frac{\overline{X} - \mu}{\sigma/\sqrt{n}} < u_{\frac{\alpha}{2}}, \tag{7.4.3}$$

解得

$$\overline{X} - \frac{\sigma}{\sqrt{n}}u_{\frac{\alpha}{2}} < \mu < \overline{X} + \frac{\sigma}{\sqrt{n}}u_{\frac{\alpha}{2}}.$$

故 μ 的 $1 - \alpha$ 置信区间为

$$\left(\overline{X} - \frac{\sigma}{\sqrt{n}}u_{\frac{\alpha}{2}}, \overline{X} + \frac{\sigma}{\sqrt{n}}u_{\frac{\alpha}{2}}\right). \tag{7.4.4}$$

　　也可以将 (7.4.4) 简记为 $\overline{X} \pm \dfrac{\sigma}{\sqrt{n}}u_{\frac{\alpha}{2}}$, 其中 $\overline{X} - \dfrac{\sigma}{\sqrt{n}}u_{\frac{\alpha}{2}}$ 为置信下限, $\overline{X} + \dfrac{\sigma}{\sqrt{n}}u_{\frac{\alpha}{2}}$ 为置信上限.

例 1 用天平称某物体的重量 9 次, 得平均值为 $\overline{x} = 15.4$ (克), 已知天平称量结果为正态分布, 其标准差为 0.1 克. 试求该物体重量 μ 的 0.95 置信区间.

解 此处 $1 - \alpha = 0.95$, $\alpha = 0.05$, 查表知 $u_{0.025} = 1.96$, 又知 $n = 9, \overline{x} = 15.4$, $\sigma = 0.1$, 于是

$$\overline{x} \pm \frac{\sigma}{\sqrt{n}} u_{\frac{\alpha}{2}} = 15.4 \pm \frac{0.1}{\sqrt{9}} \times 1.96 = 15.4 \pm 0.0653, \tag{7.4.5}$$

从而该物体重量的 0.95 置信区间为 (15.3347, 15.4653).

式 (7.4.5) 的含义是, 物体重量的均值 μ 在 15.3347 克至 15.4653 克之间的机会约为 95%, 或说区间 (15.3347, 15.4653) 包含 μ 的可靠程度为 95%.

例 2 设总体为正态分布 $N(\mu, 1)$, 为得到 μ 的置信水平为 0.95 的置信区间长度不超过 1.2, 样本容量应为多大?

解 由题设条件知 μ 的 0.95 置信区间为

$$\left(\overline{x} - \frac{1}{\sqrt{n}} u_{\frac{\alpha}{2}}, \quad \overline{x} + \frac{1}{\sqrt{n}} u_{\frac{\alpha}{2}} \right),$$

其区间长度为 $\dfrac{2}{\sqrt{n}} u_{\frac{\alpha}{2}}$, 它仅依赖于样本容量 n 而与样本具体取值无关. 现要求 $\dfrac{2}{\sqrt{n}} u_{\frac{\alpha}{2}} \leqslant 1.2$, 则有

$$n \geqslant \frac{2^2 u_{\frac{\alpha}{2}}^2}{1.2^2}.$$

现 $1 - \alpha = 0.95$, 故 $u_{0.025} = 1.96$, 从而 $n \geqslant 10.67 \approx 11$, 即样本容量至少为 11 时才能使得 μ 的置信水平为 0.95 的置信区间长度不超过 1.2.

7.4.2 σ^2 未知时 μ 的置信区间

构造随机变量

$$t = \frac{\overline{X} - \mu}{S/\sqrt{n}},$$

其中 $\overline{X} = \dfrac{1}{n} \sum\limits_{i=1}^{n} X_i, S = \sqrt{\dfrac{1}{n-1} \sum\limits_{i=1}^{n} \left(X_i - \overline{X} \right)^2}$, 由式 (6.4.10) 知 $t \sim t(n-1)$.

给定 α, 查 t 分布表 (附表 3) 求出正数 $t_{\frac{\alpha}{2}}(n-1)$, 使

$$P \left\{ -t_{\frac{\alpha}{2}}(n-1) < t < t_{\frac{\alpha}{2}}(n-1) \right\} = 1 - \alpha,$$

即

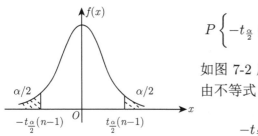

$$P\left\{-t_{\frac{\alpha}{2}}(n-1)<\frac{\overline{X}-\mu}{S/\sqrt{n}}<t_{\frac{\alpha}{2}}(n-1)\right\}=1-\alpha,$$

如图 7-2 所示.

由不等式

$$-t_{\frac{\alpha}{2}}(n-1)<\frac{\overline{X}-\mu}{S/\sqrt{n}}<t_{\frac{\alpha}{2}}(n-1),$$

图 7-2　t 分布的密度函数曲线

解得

$$\overline{X}-\frac{S}{\sqrt{n}}t_{\frac{\alpha}{2}}(n-1)<\mu<\overline{X}+\frac{S}{\sqrt{n}}t_{\frac{\alpha}{2}}(n-1),$$

$$P\left\{\overline{X}-\frac{S}{\sqrt{n}}t_{\frac{\alpha}{2}}(n-1)<\mu<\overline{X}+\frac{S}{\sqrt{n}}t_{\frac{\alpha}{2}}(n-1)\right\}=1-\alpha.$$

所以, μ 的 $1-\alpha$ 置信区间为

$$\left(\overline{X}-\frac{S}{\sqrt{n}}t_{\frac{\alpha}{2}}(n-1),\overline{X}+\frac{S}{\sqrt{n}}t_{\frac{\alpha}{2}}(n-1)\right). \tag{7.4.6}$$

简记为 $\overline{X}\pm\frac{S}{\sqrt{n}}t_{\frac{\alpha}{2}}(n-1)$, 其中 $\overline{X}-\frac{S}{\sqrt{n}}t_{\frac{\alpha}{2}}(n-1)$ 为置信下限, $\overline{X}+\frac{S}{\sqrt{n}}t_{\frac{\alpha}{2}}(n-1)$ 为置信上限.

例 3　假设轮胎的寿命服从正态分布. 为估计某种轮胎的平均寿命, 现随机地抽 12 个轮胎试用, 测得它们的寿命 (单位: 万公里) 如下:

$$4.68,\ 4.85,\ 4.32,\ 4.85,\ 4.61,\ 5.02,$$

$$5.20,\ 4.60,\ 4.58,\ 4.72,\ 4.38,\ 4.70.$$

试就上述试验数据对该种轮胎的平均使用寿命进行估计 (取 $\alpha=0.05$).

解　此处正态总体的标准差未知, 可使用 t 分布求均值的置信区间, 经计算有 $\overline{x}=4.7092$, $s=\sqrt{s^2}=\sqrt{0.0615}\approx0.2480$. 此处 $\alpha=0.05$, 查表知, $t_{0.025}(11)=2.201$, 于是

$$\overline{x}\pm\frac{s}{\sqrt{n}}t_{\frac{\alpha}{2}}(n-1)=4.7092\pm\frac{0.2480}{\sqrt{12}}\times2.201\approx4.7092\pm0.1576.$$

因此平均寿命的 0.95 置信区间为 (单位: 万公里)

$$(4.5516,\ 4.8668).$$

7.5　正态总体方差的置信区间

7.5.1　μ 已知时 σ^2 的置信区间

考虑随机变量

$$\chi^2 = \frac{1}{\sigma^2} \sum_{i=1}^{n} (X_i - \mu)^2,$$

由式 (6.4.5) 知 $\chi^2 \sim \chi^2(n)$.

对给定的 α 和 n, 由 χ^2 分布表 (附表 4) 可查得 $\chi^2_{\frac{\alpha}{2}}(n)$ 及 $\chi^2_{1-\frac{\alpha}{2}}(n)$, 使

$$P\left\{\chi^2_{1-\frac{\alpha}{2}}(n) < \frac{1}{\sigma^2} \sum_{i=1}^{n} (X_i - \mu)^2 < \chi^2_{\frac{\alpha}{2}}(n)\right\} = 1-\alpha,$$

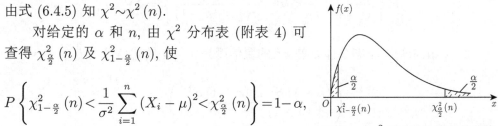

图 7-3　χ^2 分布的密度函数曲线

参看图 7-3, 即

$$P\left\{\frac{\sum\limits_{i=1}^{n}(X_i-\mu)^2}{\chi^2_{\frac{\alpha}{2}}(n)} < \sigma^2 < \frac{\sum\limits_{i=1}^{n}(X_i-\mu)^2}{\chi^2_{1-\frac{\alpha}{2}}(n)}\right\} = 1-\alpha.$$

所以, μ 已知时, 方差 σ^2 的 $1-\alpha$ 置信区间为

$$\left(\frac{\sum\limits_{i=1}^{n}(X_i-\mu)^2}{\chi^2_{\frac{\alpha}{2}}(n)}, \ \frac{\sum\limits_{i=1}^{n}(X_i-\mu)^2}{\chi^2_{1-\frac{\alpha}{2}}(n)}\right). \tag{7.5.1}$$

7.5.2　μ 未知时 σ^2 的置信区间

构造随机变量

$$\chi^2 = \frac{(n-1)S^2}{\sigma^2},$$

其中 $\overline{X} = \frac{1}{n}\sum_{i=1}^{n}X_i$, $S^2 = \frac{1}{n-1}\sum_{i=1}^{n}\left(X_i - \overline{X}\right)^2$. 由式 (6.4.6) 知

$$\chi^2 \sim \chi^2(n-1).$$

对给定的 α 和 n, 查 χ^2 分布表 (附表 4) 可求得 $\chi^2_{\frac{\alpha}{2}}(n-1)$ 和 $\chi^2_{1-\frac{\alpha}{2}}(n-1)$, 使

$$P\left\{\chi^2_{1-\frac{\alpha}{2}}(n-1) < \frac{(n-1)S^2}{\sigma^2} < \chi^2_{\frac{\alpha}{2}}(n-1)\right\} = 1-\alpha,$$

见图 7-3 (把该图中的 n 视为 $n-1$), 即

$$P\left\{\frac{(n-1)S^2}{\chi^2_{\frac{\alpha}{2}}(n-1)} < \sigma^2 < \frac{(n-1)S^2}{\chi^2_{1-\frac{\alpha}{2}}(n-1)}\right\} = 1-\alpha.$$

所以, μ 未知时正态总体方差 σ^2 的置信度为 $1-\alpha$ 的置信区间为

$$\left(\frac{(n-1)S^2}{\chi^2_{\frac{\alpha}{2}}(n-1)}, \frac{(n-1)S^2}{\chi^2_{1-\frac{\alpha}{2}}(n-1)}\right). \tag{7.5.2}$$

因 $(n-1)S^2 = \sum_{i=1}^{n}\left(X_i - \overline{X}\right)^2$, 故式 (7.5.2) 可写作

$$\left(\frac{\sum_{i=1}^{n}\left(X_i-\overline{X}\right)^2}{\chi^2_{\frac{\alpha}{2}}(n-1)}, \frac{\sum_{i=1}^{n}\left(X_i-\overline{X}\right)^2}{\chi^2_{1-\frac{\alpha}{2}}(n-1)}\right). \tag{7.5.3}$$

由此还可以得到标准差 σ 的置信度为 $1-\alpha$ 的置信区间为

$$\left(\sqrt{\frac{\sum_{i=1}^{n}\left(X_i-\overline{X}\right)^2}{\chi^2_{\frac{\alpha}{2}}(n-1)}}, \sqrt{\frac{\sum_{i=1}^{n}\left(X_i-\overline{X}\right)^2}{\chi^2_{1-\frac{\alpha}{2}}(n-1)}}\right). \tag{7.5.4}$$

例 1　从自动机床加工的同类零件中抽取 16 件, 测得长度为 (单位: mm)

12.15, 12.12, 12.01, 12.28, 12.08, 12.16, 12.03, 12.01,

12.06, 12.13, 12.07, 12.11, 12.08, 12.01, 12.03, 12.06.

求方差 σ^2 的 95% 置信区间.

解 可以认为零件长度 X 服从正态分布. 对给定的 $\alpha = 0.05$, 查 χ^2 分布表 (附表 4)$(n = 16,\, n - 1 = 15)$ 求得

$$\chi^2_{\frac{\alpha}{2}}(n - 1) = \chi^2_{0.025}(15) = 27.49,$$

$$\chi^2_{1 - \frac{\alpha}{2}}(n - 1) = \chi^2_{0.975}(15) = 6.27.$$

而

$$\overline{x} = \frac{1}{16} \sum_{i=1}^{16} x_i = 12.0869, \quad \sum_{i=1}^{16} (x_i - \overline{x})^2 = 0.0761,$$

代入 (7.5.3) 便求得 σ^2 的 95% 置信区间为

$$(0.0028, 0.0121).$$

7.6 两个正态总体均值差的置信区间

设 $X_1, X_2, \cdots, X_{n_1}$ 和 $Y_1, Y_2, \cdots, Y_{n_2}$ 是分别来自正态总体 $X \sim N\left(\mu_1, \sigma_1^2\right)$ 和 $Y \sim N\left(\mu_2, \sigma_2^2\right)$ 的两个相互独立的样本. 记

$$\overline{X} = \frac{1}{n_1} \sum_{i=1}^{n_1} X_i, \quad S_1^2 = \frac{1}{n_1 - 1} \sum_{i=1}^{n_1} \left(X_i - \overline{X}\right)^2;$$

$$\overline{Y} = \frac{1}{n_2} \sum_{i=1}^{n_2} Y_i, \quad S_2^2 = \frac{1}{n_2 - 1} \sum_{i=1}^{n_2} \left(Y_i - \overline{Y}\right)^2.$$

7.6.1 σ_1^2 和 σ_2^2 均已知时 $\mu_1 - \mu_2$ 的置信区间

因 $\overline{X}$, $\overline{Y}$ 分别为 μ_1, μ_2 的无偏估计, 故 $\overline{X} - \overline{Y}$ 是 $\mu_1 - \mu_2$ 的无偏估计. 由 $X_1, X_2, \cdots, X_{n_1}$ 和 $Y_1, Y_2, \cdots, Y_{n_2}$ 相互独立, 因此 $\overline{X}$ 和 $\overline{Y}$ 相互独立, 并且

$$\overline{X} \sim N\left(\mu_1, \frac{\sigma_1^2}{n_1}\right), \quad \overline{Y} \sim N\left(\mu_2, \frac{\sigma_2^2}{n_2}\right).$$

从而有

$$\overline{X} - \overline{Y} \sim N\left(\mu_1 - \mu_2, \frac{\sigma_1^2}{n_1} + \frac{\sigma_2^2}{n_2}\right),$$

所以

$$\frac{\left(\overline{X} - \overline{Y}\right) - (\mu_1 - \mu_2)}{\sqrt{\dfrac{\sigma_1^2}{n_1} + \dfrac{\sigma_2^2}{n_2}}} \sim N(0, 1).$$

对于给定的置信度 $1 - \alpha$, 查附表 1 可得 $u_{\frac{\alpha}{2}}$, 使得

$$P\left\{-u_{\frac{\alpha}{2}} < \frac{(\overline{X} - \overline{Y}) - (\mu_1 - \mu_2)}{\sqrt{\frac{\sigma_1^2}{n_1} + \frac{\sigma_2^2}{n_2}}} < u_{\frac{\alpha}{2}}\right\} = 1 - \alpha,$$

即

$$P\left\{\overline{X} - \overline{Y} - u_{\frac{\alpha}{2}}\sqrt{\frac{\sigma_1^2}{n_1} + \frac{\sigma_2^2}{n_2}} < \mu_1 - \mu_2 < \overline{X} - \overline{Y} + u_{\frac{\alpha}{2}}\sqrt{\frac{\sigma_1^2}{n_1} + \frac{\sigma_2^2}{n_2}}\right\} = 1 - \alpha,$$

由此得 $\mu_1 - \mu_2$ 的置信度为 $1 - \alpha$ 的置信区间为

$$\left(\overline{X} - \overline{Y} - u_{\frac{\alpha}{2}}\sqrt{\frac{\sigma_1^2}{n_1} + \frac{\sigma_2^2}{n_2}}, \quad \overline{X} - \overline{Y} + u_{\frac{\alpha}{2}}\sqrt{\frac{\sigma_1^2}{n_1} + \frac{\sigma_2^2}{n_2}}\right).$$

简记为 $\overline{X} - \overline{Y} \pm u_{\frac{\alpha}{2}}\sqrt{\frac{\sigma_1^2}{n_1} + \frac{\sigma_2^2}{n_2}}$, 其中 $\overline{X} - \overline{Y} - u_{\frac{\alpha}{2}}\sqrt{\frac{\sigma_1^2}{n_1} + \frac{\sigma_2^2}{n_2}}$ 为置信下限, $\overline{X} - \overline{Y} + u_{\frac{\alpha}{2}}\sqrt{\frac{\sigma_1^2}{n_1} + \frac{\sigma_2^2}{n_2}}$ 为置信上限. 如果 $\mu_1 - \mu_2$ 的置信区间的下限大于 0, 则以置信度 $1 - \alpha$ 认为 $\mu_1 > \mu_2$; 如果 $\mu_1 - \mu_2$ 的置信区间的上限小于 0, 则以置信度 $1 - \alpha$ 认为 $\mu_1 < \mu_2$.

例 1 设总体 $X \sim N(\mu_1, 4)$, 总体 $Y \sim N(\mu_2, 6)$, 分别独立地从这两个总体中抽取样本, 样本容量依次为 16 和 24, 样本均值依次为 16.9 和 15.3, 求这两个总体均值差 $\mu_1 - \mu_2$ 的置信度为 0.95 的置信区间.

解 由题设可知 $n_1 = 16$, $n_2 = 24$, $\overline{x} = 16.9$, $\overline{y} = 15.3$, $\sigma_1^2 = 4$, $\sigma_2^2 = 6$, $1 - \alpha = 0.95$, $\alpha = 0.05$, 查附表 1 得 $u_{\frac{\alpha}{2}} = u_{0.025} = 1.96$. 从而可得 $\mu_1 - \mu_2$ 的置信度为 0.95 的置信区间为

$$\begin{aligned}
&\overline{x} - \overline{y} \pm u_{\frac{\alpha}{2}}\sqrt{\frac{\sigma_1^2}{n_1} + \frac{\sigma_2^2}{n_2}}\\
&= 16.9 - 15.3 \pm 1.96 \times \sqrt{\frac{4}{16} + \frac{6}{24}}\\
&= 1.6 \pm 1.386,
\end{aligned}$$

即

$$(0.214,\ 2.986).$$

由于 $0.214 > 0$, 因此以置信度 0.95 认为 $\mu_1 > \mu_2$.

7.6.2 $\sigma_1^2 = \sigma_2^2 = \sigma^2$ 未知时 $\mu_1 - \mu_2$ 的置信区间

由第 6 章定理 3 可知

$$t = \frac{(\overline{X} - \overline{Y}) - (\mu_1 - \mu_2)}{S_w\sqrt{\dfrac{1}{n_1} + \dfrac{1}{n_2}}} \sim t\,(n_1 + n_2 - 2),$$

其中

$$S_w = \sqrt{\frac{(n_1 - 1)\,S_1^2 + (n_2 - 1)\,S_2^2}{n_1 + n_2 - 2}}.$$

对于给定的置信度 $1 - \alpha$, 查附表 3 可得 $t_{\frac{\alpha}{2}}\,(n_1 + n_2 - 2)$, 使得

$$P\left\{-t_{\frac{\alpha}{2}}\,(n_1 + n_2 - 2) < \frac{(\overline{X} - \overline{Y}) - (\mu_1 - \mu_2)}{S_w\sqrt{\dfrac{1}{n_1} + \dfrac{1}{n_2}}} < t_{\frac{\alpha}{2}}\,(n_1 + n_2 - 2)\right\} = 1 - \alpha,$$

即

$$P\left\{\overline{X} - \overline{Y} - t_{\frac{\alpha}{2}}\,(n_1 + n_2 - 2)\,S_w\sqrt{\frac{1}{n_1} + \frac{1}{n_2}} < \mu_1 - \mu_2\right.$$

$$\left. < \overline{X} - \overline{Y} + t_{\frac{\alpha}{2}}\,(n_1 + n_2 - 2)\,S_w\sqrt{\frac{1}{n_1} + \frac{1}{n_2}}\right\} = 1 - \alpha.$$

所以 $\mu_1 - \mu_2$ 的置信度为 $1 - \alpha$ 的置信区间为

$$\left(\overline{X} - \overline{Y} - t_{\frac{\alpha}{2}}\,(n_1 + n_2 - 2)\,S_w\sqrt{\frac{1}{n_1} + \frac{1}{n_2}},\, \overline{X} - \overline{Y} + t_{\frac{\alpha}{2}}\,(n_1 + n_2 - 2)\,S_w\sqrt{\frac{1}{n_1} + \frac{1}{n_2}}\right),$$

简记为 $\overline{X} - \overline{Y} \pm t_{\frac{\alpha}{2}}\,(n_1 + n_2 - 2)\,S_w\sqrt{\dfrac{1}{n_1} + \dfrac{1}{n_2}}$.

例 2 为了估计磷肥对某种农作物增产的作用, 选 20 块条件大致相同的地块进行对比试验, 其中 10 块地施磷肥, 另外 10 块地不施磷肥, 得到单位面积的产量 (单位: kg) 分别为

施磷肥: 620, 570, 650, 600, 630, 580, 570, 600, 600, 580.

不施磷肥: 560, 590, 560, 570, 580, 570, 600, 550, 570, 550.

假定施磷肥的地块单位面积产量 $X \sim N\left(\mu_1, \sigma^2\right)$, 不施磷肥的地块单位面积产量 $Y \sim N\left(\mu_2, \sigma^2\right)$. 试求 $\mu_1 - \mu_2$ 的置信度为 0.95 的置信区间.

解　由题设可知, 两个正态总体的方差 σ^2 相等但未知, 且 $n_1 = 10$, $n_2 = 10$, $1 - \alpha = 0.95$, $\alpha = 0.05$, 查表可得 $t_{\frac{\alpha}{2}}(n_1 + n_2 - 2) = t_{0.025}(18) = 2.101$. 由样本数据计算可得到

$$\overline{x} = 600, \quad s_1^2 = \frac{6400}{9},$$

$$\overline{y} = 570, \quad s_2^2 = \frac{2400}{9},$$

$$s_w = \sqrt{\frac{(n_1 - 1)\,s_1^2 + (n_2 - 1)\,s_2^2}{n_1 + n_2 - 2}} = 22.1108,$$

故 $\mu_1 - \mu_2$ 的 0.95 置信区间为

$$\overline{x} - \overline{y} \pm t_{\frac{\alpha}{2}}(n_1 + n_2 - 2)\, s_w \sqrt{\frac{1}{n_1} + \frac{1}{n_2}}$$

$$= 600 - 570 \pm 2.101 \times 22.1108 \times \sqrt{\frac{1}{10} + \frac{1}{10}}$$

$$= 30 \pm 20.7752 = (9.2248,\ 50.7752),$$

即 $\mu_1 - \mu_2$ 的 0.95 的置信区间为 $(9.2248,\ 50.7752)$.

根据这一结果, 我们在置信度 0.95 下可以认为 $\mu_1 > \mu_2$, 即施磷肥的地块单位面积产量高于不施磷肥的地块单位面积产量.

7.7　两个正态总体方差比的置信区间

设有两个正态总体 $X \sim N(\mu_1, \sigma_1^2)$ 与 $Y \sim N(\mu_2, \sigma_2^2)$, 并且 X 与 Y 相互独立, $X_1, X_2, \cdots, X_{n_1}$ 和 $Y_1, Y_2, \cdots, Y_{n_2}$ 是分别来自 X 与 Y 的样本. 记

$$\overline{X} = \frac{1}{n_1}\sum_{i=1}^{n_1} X_i, \quad S_1^2 = \frac{1}{n_1 - 1}\sum_{i=1}^{n_1}\left(X_i - \overline{X}\right)^2;$$

$$\overline{Y} = \frac{1}{n_2}\sum_{i=1}^{n_2} Y_i, \quad S_2^2 = \frac{1}{n_2 - 1}\sum_{i=1}^{n_2}\left(Y_i - \overline{Y}\right)^2.$$

本节主要在假设 μ_1 和 μ_2 都未知的情况下, 求 $\dfrac{\sigma_1^2}{\sigma_2^2}$ 的置信度为 $1 - \alpha$ 的置信区间.

由第 6 章定理 4 可知

$$F = \frac{S_1^2/\sigma_1^2}{S_2^2/\sigma_2^2} = \frac{S_1^2/S_2^2}{\sigma_1^2/\sigma_2^2} \sim F(n_1 - 1, n_2 - 1).$$

对于置信度 $1 - \alpha$, 查附表 5 可得

$$F_{1-\alpha/2}(n_1 - 1, n_2 - 1) = \frac{1}{F_{\alpha/2}(n_2 - 1, n_1 - 1)}$$

和

$$F_{\alpha/2}(n_1 - 1, n_2 - 1),$$

使得

$$P\left\{ F_{1-\alpha/2}(n_1 - 1, n_2 - 1) < \frac{S_1^2/S_2^2}{\sigma_1^2/\sigma_2^2} < F_{\alpha/2}(n_1 - 1, n_2 - 1) \right\} = 1 - \alpha,$$

即

$$P\left\{ \frac{S_1^2}{S_2^2} \cdot \frac{1}{F_{\alpha/2}(n_1 - 1, n_2 - 1)} < \frac{\sigma_1^2}{\sigma_2^2} < \frac{S_1^2}{S_2^2} \cdot \frac{1}{F_{1-\alpha/2}(n_1 - 1, n_2 - 1)} \right\} = 1 - \alpha.$$

由此可得 $\dfrac{\sigma_1^2}{\sigma_2^2}$ 的置信度为 $1 - \alpha$ 的置信区间为

$$\left(\frac{S_1^2}{S_2^2} \cdot \frac{1}{F_{\alpha/2}(n_1 - 1, n_2 - 1)}, \frac{S_1^2}{S_2^2} \cdot \frac{1}{F_{1-\alpha/2}(n_1 - 1, n_2 - 1)} \right).$$

例 1 从参数 μ_1, μ_2, σ_1^2, σ_2^2 都未知的两正态总体 $N(\mu_1, \sigma_1^2)$ 和 $N(\mu_2, \sigma_2^2)$ 中分别独立地抽取样本, 它们的样本容量分别为 $n_1 = 10$, $n_2 = 8$, 样本方差的观测值分别为 $s_1^2 = 3.6$, $s_2^2 = 2.8$, 求两个总体方差比 $\dfrac{\sigma_1^2}{\sigma_2^2}$ 的置信度为 0.95 的置信区间.

解 这里 $1 - \alpha = 0.95$, $\alpha = 0.05$, 查附表 5, 得

$$F_{\alpha/2}(n_1 - 1, n_2 - 1) = F_{0.025}(9, 7) = 4.82,$$

$$F_{\alpha/2}(n_2 - 1, n_1 - 1) = F_{0.025}(7, 9) = 4.20,$$

则有

$$F_{1-\alpha/2}(n_1 - 1, n_2 - 1) = F_{0.975}(9, 7) = \frac{1}{F_{0.025}(7, 9)} = \frac{1}{4.20}.$$

$\dfrac{\sigma_1^2}{\sigma_2^2}$ 的置信度为 0.95 的置信区间为

$$\left(\frac{s_1^2}{s_2^2}\cdot\frac{1}{F_{\alpha/2}\left(n_1-1,n_2-1\right)},\frac{s_1^2}{s_2^2}\cdot\frac{1}{F_{1-\alpha/2}\left(n_1-1,n_2-1\right)}\right)$$
$$=\left(\frac{3.6}{2.8}\times\frac{1}{4.82},\frac{3.6}{2.8}\times4.20\right)=(0.27,5.40).$$

7.8　单侧置信区间

在一些实际问题中, 人们只对未知参数 θ 的置信下限或置信上限感兴趣. 例如, 对电灯泡平均寿命来说, 我们希望它越大越好, 因此人们关心的是平均寿命的下限是多少, 此下限标志了电灯泡的质量. 对大批产品的次品率来说, 我们希望次品率越低越好, 此时关心的是次品率的上限是多少, 此上限标志了该产品的质量.

定义　设总体 X 的分布中含有未知参数 θ, 若由样本 $X_1,X_2,\cdots,X_n$ 确定的统计量 $\theta_1=\theta_1\left(X_1,X_2,\cdots,X_n\right)$, 对于给定的概率 $1-\alpha\,(0<\alpha<1)$ 满足

$$P\left\{\theta>\theta_1\right\}=1-\alpha,$$

则称随机区间 $(\theta_1,+\infty)$ 是 θ 的置信度为 $1-\alpha$ 的**单侧置信区间** (one sided confidence interval), 称 θ_1 为 θ 的置信度为 $1-\alpha$ 的**单侧置信下限**.

如果统计量 $\theta_2=\theta_2\left(X_1,X_2,\cdots,X_n\right)$ 满足

$$P\left\{\theta<\theta_2\right\}=1-\alpha,$$

则称随机区间 $(-\infty,\theta_2)$ 为 θ 的置信度为 $1-\alpha$ 的**单侧置信区间**, 称 θ_2 为 θ 的置信度为 $1-\alpha$ 的**单侧置信上限**.

单侧置信下限和单侧置信上限都是置信区间的特殊情形, 前述寻求置信区间的方法可以用来寻找单侧置信区间.

设样本 $X_1,X_2,\cdots,X_n$ 来自正态总体 $X\sim N\left(\mu,\sigma^2\right)$, X 的均值 μ 与方差 σ^2 都存在, 但均未知. 对于给定的置信度 $1-\alpha$, 我们来求未知参数 μ 的单侧置信下限.

由第 6 章定理 2 可知

$$t=\frac{\overline{X}-\mu}{S/\sqrt{n}}\sim t\left(n-1\right).$$

由 (参见附表 3 中图, 视其中的 n 为 $n-1$)

$$P\left\{\frac{\overline{X}-\mu}{S/\sqrt{n}} < t_\alpha\left(n-1\right)\right\} = 1-\alpha,$$

可得到

$$P\left\{\mu > \overline{X} - \frac{S}{\sqrt{n}}t_\alpha\left(n-1\right)\right\} = 1-\alpha,$$

于是得到 μ 的置信度为 $1-\alpha$ 的单侧置信区间为

$$\left(\overline{X} - \frac{S}{\sqrt{n}}t_\alpha\left(n-1\right), +\infty\right),$$

μ 的置信度为 $1-\alpha$ 的单侧置信下限为

$$\mu_1 = \overline{X} - \frac{S}{\sqrt{n}}t_\alpha\left(n-1\right).$$

例 1 已知某种绿化用草皮的成活率服从正态分布 $X \sim N\left(\mu, \sigma^2\right)$, 在 6 个绿化用地的成活率 (%) 分别为

$$90.5,\ 93.2,\ 95.8,\ 91.2,\ 89.3,\ 92.6,$$

求 μ 的置信度为 0.95 的单侧置信下限.

解 已知 $n=6$, 算得样本均值 $\overline{x}=92.1$, 样本方差 $s^2=5.272$, 查附表 3 得 $t_{0.05}\left(6-1\right)=2.015$, 由此得 μ 的置信度为 0.95 的单侧置信下限为

$$\mu_1 = \overline{x} - \frac{s}{\sqrt{n}}t_\alpha\left(n-1\right) = 92.1 - \sqrt{\frac{5.272}{6}} \times 2.015 \approx 90.211.$$

本节仅考虑了正态总体均值 μ 的单侧置信下限, 对于其他情形下各参数的单侧置信区间 (单侧置信上限或者单侧置信下限) 可类似进行讨论, 这里不再详细介绍.

本 章 小 结

参数估计是数理统计中的重要内容, 主要包括点估计和区间估计两种情形. 本章首先介绍了点估计的两种方法: 矩估计法和最大似然估计法, 以及点估计量的评选标准: 无偏性、有效性和一致性. 然后介绍了区间估计的有关方法, 重点给出了正态分布总体参数的估计.

一、知识清单

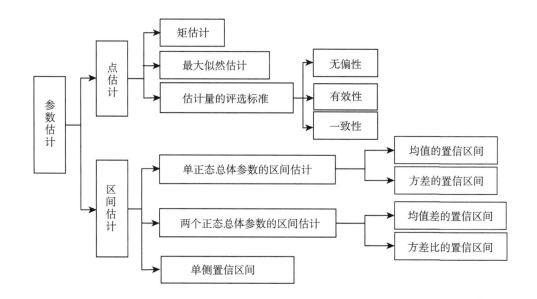

二、解题指导

1. 矩估计法的思想是采用样本矩代替总体矩. 矩估计的一般步骤是:

(1) 求出总体的 l 阶原点矩和对应的样本 l 阶原点矩;

(2) 用样本矩代替总体矩, 建立矩方程 (组);

(3) 解矩方程 (组), 其解即参数的矩估计量;

(4) 将样本观测值代入矩估计量即得参数的矩估计值.

2. 最大似然估计法根据使样本观测值出现的可能性达到最大这一原则来选取未知参数的估计量. 最大似然估计的一般步骤是:

(1) 写出似然函数;

(2) 对似然函数取对数, 得对数似然函数;

(3) 对对数似然函数的自变量求导 (分别求偏导数), 并令其为 0, 得对数似然方程 (组);

(4) 解对数似然方程 (组), 即可求得未知参数的最大似然估计值.

3. 解正态总体下区间估计的应用题时, 要先确定属于哪种基本类型, 再代入相应的公式.

(1) 正态总体均值 μ 的置信区间.

σ^2 已知时 μ 的 $1-\alpha$ 置信区间为 $\left(\overline{X} - \dfrac{\sigma}{\sqrt{n}} u_{\frac{\alpha}{2}}, \overline{X} + \dfrac{\sigma}{\sqrt{n}} u_{\frac{\alpha}{2}}\right)$.

σ^2 未知时 μ 的 $1-\alpha$ 的置信区间为 $\left(\overline{X} - \dfrac{S}{\sqrt{n}}t_{\frac{\alpha}{2}}(n-1), \overline{X} + \dfrac{S}{\sqrt{n}}t_{\frac{\alpha}{2}}(n-1)\right).$

(2) 正态总体方差 σ^2 的置信区间.

μ 已知时 σ^2 的 $1-\alpha$ 置信区间为 $\left(\dfrac{\sum\limits_{i=1}^{n}(X_i-\mu)^2}{\chi^2_{\frac{\alpha}{2}}(n)}, \dfrac{\sum\limits_{i=1}^{n}(X_i-\mu)^2}{\chi^2_{1-\frac{\alpha}{2}}(n)}\right).$

μ 未知时 σ^2 的 $1-\alpha$ 置信区间为 $\left(\dfrac{(n-1)S^2}{\chi^2_{\frac{\alpha}{2}}(n-1)}, \dfrac{(n-1)S^2}{\chi^2_{1-\frac{\alpha}{2}}(n-1)}\right).$

(3) 两个正态总体均值差的置信区间.

σ_1^2 和 σ_2^2 均已知时 $\mu_1 - \mu_2$ 的 $1-\alpha$ 置信区间为

$$\left(\overline{X} - \overline{Y} - u_{\frac{\alpha}{2}}\sqrt{\dfrac{\sigma_1^2}{n_1} + \dfrac{\sigma_2^2}{n_2}}, \overline{X} - \overline{Y} + u_{\frac{\alpha}{2}}\sqrt{\dfrac{\sigma_1^2}{n_1} + \dfrac{\sigma_2^2}{n_2}}\right).$$

$\sigma_1^2 = \sigma_2^2 = \sigma^2$ 未知时 $\mu_1 - \mu_2$ 的 $1-\alpha$ 置信区间为

$$\left(\overline{X} - \overline{Y} - t_{\frac{\alpha}{2}}(n_1+n_2-2)S_w\sqrt{\dfrac{1}{n_1} + \dfrac{1}{n_2}}, \overline{X} - \overline{Y} + t_{\frac{\alpha}{2}}(n_1+n_2-2)S_w\sqrt{\dfrac{1}{n_1} + \dfrac{1}{n_2}}\right).$$

(4) 两个正态总体方差比的置信区间.

μ_1 和 μ_2 均未知时 $\dfrac{\sigma_1^2}{\sigma_2^2}$ 的 $1-\alpha$ 置信区间为

$$\left(\dfrac{S_1^2}{S_2^2} \cdot \dfrac{1}{F_{\alpha/2}(n_1-1, n_2-1)}, \dfrac{S_1^2}{S_2^2} \cdot \dfrac{1}{F_{1-\alpha/2}(n_1-1, n_2-1)}\right).$$

习　题　7

1. 对某一距离进行 5 次测量, 结果如下 (单位: 米):

$$2781, \ 2836, \ 2807, \ 2765, \ 2858.$$

已知测量结果服从 $N(\mu, \sigma^2)$, 求参数 μ 和 σ^2 的矩估计.

2. 已知总体 X 的分布律为

X	1	2	3
P	θ^2	$2\theta(1-\theta)$	$(1-\theta)^2$

其中 $0 < \theta < 1$ 是未知参数, (X_1, X_2, X_3) 是从中抽取的一个样本, 当样本观测值为 $(x_1 = 1, x_2 = 2, x_3 = 1)$ 时, 试求 (1) 参数 θ 的矩估计值; (2) 参数 θ 的最大似然估计值.

3. 设总体 X 的密度函数为

$$f(x; \alpha) = \begin{cases} \alpha x^{-(\alpha+1)}, & x > 1, \\ 0, & \text{其他}. \end{cases}$$

其中 $\alpha > 0$, 试用样本 $X_1, X_2, \cdots, X_n$ 求参数 α 的矩估计和最大似然估计.

4. 设总体 X 的概率密度为

$$f(x) = \begin{cases} (\theta+1)\, x^\theta, & 0 < x < 1, \\ 0, & \text{其他}, \end{cases}$$

其中未知参数 $\theta > -1$, $X_1, X_2, \cdots, X_n$ 是取自总体 X 的简单随机样本, 分别用矩估计法和最大似然估计法求 θ 的估计量.

5. 设总体 X 服从参数为 N 和 p 的二项分布, $X_1, X_2, \cdots, X_n$ 为取自 X 的样本, 试求参数 N 和 p 的矩估计.

6. 已知总体 X 在 $[a, b]$ 上服从均匀分布, $X_1, X_2, \cdots, X_n$ 是取自 X 的样本, 求 a, b 的矩估计和最大似然估计.

7. 设 $X_1, X_2, \cdots, X_n$ 是来自两个参数指数分布的一个样本.

$$f(x; \theta_1, \theta_2) = \begin{cases} \dfrac{1}{\theta_2} e^{-\frac{x-\theta_1}{\theta_2}}, & x > \theta_1, \\ 0, & \text{其他}, \end{cases}$$

其中 $-\infty < \theta_1 < +\infty, 0 < \theta_2 < +\infty$, 求参数 θ_1 和 θ_2 的 (1) 矩估计; (2) 最大似然估计.

8. 设总体 X 的概率密度为 $f(x) = \begin{cases} \dfrac{2x}{\theta^2}, & x \in (0, \theta), \\ 0, & x \notin (0, \theta), \end{cases}$ $X_1, X_2, \cdots, X_n$ 是取自总体 X 的简单随机样本. (1) 求 θ 的矩估计量 $\hat{\theta}$; (2) 判断 $\hat{\theta}$ 是否 θ 的无偏估计.

9. (2016 年考研数一、数三) 设总体 X 的概率密度为

$$f(x, \theta) = \begin{cases} \dfrac{3x^2}{\theta^3}, & 0 < x < \theta, \\ 0, & \text{其他}, \end{cases}$$

其中 $\theta \in (0, +\infty)$ 为未知参数, X_1, X_2, X_3 为来自总体 X 的简单随机样本, 令 $T = \max(X_1, X_2, X_3)$.

(1) 求 T 的概率密度;

(2) 确定 a, 使得 aT 为 θ 的无偏估计.

10. 设 X_1, X_2, X_3, X_4 是来自均值为 θ 的指数分布总体的样本, 其中 θ 未知. 设估计量

$$T_1 = \frac{1}{6}(X_1 + X_2) + \frac{1}{3}(X_3 + X_4), \quad T_2 = (X_1 + 2X_2 + 3X_3 + 4X_4)/5,$$

$$T_3 = (X_1 + X_2 + X_3 + X_4)/4.$$

(1) 指出 T_1, T_2, T_3 中哪几个是 θ 的无偏估计量;

(2) 在上述 θ 的无偏估计量中指出哪一个较为有效.

11. 设 $X_1, X_2, \cdots, X_n$ 为总体 X 的样本, 求常数 C, 使得 $\hat{\sigma}^2 = C \sum_{i=1}^{n-1} (X_{i+1} - X_i)^2$ 是 σ^2 的无偏估计量.

12. 设 $X_1, X_2, \cdots, X_n$ 是来自参数为 λ 的泊松分布总体的样本, 试证对任意的常数 k, 统计量 $k\overline{X} + (1-k)S^2$ 是 λ 的无偏估计量.

13. 设某种清漆的 9 个样品, 其干燥时间 (单位: 小时) 分别为

$$6.0, \ 5.7, \ 5.8, \ 6.5, \ 7.0, \ 6.3, \ 5.6, \ 6.1, \ 5.0,$$

设干燥时间总体服从正态分布 $N\left(\mu, \sigma^2\right)$.

(1) 若 $\sigma = 0.6$, 求 μ 的 0.95 的置信区间;

(2) 若 σ 未知, 求 μ 的 0.95 的置信区间.

14. 某厂生产的零件重量服从正态分布 $N\left(\mu, \sigma^2\right)$, 现从该厂生产的零件中取 9 个, 测得其重量为 (单位: 克)

$$45.3, \ 45.4, \ 45.1, \ 45.3, \ 45.5, \ 45.7, \ 45.4, \ 45.3, \ 45.6,$$

试求总体标准差 σ 的 0.95 置信区间.

15. 随机地从 A 批导线中抽 4 根, 又从 B 批导线中抽 5 根, 测得电阻分别为

A 批导线: 0.143, 0.142, 0.143, 0.137.

B 批导线: 0.140, 0.142, 0.136, 0.138, 0.140.

设测定数据分别来自正态分布 $N\left(\mu_1, \sigma^2\right)$ 和 $N\left(\mu_2, \sigma^2\right)$, 且两样本相互独立. 又 μ_1, μ_2, σ^2 均未知, 试求 $\mu_1 - \mu_2$ 的 0.95 置信区间.

16. 设两位化验员 A, B 独立地对某种聚合物含氯量用相同的方法各做 10 次测定, 其测定值的样本方差依次为 $s_A^2 = 0.5419$, $s_B^2 = 0.6065$. 设 σ_A^2, σ_B^2 分别为 A, B 所测定的测定值总体的方差. 设总体均为正态总体, 且两样本相互独立, 求方差比 σ_A^2/σ_B^2 的 0.95 置信区间.

17. 设 $X \sim N\left(\mu, \sigma^2\right)$, 从总体 X 中抽取样本 $X_1, X_2, \cdots, X_n$, 试求 μ 的置信度为 $1 - \alpha$ 的单侧置信上限.

习题 7 参考解析

第 8 章 假设检验

假设检验和参数估计在统计推断中都占有重要位置, 是统计推断的两个主要问题. 本章主要讨论假设检验.

8.1 假设检验的基本概念与方法

假设检验是统计推断的一个基本问题, 在总体的分布函数完全未知或只知其形式但不知其参数的情况下, 先对总体的分布类型或总体分布的参数做出某种假设, 然后根据样本提供的信息, 运用小概率事件原理, 对所作的假设作出检验, 给出相应的决策.

8.1.1 问题的提出

例 1 某车间用一台包装机包装葡萄糖, 额定标准重量为每袋净重 0.5 千克. 包得的袋装糖重是一个随机变量, 它服从正态分布 $N(\mu, \sigma^2)$. 长期实践表明标准差 $\sigma = 0.015$. 某日开工后为检验包装机是否正常, 随机地抽取它包装的糖 9 袋, 称得净重 (千克) 为

$$0.497, 0.506, 0.518, 0.524, 0.498, 0.511, 0.520, 0.515, 0.512,$$

问包装机工作是否正常?

本例关心的是包装机工作是否正常? 对此我们可作假设 $H_0: \mu = 0.5$, 然后用抽样得到的样本值来检验这个假设是否正确.

例 2 从高二年级随机地抽取两个小组, 在化学教学中, 试验组使用启发式教学法, 对照组使用传统教学法. 后期统一测验成绩, 试验组为 84, 78, 85, 76, 78, 65, 75, 83, 86, 89; 对照组为 80, 79, 77, 61, 58, 72, 66, 71, 69, 78. 问两种教学法效果是否有差异?

这个问题关心的是启发式教学法是否优于传统教学法? 记 μ_1, μ_2 分别为试验组和对照组成绩的均值, 则该例就是要用得到的样本值来检验假设 $H_0: \mu_1 \leqslant \mu_2$ 是否正确.

例 3 某种建筑材料, 其抗断强度的分布以往一直符合正态分布. 今改变了配料方案, 确定其抗断强度的分布是否仍为正态分布?

在这个例子中, 要确定改变了配料方案后材料的抗断强度分布是否仍是正态分布? 这可作假设 $H_0: F(x) \in \{N(\mu, \sigma^2)\}$, 其中 $F(x)$ 为抗断强度的分布,

$\{N(\mu, \sigma^2)\}$ 表示正态分布族. 然后从改变配料方案后的总体中抽取样本, 获得样本值, 用它来检验假设是否正确.

以上几个例子的共同特点是: 根据问题的题意先对总体分布的未知参数或总体分布的形式作出假设 H_0, 然后从总体中抽样得到样本值, 利用样本提供的信息, 对假设的正确性进行推断. 在统计学中, 称判断给定假设 H_0 的方法为**统计假设检验** (hypothesis test).

定义 1 对总体分布或分布中的未知参数提出的假设称为**待检假设**或**原假设** (null hypothesis), 用 H_0 表示; 对某问题提出待检假设 H_0 的同时, 也就给出了相对立的**备择假设** (alternative hypothesis), 用 H_1 表示. 如果原假设 H_0 是关于总体参数的, 则称它为参数假设, 检验参数假设的问题, 称为参数检验; 如果原假设 H_0 是关于总体分布类型的, 则称它为非参数假设 (或分布假设), 检验非参数假设的问题, 称为非参数检验 (或分布检验).

8.1.2 假设检验的基本思想

假设检验的理论依据是小概率事件原理, 即概率很小的事件在一次随机试验中可以看成是不可能发生的事件. 下面我们举一个例子说明.

例 4 某箱子中有白球及黑球, 总数为 100, 但不知白球及黑球各占多少. 现提出假设 H_0: 其中 99 个是白球. 为检验这个假设是否正确, 现从箱子中任取一球, 结果发现是黑球. 问假设 H_0 是否正确？

现在根据假设检验的基本原理来判断这个假设是否成立. 先假设 H_0 成立 (H_0 为真), 那么 "从箱子中任取一球, 取得黑球" 这一事件发生的概率为 0.01, 这个概率很小, 也就是说在一次抽取时认为事件实际上是几乎不会发生的. 现在, 仅一次抽取时事件竟然发生了, 这与小概率事件原理相矛盾, 于是有理由认为假设 H_0 不成立, 即应该拒绝原假设 H_0, 即认为白球的个数不是 99.

从例 4 我们可以看到, 假设检验实际上是建立在小概率事件原理上的反证法, 它的基本思想是: 首先根据问题的题意提出原假设 H_0, 其次在 H_0 成立的条件下, 考虑已经观测到的样本信息出现的概率. 如果这个概率很小, 这就表明一个概率很小的事件在一次试验中发生了. 而小概率事件原理认为, 概率很小的事件在一次试验中几乎是不发生的, 也就是说在 H_0 成立的条件下导出了一个违背小概率事件实际推断原理的结果, 这表明原假设 H_0 是不正确的, 因此拒绝 H_0; 如果这个概率不小, 我们就认为一切合理, 没有充分的理由否定原假设 H_0, 所以就接受 H_0.

当然, 什么样的概率才算小概率需要事先制定一个标准. 我们把这个标准记为 $\alpha(0 < \alpha < 1)$, 称为**显著性水平** (significance level) 或**检验水平**.

8.1.3 假设检验的两类错误

假设检验的依据是小概率事件原理, 然而小概率事件并非不可能事件, 在一次试验中我们不能完全排除它发生的可能性, 因而根据这个原理来做出判断时不可避免地会犯错误, 这种错误可以分为两类. 当 H_0 实际上是正确的, 但小概率事件在一次试验中发生了, 按照检验法则我们拒绝了 H_0, 此时我们就犯了第一类错误称为弃真错误; 当 H_0 实际上是不正确的, 但小概率事件在一次试验中没有发生, 按照检验法则我们就接受了 H_0, 此时我们就犯了第二类错误称为取伪错误.

　　当然希望犯两类错误的概率同时都很小, 但是, 进一步讨论可知, 当样本容量固定时, 若减少犯第一类错误的概率, 则犯第二类错误的概率往往增大; 反之, 若减少犯第二类错误的概率, 则犯第一类错误的概率则增大. 理论上可以证明, 若要使犯两类错误的概率都减小, 则必须增加样本容量.

　　在给定样本容量的情况下, 一般来说, 我们总是控制犯第一类错误的概率, 使它不大于 α, 即令 P (拒绝 $H_0 | H_0$ 为真) $\leqslant \alpha$, α 通常取 0.1, 0.05, 0.01 等. 这种只对犯第一类错误的概率加以控制, 而不考虑犯第二类错误的概率的检验, 称为**显著性假设检验** (significance hypothesis test).

8.1.4　假设检验的步骤

　　下面来求解例 1.

　　设 X 为这天袋装糖的重量, 则 $X \sim N(\mu, 0.015^2)$, μ 未知. 根据题意提出假设

$$H_0 : \mu = \mu_0 = 0.5, \quad H_1 : \mu \neq \mu_0.$$

易知, 样本均值 $\overline{X} = \dfrac{1}{9} \sum\limits_{i=1}^{9} X_i \sim N\left(\mu, \dfrac{0.015^2}{9}\right)$, 因而,

$$\frac{\overline{X} - \mu_0}{0.015/3} = \frac{3}{0.015}(\overline{X} - \mu_0) \sim N(0, 1).$$

在原假设 $H_0 : \mu = \mu_0 = 0.5$ 成立时, 有

$$\frac{3}{0.015}(\overline{X} - \mu_0) = \frac{3}{0.015}(\overline{X} - 0.5) \sim N(0, 1),$$

$E(\overline{X}) = 0.5$, 这意味着 $\overline{X}$ 应在 0.5 的附近, $\overline{X}$ 偏离 0.5 的可能性较小. 因此问题中的小概率事件可构造如下: 给定小概率事件的标准 α (即检验水平), 寻找常数 k, 使得 $P\{|U| \geqslant k\} = P\left\{\left|\dfrac{3}{0.015}(\overline{X} - 0.5)\right| \geqslant k\right\} = \alpha$, 则由标准正态分布表可得 $k = u_{\alpha/2}$, 即 H_0 为真时, 事件 "$\left\{\left|\dfrac{3}{0.015}(\overline{X} - 0.5)\right| \geqslant u_{\alpha/2}\right\}$" 为小概率事件. 若 $\left|\dfrac{3}{0.015}(\bar{x} - 0.5)\right| \geqslant u_{\alpha/2}$, 表示小概率事件 $\left\{\left|\dfrac{3}{0.015}(\overline{X} - 0.5)\right| \geqslant u_{\alpha/2}\right\}$ 在

一次试验中发生, 这与小概率事件实际推断原理矛盾, 应拒绝原假设, 即 $\mu \neq 0.5$; 否则接受原假设, 即 $\mu = 0.5$. 不等式 $\left| \dfrac{3}{0.015}(\bar{x} - 0.5) \right| \geqslant u_{\alpha/2}$ 称为拒绝域, $\pm u_{\alpha/2}$ 称为临界点.

取 $\alpha = 0.05$, 代入样本值, $\left| \dfrac{3}{0.015}(\bar{x} - 0.5) \right| = 2.2 \geqslant u_{\alpha/2} = 1.96$, 所以拒绝 H_0, 即认为该天包装机工作不正常.

依据本例的分析讨论, 我们可以把假设检验的一般步骤归纳一下:

(1) 提出原假设 H_0 和备择假设 H_1;

(2) 构造合适的样本函数 $T(X_1, X_2, \cdots, X_n)$, 它在原假设 H_0 为真的条件下为一统计量 (称为检验统计量), 其分布已知;

(3) 由给定的显著性水平 α, 在原假设 H_0 为真的条件下, 由检验统计量的分布确定使得 $P\{|T| \geqslant k\} = \alpha$ 成立的临界点 k, 求出拒绝域;

(4) 由样本值计算统计量的值做出决策: 当 $|T| \geqslant k$ 时拒绝 H_0, 否则接受 H_0.

根据假设的不同, 我们还将参数假设检验分为**双边检验** (two-sided test) 与**单边检验** (one-sided test). 原假设形如 H_0: $\mu = \mu_0$, H_1: $\mu \neq \mu_0$, 称为双边检验. 类似地, 有时我们需要检验假设

$$H_0 : \mu = \mu_0, H_1 : \mu > \mu_0 \quad \text{或者} \quad H_0 : \mu = \mu_0, H_1 : \mu < \mu_0.$$

此类型的检验称为单边检验, 前者称为右边检验, 后者称为左边检验.

8.2 一个正态总体的期望与方差的假设检验

本节假定总体 $X \sim N(\mu, \sigma^2)$, $X_1, X_2, \cdots, X_n$ 是来自总体 X 的简单随机样本.

8.2.1 方差 σ^2 已知时, 总体均值的假设检验

1. 双边检验

即检验总体均值是否等于某个常数.

(1) 提出原假设和备择假设

$$H_0 : \mu = \mu_0, \quad H_1 : \mu \neq \mu_0.$$

(2) 选取检验统计量

$$u = \frac{\overline{X} - \mu_0}{\sigma/\sqrt{n}}.$$

在 H_0 成立的条件下, $u = \dfrac{\overline{X} - \mu_0}{\sigma/\sqrt{n}} \sim N(0,1)$.

(3) 给定显著性水平 α, 查标准正态分布表, 求出临界值 $u_{\alpha/2}$, 使得

$$P\left\{|u| \geqslant u_{\alpha/2}\right\} = \alpha,$$

得拒绝域

$$|u| \geqslant u_{\alpha/2}.$$

(4) 由样本观测值算出

$$u_0 = \frac{\bar{x} - \mu_0}{\sigma/\sqrt{n}}.$$

若 $|u_0| \geqslant u_{\alpha/2}$, 则拒绝 H_0; 否则, 接受 H_0.

以上这种利用服从正态分布统计量的检验称为 u 检验.

例 1 根据大量调查可知, 我国健康成年男子的脉搏平均为 72 次/分, 标准差为 6.4 次/分. 现从某体院男生中随机抽出 25 人, 测得平均脉搏为 68.6 次/分. 如果标准差不变, 试问该体院男生的脉搏与一般健康成年男子的脉搏有无差异?

解 此例是在已知 $\sigma = 6.4$ 的情况下, 检验假设

$$H_0 : \mu = \mu_0 = 72; \quad H_1 : \mu \neq \mu_0.$$

取检验统计量为

$$u = \frac{\overline{X} - \mu_0}{\sigma/\sqrt{n}}.$$

由于 $n = 25, \bar{x} = 68.6$, 计算得

$$|u_0| = \left|\frac{\bar{x} - \mu_0}{\sigma/\sqrt{n}}\right| = \left|\frac{\sqrt{25}(68.6 - 72)}{6.4}\right| \approx 2.656.$$

对于 $\alpha = 0.05$, 查标准正态分布可得临界点 $u_{\frac{\alpha}{2}} = u_{0.025} = 1.96$.

因为 $|u_0| = 2.656 > 1.96$, 故拒绝原假设 H_0, 说明该体院男生的脉搏与一般健康成年男子的脉搏存在差异.

2. 左边检验

(1) 提出原假设和备择假设

$$H_0 : \mu = \mu_0; \quad H_1 : \mu < \mu_0.$$

(2) 选取检验统计量

$$u = \frac{\overline{X} - \mu_0}{\sigma/\sqrt{n}}.$$

在 H_0 成立的条件下, $u = \dfrac{\overline{X} - \mu_0}{\sigma/\sqrt{n}} \sim N(0,1)$.

(3) 给定显著性水平 α, 查标准正态分布表, 求出临界值 $-u_\alpha$, 使得

$$P\{u < -u_\alpha\} = 0.05,$$

得拒绝域为 $u < -u_\alpha$.

(4) 由样本观测值算出

$$u_0 = \frac{\bar{x} - \mu_0}{\sigma/\sqrt{n}}.$$

若 $u_0 < -u_\alpha$, 则拒绝 H_0; 否则, 接受 H_0.

例 2 一种元件, 要求其平均寿命不得小于 1000h. 现在从一批这种元件中随机抽取 25 件, 测得其平均寿命为 950h. 已知这种元件寿命服从 $\sigma = 100$h 的正态分布, 试在显著性水平 $\alpha = 0.05$ 下确定这批元件是否合格.

解 这是一个左边检验问题, 设元件寿命服从正态分布 $N(\mu, 10000)$, 按 8.1 节的一般步骤检验如下:

(1) 提出假设

$$H_0 : \mu = 1000; \quad H_1 : \mu < 1000.$$

(2) 选取检验统计量

$$u = \frac{\overline{X} - 1000}{100/\sqrt{n}} \sim N(0,1).$$

(3) 对于 $\alpha = 0.05$, 查附表 1, 求 $-u_\alpha$, 使

$$P\{u < -u_\alpha\} = 0.05,$$

得 $-u_\alpha = -1.645$, 所以拒绝域为 $u < -1.645$.

(4) 对于 $n = 25$, $\sigma = 100$, $\overline{x} = 950$ 算得

$$u = \frac{950 - 1000}{100/\sqrt{25}} = -2.5 < -1.645.$$

因 u 落在拒绝域内, 故拒绝 H_0, 接受 H_1, 从而认为这批元件不合格.

类似地, 对于右边检验 H_0: $\mu = \mu_0$; H_1: $\mu > \mu_0$, 仍可选取上述检验统计量, 给定显著性水平 α, 查标准正态分布表, 求出临界值 u_α, 使得

$$P\{u > u_\alpha\} = \alpha,$$

得拒绝域为 $u > u_\alpha$.

8.2.2 方差 σ^2 未知时, 总体均值的假设检验

方差未知时
均值的假设检验

提出假设

$$H_0 : \mu = \mu_0, \quad H_1 : \mu \neq \mu_0.$$

在 H_0 成立的条件下 (由于方差未知), 选取检验统计量

$$t = \frac{\overline{X} - \mu_0}{S/\sqrt{n}} \sim t(n-1).$$

对于给定的检验水平 α, 查 t 分布表 (附表 3) 求临界值 $t_{\frac{\alpha}{2}}(n-1)$ (图 7-2) 使

$$P\left\{|t| > t_{\alpha/2}(n-1)\right\} = \alpha,$$

得临界值 $t_{\frac{\alpha}{2}}(n-1)$. 因此, 拒绝域为

$$|t| > t_{\frac{\alpha}{2}}(n-1).$$

由样本观测值算得 t 统计量的值, 当 $|t| > t_{\frac{\alpha}{2}}(n-1)$ 时, 拒绝 H_0, 否则接受 H_0.

这种利用服从 t 分布统计量的检验称为 t 检验.

例 3 某厂生产的一种铅材长度服从正态分布, 设计标准为 240cm. 现抽取 5 件产品进行检查, 得到 $\bar{x} = 239.5$, 样本标准差 $s = 0.4$, 给定 $\alpha = 0.05$, 能否认为这批铅材长度符合设计标准.

解 由于方差未知, 故采用 t 检验. 提出假设

$$H_0 : \mu = \mu_0 = 240; \quad H_1 : \mu \neq \mu_0.$$

在 H_0 成立的条件下, 选取检验统计量

$$t = \frac{\overline{X} - \mu}{S/\sqrt{n}} \sim t(n-1),$$

这里 $n = 5$, 对于给定的 $\alpha = 0.05$, 查 t 分布表 (附表 3) 求临界值 $t_{\frac{\alpha}{2}}(n-1)$ (图 7-2) 使

$$P\left\{|t| > t_{\alpha/2}(n-1)\right\} = 0.05,$$

得 $t_{0.025}(4) = 2.7764.$ 因此, 拒绝域为

$$|t| > t_{0.025}(4) = 2.7764.$$

又知

$$\bar{x} = 239.5, \quad s = 0.4,$$

于是

$$t = \frac{\bar{x} - 240}{s}\sqrt{5} = \frac{-0.5}{0.4} \times 2.236 = -2.795 < -2.7764,$$

故拒绝原假设 H_0, 认为这批铅材长度不符合设计标准.

t 检验的单边检验问题可类似给出, 这里不作详细讨论, 只将其结果列于表 8-1 中.

8.2.3 正态总体方差的检验

正态总体方差的检验也就是检验总体均值是否等于某个常数.

1. 总体均值 μ 未知时, 正态总体方差的检验

提出检验假设:

均值未知时
方差的假设检验

$$H_0 : \sigma^2 = \sigma_0^2; \quad H_1 : \sigma^2 \neq \sigma_0^2.$$

由于 S^2 比较集中地反映了 σ^2 的信息, 并且

$$\chi^2 = \frac{(n-1)S^2}{\sigma^2} \sim \chi^2(n-1),$$

于是我们选取检验统计量

$$\chi^2 = \frac{(n-1)S^2}{\sigma_0^2}.$$

在 H_0 成立的条件下, $\chi^2 = \frac{(n-1)S^2}{\sigma_0^2} \sim \chi^2(n-1)$.

给定显著性水平 α, 查 χ^2 分布表 (附表 4), 求临界值 $\chi_{\frac{\alpha}{2}}^2(n-1)$ 和 $\chi_{1-\frac{\alpha}{2}}^2(n-1)$ (图 7-3), 使得

$$P\left\{\chi_{1-\alpha/2}^2(n-1) < \chi^2 < \chi_{\alpha/2}^2(n-1)\right\} = 1 - \alpha,$$

可得拒绝域为

$$\chi^2 < \chi_{1-\alpha/2}^2(n-1) \quad \text{或} \quad \chi_{\alpha/2}^2(n-1) < \chi^2.$$

由样本观测值算出检验统计量 χ^2 的观测值, 当 $\chi^2 < \chi^2_{1-\alpha/2}(n-1)$ 或 $\chi^2_{\alpha/2}(n-1) < \chi^2$ 时, 则拒绝 H_0; 否则, 接受 H_0.

这种利用服从 χ^2 分布统计量的检验称为 χ^2 检验.

例 4 某车间生产铜丝, 生产一向比较稳定, 已知铜丝的折断力服从正态分布, 方差 $\sigma^2 = 64$. 今从产品中抽取 10 根作折断力试验, 得数据为 (单位: N)

$$570, \quad 578, \quad 572, \quad 570, \quad 568, \quad 572, \quad 570, \quad 572, \quad 596, \quad 584.$$

是否可以相信该车间的铜丝的折断力的方差为 64?

解 用 X 表示铜丝的折断力, 则 $X \sim N(\mu, \sigma^2)$, 我们的任务是要检验假设:

$$H_0 : \sigma^2 = \sigma_0^2 = 64; \quad H_1 : \sigma^2 \neq 64.$$

为此, 选取检验统计量

$$\chi^2 = \frac{(n-1)S^2}{\sigma_0^2} \sim \chi^2(n-1).$$

给定显著性水平 $\alpha = 0.05$, 查 χ^2 分布表 (附表 4), 求临界值 $\chi^2_{\frac{\alpha}{2}}(n-1)$ 和 $\chi^2_{1-\frac{\alpha}{2}}(n-1)$ (图 7-3) 使满足

$$P\left\{\chi^2_{1-\alpha/2}(n-1) < \chi^2 < \chi^2_{\alpha/2}(n-1)\right\} = 1 - \alpha,$$

得拒绝域为

$$\chi^2 < \chi^2_{1-\alpha/2}(n-1) \quad 或 \quad \chi^2_{\alpha/2}(n-1) < \chi^2.$$

此例中 $n-1 = 9, \frac{\alpha}{2} = 0.025$. 查附表 4 得

$$\chi^2_{\frac{\alpha}{2}}(n-1) = \chi^2_{0.025}(9) = 19.023,$$

$$\chi^2_{1-\frac{\alpha}{2}}(n-1) = \chi^2_{0.975}(9) = 2.700.$$

由样本观测值算得

$$\overline{x} = 575.2, \quad \sum_{i=1}^{10}(x_i - \overline{x})^2 = 681.6,$$

$$\chi^2 = \frac{1}{\sigma_0^2}\sum_{i=1}^{10}(x_i - \overline{x})^2 = 10.65.$$

因为 $2.7 < 10.65 < 19.023$, 即 χ^2 没落在拒绝域内, 故接受假设 H_0, 认为这个车间的铜丝的折断力方差与 64 无显著差异.

2. 总体均值 μ 已知时, 正态总体方差的检验

提出检验假设

$$H_0 : \sigma^2 = \sigma_0^2; \quad H_1 : \sigma^2 \neq \sigma_0^2,$$

在 H_0 成立的条件下, 可选取检验统计量

$$\chi^2 = \frac{1}{\sigma_0^2} \sum_{i=1}^{n} (X_i - \mu)^2 \sim \chi^2(n).$$

给定显著性水平 α, 查 χ^2 分布表, 求临界值 $\chi_{\frac{\alpha}{2}}^2(n)$ 和 $\chi_{1-\frac{\alpha}{2}}^2(n)$, 使得

$$P\left\{\chi_{1-\alpha/2}^2(n) < \chi^2 < \chi_{\alpha/2}^2(n)\right\} = 1 - \alpha,$$

可得拒绝域为

$$\chi^2 < \chi_{1-\alpha/2}^2(n) \quad \text{或} \quad \chi_{\alpha/2}^2(n) < \chi^2.$$

关于 χ^2 检验的单边检验可参看表 8-1.

表 8-1　单个正态总体的均值与方差的假设检验表

检验方法	条件	假设 H_0	假设 H_1	统计量及其分布	拒绝域
u 检验	σ^2 已知	$\mu = \mu_0$	$\mu \neq \mu_0$ $\mu > \mu_0$ $\mu < \mu_0$	$u = \dfrac{\overline{X} - \mu_0}{\sigma/\sqrt{n}} \sim N(0,1)$	$\|u\| > u_{\frac{\alpha}{2}}$ $u > u_\alpha, u_\alpha$ 取正数 $u < -u_\alpha$
t 检验	σ^2 未知	$\mu = \mu_0$	$\mu \neq \mu_0$ $\mu > \mu_0$ $\mu < \mu_0$	$t = \dfrac{\overline{X} - \mu_0}{S/\sqrt{n}} \sim t(n-1)$	$\|t\| > t_{\alpha/2}(n-1)$ $t > t_\alpha(n-1)$ $t < -t_\alpha(n-1)$
χ^2 检验	μ 已知	$\sigma^2 = \sigma_0^2$	$\sigma^2 \neq \sigma_0^2$ $\sigma^2 > \sigma_0^2$ $\sigma^2 < \sigma_0^2$	$\chi^2 = \dfrac{1}{\sigma_0^2} \sum_{i=1}^{n} (X_i - \mu)^2 \sim \chi^2(n)$	$\chi^2 < \chi_{1-\alpha/2}^2(n)$ 或 $\chi_{\alpha/2}^2(n) < \chi^2$ $\chi_\alpha^2(n) < \chi^2$ $\chi^2 < \chi_{1-\alpha}^2(n)$
	μ 未知	$\sigma^2 = \sigma_0^2$	$\sigma^2 \neq \sigma_0^2$ $\sigma^2 > \sigma_0^2$ $\sigma^2 < \sigma_0^2$	$\chi^2 = \dfrac{(n-1)S^2}{\sigma_0^2} \sim \chi^2(n-1)$	$\chi^2 < \chi_{1-\alpha/2}^2(n-1)$ 或 $\chi_{\alpha/2}^2(n-1) < \chi^2$ $\chi_\alpha^2(n-1) < \chi^2$ $\chi^2 < \chi_{1-\alpha}^2(n-1)$

这一节主要讨论一个正态总体的假设检验问题, 对于非正态总体的情形, 除了运用其他检验方法以外, 大样本情形, 也可以用正态总体近似处理.

8.3　两个正态总体均值与方差的假设检验

在本节的讨论中, 假定两个正态总体 X, Y 相互独立, 并且 $X \sim N(\mu_1, \sigma_1^2)$, $Y \sim N(\mu_2, \sigma_2^2)$, $X_1, X_2, \cdots, X_m$ 和 $Y_1, Y_2, \cdots, Y_n$ 分别来自总体 X 和 Y 的简单

随机样本, 且相互独立. 记

$$\overline{X} = \frac{1}{m} \sum_{i=1}^{m} X_i, \quad S_1^2 = \frac{1}{m-1} \sum_{i=1}^{m} (X_i - \overline{X})^2;$$

$$\overline{Y} = \frac{1}{n} \sum_{i=1}^{n} X_i, \quad S_2^2 = \frac{1}{n-1} \sum_{i=1}^{n} (Y_i - \overline{Y})^2.$$

8.3.1   两个正态总体均值相等的检验

1. σ_1^2, σ_2^2 已知时, 两个正态总体均值相等的检验

提出检验假设

$$H_0 : \mu_1 = \mu_2; \quad H_1 : \mu_1 \neq \mu_2.$$

检验假设 $H_0 : \mu_1 = \mu_2$ 等价于检验假设

$$H_0' : \mu_1 - \mu_2 = 0.$$

由于 $\overline{X} \sim N(\mu_1, \sigma_1^2/m), \overline{Y} \sim N(\mu_2, \sigma_2^2/n), X_1, X_2, \cdots, X_m$ 与 $Y_1, Y_2, \cdots, Y_n$ 相互独立, 所以

$$E(\overline{X} - \overline{Y}) = E(\overline{X}) - E(\overline{Y}) = \mu_1 - \mu_2,$$

$$D(\overline{X} - \overline{Y}) = D(\overline{X}) + D(\overline{Y}) = \frac{\sigma_1^2}{m} + \frac{\sigma_2^2}{n}.$$

故知

$$\overline{X} - \overline{Y} \sim N\left(\mu_1 - \mu_2, \frac{\sigma_1^2}{m} + \frac{\sigma_2^2}{n}\right).$$

当 H_0' 成立时, 可选取检验统计量

$$u = \frac{\overline{X} - \overline{Y}}{\sqrt{\dfrac{\sigma_1^2}{m} + \dfrac{\sigma_2^2}{n}}} \sim N(0, 1).$$

给定显著性水平 α, 查标准正态分布表可求得临界值 $u_{\frac{\alpha}{2}}$, 使得

$$P\left\{|u| \geqslant u_{\alpha/2}\right\} = \alpha.$$

故 H_0 的拒绝域为

$$|u| > u_{\frac{\alpha}{2}}. \tag{8.3.1}$$

2. $\sigma_1^2 = \sigma_2^2$ 未知时, 两个正态总体均值相等的检验

提出检验假设

$$H_0 : \mu_1 = \mu_2; \quad H_1 : \mu_1 \neq \mu_2.$$

当 H_0 成立时, 检验统计量

$$t = \sqrt{\frac{mn(m+n-2)}{m+n}} \frac{\overline{X} - \overline{Y}}{\sqrt{(m-1)S_1^2 + (n-1)S_2^2}} \sim t(m+n-2),$$

其中 $S_1^2 = \dfrac{1}{m-1} \sum_{i=1}^{m} (X_i - \overline{X})^2, S_2^2 = \dfrac{1}{n-1} \sum_{j=1}^{n} (Y_j - \overline{Y})^2.$

给定显著性水平 α, 查 t 分布表可求得临界值 $t_{\alpha/2}(m+n-2)$, 使得

$$P\left\{|t| \geqslant t_{\alpha/2}(m+n-2)\right\} = \alpha.$$

故 H_0 的拒绝域为

$$|t| \geqslant t_{\alpha/2}(m+n-2). \tag{8.3.2}$$

例 1 对某种物品在处理前与处理后分别抽样分析其含脂率如下:

处理前 x_i: 0.19, 0.18, 0.21, 0.30, 0.41, 0.12, 0.27.

处理后 y_j: 0.15, 0.13, 0.07, 0.24, 0.19, 0.06, 0.08, 0.12.

假设处理前后的含脂率都服从正态分布, 且方差不变, 试在 $\alpha = 0.05$ 的显著性水平上推断处理前后含脂率的平均值有无显著变化.

解 这里 σ_1^2, σ_2^2 未知, 但 $\sigma_1^2 = \sigma_2^2$, 要检验的假设为: 在 $\alpha = 0.05$ 的显著性水平下, 检验假设

$$H_0 : \mu_1 = \mu_2; \quad H_1 : \mu_1 \neq \mu_2.$$

因为

$$\overline{x} = 0.24, \quad s_1^2 = 0.0091, \quad m = 7,$$
$$\overline{y} = 0.13, \quad s_2^2 = 0.0039, \quad n = 8.$$

所以

$$t = \frac{0.24 - 0.13}{\sqrt{(7-1) \times 0.0091 + (8-1) \times 0.0039}} \sqrt{\frac{7 \times 8 \times (7+8-2)}{7+8}} = 2.68.$$

对于 $\alpha = 0.05$, 查 t 分布表 (附表 3) 得 $t_{\alpha/2}(m+n-2) = t_{0.025}(13) = 2.1604$, 故拒绝域为 $|t| > 2.1604$. 而由样本观测值算得的 $t = 2.68 > 2.1604$, 故拒绝 H_0, 认

为处理前后的含脂率的平均值有显著变化. 如果此例中让我们推断: 处理后的物品的含脂率是否比处理前的低? 则要检验的假设为

$$H_0 : \mu_1 = \mu_2; \quad H_1 : \mu_1 > \mu_2.$$

这是单边检验问题. 单边检验的过程与上面类似, 其拒绝域见表 8-1.

8.3.2 两个正态总体方差相等的检验

1. μ_1 和 μ_2 已知时, 两个正态总体方差相等的检验

提出检验假设:

$$H_0 : \sigma_1^2 = \sigma_2^2; \quad H_1 : \sigma_1^2 \neq \sigma_2^2.$$

由于

$$\chi_1^2 = \frac{1}{\sigma_1^2} \sum_{i=1}^{m} (X_i - \mu_1)^2 \sim \chi^2(m), \quad \chi_2^2 = \frac{1}{\sigma_2^2} \sum_{j=1}^{n} (Y_j - \mu_2)^2 \sim \chi^2(n),$$

在 H_0 成立的条件下, 可选取检验统计量

$$F = \frac{\chi_1^2/m}{\chi_2^2/n} = \frac{\displaystyle\sum_{i=1}^{m} (X_i - \mu_1)^2}{\displaystyle\sum_{j=1}^{n} (Y_j - \mu_2)^2} \cdot \frac{n}{m} \sim F(m, n). \tag{8.3.3}$$

给定显著性水平 α, 查 F 分布表 (附表 5), 求得临界值 $F_{\alpha/2}(m, n)$ 和 $F_{1-\alpha/2}(m, n)$, 使得

$$P\left\{F_{1-\alpha/2}(m, n) < F < F_{\alpha/2}(m, n)\right\} = 1 - \alpha,$$

故 H_0 的拒绝域为 (图 8-1)

$$F < F_{1-\alpha/2}(m, n) \quad \text{或} \quad F > F_{\alpha/2}(m, n). \tag{8.3.4}$$

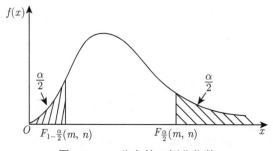

图 8-1 F 分布的双侧分位数

2. μ_1 和 μ_2 未知时, 两个正态总体方差相等的检验

提出检验假设

$$H_0 : \sigma_1^2 = \sigma_2^2; \quad H_1 : \sigma_1^2 \neq \sigma_2^2.$$

在 H_0 成立时, 可选取检验统计量

$$F = \frac{\sum_{i=1}^{m}(X_i - \overline{X})^2/(m-1)}{\sum_{j=1}^{n}(Y_j - \overline{Y})^2/(n-1)} = \frac{S_1^2}{S_2^2} \sim F(m-1, n-1). \tag{8.3.5}$$

对于给定的显著性水平 α, 查 F 分布表 (附表 5), 求得临界值 $F_{\alpha/2}(m-1, n-1)$ 和 $F_{1-\alpha/2}(m-1, n-1)$, 使得

$$P\left\{F_{1-\alpha/2}(m-1, n-1) < F < F_{\alpha/2}(m-1, n-1)\right\} = 1 - \alpha,$$

故 H_0 的拒绝域为

$$F < F_{1-\alpha/2}(m-1, n-1) \quad \text{或} \quad F > F_{\alpha/2}(m-1, n-1).$$

也可以写成

$$F < \frac{1}{F_{\alpha/2}(n-1, m-1)} \quad \text{或} \quad F > F_{\alpha/2}(m-1, n-1). \tag{8.3.6}$$

还可以写成

$$\frac{S_1^2}{S_2^2} < \frac{1}{F_{\alpha/2}(n-1, m-1)} \quad \text{或} \quad \frac{S_1^2}{S_2^2} > F_{\alpha/2}(m-1, n-1). \tag{8.3.7}$$

这种利用服从 F 分布的统计量的检验称为 F 检验. F 检验的单边检验与上面的双边检验讨论完全类似, 其结果列于表 8-2 中.

例 2 利用例 1 的数据, 检验处理前后含脂率的方差是否有显著差异 (取 $\alpha = 0.05$).

解 提出假设

$$H_0 : \sigma_1^2 = \sigma_2^2; \quad H_1 : \sigma_1^2 \neq \sigma_2^2.$$

μ_1 和 μ_2 未知, 选取检验统计量如 (8.3.5). 对于给定的 $\alpha = 0.05$, 查 F 分布表求得

$$F_{\alpha/2}(m-1, n-1) = F_{0.025}(6, 7) = 5.12,$$

$$F_{\alpha/2}(n-1, m-1) = F_{0.025}(7,6) = 5.70,$$

则拒绝域为

$$\frac{S_1^2}{S_2^2} < \frac{1}{F_{\alpha/2}(n-1, m-1)} = \frac{1}{5.7} \quad \text{或} \quad \frac{S_1^2}{S_2^2} > F_{\alpha/2}(m-1, n-1) = 5.12.$$

由样本观测值算得

$$\frac{S_1^2}{S_2^2} = \frac{0.0091}{0.0039} = 2.33 < 5.12,$$

故接受 H_0, 认为 $\sigma_1^2 = \sigma_2^2$, 即在 $\alpha = 0.05$ 的显著水平下, 认为处理前后含脂率的方差无显著差异.

表 8-2   两个正态总体均值与方差的假设检验表

检验方法	条件	假设 H_0	假设 H_1	统计量及其分布	拒绝域
u 检验	σ_1^2, σ_2^2 已知	$\mu_1 = \mu_2$	$\mu_1 \neq \mu_2$ $\mu_1 > \mu_2$ $\mu_1 < \mu_2$	$u = \dfrac{\overline{X} - \overline{Y}}{\sqrt{\dfrac{\sigma_1^2}{m} + \dfrac{\sigma_2^2}{n}}} \sim N(0,1)$	$\lvert u \rvert > u_{\alpha/2}$ $u > u_\alpha$ $u < -u_\alpha$
t 检验	$\sigma_1^2 = \sigma_2^2$ 未知	$\mu_1 = \mu_2$	$\mu_1 \neq \mu_2$ $\mu_1 > \mu_2$ $\mu_1 < \mu_2$	$t = \sqrt{\dfrac{mn(m+n-2)}{m+n}}$ $\cdot \dfrac{\overline{X} - \overline{Y}}{\sqrt{(m-1)S_1^2 + (n-1)S_2^2}}$ $\sim t(m+n-2)$	$\lvert t \rvert \geqslant t_{\alpha/2}(m+n-2)$ $t > t_\alpha(m+n-2)$ $t < -t_\alpha(m+n-2)$
F 检验	μ_1, μ_2 已知	$\sigma_1^2 = \sigma_2^2$	$\sigma_1^2 \neq \sigma_2^2$ $\sigma_1^2 > \sigma_2^2$ $\sigma_1^2 < \sigma_2^2$	$F = \dfrac{\chi_1^2/m}{\chi_2^2/n}$ $= \dfrac{\sum\limits_{i=1}^{m}(X_i - \mu_1)^2}{\sum\limits_{j=1}^{n}(Y_j - \mu_2)^2} \dfrac{n}{m}$ $\sim F(m,n)$	$F < F_{1-\alpha/2}(m,n)$ 或 $F > F_{\alpha/2}(m,n)$ $F > F_\alpha(m,n)$ $F < F_{1-\alpha}(m,n)$
	μ_1, μ_2 未知	$\sigma_1^2 = \sigma_2^2$	$\sigma_1^2 \neq \sigma_2^2$ $\sigma_1^2 > \sigma_2^2$ $\sigma_1^2 < \sigma_2^2$	$F = \dfrac{\sum\limits_{i=1}^{m}(X_i - \overline{X})^2/(m-1)}{\sum\limits_{j=1}^{n}(Y_j - \overline{Y})^2/(n-1)}$ $= \dfrac{S_1^2}{S_2^2} \sim F(m-1, n-1)$	$F < F_{1-\alpha/2}(m-1, n-1)$ 或 $F > F_{\alpha/2}(m-1, n-1)$ $F > F_\alpha(m-1, n-1)$ $F < F_{1-\alpha}(m-1, n-1)$

8.4 总体分布函数的假设检验

前面我们讨论的检验问题都是在总体分布形式已知的前提下, 对分布的参数建立假设并进行检验, 它们都属于参数假设检验问题. 下面我们讨论关于总体分布函数的假设检验, 它是一类非参数假设检验问题. 一般地讲, 设已知随机变量 X 的 n 个观测值为 $x_1, x_2, \cdots, x_n$, X 的分布函数为未知, 要检验 X 是否服从某一给定的分布函数 $F(x)$, 即我们做出假设 H_0: X 的分布函数为 $F(x)$, 其中 $F(x)$ 为一已知函数. 然后根据样本观测值来检验假设 H_0 是否成立.

8.4.1 χ^2-适度检验法

我们知道, 根据样本值可以做出一个经验分布函数 $F_n(x)$. 由于样本是随机取的, 因而经验分布函数 $F_n(x)$ 和总体分布函数 $F(x)$ 不完全吻合. 现在来构造一个统计量用以度量两个分布函数 $F_n(x)$ 与 $F(x)$ 之间的差异程度, 并用以鉴别 $F_n(x)$ 与 $F(x)$ 之间的差异是由样本的随机性引起的, 还是由所选曲线 $F(x)$ 不足以拟合所给分布而引起的.

首先, 根据样本值的范围, 把 $(-\infty, +\infty)$ 分成 k 个不相交的区间: $-\infty = t_0 < t_1 < \cdots < X_k = +\infty$ (组距可以相等也可以不相等, 组数一般是 7—14 个), 并且要求落入每个区间的样品个数不少于 5 个. 以 v_i 记落入区间 $(t_{i-1}, t_i]$ 的样品个数 (即各组频数), 并算出各组的理论概率 p_i:

$$p_i = F(t_i) - F(t_{i-1}) = P\{t_{i-1} < X \leqslant t_i\},$$

这里有

$$p_1 + p_2 + \cdots + p_k = 1; \quad v_1 + v_2 + \cdots + v_k = n.$$

在 H_0 成立的条件下, 对频率 $\dfrac{v_i}{n}$ 与概率 p_i 应比较接近, 或者说, 观测频数 v_i 与理论频数 np_i 应相差不大. 据此, 我们可以选取检验统计量

$$\chi^2 = \sum_{i=1}^{k} \frac{(v_i - np_i)^2}{np_i} \tag{8.4.1}$$

度量差异. 可以证明下面的定理: 当 $n \to \infty$ 时不论 $F(x)$ 是什么样的分布函数, 统计量

$$\chi^2 = \sum_{i=1}^{k} \frac{(v_i - np_i)^2}{np_i}$$

的极限分布是自由度为 $k-1$ 的 χ^2 分布.

当 n 充分大时, 可近似地认为 $\sum\limits_{i=1}^{k} \dfrac{(v_i - np_i)^2}{np_i}$ 是服从 $\chi^2(k-1)$ 分布的. 由于统计量 χ^2 度量的是观测频数 v_i 与理论频数 np_i 的偏离程度, χ^2 值大, 表示偏离程度大, 偏离程度越大越倾向于拒绝原假设 H_0. 于是可作检验如下:

根据给定的显著性水平 α, 查表得到临界值 $\chi^2_\alpha(k-1)$, 使得

$$P\left\{\chi^2 > \chi^2_\alpha(k-1)\right\} = \alpha,$$

然后把根据样本值算出的 χ^2 值与 $\chi^2_\alpha(k-1)$ 值比较, 如果

$$\sum_{i=1}^{k} \frac{(v_i - np_i)^2}{np_i} > \chi^2_\alpha(k-1),$$

则拒绝 H_0, 认为 X 不以 $F(x)$ 为分布函数; 否则接受 H_0.

在用 χ^2 检验时, 要求 n 很大, 并且每个区间中观测值的频数 v_i 不少于 5. 如果某些组的频数太少, 就应该在检验之前把它与邻近的组合起来, 这时相应地减少自由度.

另外, 在实际问题中, 完全给定 H_0 中的分布函数 $F(x)$ 的情况是较少的, 如果分布函数 $F(x)$ 的形式已知, 但含有未知参数, 这时 p_i 无法计算, 往往需要从样本值估计分布中的未知参数. 例如, 我们用正态分布来作理论分布时, 常常要从样本值估计参数 μ 和 σ. 这时上面提出的定理的结果必须作如下修正: 只要由样本估计一个参数, 就要在 χ^2 分布的自由度中减去 1. 例如, 对于正态分布 μ 和 σ 均须估计, 则极限分布是自由度为 $k-3$ 的 χ^2 分布.

例 1　对一个随机变量 X 进行了 500 次的观测, 得统计表如下:

分组	1	2	3	4	5	6	7	8
区间	−4—−3	−3—−2	−2—−1	−1—0	0—1	1—2	2—3	3—4
频数 v_i	6	25	72	133	120	88	46	10

检验能否以正态分布来作为 X 的理论分布.

解　设概率密度为

$$p(x) = \frac{1}{\sqrt{2\pi}\sigma} \mathrm{e}^{-\frac{(x-\mu)^2}{2\sigma^2}},$$

先确定 μ 和 σ. 求出样本平均值 $\bar{x}$ 和标准差 (以每组的组中值代表该组内各数量的值),

$$\hat{\mu} = \bar{x} = \frac{1}{500}[(-3.5) \times 6 + (-2.5) \times 25 + \cdots + 3.5 \times 10] = 0.168,$$

$$\hat{\sigma}^2 = E(X^2) - (EX)^2 = 2.123 - 0.028 = 2.095,$$

$$\hat{\sigma} = \sqrt{\hat{\sigma}^2} = 1.447.$$

这样,

$$p(x) = \frac{1}{1.447\sqrt{2\pi}} e^{-\frac{(x-0.168)^2}{2 \times 1.447^2}}.$$

下面来检验假设

$$H_0 : X \sim N(0.168, 2.095).$$

分组情况见下表, X 落入各组内的理论概率为

$$p_i = \Phi\left(\frac{t_i - \hat{\mu}}{\hat{\sigma}}\right) - \Phi\left(\frac{t_{i-1} - \hat{\mu}}{\hat{\sigma}}\right),$$

通常列成表格:

i	区间	频数 v_i	np_i	$v_i - np_i$	$(v_i - np_i)^2$	$\dfrac{(v_i - np_i)^2}{np_i}$
1	-4——-3	6	6.2	-0.2	0.04	0.01
2	-3——-2	25	26.2	-1.2	1.44	0.05
3	-2——-1	72	71.2	0.8	0.64	0.01
4	-1——0	133	122.2	10.8	116.64	0.95
5	0——1	120	131.8	-11.8	139.24	1.06
6	1——2	88	90.5	-2.5	6.25	0.07
7	2——3	46	38.2	7.8	60.84	1.59
8	3——4	10	10.5	-0.5	0.25	0.02
总计						3.76

自由度 $n = 8 - 3 = 5$. 对于给定的 $\alpha = 0.05$, 查 χ^2 分布表可得

$$\chi_\alpha^2(n) = \chi_{0.05}^2(5) = 11.07.$$

现在由样本计算得到 $\chi^2 = 3.76 < 11.07$, 故接受 H_0.

8.4.2 概率格纸检验法

检验总体的分布, 最简单直观的方法是根据实测数据作直方图或在概率格纸上作累积概率曲线, 观察其形状. 例如, 如果频率密度曲线是单峰的且近于对称的, 一般可以认为是正态分布.

概率格纸是一种判断总体分布的简便工具, 使用它既可以很快地判断总体的分布类型, 又能粗略地估计总体的数字特征. 概率格纸种类很多, 这里只介绍正态概率格纸 (图 8-2).

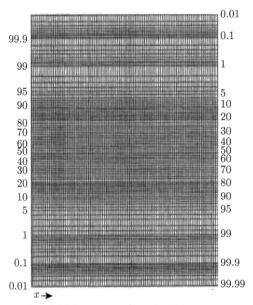

图 8-2   正态概率格纸

首先介绍正态概率格纸的构造, 我们知道对数计算尺的刻度是一种对数坐标, 这种坐标的分格是不均匀的, 即在 x 轴上按 $\lg x$ 刻度, 则函数 $y = \lg x$ 的图像就变成一条直线. 同样, 正态分布的分布函数

$$F(x) = \frac{1}{\sqrt{2\pi}\sigma} \int_{-\infty}^{x} \mathrm{e}^{-\frac{(t-\mu)^2}{2\sigma^2}} \mathrm{d}t,$$

经 $t = \dfrac{x - \mu}{\sigma}$ 变换可化为标准正态分布

$$\Phi(x) = \frac{1}{\sqrt{2\pi}} \int_{-\infty}^{x} \mathrm{e}^{-\frac{t^2}{2}} \mathrm{d}t.$$

把它画在刻度均匀的直角坐标系上, 就是一条曲线 (图 8-3). 如果将横坐标轴按均匀刻度, 而纵坐标轴按附表 1 用概率刻度, 即

横坐标

$$\cdots, -3, -2, -1, 0, 1, 2, 3, \cdots.$$

相应纵坐标

$$\cdots, 0.13\%, 2.3\%, 15.9\%, 50\%, 84.1\%, 97.7\%, 99.8\%, \cdots.$$

$\Phi(x)$ 在此图纸上的图形便是一条直线, 同样 $F(x)$ 的图形在此图纸上也是一条直线 (图 8-4).

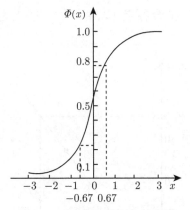

图 8-3 标准正态分布函数图

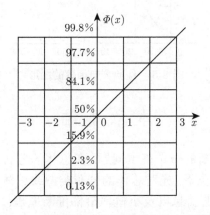

图 8-4 对数坐标轴下标准正态分布函数图

在实际问题中, 对大批数据, 判断它是否服从正态分布, 单靠直方图是不够的, 因为有的中间高两头低左右对称的曲线, 实际并不是正态曲线. 怎样用概率格纸来检验一批数据是否服从正态分布呢? 举例说明如下.

例 2 某地区铅的地化数据分组为下表, 试用概率格纸判定是否服从正态分布.

P	分组	5—15	15—25	25—35	35—45	45—55	55—65	65—75	合计
	组中值	10	20	30	40	50	60	70	
频数		8	24	55	42	31	10	2	172
频率/%		4.6	14.0	32.0	24.4	18.0	5.8	1.2	100
累积频率/%		4.6	18.6	50.6	75.0	93.0	98.8	100	

解 将各组中值对应的累积频率画在概率格纸上, 发现这些点近于一条直线,

知其分布近似于正态分布, 拟合各点 (以中间的一些点为主) 作一直线, 就是经验分布函数的图形 (图 8-5).

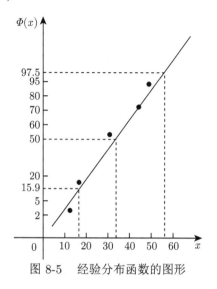

图 8-5   经验分布函数的图形

本 章 小 结

假设检验是统计推断的一个基本问题, 在总体的分布函数完全未知或只知其形式但不知其参数的情况下, 先对总体的分布类型或总体分布的参数做出某种假设, 然后根据样本提供的信息以及小概率事件推断原理, 对所作的假设作出是接受还是拒绝的决策, 这一过程就是假设检验.

一、知识清单

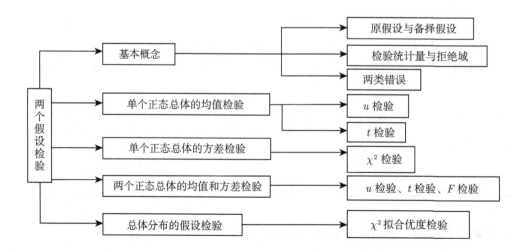

二、解题指导

参数假设检验的一般步骤:

(1) 求出未知参数 θ 的一个较优的点估计量 $\hat{\theta}$, 如最大似然估计量或无偏估计量;

(2) 以 $\hat{\theta}$ 为基础, 构造一个检验统计量 T, 使得原假设 H_0 成立时 T 的分布已知 (如 $N(0,1), t(n-1), F(m,n)$), 从而易于通过查表或计算得到这个分布的分位数, 用来作为检验的临界值;

(3) 以检验统计量 T 为基础, 根据备择假设 H_1 的实际意义, 寻找适当形状的拒绝域 (它是关于 T 的一个或两个不等式), 其中包括一个或两个临界值;

(4) 当 H_0 成立时, 犯第一类错误的概率小于或等于给定的显著性水平 α, 这给出了一个关于临界值的方程, 解出临界值, 它 (们) 等于 T 的分位数, 这样即确定了检验的拒绝域;

(5) 计算检验统计量的样本观测值, 如果落在拒绝域就拒绝 H_0, 否则, 接受 H_0.

习 题 8

1. 某地早稻收割根据长势估计平均亩产量为 310 千克, 收割时, 随机抽取了 10 块, 测出每块的实际亩产量为 $X_1, X_2, \cdots, X_{10}$, 计算得样本均值为 320 千克. 如果已知早稻亩产量 X 服从正态分布 $N(\mu, 144)$, 试问在 0.05 的显著性水平下, 所估产量是否正确?

2. 已知某种仪器的尺寸 (单位: mm) 服从正态分布 $N(\mu, \sigma^2)$, 从这批仪器中随机地抽取 5 个尺寸, 测得样本均值 $\bar{x} = 1259$, 样本方差 $s^2 = 150$, 试在显著性水平 $\alpha = 0.05$ 下确定这批仪器尺寸的平均值是否等于 1277? 给出检验过程.

3. 设考生的某次考试成绩服从正态分布, 从中任取 36 位考生的成绩, 其平均成绩为 66.5 分, 标准差为 15 分, 问在 0.05 的显著性水平下, 可否认为全体考生这次考试的平均成绩为 70 分.

4. 某厂对废水进行处理, 要求某种有害物质的浓度不超过 19 (毫克/升), 抽样检测得到 9 个数据, 其样本均值 $\bar{x} = 19.5$ (毫克/升), 样本方差 $s^2 = 1.69$ (毫克/升)^2. 设有害物质的浓度总体服从正态分布, 问在显著性水平 $\alpha = 0.05$ 下能认为处理后的废水符合标准吗?

5. 设总体分布为 $N(\mu, \sigma^2)$, 其中 $\mu, \sigma^2 > 0$ 都未知, 从中取了一个容量为 10 的样本, 得到数据:

$$3.80, \quad 4.10, \quad 4.20, \quad 4.35, \quad 4.40,$$
$$4.50, \quad 4.65, \quad 4.71, \quad 4.80, \quad 5.10.$$

在显著性水平 $\alpha = 0.1$ 下检验假设 $H_0: \sigma^2 = 0.25; H_1: \sigma^2 \neq 0.25$.

6. 某类钢板每块的重量 X 服从正态分布, 其一项质量指标是钢板重量的方差不得超过 0.016 (kg^2). 现从某天生产的钢板中随机抽取 25 块, 得其样本方差 $s^2 = 0.025$ (kg^2), 问该天生产的钢板重量的方差是否满足要求.

7. 从某锌矿的东西两支矿脉中各取 10 个样品, 化验出其中含锌量百分比如下:

东支含量百分比/%	0.23	0.27	0.30	0.25	0.23	0.21	0.35	0.28	0.17	0.24
西支含量百分比/%	0.26	0.23	0.30	0.18	0.24	0.29	0.37	0.24	0.27	0.31

设锌含量服从正态分布, 其方差相等, 取显著水平 $\alpha = 0.05$, 问东西两支矿脉能否认为是一条矿脉?

8. 某厂铸造车间为提高铸件的耐磨性而试制了一种镍合金铸件以取代铜合金铸件, 为此, 从两种铸件中各抽取一个容量分别为 8 和 9 的样本, 测得其硬度为

$$\text{镍合金:} \quad 76.43, \quad 76.21, \quad 73.58, \quad 69.69,$$
$$65.29, \quad 70.83, \quad 82.75, \quad 72.34.$$
$$\text{铜合金:} \quad 73.66, \quad 64.27, \quad 69.34, \quad 71.37,$$
$$69.77, \quad 68.12, \quad 67.27, \quad 68.07, \quad 62.61.$$

根据经验, 硬度服从正态分布, 且方差保持不变. 试在显著性水平 $\alpha = 0.05$ 下判断镍合金的硬度是否有明显提高.

9. 某校从经常参加体育锻炼的男生中随机地选出 50 名, 测得平均身高 174.34 厘米, 从不经常参加体育锻炼的男生中随机地选 50 名, 测得平均身高 172.42 厘米, 统计资料表明两种男生的身高都服从正态分布, 其标准差分别为 5.35 厘米和 6.11 厘米, 在显著性水平 $\alpha = 0.05$ 下, 问该校经常参加锻炼的男生是否比不经常参加体育锻炼的男生平均身高高些?

10. 甲、乙两台机床加工某种零件, 零件的直径服从正态分布, 总体方差反映了加工精度, 为比较两台机床的加工精度有无差别, 现从各自加工的零件中分别抽取 7 件产品和 8 件产品, 测得其直径为

$$X \text{ (机床甲):} \quad 16.2, \quad 16.4, \quad 15.8, \quad 15.5, \quad 16.7, \quad 15.6, \quad 15.8.$$
$$Y \text{ (机床乙):} \quad 15.9, \quad 16.0, \quad 16.4, \quad 16.1, \quad 16.5, \quad 15.8, \quad 15.7, \quad 15.0.$$

问在显著性水平 0.05 下两台机床的加工精度是否一致.

习题8参考解析

第 9 章　方差分析与回归分析

9.1　方差分析

9.1.1　问题的提出

在第 8 章中, 我们讨论过两个正态总体均值的比较问题, 但在科学实验或生产实践中还会经常遇到多个总体均值的比较问题, 处理这类问题通常采用方差分析的方法.

方差分析 (analysis of variance) 方法是费希尔 (Fisher) 于 1923 年首先提出来的, 它广泛应用在工农业生产和科学研究中的诸多领域, 是分析试验数据的一种有效的统计方法. 先看下面的例子.

例 1　某化工厂在合成反应后, 想知道催化剂的用量是否显著影响合成物的产量. 今在催化剂用量为 2 单位、4 单位、6 单位三个水平下, 各自重复作若干次试验, 结果见表 9-1. 问在显著性水平 $\alpha = 0.05$ 下, 催化剂用量对合成物的产量有无显著的影响?

表 9-1　合成反应试验的结果

产量＼试验序号＼水平	1	2	3	4	5	各水平下样本均值 $\overline{X}_i$
A_1 (2 单位)	74	69	73	67		70.75
A_2 (4 单位)	79	81	75			78.33
A_3 (6 单位)	82	85	80	79	81	81.40

本例关心的问题是在三种催化剂用量下合成物的产量是否存在差异. 如果记 μ_1, μ_2, μ_3 分别为三种催化剂用量下合成物产量的均值, 则该例就是要用三组样本观测值来检验假设

$$H_0 : \mu_1 = \mu_2 = \mu_3$$

是否成立.

在数理统计中, 人们称试验中受控制的条件为因素, 常用 $A, B, C, \cdots$ 表示因素; 因素所取的状态为**水平**, 比如因素 A 的水平记为 $A_1, A_2, A_3, \cdots$, 因素 B 的水平记为 $B_1, B_2, B_3, \cdots$. 在例 1 中, 仅考虑一个因素 (催化剂用量 A) 对所考察事物 (合成物的产量) 的影响, 这是一个单因素的试验问题, 相应的检验为**单因素的**

方差分析. 如果试验的结果受多个因素的影响, 就是一个多因素的试验问题, 相应的检验为**多因素的方差分析**. 多因素的方差分析比较复杂, 本书只介绍双因素且无重复试验情况下的方差分析, 这里无重复试验是指对两个因素的各个水平的每一种搭配只进行一次试验. 此时不考虑两因素之间的交互作用. 下面看一个例子.

例 2 设四名工人分别操作三种不同的机床各一天, 生产同样的产品, 其日产量如表 9-2 所示. 试在 $\alpha = 0.05$ 下检验不同的工人、不同的机床在日产量上有无显著性差异.

表 9-2　日产量试验的结果

机床 (B)		B_1	B_2	B_3
工人 (A)	甲 (A_1)	50	63	52
	乙 (A_2)	47	54	42
	丙 (A_3)	47	57	41
	丁 (A_4)	53	58	48

本例关心的问题是工人对日产量的影响是否显著, 机床对日产量的影响是否显著. 如果记 $\mu_1., \mu_2., \mu_3., \mu_4.$ 分别为四名工人的日产量的均值, $\mu._1, \mu._2, \mu._3$ 分别为三种机床的日产量的均值, 则该例就是要用样本观测值来检验假设

$$H_{0A}: \mu_1. = \mu_2. = \mu_3. = \mu_4.,$$

$$H_{0B}: \mu._1 = \mu._2 = \mu._3$$

是否成立.

下面分别介绍单因素的方差分析和双因素的方差分析.

9.1.2　单因素的方差分析

方差分析的
基本思想

一般地, 设因素 A 有 r 个水平 $A_1, A_2, \cdots, A_r$, 在水平 A_i 下进行 n_i 次试验, $i = 1, 2, \cdots, r$. 我们假定所有的试验都是独立的, 并设在第 i 个水平 A_i 下所得到的第 j 次观测值为 $x_{ij}(i = 1, 2, \cdots, r; j = 1, 2, \cdots, n_i)$, 试验结果见表 9-3. 表 9-3 中水平 A_i 下的样本均值为

$$\bar{x}_i = \frac{1}{n_i}\sum_{j=1}^{n_i} x_{ij}, \quad i = 1, 2, \cdots, r.$$

设在水平 A_i 下的总体为 $X_i\ (i = 1, 2, \cdots, r)$, 我们假设 $X_i \sim N\left(\mu_i, \sigma^2\right)$, 式中 μ_i 和 σ^2 为未知参数, σ^2 是与 i 无关的正常数.

容易想到, 如果因素 A 对试验结果的影响不显著, 则所有样本观测值 $x_{ij}\ (i = 1, 2, \cdots, r; j = 1, 2, \cdots, n_i)$ 就可以看作来自同一总体 $N\left(\mu, \sigma^2\right)$, 因此, 要检验的

假设是

$$H_0 : \mu_1 = \mu_2 = \cdots = \mu_r.$$

这实际上就是 r 个总体均值的比较问题.

表 9-3 单因素试验数据表

试验结果 试验序号 水平	1	2	$\cdots$	$\cdots$	各水平下样本均值 $\bar{x}_i$
A_1	x_{11}	x_{12}	$\cdots$	x_{1n_1}	$\bar{x}_1$
A_2	x_{21}	x_{22}	$\cdots$	x_{2n_2}	$\bar{x}_2$
$\vdots$	$\vdots$	$\vdots$		$\vdots$	$\vdots$
A_r	x_{r1}	x_{r2}	$\cdots$	x_{rn_r}	$\bar{x}_r$

由于样本均值 $\bar{x}_i$ 是随机变量, 它们之间确实存在差异, 能否由此断言 H_0 不成立呢? 不能, 因为即使在同一水平下各试验数据之间还是有差异, 这显然是由于除因素 A 以外的其他随机影响引起的随机误差, 它也会引起各样本均值之间的差异. 因此, 问题不在于各样本均值之间是否有差异, 而在于这种差异与随机误差相比是否显著偏大, 如果是, 我们就有理由认为因素对试验结果有显著影响, 从而拒绝 H_0.

现在我们需要对这些差异作定量的描述, 并选择适当的统计量, 以便完成对前面所提假设的检验. 解决问题的关键是偏差平方和分解与比较.

令

$$S_T = \sum_{i=1}^{r} \sum_{j=1}^{n_i} (x_{ij} - \bar{x})^2, \tag{9.1.1}$$

其中 $\bar{x} = \dfrac{1}{n} \sum_{i=1}^{r} \sum_{j=1}^{n_i} x_{ij}$, $n = \sum_{i=1}^{r} n_i$ 为试验数据个数. S_T 是各试验结果与其总平均的偏差平方和, 它反映了各试验结果之间的总的差异程度, 我们称 S_T 为**总偏差平方和**. 它的自由度 (即偏差平方和中独立数据的个数) 为 $f_T = n - 1$.

令

$$S_A = \sum_{i=1}^{r} n_i (\bar{x}_i - \bar{x})^2. \tag{9.1.2}$$

易见, S_A 的数值大小反映了各样本均值间的差异程度, 它包含了由于因素水平不同而引起的差异, 我们称 S_A 为**组间偏差平方和**. 它的自由度为 $f_A = r - 1$.

令

$$S_E = \sum_{i=1}^{r} \sum_{j=1}^{n_i} (x_{ij} - \bar{x}_i)^2. \tag{9.1.3}$$

S_E 表示各观测样本值内部差异总和, $\displaystyle\sum_{j=1}^{n_i} (x_{ij} - \bar{x}_i)^2$ 表示第 i 个样本内部的差异,

我们称 S_E 为**组内偏差平方和**. 该偏差平方和是由随机误差引起的, 又称之为**误差平方和**. 它的自由度为 $f_E = n - r$.

容易证明

$$S_T = S_A + S_E, \tag{9.1.4}$$

$$f_T = f_A + f_E. \tag{9.1.5}$$

事实上,

$$
\begin{aligned}
S_T &= \sum_{i=1}^{r}\sum_{j=1}^{n_i} (x_{ij} - \bar{x})^2 = \sum_{i=1}^{r}\sum_{j=1}^{n_i} [(x_{ij} - \bar{x}_i) + (\bar{x}_i - \bar{x})]^2 \\
&= \sum_{i=1}^{r}\sum_{j=1}^{n_i} (x_{ij} - \bar{x}_i)^2 + \sum_{i=1}^{r}\sum_{j=1}^{n_i} (\bar{x}_i - \bar{x})^2 + 2\sum_{i=1}^{r}\sum_{j=1}^{n_i} (x_{ij} - \bar{x}_i)(\bar{x}_i - \bar{x}) \\
&= \sum_{i=1}^{r} n_i (\bar{x}_i - \bar{x})^2 + \sum_{i=1}^{r}\sum_{j=1}^{n_i} (x_{ij} - \bar{x}_i)^2 = S_A + S_E,
\end{aligned}
$$

这里用到了

$$\sum_{i=1}^{r}\sum_{j=1}^{n_i} (x_{ij} - \bar{x}_i)(\bar{x}_i - \bar{x}) = \sum_{i=1}^{r} (\bar{x}_i - \bar{x}) \left(\sum_{j=1}^{n_i} x_{ij} - n_i \bar{x}_i\right) = 0.$$

式 (9.1.4) 称为**偏差平方和分解公式**, 式 (9.1.5) 称为**自由度分解公式**. 偏差平方和分解公式表明, 各试验结果之间的差异可以分解为纯粹由随机波动引起的差异与包含因素水平不同而引起的差异之和.

可以证明当 $H_0: \mu_1 = \mu_2 = \cdots = \mu_r$ 成立时,

$$F = \frac{S_A/(r-1)}{S_E/(n-r)} \sim F(r-1, n-r). \tag{9.1.6}$$

由此可以选取 $F = \dfrac{S_A/(r-1)}{S_E/(n-r)}$ 作为检验统计量. 若 H_0 为真, 则 F 的值不应太大. 因此, 对于给定的显著性水平 α $(0 < \alpha < 1)$ 和自由度 $(r-1, n-r)$, 查 F 分布表 (附表 5), 求得临界值 $F_\alpha(r-1, n-r)$, 使得

$$P\{F > F_\alpha(r-1, n-r)\} = \alpha.$$

于是, 该检验的拒绝域为

$$F > F_{\alpha}(r-1, n-r).$$

利用试验后的样本值计算 F 统计量的观测值, 当 $F > F_{\alpha}(r-1, n-r)$ 时, 拒绝原假设 H_0, 即认为在显著性水平 α 下, 因素 A 的不同水平对试验结果有显著影响; 当 $F \leqslant F_{\alpha}(r-1, n-r)$ 时, 接受 H_0, 即认为在显著性水平 α 下, 因素 A 的不同水平对试验结果没有显著影响. 将以上几项主要结果列成一个方差分析表, 见表 9-4.

表 9-4　单因素方差分析表

方差来源	偏差平方和	自由度	均方和	F 值	显著性
组间	S_A	$r-1$	$S_A/(r-1)$	$F = \dfrac{S_A/(r-1)}{S_E/(n-r)}$	
组内	S_E	$n-r$	$S_E/(n-r)$		
总和	S_T	$n-1$			

关于表 9-4 中 "显著性" 一栏, 若 $F > F_{0.01}(r-1, n-r)$, 否定 H_0, 有特别显著的差异, 在栏中填 "**"; 若 $F > F_{0.05}(r-1, n-r)$, 否定 H_0, 有显著差异, 在栏中填 "*"; 若 $F \leqslant F_{0.05}(r-1, n-r)$, 接受 H_0, 栏中不填写.

以上解决了单因素的方差分析问题. 由于偏差平方和的计算比较复杂, 在实际计算中常采用下面的简化公式:

$$S_A = Q - P, \quad S_E = R - Q, \quad S_T = R - P, \tag{9.1.7}$$

其中

$$P = \frac{1}{n}\left(\sum_{i=1}^{r}\sum_{j=1}^{n_i} x_{ij}\right)^2, \quad Q = \sum_{i=1}^{r}\frac{1}{n_i}\left(\sum_{j=1}^{n_i} x_{ij}\right)^2, \quad R = \sum_{i=1}^{r}\sum_{j=1}^{n_i} x_{ij}^2.$$

事实上,

$$S_A = \sum_{i=1}^{r} n_i(\bar{x}_i - \bar{x})^2 = \sum_{i=1}^{r} n_i\bar{x}_i^2 - 2\bar{x}\sum_{i=1}^{r} n_i\bar{x}_i + n\bar{x}^2 = \sum_{i=1}^{r} n_i\bar{x}_i^2 - n\bar{x}^2$$

$$= \sum_{i=1}^{r}\frac{1}{n_i}\left(\sum_{j=1}^{n_i} x_{ij}\right)^2 - \frac{1}{n}\left(\sum_{i=1}^{r}\sum_{j=1}^{n_i} x_{ij}\right)^2 = Q - P,$$

$$S_E = \sum_{i=1}^{r}\sum_{j=1}^{n_i}(x_{ij} - \bar{x}_i)^2 = \sum_{i=1}^{r}\sum_{j=1}^{n_i} x_{ij}^2 - 2\sum_{i=1}^{r}\bar{x}_i\sum_{j=1}^{n_i} x_{ij} + \sum_{i=1}^{r} n_i\bar{x}_i^2$$

$$= \sum_{i=1}^{r} \sum_{j=1}^{n_i} x_{ij}^2 - \sum_{i=1}^{r} n_i \bar{x}_i^2$$

$$= \sum_{i=1}^{r} \sum_{j=1}^{n_i} x_{ij}^2 - \sum_{i=1}^{r} \frac{1}{n_i} \left(\sum_{j=1}^{n_i} x_{ij} \right)^2 = R - Q,$$

$$S_T = \sum_{i=1}^{r} \sum_{j=1}^{n_i} (x_{ij} - \bar{x})^2 = \sum_{i=1}^{r} \sum_{j=1}^{n_i} x_{ij}^2 - 2\bar{x} \sum_{i=1}^{r} \sum_{j=1}^{n_i} x_{ij} + n\bar{x}^2 = \sum_{i=1}^{r} \sum_{j=1}^{n_i} x_{ij}^2 - n\bar{x}^2$$

$$= \sum_{i=1}^{r} \sum_{j=1}^{n_i} x_{ij}^2 - \frac{1}{n} \left(\sum_{i=1}^{r} \sum_{j=1}^{n_i} x_{ij} \right)^2 = R - P.$$

例 3 利用单因素的方差分析方法解答本节例 1 所提出的问题.

解 由题意, $r = 3$, $n_1 = 4$, $n_2 = 3$, $n_3 = 5$, $n = n_1 + n_2 + n_3 = 12$, 并且

$$\sum_{j=1}^{n_1} x_{1j} = 283, \quad \sum_{j=1}^{n_2} x_{2j} = 235, \quad \sum_{j=1}^{n_3} x_{3j} = 407, \quad \sum_{i=1}^{r} \sum_{j=1}^{n_i} x_{ij} = 925.$$

根据式 (9.1.7) 可得

$$P = \frac{1}{n} \left(\sum_{i=1}^{r} \sum_{j=1}^{n_i} x_{ij} \right)^2 = \frac{1}{12} \times 925^2 = \frac{855625}{12} = 71302.083,$$

$$Q = \sum_{i=1}^{r} \frac{1}{n_i} \left(\sum_{j=1}^{n_i} x_{ij} \right)^2 = \frac{283^2}{4} + \frac{235^2}{3} + \frac{407^2}{5} = 71560.383,$$

$$R = \sum_{i=1}^{r} \sum_{j=1}^{n_i} x_{ij}^2 = 74^2 + 69^2 + \cdots + 81^2 = 71633,$$

$$S_A = Q - P = 258.3,$$

$$S_E = R - Q = 72.617,$$

$$S_T = R - P = 330.917.$$

代入式 (9.1.6), 求得 F 的观测值为

$$F = \frac{S_A/(r-1)}{S_E/(n-r)} = \frac{258.30/(3-1)}{72.617/(12-3)} = 16.01.$$

根据 $\alpha = 0.05$ 和自由度 $(2, 9)$, 查 F 分布表得临界值 $F_{0.05}(2, 9) = 4.26$. 因为

$$F = 16.01 > 4.26 = F_{0.05}(2, 9),$$

所以, 拒绝 H_0, 即在显著性水平 $\alpha = 0.05$ 下, 催化剂用量 A 对合成物产量有显著的影响. 最后, 将有关计算结果列入方差分析表中, 如表 9-5 所示.

表 9-5 合成反应试验的方差分析表

方差来源	偏差平方和	自由度	均方和	F 值	显著性
组间	258.30	2	129.15	16.01	*
组内	72.617	9	8.069		
总和	330.917	11			

进一步地, 由于 $F = 16.01 > 8.02 = F_{0.01}(2, 9)$, 因而催化剂用量 A 对合成物产量有特别显著的影响, 在表 9-5 中 "显著性" 一栏, 也可填写 "**".

单因素方差分析问题的一般提法: 设某因素 A 有 r 个水平 $A_1, A_2, \cdots, A_r$, 在水平 A_i 下试验结果构成的总体记为 X_i, 又在第 i 个水平下, 重复进行了 n_i 次试验 (为了提高精度, 一般进行等重复试验, 即 $n_1 = n_2 = \cdots = n_r$), 得到 X_i 的一个样本 $x_{i1}, x_{i2}, \cdots, x_{in_i}$. 设 $X_i \sim N(\mu_i, \sigma^2)$, $i = 1, 2, \cdots, r$, σ^2 为正常数, 试检验

$$H_0 : \mu_1 = \mu_2 = \cdots = \mu_r,$$

即检验因素 A 的水平变动对试验的结果没有显著影响.

检验步骤如下:

1. 计算 F 的观测值

(1) 计算偏差平方和

$$S_A = Q - P, \quad S_E = R - Q.$$

(2) 计算自由度

$$f_A = r - 1, \quad f_E = n - r.$$

(3) 计算 F 值

$$F = \frac{S_A/(r-1)}{S_E/(n-r)}.$$

2. 进行检验

(1) 当 H_0 成立时, 对给定的显著性水平 α 和自由度 $(r-1, n-r)$, 查 F 分布表 (附表 5) 求得临界值 $F_\alpha(r-1, n-r)$, 使 $P\{F > F_\alpha(r-1, n-r)\} = \alpha$, 即得检验 H_0 的拒绝域 $F > F_\alpha(r-1, n-r)$.

(2) 当 $F > F_\alpha(r-1, n-r)$ 时, 拒绝 H_0; 当 $F \leqslant F_\alpha(r-1, n-r)$ 时, 接受 H_0.

9.1.3　双因素的方差分析

下面仅简单地介绍双因素不重复试验的方差分析.

设因素 A 取 m 个水平 $A_1, A_2, \cdots, A_m$, 因素 B 取 n 个水平 $B_1, B_2, \cdots, B_n$, 则因素 A 与 B 共有 $m \times n$ 种不同的水平配合. 对于每一种水平配合进行一次试验, 记 A_i 与 B_j 进行搭配所得的试验数据为 x_{ij} $(i = 1, 2, \cdots, m; j = 1, 2, \cdots, n)$, 这样共有 $m \times n$ 个数据. 现将 $m \times n$ 次试验及其所得数据列成表 9-6.

表 9-6　双因素试验数据表

试验结果 $\diagdown$ B / A	B_1	B_2	$\cdots$	B_n	$T_{i \cdot} = \sum\limits_{j=1}^{n} x_{ij}$	$\bar{x}_{i \cdot} = \dfrac{T_{i \cdot}}{n}$
A_1	x_{11}	x_{12}	$\cdots$	x_{1n}	$T_{1 \cdot}$	$\bar{x}_{1 \cdot}$
A_2	x_{21}	x_{22}	$\cdots$	x_{2n}	$T_{2 \cdot}$	$\bar{x}_{2 \cdot}$
$\vdots$	$\vdots$	$\vdots$		$\vdots$	$\vdots$	$\vdots$
A_m	x_{m1}	x_{m2}	$\cdots$	x_{mn}	$T_{m \cdot}$	$\bar{x}_{m \cdot}$
$T_{\cdot j} = \sum\limits_{i=1}^{m} x_{ij}$	$T_{\cdot 1}$	$T_{\cdot 2}$	$\cdots$	$T_{\cdot n}$	$T = \sum\limits_{i=1}^{m} T_{i \cdot} = \sum\limits_{j=1}^{n} T_{\cdot j} = \sum\limits_{i=1}^{m} \sum\limits_{j=1}^{n} x_{ij}$	
$\bar{x}_{\cdot j} = \dfrac{T_{\cdot j}}{m}$	$\bar{x}_{\cdot 1}$	$\bar{x}_{\cdot 2}$	$\cdots$	$\bar{x}_{\cdot n}$		$\bar{x} = \dfrac{T}{mn}$

设在水平 A_i 和 B_j 下试验结果构成的总体为 X_{ij}, 与单因素的方差分析的假定前提一样, 令 $X_{ij} \sim N(\mu_{ij}, \sigma^2)$, x_{ij} 表示它的一个样本观测值. 如果因素 A 的影响不显著, 则因素 A 的各个水平的均值应该相等. 因此, 要检验的假设为

$$H_{0A} : \mu_{1 \cdot} = \mu_{2 \cdot} = \cdots = \mu_{m \cdot},$$

其中

$$\mu_{i \cdot} = \frac{1}{n} \sum_{j=1}^{n} \mu_{ij}, \quad i = 1, 2, \cdots, m.$$

同样地, 如果因素 B 的影响不显著, 则因素 B 的各个水平的均值应该相等. 因此, 要检验的假设为

$$H_{0B} : \mu_{\cdot 1} = \mu_{\cdot 2} = \cdots = \mu_{\cdot n},$$

其中

$$\mu_{\cdot j} = \frac{1}{m} \sum_{i=1}^{m} \mu_{ij}, \quad j = 1, 2, \cdots, n.$$

同单因素方差分析相仿, 令

$$S_T = \sum_{i=1}^{m} \sum_{j=1}^{n} (x_{ij} - \bar{x})^2,$$

$$S_A = n \sum_{i=1}^{m} (\bar{x}_{i\cdot} - \bar{x})^2,$$

$$S_B = m \sum_{j=1}^{n} (\bar{x}_{\cdot j} - \bar{x})^2,$$

$$S_E = \sum_{i=1}^{m} \sum_{j=1}^{n} (x_{ij} - \bar{x}_{i\cdot} - \bar{x}_{\cdot j} + \bar{x})^2,$$

则 S_T 为总偏差平方和, 反映了数据总的差异; S_A 和 S_B 分别为因素 A 和 B 的偏差平方和, 分别反映了因素 A 和 B 的水平发生变化后所引起的差异; S_E 为误差平方和, 反映了除因素 A 和 B 以外的随机因素引起的差异.

可以证明偏差平方和分解公式

$$S_T = S_A + S_B + S_E,$$

S_T, S_A, S_B, S_E 的自由度分别为

$$f_T = mn - 1, \quad f_A = m - 1, \quad f_B = n - 1, \quad f_E = (m-1)(n-1),$$

且满足自由度分解公式

$$f_T = f_A + f_B + f_E.$$

事实上,

$$S_T = \sum_{i=1}^{m} \sum_{j=1}^{n} (x_{ij} - \bar{x})^2 = \sum_{i=1}^{m} \sum_{j=1}^{n} [(x_{ij} - \bar{x}_{i\cdot} - \bar{x}_{\cdot j} + \bar{x}) + (\bar{x}_{i\cdot} - \bar{x}) + (\bar{x}_{\cdot j} - \bar{x})]^2$$

$$= \sum_{i=1}^{m} \sum_{j=1}^{n} (x_{ij} - \bar{x}_{i\cdot} - \bar{x}_{\cdot j} + \bar{x})^2 + n \sum_{i=1}^{m} (\bar{x}_{i\cdot} - \bar{x})^2 + m \sum_{j=1}^{n} (\bar{x}_{\cdot j} - \bar{x})^2$$

$$= S_E + S_A + S_B,$$

这里用到了各交叉项求和后均为 0.

在计算偏差平方和时, 常用下列表达式

$$S_T = \sum_{i=1}^{m} \sum_{j=1}^{n} x_{ij}^2 - \frac{T^2}{mn},$$

$$S_A = \frac{1}{n} \sum_{i=1}^{m} T_{i\cdot}^2 - \frac{T^2}{mn},$$

$$S_B = \frac{1}{m} \sum_{j=1}^{n} T_{\cdot j}^2 - \frac{T^2}{mn},$$

$$S_E = S_T - S_A - S_B,$$

其中 $T_{i\cdot} = \sum_{j=1}^{n} x_{ij}$, $T_{\cdot j} = \sum_{i=1}^{m} x_{ij}$, $T = \sum_{i=1}^{m} \sum_{j=1}^{n} x_{ij}$. 事实上,

$$S_T = \sum_{i=1}^{m} \sum_{j=1}^{n} (x_{ij} - \bar{x})^2 = \sum_{i=1}^{m} \sum_{j=1}^{n} x_{ij}^2 - mn\bar{x}^2 = \sum_{i=1}^{m} \sum_{j=1}^{n} x_{ij}^2 - \frac{T^2}{mn},$$

$$S_A = n \sum_{i=1}^{m} (\bar{x}_{i\cdot} - \bar{x})^2 = n \sum_{i=1}^{m} \bar{x}_{i\cdot}^2 - mn\bar{x}^2 = \frac{1}{n} \sum_{i=1}^{m} T_{i\cdot}^2 - \frac{T^2}{mn},$$

$$S_B = m \sum_{j=1}^{n} (\bar{x}_{\cdot j} - \bar{x})^2 = m \sum_{j=1}^{n} \bar{x}_{\cdot j}^2 - mn\bar{x}^2 = \frac{1}{m} \sum_{j=1}^{n} T_{\cdot j}^2 - \frac{T^2}{mn}.$$

选取检验统计量

$$F_A = \frac{S_A/(m-1)}{S_E/[(m-1)(n-1)]}, \quad F_B = \frac{S_B/(n-1)}{S_E/[(m-1)(n-1)]}.$$

可以证明, 当 H_{0A} 和 H_{0B} 成立时

$$F_A \sim F(m-1, (m-1)(n-1)),$$

$$F_B \sim F(n-1, (m-1)(n-1)).$$

对给定的显著性水平 α, 查 F 分布表, 分别求得临界值

$$F_{A\alpha} = F_\alpha(m-1, (m-1)(n-1)), \quad F_{B\alpha} = F_\alpha(n-1, (m-1)(n-1)),$$

使得

$$P\{F_A > F_{A\alpha}\} = \alpha, \quad P\{F_B > F_{B\alpha}\} = \alpha.$$

于是, 在显著性水平 α 下, 检验的拒绝域分别为

$$F_A > F_{A\alpha}, \quad F_B > F_{B\alpha}.$$

计算检验统计量 F_A 的观测值, 当 $F_A > F_{A\alpha}$ 时, 拒绝 H_{0A}, 表示因素 A 作用显著; 否则, 接受 H_{0A}, 表示因素 A 作用不显著.

同样地, 计算检验统计量 F_B 的观测值, 当 $F_B > F_{B\alpha}$ 时, 拒绝 H_{0B}, 表示因素 B 作用显著; 否则, 接受 H_{0B}, 表示因素 B 作用不显著.

上述结果可汇总成方差分析表, 见表 9-7.

表 9-7　双因素方差分析表

方差来源	偏差平方和	自由度	均方和	F 值	显著性
因素 A	S_A	$f_A = m - 1$	S_A/f_A	F_A	
因素 B	S_B	$f_B = n - 1$	S_B/f_B	F_B	
误差	S_E	$f_E = (m-1)(n-1)$	S_E/f_E		
总和	S_T	$f_T = mn - 1$			

例 4　利用双因素的方差分析方法解答本节例 2 所提出的问题.

解　由题意, $m = 4$, $n = 3$, $mn = 12$, 并且

$$T_{1\cdot} = \sum_{j=1}^{3} x_{1j} = 165, \quad T_{2\cdot} = \sum_{j=1}^{3} x_{2j} = 143,$$

$$T_{3\cdot} = \sum_{j=1}^{3} x_{3j} = 145, \quad T_{4\cdot} = \sum_{j=1}^{3} x_{4j} = 159,$$

$$T_{\cdot 1} = \sum_{i=1}^{4} x_{i1} = 197, \quad T_{\cdot 2} = \sum_{i=1}^{4} x_{i2} = 232,$$

$$T_{\cdot 3} = \sum_{i=1}^{4} x_{i3} = 183, \quad T = \sum_{i=1}^{4}\sum_{j=1}^{3} x_{ij} = 612,$$

于是可得

$$S_T = \sum_{i=1}^{4}\sum_{j=1}^{3} x_{ij}^2 - \frac{T^2}{12} = 31678 - \frac{612^2}{12} = 31678 - 31212 = 466,$$

$$S_A = \frac{1}{3}\sum_{i=1}^{4} T_{i\cdot}^2 - \frac{T^2}{12} = \frac{1}{3}\times(165^2+143^2+145^2+159^2) - \frac{612^2}{12} = 114.67,$$

$$S_B = \frac{1}{4}\sum_{j=1}^{3} T_{\cdot j}^2 - \frac{T^2}{12} = \frac{1}{4}\times(197^2+232^2+183^2) - \frac{612^2}{12} = 318.5,$$

$$S_E = S_T - S_A - S_B = 32.83,$$

从而有

$$F_A = \frac{S_A/(m-1)}{S_E/[(m-1)(n-1)]} = \frac{114.67/3}{32.83/6} = 6.986,$$

$$F_B = \frac{S_B/(n-1)}{S_E/[(m-1)(n-1)]} = \frac{318.5/2}{32.83/6} = 29.104.$$

查 F 分布表得临界值 $F_{0.05}(3,6) = 4.76$, $F_{0.05}(2,6) = 5.14$. 因为

$$F_A = 6.986 > 4.76 = F_{0.05}(3,6),\quad F_B = 29.104 > 5.14 = F_{0.05}(2,6),$$

所以, 拒绝原假设, 即在显著性水平 $\alpha = 0.05$ 下, 不同的工人、不同的机床在日产量上都有显著性差异. 最后, 将有关计算结果列入方差分析表中, 如表 9-8 所示.

表 9-8　日产量试验的方差分析表

方差来源	偏差平方和	自由度	均方和	F 值	显著性
因素 A	114.67	3	38.2233	6.986	*
因素 B	318.5	2	159.25	29.104	*
误差	32.83	6	5.4717		
总和	466	11			

9.2　回归分析

9.2.1　问题的提出

首先看一个例子.

例 1　在某种产品表面进行腐蚀刻线试验, 得到腐蚀深度 Y 与腐蚀时间 x 之间对应的一组数据见表 9-9.

表 9-9　腐蚀刻线试验数据

x/s	5	10	15	20	30	40	50	60	70	90	120
$Y/\mu\text{m}$	6	10	10	13	16	17	19	23	25	29	46

根据以上观测数据, 如何找出腐蚀深度 Y 与腐蚀时间 x 之间的关系呢?

　　在生产管理和科学研究中, 经常会遇到各种不同的变量, 同一过程中的这些变量之间往往存在着一定的关系. 这种关系大致可以分为两类: 一类是确定性关系, 如自由落体运动中, 物体下落的距离 s 与所需时间 t 之间满足关系 $s = 1/2gt^2$, 如果 t 的值确定了, 那么 s 的值也就唯一确定了. 另一类是不确定关系, 如人的身高与体重之间的关系, 一般来说, 人的身高大一些, 相应地体重也会大一些, 但这种关系并不是确定的. 又如例 1 中腐蚀深度 Y 与腐蚀时间 x 之间的关系也不确定, 但总体来说, 腐蚀时间越长, 相应的腐蚀深度也倾向于越大. 我们称变量之间的这种不确定关系为**相关关系**.

　　变量之间的相关关系在自然现象中普遍存在, 其原因是测量上的误差和其他一些随机因素的干扰. 数理统计中研究变量之间相关关系的一种有效方法就是回归分析 (regression analysis). "回归" 一词是英国人类学家、生物统计学家高尔顿 (Galton) 于 1886 年首先提出的, 他开创了回归分析研究的先河.

　　假设 $x_1, x_2, \cdots, x_m$ 是一组可以控制的变量, Y 是与 $x_1, x_2, \cdots, x_m$ 有关的随机变量. 在给定 $x_1, x_2, \cdots, x_m$ 的值的条件下, Y 与 $x_1, x_2, \cdots, x_m$ 之间的关系为

$$Y = g(x_1, x_2, \cdots, x_m) + \varepsilon, \tag{9.2.1}$$

其中 $g(x_1, x_2, \cdots, x_m)$ 是 $x_1, x_2, \cdots, x_m$ 的函数, 而 ε 是随机误差, 它表示许多没有考虑的随机因素的综合影响, $E(\varepsilon) = 0$. 在已知 $x_1, x_2, \cdots, x_m$ 的条件下,

$$E(Y) = g(x_1, x_2, \cdots, x_m).$$

　　通常, 将式 (9.2.1) 称为**回归模型**; $g(x_1, x_2, \cdots, x_m)$ 称为**回归函数**, 它反映了 Y 的平均趋势或主要部分. Y 与 $x_1, x_2, \cdots, x_m$ 之间的不确定性由 ε 描述.

　　回归分析就是在模型 (9.2.1) 的基础上利用试验数据或观测数据估计出回归函数 $g(x_1, x_2, \cdots, x_m)$ 并进行统计分析. 如果回归模型中仅涉及一个自变量, 则称为**一元回归模型**, 涉及两个及以上自变量, 则称为**多元回归模型**; 如果回归函数是线性函数, 则称为**线性回归模型**, 如果回归函数不是线性函数, 则称为**非线性回归模型**. 本节主要讨论一元线性回归模型.

9.2.2 一元线性回归模型

　　设 x 是一可控变量, Y 是一随机变量. 如何确定 Y 与 x 之间的一元线性回归模型呢? 下面我们以例 1 为例进行说明.

一元线性回归

　　作出例 1 数据的散点图 (图 9-1), 从该图中可见, 这些点虽然是散乱的, 但大致散布在一条直线的周围. 也就是说, 腐蚀深度 Y 与腐蚀时间 x 之间大致呈线性关系

$$Y = a + bx + \varepsilon. \tag{9.2.2}$$

通常假设 $\varepsilon \sim N(0, \sigma^2)$, σ^2 与 x 无关. 为了确定式 (9.2.2) 中的参数 a, b, 进行 n 次独立观测. 假设第 i 次观测结果为 (x_i, y_i), 由式 (9.2.2) 可知

$$y_i = a + bx_i + \varepsilon_i, \quad i = 1, 2, \cdots, n, \tag{9.2.3}$$

其中 $\varepsilon_1, \varepsilon_2, \cdots, \varepsilon_n$ 独立同分布且服从正态分布 $N(0, \sigma^2)$. 形如式 (9.2.2) 和式 (9.2.3) 所确定的模型称为**一元线性回归模型**, 建立在一元线性回归模型基础上的统计分析称为**一元线性回归分析**.

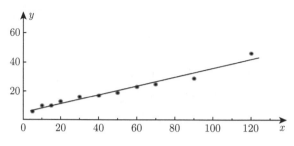

图 9-1　腐蚀刻线试验数据的散点图及回归直线

在模型 (9.2.2) 下, $E(Y) = a + bx$. 若记 $\hat{y} = E(Y)$, 则有

$$\hat{y} = a + bx, \tag{9.2.4}$$

称之为**一元线性回归方程**或**回归直线**, a 和 b 为待定参数, a 为常数项, b 为回归系数. 这里, 在 y 上加 $\wedge$, 是为了区别于 Y (随机变量) 的观测值 y, 因为 Y 与 x 之间一般不具有函数关系.

下面我们按最小二乘原则来求待定参数 a 与 b 的估计值 $\hat{a}$ 与 $\hat{b}$.

假设当 x 固定时, Y 服从正态分布, $(x_i, y_i)\,(i = 1, 2, \cdots, n)$ 为 (x, Y) 的一组观测值. 对每个观测值 x_i, 由回归方程可确定一个回归值 $\hat{y}_i = a + bx_i$, 它与观测值 y_i 不一定相等, y_i 与 $\hat{y}_i$ 的偏离程度可由偏差 $y_i - \hat{y}_i = y_i - a - bx_i$ 来刻画. 显然, 只有所有偏差的平方和

$$Q = Q(a, b) = \sum_{i=1}^{n} (y_i - \hat{y}_i)^2 = \sum_{i=1}^{n} (y_i - a - bx_i)^2 \tag{9.2.5}$$

最小时, 回归直线才能更好地反映 x 与 y 之间的关系. 此时, 选取 a, b 使得偏差平方和 $Q(a, b)$ 为最小的值. 为此, 利用二元函数求极值的方法, 我们把 $Q(a, b)$ 分别对 a 和 b 求偏导数并令它们等于零, 就得到

$$\begin{cases} \dfrac{\partial Q}{\partial a} = -2\sum_{i=1}^{n}(y_i - a - bx_i) = 0, \\[3mm] \dfrac{\partial Q}{\partial b} = -2\sum_{i=1}^{n}(y_i - a - bx_i)x_i = 0, \end{cases}$$

化简得

$$\begin{cases} na + b\sum_{i=1}^{n}x_i = \sum_{i=1}^{n}y_i, \\[3mm] a\sum_{i=1}^{n}x_i + b\sum_{i=1}^{n}x_i^2 = \sum_{i=1}^{n}x_iy_i, \end{cases}$$

解此方程组, 得

$$\begin{cases} \hat{b} = \dfrac{\displaystyle\sum_{i=1}^{n}x_iy_i - n\bar{x}\bar{y}}{\displaystyle\sum_{i=1}^{n}x_i^2 - n\bar{x}^2}, \\[6mm] \hat{a} = \bar{y} - \hat{b}\bar{x}, \end{cases} \tag{9.2.6}$$

其中

$$\bar{x} = \frac{1}{n}\sum_{i=1}^{n}x_i, \quad \bar{y} = \frac{1}{n}\sum_{i=1}^{n}y_i.$$

使 Q 最小的原则称为**最小二乘原则**, 按这样原则求出的估计值 $\hat{a}$ 和 $\hat{b}$ 分别称为 a 和 b 的**最小二乘估计值** (least square estimate). 相应地, 求得的经验回归方程为

$$\hat{y} = \hat{a} + \hat{b}x.$$

例 1 中, 由表 9-9 里面的数据进行计算, 所得结果见表 9-10.

由表 9-10 可知 $n = 11$, $\bar{x} = \dfrac{510}{11}$, $\bar{y} = \dfrac{214}{11}$, 代入式 (9.2.6) 有

$$\hat{b} = \frac{13910 - 11 \times \dfrac{510}{11} \times \dfrac{214}{11}}{36750 - 11 \times \left(\dfrac{510}{11}\right)^2} = 0.304,$$

$$\hat{a} = \frac{214}{11} - 0.304 \times \frac{510}{11} = 5.36.$$

故腐蚀深度与腐蚀时间的回归直线为

$$\hat{y} = 5.36 + 0.304x. \tag{9.2.7}$$

表 9-10 腐蚀刻线试验计算表

序号	x_i	y_i	x_i^2	y_i^2	$x_i y_i$
1	5	6	25	36	30
2	10	10	100	100	100
3	15	10	225	100	150
4	20	13	400	169	260
5	30	16	900	256	480
6	40	17	1600	289	680
7	50	19	2500	361	950
8	60	23	3600	529	1380
9	70	25	4900	625	1750
10	90	29	8100	841	2610
11	120	46	14400	2116	5520
总和	510	214	36750	5422	13910

9.2.3 线性关系的显著性检验

从求回归直线的过程来看, 对任何一组试验数据 $(x_i, y_i)\,(i = 1, 2, \cdots, n)$, 不管 Y 与 x 是否真有线性相关关系, 都可按最小二乘原则形式上求得 Y 对 x 的回归直线, 这就产生一个问题: Y 与 x 是否真的有线性相关关系, 或者说 Y 与 x 的线性相关程度如何? 解决这个问题, 需要建立检验方法, 这里介绍 F 检验法和相关系数检验法.

记

$$l_{xx} = \sum_{i=1}^{n} \left(x_i - \bar{x}\right)^2 = \sum_{i=1}^{n} x_i^2 - n\bar{x}^2,$$

$$l_{yy} = \sum_{i=1}^{n} \left(y_i - \bar{y}\right)^2 = \sum_{i=1}^{n} y_i^2 - n\bar{y}^2,$$

$$l_{xy} = \sum_{i=1}^{n} \left(x_i - \bar{x}\right)\left(y_i - \bar{y}\right) = \sum_{i=1}^{n} x_i y_i - n\bar{x}\bar{y},$$

则有

$$\hat{b} = \frac{l_{xy}}{l_{xx}}.$$

1. F 检验法——方差分析法

检验线性回归模型 $Y = a + bx + \varepsilon$, 实质上是检验

$$H_0 : b = 0, \quad H_1 : b \neq 0.$$

构造检验统计量

$$F = \frac{U/f_U}{Q/f_Q} = \frac{(n-2)U}{Q},$$

其中

$$U = \sum_{i=1}^{n} (\hat{y}_i - \bar{y})^2 = l_{xy}\hat{b},$$

$$Q = \sum_{i=1}^{n} (y_i - \hat{y}_i)^2 = l_{yy} - U, \quad \hat{y}_i = \hat{a} + \hat{b}x_i \ (i = 1, 2, \cdots, n).$$

l_{yy} 为总偏差平方和, 其自由度 $f_T = n - 1$; U 为**回归平方和**, 其自由度 $f_U = 1$; Q 为**残差平方和**, 其自由度 $f_Q = n - 2$. 可以证明, 在原假设 H_0 成立的条件下,

$$F = \frac{(n-2)U}{Q} \sim F(1, n-2). \tag{9.2.8}$$

给定显著性水平 α, 由 F 分布表查出临界值 $F_\alpha(1, n-2)$, 使得

$$P\{F > F_\alpha(1, n-2)\} = \alpha,$$

该检验的拒绝域为

$$F > F_\alpha(1, n-2).$$

若 $F > F_\alpha(1, n-2)$, 则拒绝 H_0, 说明回归方程显著; 反之, 若 $F \leqslant F_\alpha(1, n-2)$, 则接受 H_0, 说明回归方程不显著.

下面对上例中的腐蚀深度与腐蚀时间的线性关系进行显著性检验. 经计算

$$l_{yy} = \sum_{i=1}^{n} y_i^2 - n\bar{y}^2 = 5422 - 11 \times \left(\frac{214}{11}\right)^2 = \frac{13846}{11} = 1258.727,$$

$$l_{xy} = \sum_{i=1}^{n} x_i y_i - n\bar{x}\bar{y} = 13910 - 11 \times \frac{510}{11} \times \frac{214}{11} = \frac{43870}{11} = 3988.182,$$

$$U = l_{xy}\hat{b} = 1213.746, \quad Q = l_{yy} - U = 44.981, \quad F = \frac{(n-2)U}{Q} = 242.85.$$

查表得 $F_{0.01}(1, 9) = 10.56$, 显然有 $F = 242.85 > 10.56 = F_{0.01}(1, 9)$, 因而, 拒绝原假设 H_0, 说明建立的回归方程是特别显著的.

2. 相关系数检验法

我们知道样本相关系数

$$\gamma = \frac{\sum\limits_{i=1}^{n}\left(X_i - \overline{X}\right)\left(Y_i - \overline{Y}\right)}{\sqrt{\sum\limits_{i=1}^{n}\left(X_i - \overline{X}\right)^2 \sum\limits_{i=1}^{n}\left(Y_i - \overline{Y}\right)^2}}$$

可以作为总体相关系数的估计量, 可以验证其观测值

$$\hat{\gamma} = \frac{\sum\limits_{i=1}^{n}\left(x_i - \bar{x}\right)\left(y_i - \bar{y}\right)}{\sqrt{\sum\limits_{i=1}^{n}\left(x_i - \bar{x}\right)^2 \sum\limits_{i=1}^{n}\left(y_i - \bar{y}\right)^2}} \tag{9.2.9}$$

具有性质: $0 \leqslant \hat{\gamma} \leqslant 1$. 当所有观测点 $(x_i, y_i)\,(i=1,2,\cdots,n)$ 全落在一条直线上时, $|\hat{\gamma}| = 1$, 这表明变量 Y 与 x 完全线性相关 (图 4-1(a), (f)); 当 Y 与 x 不存在线性关系时, $|\hat{\gamma}| = 0$ (图 4-1(c), (d)); 当 $0 < |\hat{\gamma}| < 1$ 时, 表明 Y 与 x 的线性相关程度介于中间状态. $|\hat{\gamma}|$ 较大, 表示 Y 与 x 的线性关系密切; $|\hat{\gamma}|$ 较小, 表示 Y 与 x 的线性关系不密切 (图 4-1(b), (e)). $\hat{\gamma}$ 的这些性质告诉我们, 可以用 $\hat{\gamma}$ 值的大小来衡量 Y 与 x 的线性相关程度. 那么, $|\hat{\gamma}|$ 究竟多大, 才能认为 Y 与 x 的线性相关关系显著呢? 根据对 $\hat{\gamma}$ 的概率性质的研究 (证明略), 已经作出相关系数的临界值表 (附表 6). 对于给定的显著性水平 α, 临界值 $\gamma_\alpha(n-2)$ 仅依赖于自由度 $n-2$ (自由度等于样本容量 n 减去变量的个数).

应用时, 由实测数据计算出样本相关系数 $\hat{\gamma}$, 并从附表 6 中查出对应的临界值 $\gamma_\alpha(n-2)$. 若 $|\hat{\gamma}| > \gamma_\alpha(n-2)$, 则认为 Y 与 x 之间的线性相关程度显著; 反之, 若 $|\hat{\gamma}| \leqslant \gamma_\alpha(n-2)$, 则认为 Y 与 x 之间的线性相关程度不显著, 或者说 Y 与 x 不存在线性相关关系.

计算 $\hat{\gamma}$ 时, 常用式 (9.2.9) 的简化公式, 即

$$\hat{\gamma} = \frac{\sum\limits_{i=1}^{n} x_i y_i - n\bar{x}\bar{y}}{\sqrt{\left(\sum\limits_{i=1}^{n} x_i^2 - n\bar{x}^2\right)\left(\sum\limits_{i=1}^{n} y_i^2 - n\bar{y}^2\right)}} = \frac{l_{xy}}{\sqrt{l_{xx}l_{yy}}}. \tag{9.2.10}$$

采用相关系数检验法, 对上例中的腐蚀深度与腐蚀时间的线性关系进行显著性检验. 经计算,

$$l_{xx} = \sum_{i=1}^{n} x_i^2 - n\bar{x}^2 = 36750 - 11 \times \left(\frac{510}{11}\right)^2 = \frac{144150}{11} = 13104.545,$$

$$\hat{\gamma} = \frac{l_{xy}}{\sqrt{l_{xx}l_{yy}}} = \frac{3988.182}{\sqrt{13104.545 \times 1258.727}} = 0.982.$$

取显著性水平 $\alpha = 0.01$, 自由度为 $n - 2 = 11 - 2 = 9$, 由附表 6 查得相关系数临界值 $\gamma_{0.01}(9) = 0.735$. 由于 $|\hat{\gamma}| = 0.982 > 0.735 = \gamma_{0.01}(9)$, 故可以认为腐蚀深度 Y 与腐蚀时间 x 之间的线性相关程度是特别显著的. 从而前面求得的回归直线方程确实可以用来描述腐蚀深度随时间的变化规律.

9.2.4 预测与控制

两个变量间回归方程建立起来之后, 可以应用它来解决预测和控制问题. 所谓预测, 就是对给定的变量 x 的值, 估计 Y 的值将落在什么范围. 而控制问题, 就是当希望 Y 变量落在某指定范围内时, 研究如何控制变量 x 来达到这个目的. 这两个问题, 实际上是一个问题的正反两个方面. 先讨论预测问题.

1. 预测问题

虽然由观测值 $(x_i, y_i)\,(i = 1, 2, \cdots, n)$ 求出的回归方程

$$\hat{y} = \hat{a} + \hat{b}x \tag{9.2.11}$$

能用来描述变量 Y 与 x 间的变化规律, 但是, 由于它们之间的关系不是确定性的, 所以对于 x 的任一给定值 x_0, 相应的观测值 Y_0 是一个随机变量, 即

$$Y_0 = a + bx_0 + \varepsilon_0, \quad \varepsilon_0 \sim N\left(0, \sigma^2\right).$$

一般来讲, 它是以回归直线上与 x_0 相对应的值 $\hat{y}_0$ ($\hat{y}_0 = \hat{a} + \hat{b}x_0$ 是 Y_0 的点预测值) 为中心的正态随机变量. 由正态分布的性质可知, 当 n 较大, 且 x_0 与 $\bar{x}$ 接近时, 近似地有

$$P\left\{\hat{a} + \hat{b}x_0 - 1.96\sigma < Y_0 < \hat{a} + \hat{b}x_0 + 1.96\sigma\right\} = 0.95. \tag{9.2.12}$$

式 (9.2.12) 说明当 x 取值 x_0 时, 对应的 Y_0 的值以 0.95 的概率落在区间

$$\left(\hat{a} + \hat{b}x_0 - 1.96\sigma, \hat{a} + \hat{b}x_0 + 1.96\sigma\right) \tag{9.2.13}$$

之内. 这个区间称为 Y_0 的置信度为 0.95 的预测区间.

Y 的方差 σ^2 往往是未知的, 但可以证明

$$S_y^2 = \frac{1}{n-2}\sum_{i=1}^{n}(y_i-\hat{y}_i)^2 = \frac{Q}{n-2}$$

是 σ^2 的无偏估计, 其中 $\hat{y}_i = \hat{a}+\hat{b}x_i$, $i=1,2,\cdots,n$. 以 S_y 代替 σ, 则对给定的 x_0, Y_0 的置信度为 0.95 的预测区间为

$$(\hat{y}_0 - 1.96S_y, \hat{y}_0 + 1.96S_y), \tag{9.2.14}$$

其中

$$S_y = \sqrt{\frac{1}{n-2}\sum_{i=1}^{n}(y_i-\hat{y}_i)^2} = \sqrt{\frac{Q}{n-2}}.$$

一般地, 为了简便起见, 用 2 近似代替 1.96, 此时, 上述预测区间近似为

$$(\hat{y}_0 - 2S_y, \hat{y}_0 + 2S_y). \tag{9.2.15}$$

在计算 S_y 时, 也可利用

$$S_y^2 = \frac{(1-\hat{\gamma}^2)\sum_{i=1}^{n}(y_i-\bar{y})^2}{n-2} = \frac{(1-\hat{\gamma}^2)l_{yy}}{n-2} \tag{9.2.16}$$

进行求解.

随着 x 值的变化, Y 的预测区间的上下限给出了如图 9-2 所示的两条平行于回归直线的直线 L_1 与 L_2. 由此可以预测, 与以 $\bar{x}$ 为中心的一系列 x 值相应的 Y 值以 0.95 的概率落在直线 L_1 与 L_2 所夹的区间内部.

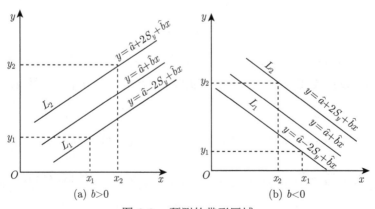

图 9-2　预测的带形区域

同理, 可以得到 Y_0 的置信度为 0.997 的预测区间为

$$(\hat{y}_0 - 3S_y, \hat{y}_0 + 3S_y).$$

2. 控制问题

如果希望 Y 值以 0.95 的置信度落在区间 (y_1, y_2) 内, 则 x 的控制区间可以从图 9-2 虚线所示的对应关系中确定出来. 通过

$$y_1 = \hat{a} - 2S_y + \hat{b}x_1, \tag{9.2.17}$$

$$y_2 = \hat{a} + 2S_y + \hat{b}x_2, \tag{9.2.18}$$

解出 x_1, x_2. 当 $\hat{b} > 0$ 时, 控制区间为 (x_1, x_2); 当 $\hat{b} < 0$ 时, 控制区间为 (x_2, x_1). 但应注意, 只有 $y_2 - y_1 > 4S_y$ 时, 所求控制区间才有意义.

例 2 利用例 1 的试验结果, (1) 预测腐蚀时间为 75s 时, 腐蚀深度 Y 的范围; (2) 若要求腐蚀深度 Y 在 10—20μm, 问腐蚀时间应如何控制?

解 (1) 把 $x_0 = 75$ 代入回归方程 (9.2.7) 得

$$\hat{y}_0 = 5.36 + 0.304 \times 75 = 28.16.$$

将 $\hat{\gamma} = 0.982$, $l_{yy} = \sum\limits_{i=1}^{n} (y_i - \bar{y})^2 = 1258.727$ 代入式 (9.2.16) 得

$$S_y^2 = \frac{(1 - \hat{\gamma}^2) l_{yy}}{n - 2} = \frac{(1 - 0.982^2) \times 1258.727}{9} \approx 5.0,$$

或者直接计算出

$$S_y^2 = \frac{Q}{n - 2} = \frac{44.981}{9} \approx 5.0.$$

于是

$$S_y = \sqrt{5.0} = 2.236,$$

从而

$$\hat{y}_0 - 2S_y = 28.16 - 2 \times 2.236 = 23.69,$$

$$\hat{y}_0 + 2S_y = 28.16 + 2 \times 2.236 = 32.63.$$

故当腐蚀时间为 75s 时, 腐蚀深度的置信度为 0.95 的预测区间为

$$(23.69μm, 32.63μm),$$

即腐蚀深度以 0.95 的概率介于 23.69μm 与 32.63μm 之间.

(2) 当要求腐蚀深度在 10—20μm 时, 则由式 (9.2.17) 和式 (9.2.18) 有

$$5.36 - 2 \times 2.236 + 0.304x_1 = 10,$$

$$5.36 + 2 \times 2.236 + 0.304x_2 = 20.$$

由此解得 $x_1 = 29.97$, $x_2 = 33.45$, 即腐蚀时间要控制在 29.97s 至 33.45s 之间.

从前面的讨论可知, 用最小二乘法求解回归直线比较简便实用, 因此, 一元线性回归应用得较广泛.

9.2.5　可线性化的一元非线性回归

在实际问题中, 有时两个变量之间的关系并不是线性关系, 需要考虑采用非线性回归模型. 一般地, 非线性模型结构的选取是不容易的, 但在一些特殊情形下, 我们可以根据专业知识或散点图, 选择适当的曲线方程, 然后通过换元, 把非线性回归化为线性回归问题.

为了便于读者选择适当的曲线类型, 我们列举一些常用的曲线方程及其图形, 并给出相应的化为线性回归的换元公式.

(1) 双曲线: $\dfrac{1}{y} = a + \dfrac{b}{x}$, 如图 9-3 所示.

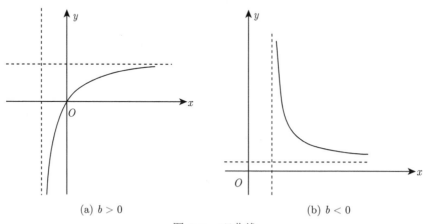

(a) $b > 0$ (b) $b < 0$

图 9-3　双曲线

令 $y' = \dfrac{1}{y}$, $x' = \dfrac{1}{x}$, 则有

$$y' = a + bx'.$$

(2) 幂函数曲线: $y = ax^b$, $a > 0$, $x > 0$, 如图 9-4 所示.

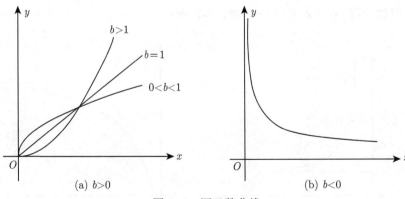

图 9-4　幂函数曲线

令 $y' = \ln y$, $x' = \ln x$, $a' = \ln a$, 则有

$$y' = a' + bx'.$$

(3) 指数函数曲线: $y = ae^{bx}$, $a > 0$, 如图 9-5 所示.

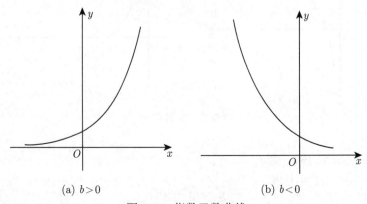

图 9-5　指数函数曲线

令 $y' = \ln y$, $x' = x$, $a' = \ln a$, 则有

$$y' = a' + bx'.$$

(4) 负指数函数曲线: $y = ae^{\frac{b}{x}}$, $a > 0$, 如图 9-6 所示.

令 $y' = \ln y$, $x' = \dfrac{1}{x}$, $a' = \ln a$, 则有

$$y' = a' + bx'.$$

(5) 对数曲线: $y = a + b\ln x$, 如图 9-7 所示.

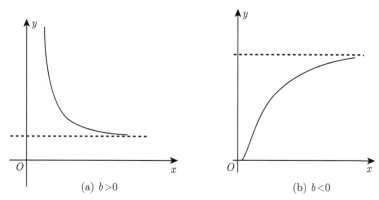

(a) $b > 0$ (b) $b < 0$

图 9-6   负指数函数曲线

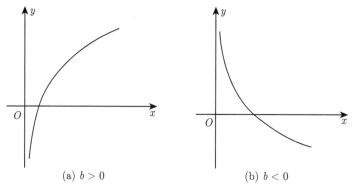

(a) $b > 0$ (b) $b < 0$

图 9-7   对数曲线

令 $y' = y$, $x' = \ln x$, 则有

$$y' = a + bx'.$$

(6) S 型曲线: $y = \dfrac{1}{a + b\mathrm{e}^{-x}}$, 如图 9-8 所示.

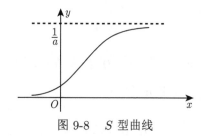

图 9-8 S 型曲线

令 $y' = \dfrac{1}{y}$, $x' = \mathrm{e}^{-x}$, 则有

$$y' = a + bx'.$$

例 3 现测得电机电刷的接触电压降与所通过的电流密度的数据见表 9-11.

表 9-11　电机试验数据表

电流密度 x	2.5	5	7.5	10	12.5	15	17.5	20	22.5
接触电压降 y	0.65	1.25	1.70	2.08	2.40	2.54	2.66	2.82	3.00

试求变量 x 与 y 之间的关系式.

解　(1) 确定变量 x 与 y 之间的函数类型.

我们按观测数据作散点图, 如图 9-9 所示.

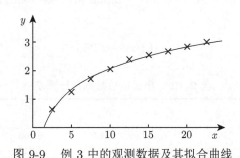

图 9-9　例 3 中的观测数据及其拟合曲线

从图 9-9 中可以看出, 接触电压降随电流密度的增加而增加, 而且最初增加较快, 以后逐渐减慢趋于稳定. 根据这个特点, 我们选用双曲线

$$\frac{1}{y} = a + \frac{b}{x}$$

来表示接触电压降 y 与电流密度 x 之间的关系.

(2) 确定关系式中的参数 a 和 b.

作变换

$$y' = \frac{1}{y}, \quad x' = \frac{1}{x},$$

则原关系式转化为

$$y' = a + bx',$$

这就变成了一元线性回归问题. 具体计算如表 9-12 所示.

由表 9-12 知, $n = 9$, $\bar{x}' = 1.131/9 = 0.126$, $\bar{y}' = 5.282/9 = 0.587$, 并且

$$l_{x'x'} = \sum_{i=1}^n x_i'^2 - \frac{1}{n}\left(\sum_{i=1}^n x_i'\right)^2 = 0.246 - \frac{1}{9} \times 1.131^2 = 0.104,$$

$$l_{x'y'} = \sum_{i=1}^n x_i'y_i' - \frac{1}{n}\sum_{i=1}^n x_i' \sum_{i=1}^n y_i' = 1.014 - \frac{1}{9} \times 1.131 \times 5.282 = 0.350,$$

$$l_{y'y'} = \sum_{i=1}^n y_i'^2 - \frac{1}{n}\left(\sum_{i=1}^n y_i'\right)^2 = 4.289 - \frac{1}{9} \times 5.282^2 = 1.189,$$

$$\hat{b} = \frac{l_{x'y'}}{l_{x'x'}} = \frac{0.350}{0.104} = 3.365,$$

$$\hat{a} = \bar{y}' - \hat{b}\bar{x}' = 0.587 - 3.365 \times 0.126 = 0.163,$$

于是, 回归方程为

$$y' = 0.163 + 3.365x'.$$

表 9-12   电机试验数据与计算表

编号	x_i	y_i	$x_i' = \dfrac{1}{x_i}$	$y_i' = \dfrac{1}{y_i}$	$x_i'^2$	$y_i'^2$	$x_i'y_i'$
1	2.5	0.65	0.400	1.538	0.160	2.365	0.615
2	5.0	1.25	0.200	0.800	0.040	0.640	0.160
3	7.5	1.70	0.133	0.588	0.018	0.346	0.078
4	10	2.08	0.100	0.481	0.010	0.231	0.048
5	12.5	2.40	0.080	0.417	0.006	0.174	0.033
6	15	2.54	0.067	0.394	0.004	0.155	0.026
7	17.5	2.66	0.057	0.376	0.003	0.141	0.021
8	20	2.82	0.050	0.355	0.003	0.126	0.018
9	22.5	3.00	0.044	0.333	0.002	0.111	0.015
总和			1.131	5.282	0.246	4.289	1.014

对 x' 与 y' 之间的回归方程的有效性, 可用 F 检验法进行检验. 经计算

$$U = l_{x'y'}\hat{b} = 1.178, \quad Q = l_{y'y'} - U = 0.011, \quad F = \frac{(n-2)U}{Q} = 749.64.$$

显然有 $F = 749.64 > 12.25 = F_{0.01}(1, 7)$, 这说明建立的回归方程是特别显著的. 这里, 也可采用相关系数检验法进行检验. 易知

$$\hat{\gamma}' = \frac{l_{x'y'}}{\sqrt{l_{x'x'}l_{y'y'}}} = \frac{0.350}{\sqrt{0.104 \times 1.189}} = 0.995.$$

由于 $|\hat{\gamma}| = 0.995 > 0.798 = \gamma_{0.01}(7)$, 因而, 回归方程是特别显著的.

最后, 由 $x' = \dfrac{1}{x}$, $y' = \dfrac{1}{y}$, 可得曲线方程为

$$\frac{1}{y} = 0.163 + \frac{3.365}{x}.$$

本 章 小 结

统计方法是解决统计问题的重要工具. 本章主要介绍两种常用的研究变量之间关系的统计方法——方差分析和回归分析. 方差分析用于处理多个总体均值的比较问题, 着重考虑一个或一些变量 (因素) 对一特定变量 (指标) 是否有影响及影响大小. 回归分析是研究变量之间相关关系的一种有效方法, 着重寻求变量之间近似的函数关系.

一、知识清单

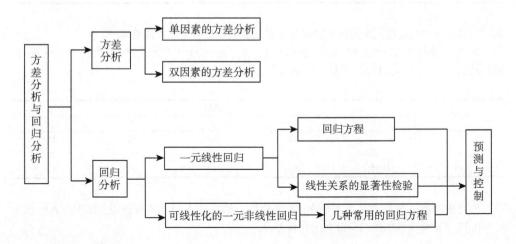

二、解题指导

1. 方差分析的过程可分为三个步骤:

(1) 表述问题;

(2) 分析偏差平方和;

(3) 方差的显著性检验——F 检验法.

2. 回归分析的过程可分为四个步骤:

(1) 根据一组数据作出散点图, 结合实际经验或者试配来确定选配何种曲线;

(2) 利用最小二乘法求出回归方程中待定系数的估计值;

(3) 利用 F 检验法或相关系数检验法进行显著性检验;

(4) 解决预测和控制问题.

本章重点: 掌握单因素方差分析、双因素不重复试验的方差分析的基本方法, 掌握一元线性回归模型的分析方法, 会对一些实际问题进行方差分析和线性回归分析.

需说明的是, 高中新课标数学教材已经对线性回归模型的基本思想和方法进行了初步直观的介绍, 本书主要从 F 检验法、区间预测与控制等方面进行了深入阐释.

习 题 9

1. 现有三个地区 A_1, A_2, A_3, 这三个地区人的血液中胆固醇的含量如下:

地区	测量值/(mg/100g)								
A_1	403	311	269	336	259				
A_2	312	222	302	402	420	386	353	210	286	290
A_3	403	244	353	235	319	260			

试用方差分析法判定这三个地区人的血液中胆固醇的含量有无显著性差异.

2. 今有某型号的电池三批, 它们分别是 A_1, A_2, A_3 三个工厂所生产的. 为评比其质量, 各随机抽取 5 个电池作为样品, 经试验得其寿命 (单位: h) 如下:

数据	试验				
	1	2	3	4	5
A_1	40	48	38	42	45
A_2	26	34	30	28	32
A_3	39	40	43	50	50

假定电池的寿命均服从正态分布, 方差相等. 请完成下列方差分析表, 并在显著性水平 $\alpha = 0.05$ 下检验电池的平均寿命有无显著差异.

电池寿命试验的方差分析表

方差来源	偏差平方和	自由度	均方和	F 值	显著性
组间	615.6				
组内	216.4				
总和	832				

3. 某厂对生产的高速钢铣刀进行淬火工艺试验, 考察等温温度、淬火温度两个因素对硬度的影响. 现对等温温度 A 取三个水平 $A_1 = 280°C$, $A_2 = 300°C$, $A_3 = 320°C$, 淬火温度 B 取三个水平 $B_1 = 1210°C$, $B_2 = 1235°C$, $B_3 = 1250°C$, 在 A 和 B 的每个水平组合下进行一次试验, 测得的平均硬度如下:

硬度		B		
		B_1	B_2	B_3
A	A_1	64	66	68
	A_2	66	68	67
	A_3	65	67	68

试问不同的等温温度、不同的淬火温度对铣刀平均硬度的影响是否显著?

4. 某铁路货运站统计了一段时间的零担货运量如下:

天数 x	180	200	235	270	285	290	300
百吨数 y	36	47	64	78	85	87	90

对于给定的 x, 设 y 为正态随机变量, 且其方差与 x 无关. 求 y 对 x 的线性回归方程, 并检验相关性.

5. 在硝酸钠 (NaNO$_3$) 的溶解度试验中, 对不同的温度 t℃ 测得溶解于 100ml 水中的硝酸钠质量 Y 的观测值如下:

t_i	0	4	10	15	21	29	36	51	68
y_i	66.7	71.0	76.3	80.6	85.7	92.9	99.6	113.6	125.1

从理论知 Y 与 t 满足线性回归模型 (9.2.2).

(1) 求 Y 对 t 的回归方程;

(2) 检验线性关系的显著性 ($\alpha = 0.01$);

(3) 求 Y 在 $t = 25$℃ 时的预测区间 (置信度为 0.95).

6. 某种合金的抗拉强度 Y 与钢中含碳量 x 满足线性回归模型 (9.2.2). 今实测了 92 组数据 $(x_i, y_i)\,(i = 1, 2, \cdots, 92)$ 并算得

$$\bar{x} = 0.1255, \quad \bar{y} = 45.7989, \quad l_{xx} = 0.3018, \quad l_{yy} = 2941.0339, \quad l_{xy} = 26.5097.$$

(1) 求 Y 对 x 的回归方程;

(2) 对回归方程作显著性检验 ($\alpha = 0.01$);

(3) 当含碳量 $x = 0.09$ 时, 求 Y 的置信度为 0.95 的预测区间;

(4) 若要控制抗拉强度以 0.95 的概率落在 (38, 52) 中, 那么含碳量 x 应控制在什么范围内?

7. 电容器充电后, 电压达到 100V, 然后开始放电, 设在 t_i 时刻, 电压 U 的观察值为 u_i, 具体数据如下:

t_i	0	1	2	3	4	5	6	7	8	9	10
u_i	100	75	55	40	30	20	15	10	10	5	5

(1) 画出散点图;

(2) 用指数曲线模型 $U = ae^{bt}$ 来拟合 U 与 t 的关系, 求 a, b 的估计值.

习题9参考解析

第 10 章　MATLAB 软件应用

概率论与数理统计是研究大量随机现象统计规律的一门数学学科, 如何对现实中的随机现象进行模拟和数据处理, 成为概率论与数理统计实验课程的重要内容. 在各种数据处理软件中, MATLAB 以其功能强大、操作方便著称. 本章主要学习如何通过 MATLAB 来实现概率论与数理统计中的理论.

本章内容的介绍是建立在 MATLAB R2016a 的基础上的, 注意不同版本会影响结果形式.

10.1　概率计算的 MATLAB 实现

10.1.1　MATLAB 简介

MATLAB 是 Matrix Laboratory (矩阵实验室) 的缩写, 它是以线性代数软件包 LINPACK 和特征值计算软件包 EISPACK 中的子程序为基础发展起来的一种开放式程序设计语言, 是一种高性能的工程计算语言, 其基本的数据单位是没有维数限制的矩阵.

MATLAB 的指令表达式与数学、工程中常用的形式十分相似, 故用 MATLAB 进行计算要比用仅支持标量的非交互式的编程语言简捷得多. 在大学中, MATLAB 是很多数学类、工程和科学类的初等和高等课程的标准指导工具. 在工业上, MATLAB 是产品研究、开发和分析经常选用的工具.

MATLAB 的应用范围非常广, 包括信号和图像处理、通信、控制系统设计、测试和测量、财务建模和分析及计算生物学等众多应用领域. 附加的工具箱 (单独提供的专用 MATLAB 函数集) 扩展了 MATLAB 环境, 以解决这些应用领域内特定类型的问题.

MATLAB 的主要功能如下:

(1) 此高级语言可用于技术计算;

(2) 此开发环境可对代码、文件和数据进行管理, 交互式工具可以按迭代的方式探查、设计及求解问题;

(3) 数学函数可用于线性代数、统计、傅里叶分析、筛选、优化及数值积分等;

(4) 二维和三维图形函数可用于可视化数据, 各种工具可用于构建自定义的图形用户界面;

(5) 各种函数可将基于 MATLAB 的算法与外部应用程序和语言 (如 C, C++, Fortran, JavaCOM 及 Microsoft Excel) 集成.

10.1.2 古典概率及其模型

古典概型是概率论的起源, 也是概率论中最直观、最重要的模型, 在密码学、经济学、管理学等学科中具有重要的应用.

由古典概率的定义知, 掷硬币这一随机事件为古典概型, 它出现的样本点是有限的且等可能性的. 在 MATLAB 中, 可以用计算机模拟掷硬币这一过程, 为了模拟硬币出现正面或反面, 随机数小于 0.5 时为反面, 否则为正面.

MATLAB 提供了一个在区间 [0, 1] 上均匀分布的随机函数 rand, 可以用 round 函数将其结果变成 0-1 矩阵, 然后将整个矩阵的各元素值加起来再除以总的元素个数即为出现正面的概率.

1. 函数 rand 的调用格式及功能

(1) 调用格式 1: rand(N).
功能: 返回一个 $N \times N$ 的随机矩阵.
(2) 调用格式 2: rand(N, M).
功能: 返回一个 $N \times M$ 的随机矩阵.
(3) 调用格式 3: rand(P1, P2, $\cdots$, Pn).
功能: 返回一个 $P_1 \times P_2 \times \cdots \times P_n$ 的随机矩阵.

2. 函数 round 的调用格式及功能

调用格式: round(X).
功能: 对向量或矩阵 X 的每个分量四舍五入取整.

例 1 连续掷 1000000 次硬币, 记录重复 10, 100, 1000, 10000, 100000, 1000000 次试验模拟出现正面的概率.

解 在 MATLAB 的命令行窗口 ">>" 后面输入以下代码.

```
for i=1:6
    a(i)=sum(round(rand(1, 10^i)))/10^i;
end
```

在 ">>" 后面输入 "a" 可得结果如下.

a =

    0.6000   0.5300   0.4960   0.4947   0.5023   0.5001

运行结果 "a" 的值为重复试验出现正面的平均频率, 概率的统计定义是建立在频率基础上的, 在试验次数充分多时, 利用频率值代替概率值.

从上面运行的结果可以看出, 当样本容量不够大时, 其频率的波动范围很大,即频率不够稳定, 即频率具有波动性. 然而随着样本容量的增加, 频率的波动范围越来越小, 即频率具有稳定性.

10.1.3　条件概率、全概率公式与伯努利概率

对于条件概率模型, MATLAB 也可进行模拟, 比如摸球试验, 在 MATLAB 中模拟这一过程时, 可在 $[0, 1]$ 区间上产生随机数来模拟摸球.

例 2　袋中有 10 个球, 其中 7 个白球 3 个黑球. 不放回摸球三次, 每次取一个. 求:

(1) 第三次摸到了黑球的概率;

(2) 第三次才摸到黑球的概率;

(3) 三次都摸到了黑球的概率.

解　采用不放回地摸球, 由于第二次摸球会受到第一次的影响, 而第三次球又会受到前两次的影响, 因而三次摸球相互影响, 并不相互独立. 用计算机模拟该过程时, 在 $[0, 1]$ 区间模拟第一次摸球, 当值小于 0.7 时认为摸到了白球, 否则认为摸到了黑球; 第二次摸球时, 由于少了一个球, 故可在区间长度为 0.9 的区间上模拟. 若第一次摸到白球, 可将区间设为 $[0.1, 1]$, 否则区间设为 $[0, 0.9]$; 第三次摸球可以此类推. 重复 10, 100, $\cdots$, 1000000 次试验, 分别求上述三种情况出现的概率.

模拟程序代码如下.

```
>>a=rand(1000000, 3);
>>a(:, 1)=round(a(:, 1)-0.2); %第一次摸到黑球的次数
>>a(:, 2)=round(a(:, 2)*0.9-0.2-0.1*(a(:, 1)-1));
>>a(:, 3)=round(a(:, 3)*0.8-0.2-0.1*(a(:, 1)-1)-0.1*(a(:, 2)-1)); %第三次摸
到黑球的次数
>>for i=1:6
        b=a(1:10^i, 3); %第三次摸到黑球的次数
        c(i)=sum(b)/(10^i); %第三次摸到黑球的频率
>> end
```

输入 "c" 可得第三次摸到了黑球的概率如下.

```
>> c =
        0.2000   0.3100   0.3000   0.3036   0.3016   0.3003
```

写第 (2) 问的程序代码如下.

```
>> for   i=1:6
        b=((~a(1:10^i,1))&(~a(1:10^i,2))&a(1:10^i,3)); %表示第一、二次
摸到白球, 第三次摸到黑球
        d(i)=sum(b)/(10^i);
```

```
>> end
```
输入 "d" 可得第三次才摸到黑球的概率如下.
```
>> d =
    0.2000   0.1400   0.1650   0.1767   0.1777   0.1753
```
继续编写第 (3) 问的程序代码如下.
```
>> for   i=1:6
        b=((a(1:10^i, 1))&(a(1:10^i,2))&a(1:10^i,3));  %表示三次都摸到黑球
        e(i)=sum(b)/(10^i);
>> end
```
输入 "e" 可得 3 次都摸到了黑球的概率如下.
```
>> e =
    0   0.0100   0.0070   0.0080   0.0079   0.0081
```

10.2 几种常见分布的 MATLAB 实现

随机变量的统计行为完全取决于其概率分布, 按照随机变量取值的不同, 通常将其分为离散型、连续型和混合型三大类. 由于混合型在实际应用中很少遇到, 因此只讨论离散型和连续型两类随机变量的概率分布.

10.2.1 离散型随机变量的分布

常用的离散型随机变量的分布有二项分布、泊松分布和超几何分布. 下面介绍二项分布和泊松分布的 MATLAB 编程.

对于离散型随机变量, 取值是有限个或可数个, 因此, 通常使用分布律来表达它取某个特定值的概率.

MATLAB 提供的离散型随机变量分布的统计函数有以下 6 种.

1. 二项分布的分布律

调用格式: binopdf(X,N,P).

功能: 返回服从二项分布在 X 处的概率. 其中 X 为实数, N 为独立试验的重复次数, P 为每次事件发生的概率.

2. 二项分布的累积分布函数

调用格式: binocdf(X,N,P).

功能: 返回服从二项分布的随机变量在 X 处的分布函数值.

3. 二项分布的逆累积分布函数

调用格式: binoinv(Y,N,P).

功能: 已知二项分布的分布函数值, 返回最小的整数. 其中 Y 为分布函数取值.

4. 泊松分布的分布律

调用格式: poisspdf(X,LMD).

功能: 返回服从参数为 λ 的泊松分布在 X 处的概率. 其中 X 为实数, LMD 为参数 λ.

5. 泊松分布的累积分布函数

调用格式: poisscdf(X,LMD).

功能: 返回服从参数为 λ 的泊松分布在 X 处的分布函数值.

6. 泊松分布的逆累积分布函数

调用格式: poissinv(Y,LMD).

功能: 已知泊松分布的分布函数值, 返回最小的整数. 其中 Y 为分布函数取值.

例 3　某机床出次品的概率为 0.01, 求生产的 100 件产品中:

(1) 恰有 1 件次品的概率;

(2) 至少有 1 件次品的概率.

解　此问题可看作 100 次独立重复试验, 每次试验出次品的概率为 0.01.

(1) 在 MATLAB 的命令行窗口输入以下代码.

>> p=binopdf(1, 100, 0.01)

按回车键可得恰有 1 件次品的概率如下.

>> p=

　　0.3697

(2) 在 MATLAB 的命令行窗口输入以下代码.

>> p=1-binocdf(0, 100, 0.01)

按回车键可得至少有 1 件次品的概率如下.

>> p=

　　0.6340

例 4　某市公安局在长度为 t 的时间间隔内收到的呼叫次数服从参数为 $t/2$ 的泊松分布, 且与时间间隔的起点无关 (时间以小时计). 求:

(1) 在某一天中午 12 时至下午 3 时没有收到呼叫的概率;

(2) 在某一天中午 12 时至下午 5 时至少收到 1 次呼叫的概率.

解　在此题中, 泊松分布的参数为 $\dfrac{t}{2}$, 设呼叫次数 X 为随机变量, 则该题转化为: (1) 求 $P\{X=0\}$; (2) 求 $1-P\{X=0\}$.

(1) 在 MATLAB 的命令行窗口输入以下代码.

>> poisscdf(0, 1.5)

按回车键可得没有收到呼叫的概率如下.

>> ans=

0.2231

(2) 在 MATLAB 的命令行窗口输入以下代码.

$>>$ 1-poisscdf(0,2.5)

按回车键可得至少收到 1 次呼叫的概率如下.

$>>$ ans=

0.9179

10.2.2 连续型随机变量的分布

常用的连续型随机变量的分布有均匀分布、指数分布和正态分布. MATLAB 提供的连续型随机变量分布的统计函数有以下 9 种.

1. 均匀分布的密度函数

调用格式: unifpdf(X,A,B).

功能: 返回均匀分布在 X 处的密度函数. 其中 X 为随机变量, A, B 为均匀分布的参数.

2. 均匀分布的累积分布函数

调用格式: unifcdf(X,A,B).

功能: 返回均匀分布在 X 处的分布函数值.

3. 均匀分布的逆累积分布函数

调用格式: unifinv(P,A,B).

功能: 返回均匀分布函数值为 P 时的实数. 其中 P 为分布函数值.

4. 指数分布的密度函数

调用格式: exppdf(X,L).

功能: 返回指数分布 $E(\lambda)$ 在 X 处的密度函数. 其中 X 为实数, L 为参数 λ.

5. 指数分布的累积分布函数

调用格式: expcdf(X,L).

功能: 返回指数分布 $E(\lambda)$ 在 X 处的分布函数值.

6. 指数分布的逆累积分布函数

调用格式: expinv(P,L).

功能: 返回指数分布 $E(\lambda)$ 的分布函数值为 P 的实数. 其中 P 为分布函数值.

7. 正态分布的密度函数

调用格式: normpdf(X,M,C).

格式: 返回正态分布 $N(\mu, \sigma^2)$ 在 X 处的密度函数. 其中 X 为实数, M 为正态分布参数 μ, C 为参数 σ.

8. 正态分布的累积分布函数

调用格式: normcdf(X,M,C).

功能: 返回正态分布 $N\left(\mu,\sigma^2\right)$ 在 X 处的分布函数值.

9. 正态分布的逆累积分布函数

调用格式: norminv(P,M,C).

功能: 返回正态分布 $N\left(\mu,\sigma^2\right)$ 的分布函数值为 P 的实数. 其中 P 为分布函数值.

例 5   某公共汽车站从 7:00 起每 15min 来一班车. 若某乘客在 7:00 到 7:30 间的任何时刻到达此公共汽车站是等可能的, 试求他候车的时间不到 5min 的概率.

解   设该乘客 7:00 过 X min 到达此公共汽车站, 则 X 在 [0,30] 内服从均匀分布, 当且仅当他在时间间隔 7:10 到 7:15 或 7:25 到 7:30 内到达此公共汽车站时, 候车时间不到 5min. 故所求概率为

$$p = P\left\{10 < X < 15\right\} + P\left\{25 < X < 30\right\}.$$

MATLAB 的命令行窗口编辑程序如下:

```
>>format rat; %使用分数来表示数值
>>p1=unifcdf(15,0,30)-unifcdf(10,0,30);
>>p2=unifcdf(30,0,30)-unifcdf(25,0,30);
>>p=p1+p2
```

按回车键可得所求概率如下.

```
>>p=
    1/3
```

例 6   公共汽车车门的高度是按成年男子与车门顶碰头的机会不超过 1% 设计的. 设男子身高 $X \sim N(175,36)$(单位: cm), 求车门的最低高度.

解   设 h 为车门高度, X 为男子身高, 求满足条件 $P\left\{X > h\right\} \leqslant 0.01$ 的 h, 即求满足 $P\left\{X \leqslant h\right\} > 0.99$ 的 h.

在 MATLAB 的命令行窗口输入以下代码.

```
>>h= norminv(0.99, 175,6)
```

按回车键可得车门的最低高度如下.

```
>> h =
    188.9581
```

10.2.3   二维随机变量及其分布的 MATLAB 实现

1. 二维正态分布随机变量的密度函数值

用 mvnpdf 函数可以计算二维正态分布随机变量在指定位置处的概率密度值.

调用格式: mvnpdf(x,mu,sigma).

功能: 返回均值为 μ 且标准差方差矩阵为 σ 的正态分布概率密度在 x 处的值.

例 7 计算服从二维正态分布的随机变量在指定范围内的概率密度值并绘图. 已知均值为 $(0,0)$, 协方差为 $\begin{pmatrix} 0.25 & 0.3 \\ 0.3 & 1 \end{pmatrix}$.

解 在 MATLAB 的命令行窗口输入以下代码.

```
>>mu=[0 0]; sigma=[0.25 0.3;0.3 1];
>>x=-3:0.1:3;y=-3:0.15:3;
>>[x1,y1]=meshgrid(x,y); %将平面区域网格化取值
>>f=mvnpdf([x1(:),y1(:)],mu,sigma); %计算二维正态分布概率密度的数值
>>F=reshape(f,numel(y),numel(x)); %矩阵重塑
>>surf(x,y,F); %绘制着色的三维曲面图
>>caxis([min(F(:))-0.5*range(F(:)),max(F(:))]); %range(x) 表示最大值与
最小值的差, 即极差
>>axis([-4 4 -4 4 0 max(F(:))+0.1]); %设置坐标轴范围
>> xlabel('x');
>>ylabel('y')
>> zlabel('Probability Density')
```

绘制的图形如图 10-1 所示.

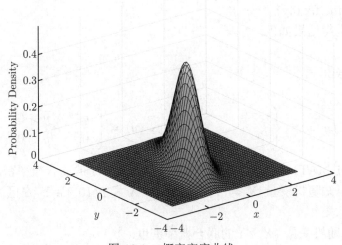

图 10-1 概率密度曲线

2. 二维随机变量的边缘概率密度

若连续型随机变量 (X, Y) 的密度函数为 $f(x, y)$, 则 (X, Y) 关于 X 和 Y 的边缘概率密度 $f_X(x)$ 和 $f_Y(y)$ 分别为

$$f_X(x) = \int_{-\infty}^{+\infty} f(x, y)\, \mathrm{d}y,$$

$$f_Y(y) = \int_{-\infty}^{+\infty} f(x, y)\, \mathrm{d}x.$$

例 8　设 (X, Y) 具有概率密度

$$f(x, y) = \begin{cases} \mathrm{e}^{-y}, & 0 < x < y, \\ 0, & \text{其他.} \end{cases}$$

求边缘概率密度 $f_X(x)$ 和 $f_Y(y)$.

解　在 MATLAB 的命令行窗口输入以下代码.

$\gg$ syms x y

$\gg$ f=exp(-y);

$\gg$ fx=int(f,y,x,inf)

回车键可得结果如下.

$\gg$ fx=

　　　exp(-x)

继续输入以下代码.

$\gg$ fy=int(f,x,0,y)

按回车键得结果如下.

$\gg$ fy=

　　　exp(-y)

即

$$f_X(x) = \begin{cases} \mathrm{e}^{-x}, & x > 0, \\ 0, & x \leqslant 0, \end{cases} \qquad f_Y(y) = \begin{cases} \mathrm{e}^{-y}, & y > 0, \\ 0, & y \leqslant 0. \end{cases}$$

下面通过 MATLAB 来绘制二维随机变量 (X, Y) 的联合概率密度函数.

例 9　已知随机变量 X 与 Y 相互独立, $X \sim N(0, 1)$, Y 在区间 $[0, 2]$ 上服从均匀分布. 求:

(1) 二维随机变量 (X, Y) 的联合概率密度;

(2) 概率 $P(X \geqslant Y)$.

解 (1) 随机变量 X 的概率密度为

$$f_X(x) = \frac{1}{\sqrt{2\pi}}\mathrm{e}^{-\frac{x^2}{2}}, \quad -\infty < x < +\infty,$$

随机变量 Y 的概率密度为

$$f_Y(y) = \begin{cases} \dfrac{1}{2}, & 0 \leqslant y \leqslant 2, \\ 0, & \text{其他}. \end{cases}$$

因为 X 与 Y 相互独立, 所以二维随机变量 (X, Y) 的联合概率密度为

$$f(x, y) = \begin{cases} \dfrac{1}{2\sqrt{2\pi}}\mathrm{e}^{-\frac{x^2}{2}}, & -\infty < x < +\infty, 0 \leqslant y \leqslant 2, \\ 0, & \text{其他}. \end{cases}$$

在 MATLAB 的命令行窗口输入以下代码.

```
>> x=-10:0.1:10;
>> y=0:0.1:1;
>> z=ones(length(y), 1)*(exp(-x. 2/2))/(2*sqrt(2*pi));
>> mesh(x,y,z)
```

输出图像如图 10-2 所示.

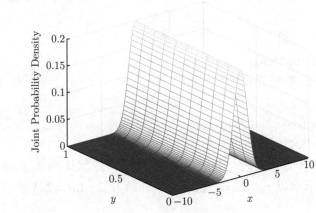

图 10-2 联合概率密度曲线

(2) 概率 $P(X \geqslant Y)$ 就是随机点 (X, Y) 落在平面区域 $X \geqslant Y$ 内的概率, 即

$$P(X \geqslant Y) = \int_0^2 \int_y^{+\infty} \frac{1}{2\sqrt{2\pi}}\mathrm{e}^{-\frac{x^2}{2}}\,\mathrm{d}x\mathrm{d}y.$$

在 MATLAB 的命令行窗口输入以下代码.

\>\> syms x y

\>\> fxy=(exp(-x 2/2))/(2*sqrt(2*pi));   %联合概率密度

\>\> nfy=int(fxy,x,y,inf);   %计算内积分

\>\> pp=int(nfy,y,0,2);   %计算概率

\>\> simplify(pp);   %简化结果

按回车键得结果如下.

\>\>ans=

(5*157 (1/2))/314-(5*157 (1/2)*exp(-2))/314+(5*2 (1/2)*157 (1/2) *pi (1/2))/314-(5*2 (1/2)*157 (1/2)*pi (1/2)*erf(2 (1/2)))/314.

将 157 (1/2)=12.53, exp(-2)=0.1353, pi (1/2)=1.772, 2 (1/2)= 1.4142, erf(1.4142)=0.9545 代入得到概率为 0.1953.

10.3   数 字 特 征

数学期望和方差是随机变量的两个重要的数字特征, 协方差和相关系数是描述多维随机变量的数字特征. 如何使用 MATLAB 实现随机变量的数字特征的计算是这节要解决的问题.

10.3.1   样本数字特征的 MATLAB 实现

在统计工具箱中, MATLAB 提供了常见的求样本的数字特征的函数, 下面做简单的介绍.

1. 样本算术平均值

调用格式: mean(data).

功能: 返回一组数据的算术平均值.

2. 方差

调用格式: var(data,flag,dim).

功能: 返回一组数据的方差.

注   flag 表示计算方差时是要除以 n 还是 $n-1$, 默认为 0. flag=0 表示除以 $n-1$, flag=1 表示除以 n; dim=1 表示求各列的方差, dim=2 表示求各行的方差.

3. 标准差

调用格式: std(x,flag,dim).

功能: 返回一组数据的标准偏差.

注   flag 表示计算方差时是要除以 n 还是 $n-1$, 默认为 0. flag=0 表示除以 $n-1$, flag=1 表示除以 n; dim=1 表示求各列的标准差, dim=2 表示求各行的标准差.

4. 样本最大值

调用格式: max(data).

功能: 计算一组数据的最大值;

注 [y,d]=max(data), y 返回最大值, d 返回最大值的位置.

5. 样本最小值

调用格式: min(data).

功能: 计算一组数据的最小值.

注: [y,d]=min(data) 同 max.

6. 样本极差

调用格式: range(data).

功能: 计算一组数据的极差.

7. 样本中值 (中位数)

调用格式: median(data).

功能: 计算一组数据的中位数.

8. 样本众数 (出现频率最大的数)

调用格式: mode(data).

功能: 计算一组数据的众数.

9. 样本几何平均值 $\left(\prod_{i=1}^{n} x_i\right)^{\frac{1}{n}}$

调用格式: geomean(data).

功能: 计算一组数据的几何平均值.

10. k 阶中心矩 $b_k = \dfrac{1}{n}\sum_{i=1}^{n}(x_i - \bar{x})^k$

调用格式: moment(data,k).

功能: 计算一组数据的 k 阶中心矩.

注 moment(data,2)=var(data,1), 即除以 n.

11. X 与 Y 的协方差

调用格式: cov([xlist,ylist],flag).

功能: 计算两组数据的协方差.

注 flag=0 表示返回协方差的无偏估计, 除以 $n-1$, 默认为 0; flag=1 表示除以 n.

12. X 与 Y 的相关系数 $\rho = \dfrac{\sum\limits_{i=1}^{n}(x_i-\bar{x})(y_i-\bar{y})}{\sqrt{\sum\limits_{i=1}^{n}(x_i-\bar{x})^2\sum\limits_{i=1}^{n}(y_i-\bar{y})^2}}$

调用格式: corrcoef([xlist,ylist]).

功能: 计算两组数据的相关系数.

注　corrcoef(X) 返回从矩阵 X 形成的一个相关系数矩阵. 此相关系数矩阵的大小与矩阵 X 一样. 它把矩阵 X 的每列作为一个变量, 然后求它们的相关系数.

corrcoef(X,Y): 其中 X, Y 是维数相同的向量.

例 1　(1) 设样本 data1={2.3,1.8,2.0,2.1}, 求样本的最大值、最小值、样本极差、中位数和样本二阶中心矩;

(2) 设另一样本 data2={1.3,1.5,1.6,1.4}, 求两组样本数据的协方差和相关系数.

解　(1) 在 MATLAB 中输入如下代码.

>>data1=[2.3,1.8,2.0,2.1];

>> [y,l]=max(data1);　%求向量 data1 中的最大值及其该元素的位置

输出: 2.3,1

>>min(data1);　%求向量 data1 中的最小值

输出: 1.8

>>range(data1);　%求向量 data1 中的样本极差

输出: 0.5

>>mean(data1);　%求平均值

输出: 2.05

>>median(data1);　%求中位数

输出: 2.05

>>std(data1);　%求向量 data1 中的样本二阶中心矩

输出: 0.2082

(2) 在 MATLAB 中输入如下代码.

>>data2=[1.3,1.5,1.6,1.4];

>>corrcoef(data1,data2);　%相关系数

输出: 1.0000　0.3078

　　　0.3078　1.0000

>>cov(data1,data2);　%协方差

输出: 0.1425   0.0150

      0.0150   0.0167

10.3.2 随机变量的数字特征

1. 数学期望

定义 1 设离散型随机变量 X 的分布律为 $P\{X=k\}=p_k,\ k=1,2,\cdots.$ 若级数 $\sum\limits_{k=1}^{\infty}x_kp_k$ 绝对收敛, 则称级数 $\sum\limits_{k=1}^{\infty}x_kp_k$ 为随机变量 X 的数学期望, 记为 $E(X)$, 即 $E(X)=\sum\limits_{k=1}^{\infty}x_kp_k.$

在 MATLAB 中输入

```
>>syms xk pk k;
>>EX=symsum(xk*pk,k,1,inf);
```

例 2 设随机变量 X 的分布律如下:

X	-2	0	3
p_k	0.2	0.3	0.5

计算 X 的数学期望.

    解 在 MATLAB 中输入如下代码.

```
>>x=[-2,0,3];
>>pk=[0.2,0.3,0.5];
>>EX=x*pk';
```

按回车键, 输出: EX=1.1.

    例 3 已知随机变量 X 的分布律如下:

$$P\{X=k\}=\frac{1}{2^k},\quad k=1,2,\cdots.$$

计算 X 的数学期望.

    在 MATLAB 命令窗口输入

```
>>syms k
>>symsum (k*(1/2) k,k,1,inf)
```

按回车键, 输出: ans=2, 即 $E(X)=2$.

定义 2　设连续型随机变量 X 的概率密度为 $f(x)$, $-\infty < x < +\infty$. 若积分 $\int_{-\infty}^{+\infty} xf(x)\,\mathrm{d}x$ 绝对收敛, 则称积分 $\int_{-\infty}^{+\infty} xf(x)\,\mathrm{d}x$ 为随机变量 X 的数学期望, 记为 $E(X)$, 即 $E(X) = \int_{-\infty}^{+\infty} xf(x)\,\mathrm{d}x$.

在 MATLAB 命令窗口输入

\>\>syms x

\>\>fx

\>\>EX=int(x*fx,x,-inf,inf)

例 4　假设随机变量 X 的概率密度函数为

$$f(x) = \begin{cases} \dfrac{1}{b-a}, & a < x < b, \\ 0, & \text{其他}. \end{cases}$$

计算 $E(X)$.

在 MATLAB 命令窗口输入

\>\> clear;

\>\>syms x a b;

\>\>EX=int(x/(b-a),x,a,b)

输出: (a+b)/2

定义 3　设离散型随机变量 X 的分布律为 $P\{X = k\} = p_k$, $k = 1, 2, \cdots$. 若级数 $\sum\limits_{k=1}^{\infty} g(x_k)p_k$ 绝对收敛, 其中 $g(x)$ 为实值连续函数, 则称该级数为随机变量 $Y = g(X)$ 的数学期望, 记为 $E(Y)$, 即 $E(Y) = \sum\limits_{k=1}^{\infty} g(x_k)p_k$.

在 MATLAB 命令窗口输入

\>\>syms xk pk k

\>\>gxk

\>\>EX=symsum(gxk*pk,k,1,inf)

例 5　掷一枚骰子, 如果掷的点数大于 4, 则奖励 2 元钱, 如果掷的点数小于 4, 则惩罚 1 元钱, 掷的点数等于 4, 则不奖不惩. 求奖励的金额的数学期望.

解　假设 X 表示掷的点数, 则 X 的分布律为

$$P\{X = k\} = \frac{1}{6}, \quad k = 1, 2, \cdots, 6.$$

设 Y 表示奖励的金额, 则 Y 的期望为

$$E(Y) = \sum_{k=1}^{3} (-1) \times \frac{1}{6} + 0 \times \frac{1}{6} + \sum_{k=5}^{6} 2 \times \frac{1}{6}.$$

在 MATLAB 命令窗口输入

\>\>syms k

\>\>EY=symsum(-1*1/6,k,1,3)+symsum(2*1/6,k,5,6)

输出: EY=1/6.

定义 4 设连续型随机变量 X 的概率密度为 $f(x)$, $-\infty < x < +\infty$. 若积分 $\int_{-\infty}^{+\infty} g(x) f(x) \mathrm{d}x$ 绝对收敛, 其中 $g(x)$ 为实值连续函数, 则称该积分为随机变量 $Y = g(X)$ 的数学期望, 记为 $E(Y)$, 即 $E(Y) = \int_{-\infty}^{+\infty} g(x) f(x) \mathrm{d}x$.

在 MATLAB 命令窗口输入

\>\>syms x

\>\>fx,gx

\>\>int(gx*fx,x,-inf,inf)

例 6 设某业务员月销售额 X (单位: 万元) 的概率密度为

$$f(x) = \begin{cases} \dfrac{1}{2}, & 4 \leqslant x \leqslant 6, \\ 0, & \text{其他}. \end{cases}$$

假定业务员工资为底薪加提成, 底薪为 0.4 万元, 销售额提成为 10%. 求该业务员的月薪 Y 的数学期望 $E(Y)$.

在 MATLAB 命令窗口输入

\>\>syms x;

\>\>fx=1/2;

\>\>gx=0.1*x+0.4;

\>\>EY=int(gx*fx,x,4,6)

输出: EY=0.9.

例 7 假定国际市场每年对我国某种商品的需求量是一个随机变量 X(单位: 吨), 它服从 $[20, 40]$ 上的均匀分布. 已知该商品每售出 1 吨, 可获利 3 万美元的外汇, 但若销售不出去, 则每吨要损失各种费用 1 万美元, 那么如何组织货源, 才可使收益最大?

解　设进货量为 $y\,(20 < y < 40)$，由题意知收益 Y 的期望

$$E\left(g\left(X\right)\right) = \frac{1}{20}\int_{20}^{y}\left(4x - y\right)\mathrm{d}x + \frac{1}{20}\int_{y}^{40}3y\mathrm{d}x.$$

在 MATLAB 命令窗口输入

\>\>clear;

\>\>syms x y;

\>\>EY=1/20*(int((4*x-y), x,20,y)+int(3*y,x,y,40))

\>\>simplify((((y-20)*(y+40))/20-(3*y*(y-40))/20); %简化结果

输出: -y 2/10+7*y-40

\>\> fminbnd('-y 2/10+7*y-40',20,40) %求最大值

结果显示: 3.5000e+001, 即当组织 35 吨货源时, 收益最大.

定义 5　设二维随机变量 (X,Y) 的概率密度为 $f\left(x,y\right),-\infty < x,y < +\infty$, $Z = g\left(X,Y\right)$. 若积分 $\displaystyle\int_{-\infty}^{+\infty}\int_{-\infty}^{+\infty}g\left(x,y\right)f\left(x,y\right)\mathrm{d}x\mathrm{d}y$ 绝对收敛, 则 $E\left(Z\right)$ 存在, 且

$$E\left(Z\right) = \int_{-\infty}^{+\infty}\int_{-\infty}^{+\infty}g\left(x,y\right)f\left(x,y\right)\mathrm{d}x\mathrm{d}y.$$

例 8　设二维随机变量 (X,Y) 的联合概率密度为

$$f\left(x,y\right) = \begin{cases} 8xy, & 0 < x < 1, 0 < y < x, \\ 0, & \text{其他}. \end{cases}$$

求 $Z = X + Y$ 的数学期望.

在 MATLAB 命令窗口输入.

\>\>syms x y;

\>\>fxy=8*x*y;

\>\>EZ=int(int((x+y)*fxy,y,0,x),x,0,1)

回车输出: EZ=4/3.

2. 方差

计算方差的常用公式为 $D\left(X\right) = E\left(X^2\right) - E^2\left(X\right)$.

若离散型随机变量有分布律 $P\left\{X = x_k\right\} = p_k(k = 1, 2, \cdots, n$ 或 $k = 1, 2, \cdots)$, 则方差的 MATLAB 计算程序为

\>\>X=[x1,x2,...,xn];

\>\>P=[p1,p2,...,pn];

```
>>EX=X*P';
>>D(X)=X.^2*P'-EX^2
```

若是连续型随机变量且密度函数为 $f(x)$, 则方差的 MATLAB 计算程序为

```
>>EX =int(x*f(x),x,-inf,inf);
>>DX=int(x.^2*f(x),x,-inf,inf)-EX^2
```

3. 协方差与相关系数

定义 6 设 (X,Y) 为二维随机向量, 若 $E[(X-E(X))(Y-E(Y))]$ 存在, 则称它为 X 与 Y 的协方差, 记为 $\text{Cov}(X,Y)$, 即

$$\text{Cov}(X,Y) = E[(X-E(X))(Y-E(Y))].$$

定义 7 设 $D(X) \neq 0, D(Y) \neq 0$, 称

$$\rho_{XY} = \frac{\text{Cov}(X,Y)}{\sqrt{D(X)D(Y)}}$$

为 X 与 Y 的相关系数.

例 9 已知二维随机变量 (X,Y) 的分布密度为

$$f(x,y) = \begin{cases} \dfrac{x+y}{8}, & 0<x<2, 0<y<2, \\ 0, & \text{其他}. \end{cases}$$

求协方差 $\text{Cov}(X,Y)$ 和相关系数 ρ_{XY}.

```
>>syms x y;
>>fxy=(x+y)/8;
>>Exy=int(int(x*y*fxy,x,0,2),y,0,2);
>>Ex=int(int(x*fxy,x,0,2),y,0,2);
>>Ey=int(int(y*fxy,x,0,2),y,0,2);
>>U=Exy-Ex*Ey; %%协方差
>>E2x=int(int(x 2*fxy,x,0,2),y,0,2);
>>E2y=int(int(y 2*fxy,x,0,2),y,0,2);
>>Dx=E2x-Ex 2;Dy=E2y-Ey 2;
>>V=U/sqrt(Dx*Dy) %%相关系数
```

输出: U=-1/36, V=-1/11, 即协方差 $\text{Cov}(X,Y) = -\dfrac{1}{36}$, $\rho_{XY} = -\dfrac{1}{11}$.

10.3.3 常见分布的期望和方差

1. 二项分布 (binostat)

调用格式: [E,D]=binostat(N,P).

功能: 返回二项分布的期望和方差. 其中 E 表示期望, D 表示方差.

2. 几何分布 (geostat)

调用格式: [E,D]=geostat(P).

功能: 返回几何分布的期望和方差. 其中 P 表示每次试验发生的概率.

3. 超几何分布 (hygestat)

调用格式: [E,D]=hygestat(M,K,N).

功能: 返回超几何分布的期望和方差. 其中 M 表示产品个数, K 表示次品个数, N 表示取出产品的个数.

4. 泊松分布 (poisstat)

调用格式: [E,D]=poisstat(LMD).

功能: 返回泊松分布的期望和方差. 其中 LMD 表示参数 λ.

5. 连续均匀分布 (unifstat)

调用格式: [E,D]=unifstat(A,B).

功能: 返回均匀分布的期望和方差. 其中 A, B 分别表示参数 a 和 b.

6. 指数分布 (expstat)

调用格式: [E,D]=expstat(LMD).

功能: 返回指数分布的期望和方差. 其中 LMD 是指数分布的参数 λ.

7. 正态分布 (normstat)

调用格式: [E,D]=normstat(mu, sigma).

功能: 返回正态分布的期望和方差. 其中 mu, sigma 表示正态分布的参数 μ, σ.

8. t 分布 (tstat)

调用格式: [E,D]=tstat(n).

功能: 返回 t 分布的期望和方差. 其中 n 表示 t 分布的自由度.

9. χ^2 分布 (chi2stat)

调用格式: [E,D]=chi2stat(n).

功能: 返回 χ^2 分布的期望和方差.

10. F 分布 (fstat)

调用格式: [E,D]=fstat(n1,n2).

功能: 返回 F 分布的期望和方差.

例 10 (1) 设随机变量 X 服从参数为 n, p 的二项分布, 即 $X \sim b(n, p)$, 已知 $n = 42, p = 0.3$, 求随机变量 X 的数学期望和方差.

(2) 若 (1) 中的参数 n, p 是未知的, 试求随机变量 X 的数学期望和方差.

解 (1) 在 MATLAB 命令窗口输入

>>n=42;p=0.3;

>>[E,D]=binostat(n,p)

输出: E=12.6, D=8.82.

(2) 在 MATLAB 命令窗口输入

>>syms n p k

>>pk=nchoosek(n,k)*p k*(1-p) (n-k)

>>EX=symsum(k*pk,k,0,n)

>>DX=symsum(k 2*pk,k,0,n)-EX 2

输出: E=np, D=np(1-p).

10.4 参数估计的 MATLAB 实现

参数估计分为点估计和区间估计. 由于点估计中的矩估计法的实质是求与未知参数相应的样本的各阶矩, 可根据需要选择合适的矩函数进行点估计. MATLAB 统计工具箱给出了常用概率分布中参数的最大似然估计法与区间估计, 另外还提供了部分分布的对数似然函数的计算功能.

10.4.1 矩估计的 MATLAB 实现

设总体 X 的均值 $\mu = E(X)$, 方差 $\sigma^2 = D(X)$ 都存在, $X_1, X_2, \cdots, X_n$ 为总体样本, 求未知参数 μ, σ^2 的矩估计.

无论总体为何分布, 其均值和方差的矩估计均为

$$\hat{\mu} = \overline{X}, \quad \sigma^2 = \frac{1}{n} \sum_{k=1}^{\infty} \left(X_k - \overline{X}\right)^2 = B_2.$$

所以总体 X 的均值 μ 及方差 σ^2 的矩估计可由如下 MATLAB 命令实现:

>>mu_ju=mean(X) %mean 计算算术平均数

>>sigma2_ju=moment(X,2) %moment 计算二阶中心矩

例 1 来自某总体 X 的样本值如下:

232.50, 232.48, 232.15, 232.52, 232.53, 232.30,

232.48, 232.05, 232.45, 232.60, 232.47, 232.30.

求 X 的均值与方差的矩估计.

解　在 MATLAB 中输入如下代码.

\>\>x=[232.50, 232.48, 232.15, 232.52, 232.53, 232.30, 232.48, 232.05, 232.45, 232.60, 232.47, 232.30]′;

\>\>mu_ju=mean(x)

\>\>sigma2_ju =moment(x,2)

输出: mu_ju=232.4025, sigma2_ju=0.0255.

10.4.2　最大似然估计的 MATLAB 实现

在 MATLAB 中, 通常使用命令 mle(·) 来求解分布中未知参数的最大似然估计值.

调用格式: [输出参数项]=mle(' 分布函数名',x,alpha,[N]).

说明: 其中 x 表示向量或者矩阵. 分布函数名有: bino (二项)、geo (几何)、hyge (超几何)、poiss (泊松)、uinf (均匀)、unid (离散均匀)、exp (指数)、norm (正态)、t (T 分布)、f (F 分布)、beta (贝塔)、gam (伽马); N 当为二项分布时需要, 其他没有.

例 2　设从一大批产品中抽取 100 个产品, 经检验知有 60 个一级品, 求这批产品的一级品率的最大似然估计.

解　在 MATLAB 中输入如下代码.

\>\>alpha=0.05;

\>\>N=100;X=60;

\>\>mle('bino',X,alpha,N)

输出: 0.6, 即一级品率为 0.6.

注　上述命令还可以修改为 [Ph,Pc]=mle('bino',X,alpha,N), 其中 Ph 表示一级品率的最大似然估计, Pc 表示区间估计.

10.4.3　区间估计的 MATLAB 实现

如果已知一组数据来自正态分布总体, 但是总体参数未知. 我们可以利用 normfit(·) 命令来完成对总体参数的点估计和区间估计.

调用格式: [mu,sig,muci,sigci]=normfit(x,alpha).

注　x 为向量或者矩阵, alpha 为给定的显著水平 a (即置信度 (1−a)%, 缺省时默认 a=0.05); mu, sig 分别为分布参数 μ,σ 的点估计值; muci, sigci 分别为分布参数 μ,σ 的置信区间.

例 3　从某超市的货架上随机抽取 9 包 0.5 千克装的食糖, 实测其重量 (单

位: 千克) 分别为

0.497, 0.506, 0.518, 0.524, 0.488, 0.510, 0.510, 0.515, 0.512,

从长期的实践中知道, 该品牌的食糖重量服从正态分布 $N(\mu, \sigma^2)$. 根据数据对总体的均值及标准差进行点估计和区间估计.

解 在 MATLAB 中输入如下代码.

\>\> x=[0.497,0.506,0.518,0.524,0.488,0.510,0.510,0.515,0.512];

\>\> alpha=0.05;

\>\>[mu,sig,muci,sigci]=normfit(x,alpha)

输出: mu=0.5089, sig=0.0109, muci=[0.5005, 0.5173], sigci=[0.0073, 0.0208].

10.4.4 常用分布参数的区间估计

除了使用 mle 函数求指定分布的参数的估计量, MATLAB 的统计工具箱还提供了求常见分布的参数的估计函数.

1. 二项分布

调用格式: [p, pci]=binofit(X,N).

功能: 返回二项分布参数的点估计和区间估计. 其中 N 表示试验次数, X 表示事件发生次数, p, pci 分别是参数 p 的点估计及区间估计值.

2. 泊松分布

调用格式: [lam,lamci]=poissfit(x,alpha).

功能: 返回泊松分布参数的点估计及区间估计. 其中 x 表示数据向量, alpha 表示显著水平, lam, lamci 分别是参数 λ 的点估计及区间估计值.

3. 均匀分布

调用格式: [a,b,aci,bci]=unifit(x,alpha).

功能: 返回均匀分布参数的点估计及区间估计. 其中 x 表示数据向量, alpha 表示显著水平, a, b, aci, bci 分别是参数 a, b 的点估计及区间估计值.

4. 指数分布

调用格式: [lam,lamci]=expfit(x,alpha).

功能: 返回指数分布参数的点估计及区间估计. 其中 x 表示数据向量, alpha 表示显著水平, lam,lamci 分别是参数 λ 的点估计及区间估计值.

5. 正态分布

调用格式: [mu,sig,muci,sigci]=normfit(x,alpha).

功能: 返回正态分布参数的点估计及区间估计. 其中 x 表示数据向量, alpha 表示显著水平, mu,sig 分别是参数 μ, σ 的点估计, muci, sigci 分别表示参数 μ, σ 的区间估计.

6. 贝塔分布

调用格式: [phat,pci]=betafit(x,alpha).

功能: 返回贝塔分布中参数 α, β 的点估计和区间估计. 其中 x 表示数据向量, alpha 表示显著水平, phat, pci 分别是参数 α, β 的点估计及区间估计值.

7. 伽马分布

调用格式: [phat,pci]=gamfit(x,alpha).

功能: 返回伽马分布中参数 α, β 的点估计和区间估计. 其中 x 表示数据向量, alpha 表示显著水平, phat, pci 分别是参数 α, β 的点估计及区间估计值.

8. 韦布尔分布

调用格式: [phat,pci]=expfit(x,alpha).

功能: 返回韦布尔分布中参数 λ, k 的点估计和区间估计. 其中 x 表示数据向量, alpha 表示显著水平, phat, pci 分别是参数 λ, k 的点估计及区间估计值.

例 4　例 2 中计算一级品率的区间估计.

>>clear;

>>alpha=0.05;

>>N=100;X=60;

>>[p,pci]=binofit(X,N,alpha);

输出: p=0.6000, pci=[0.4972,0.6967], 即一级品率为 0.6, 参数 p 的置信区间为 [0.4972,0.6967].

10.5　假设检验的 MATLAB 实现

在总体分布函数完全未知或者分布形式已知参数未知时, 为了推断总体的某些性质, 提出关于总体的假设. 假设是否合理, 则需要检验.

10.5.1　方差已知时单正态总体均值的假设检验

在 MATLAB 中, 对方差已知的正态总体, 均值的检验使用 ztest 函数. 其调用格式和相应的功能如下:

调用格式 1: h=ztest(x,m,sigma,alpha).

功能: 在显著性水平 alpha 下进行 U 检验, 以检验服从正态分布的样本 x 是否来自均值为 m 的正态总体, 其中 sigma 是标准差. 若返回结果 h=1, 则可以在显著性水平 alpha 下接受备择假设 H_1(拒绝 $H_0: \mu = m$); 若返回结果 h=0, 则可以在显著性水平 alpha 下不能拒绝 H_0. alpha 缺省为 0.05.

调用格式 2: [h,sig,ci,zval]=ztest(x,m,sigma,alpha,tail).

功能: 总体方差已知时, 总体均值的检验使用 U 检验. 检验数据 x 的关于某一假设是否成立. 其中 sigma 为已知的标准差, alpha 为显著性水平, 并可通过指定 tail 的值来控制备择假设的类型. tail 的取值及含义如下.

tail=0 或 both(默认设置): 指定备择假设 H_1 为均值不等于 m, 即进行双侧检验;

tail=1 或 right: 指定备择假设 H_1 为均值大于 m, 即进行右侧检验;

tail=-1 或 left: 指定备择假设 H_1 为均值小于 m, 即进行左侧检验.

注 返回值 h 为一个布尔值, h=1 表示可以拒绝假设, h=0 表示不可以拒绝假设. zval 是标准正态分布统计量 $U = \dfrac{\overline{X} - m}{\sigma/\sqrt{n}}$ 的观测值. sig 为与统计量 U 有关的 p 值, 表示能够由统计量 U 的值 zval 做出拒绝原假设的最小显著性水平, 具体如下:

若 tail=0, 则 sig=$P\{|U| \geqslant \text{zval}\}$;

若 tail=1, 则 sig=$P\{U \geqslant \text{zval}\}$;

若 tail=-1, 则 sig=$P\{U \leqslant \text{zval}\}$.

ci 为均值真值的 1−alpha 的置信区间.

例 1 某车间用一台包装机包装葡萄糖, 包得的袋装糖重是一个随机变量, 它服从正态分布. 当机器工作正常时, 其均值为 0.5kg, 标准差为 0.015kg. 某日开工后检验包装机是否正常, 随机地抽取所包装的糖 9 袋, 称得净重 (单位: kg) 为

0.497, 0.506, 0.518, 0.524, 0.498, 0.511, 0.52, 0.515, 0.512.

问机器是否正常? (显著性水平 $\alpha = 0.05$)

解 $H_0 : \mu = \mu_0 = 0.5, H_1 : \mu \neq \mu_0$:

在 MATLAB 的命令行窗口输入如下代码:

```
>>x=[0.497 0.506 0.518 0.524 0.498 0.511 0.52 0.515 0.512];
>>[h,sig,ci,zval]=ztest(x,0.5,0.015,0.05,0)
```

按回车键输出结果

h=1, sig=0.0248, ci=[0.5014,0.5210], zval=2.2444.

因此, 由 h=1 可知, 在显著性水平 $\alpha = 0.05$ 下可拒绝原假设, 即认为包装机工作不正常; 由置信区间 [0.5014,0.5210] 可以看出, 均值 0.5 在此区间之外.

10.5.2 方差未知时单正态总体均值的假设检验

在 MATLAB 中, 对方差未知的正态总体, 均值的检验使用 ttest 函数. 其调用格式和相应的功能如下:

调用格式 1: h=ttest(x,m,alpha).

功能: 在显著性水平 alpha 下进行 t 检验, 以检验服从正态分布 (标准差未知) 的样本 x 是否来自均值为 m 的正态总体. 若返回结果 h=1, 则可以在显著性水平 alpha 下接受备择假设 H_1(拒绝 $H_0 : \mu = m$); 若返回结果 h=0, 则不能拒绝 H_0. alpha 缺省为 0.05.

调用格式 2: [h,sig,ci,stats]=ttest(x,m,alpha,tail).

功能: 总体方差未知时, 总体均值的检验使用 t 检验. 检验数据 x 的关于某一假设是否成立. 其中 alpha 为显著性水平, 可通过指定 tail 的值来控制备择假设的类型. tail 的取值及表示意义如下.

tail=0 或 both(默认设置): 指定备择假设 H_1 为均值不等于 m, 即进行双侧检验;

tail=1 或 right: 指定备择假设 H_1 为均值大于 m, 即进行右侧检验;

tail=-1 或 left: 指定备择假设 H_1 为均值小于 m, 即进行左侧检验.

注　返回值 h 为一个布尔值, h=1 表示拒绝原假设, h=0 表示接受原假设. stats 是统计量 $t = \dfrac{\overline{X} - m}{S/\sqrt{n}}$ 的观测值、自由度和样本标准差. sig 为与统计量 t 有关的 p 值, 表示能够由统计量 t 的值 stats 做出拒绝原假设的最小显著性水平, 具体如下:

若 tail=0, 则 sig=$P\{|t| \geqslant \text{stats}\}$;

若 tail=1, 则 sig=$P\{t \geqslant \text{stats}\}$;

若 tail=-1, 则 sig=$P\{t \leqslant \text{stats}\}$.

ci 为均值真值的 $1 - \text{alpha}$ 的置信区间.

例 2　某种电子元件的寿命 X(单位: h) 服从正态分布, μ 和 σ^2 均未知. 现测得 16 个电子元件的寿命如下:

$$159, 280, 101, 212, 224, 379, 179, 264, 222, 362, 168, 250, 149, 260, 485, 170,$$

问: 是否有理由认为电子元件的平均寿命大于 225h? ($\alpha = 0.05$)

解　σ^2 未知, 在 $\alpha = 0.05$ 下检验假设

$$H_0 : \mu = \mu_0 = 225, \quad H_1 : \mu > \mu_0.$$

在 MATLAB 的命令行窗口中输入以下代码.

```
>>x= [159 280 101 212 224 379 179 264 222 362 168 250 149 260 485 170];
>> [h, sig, muci] = ttest(x,225,0.05,1)
```

按回车键后可得结果如下.

$$h=0, \quad \text{sig} =0.2570, \quad \text{muci}=[198.2321 \; \text{Inf}].$$

由于 sig=0.2570, 因此没有充分理由认为电子元件的平均寿命大于 225h.

10.5.3 均值未知时单正态总体方差的假设检验

对单正态总体的方差进行假设检验时, 通常情况均值都是未知的.

例 3 某钢绳厂生产一种专用钢绳, 已知其折断力 $X \sim N\left(\mu, \sigma^2\right)$ (单位: 牛顿), μ 为未知参数, σ^2 为待验参数, $\sigma_0^2 = 16$ 是 σ^2 的标准值. 今抽查其中 10 根, 测得其折断力为 289,286,285,284,286,285,285,286,298,292. 试问这批钢绳折断力的波动性有无显著变化? 显著性水平 $\alpha = 0.05$.

解 在 MATLAB 命令窗口输入以下代码.

\>>alpha=0.05; %给定的显著性水平
\>>sigma2=16; %已知的方差标准值
\>>X=[289 286 285 284 286 285 285 286 298 292]; %样本数据
\>>n=length(X); %计算样本容量
\>>sigma=var(X); %计算样本方差
\>>chiz=(n-1)*sigma/sigma2 %计算并显示卡方统计量观测值
\>>lambdal=chi2inv(alpha/2,n-1); %给定水平下卡方统计的临界值
\>>lambda2=chi2inv(1-alpha/2,n-1);
\>>lambda=[lambdal,lambda2] %给出双边检验的接受域
运行后可得结果如下.

$$\text{chiz}=10.6500, \quad \text{lambda}=[2.7004, 19.0228].$$

由于 chiz 的值落在接受域, 因此可以认为这批钢绳折断力的波动性无显著变化.

10.6 方差分析的 MATLAB 实现

10.6.1 单因素方差分析的 MATLAB 实现

为检验多总体均值是否相等, MATLAB 统计工具箱提供了 anova1 函数进行单因素方差分析.

调用格式: [p,table,stats]=anova1(x,group).

功能: 检验多总体均值是否相等. 其中 group 用于不均衡样本, 缺省为均衡样本; p 由观测值计算出的概率值; table 显示方差分析表; stats 显示方差分析表.

例 1(均衡样本) 某水产研究所为了比较四种不同配合饲料对鱼的饲喂效果, 选取了条件基本相同的鱼 20 尾, 随机分成四组, 投喂不同饲料, 经一个月试验以后, 各组鱼的增重结果列于下表.

饲料	鱼的增重/克				
$A1$	31.9	27.9	31.8	28.4	35.9
$A2$	24.8	25.7	26.8	27.9	26.2
$A3$	22.1	23.6	27.3	24.9	25.8
$A4$	27.0	30.8	29.0	24.5	28.5

问: 四种不同饲料对鱼的增重效果是否显著?

解　在 MATLAB 命令窗口输入如下代码.

$>>$A=[31.9 27.9 31.8 28.4 35.9; 24.8 25.7 26.8 27.9 26.2; 22.1 23.6 27.3 24.9 25.8; 27.0 30.8 29.0 24.5 28.5]; %原始数据输入

$>> $B=A′; %将矩阵转置, MATLAB 中要求各列为不同水平

$>> $p=anova1(B)

运行后得到表 10-1 是方差分析表, 图 10-3 是各列数据的盒子图, 离盒子图中心线较远的对应于较大的 F 值, 较小的概率 p.

表 10-1　　方差分析表

Source	SS	df	MS	F	Prob>F
Groups	114.268	3	38.0893	7.1362	0.002942
Error	85.4	16	5.3375		
Total	199.668	19			

因为 $p = 0.0029 < 0.01$, 故不同饲料对鱼的增重效果极为显著. 四种不同饲料对鱼的增重效果极为显著, 那么哪一种最好呢? 请看图 10-3.

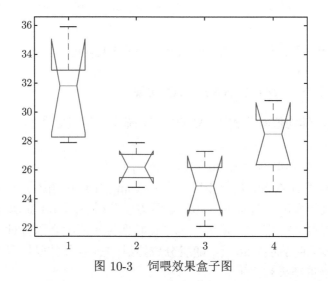

图 10-3　饲喂效果盒子图

此时, 第一个图对应第一种饲料且离盒子图中心线较远, 效果最突出. 如果从原始数据中去掉第一种饲料的试验数据, 得到的结果为各种饲料之间对鱼的增重效果不显著.

例 2 (不均衡样本) 为比较同一类型的三种不同食谱的营养效果, 将 19 个幼鼠随机分为三组, 各采用三种食谱喂养 12 周后测得体重, 三种食谱营养效果是否有显著差异?

食谱	体重增加量/毫克							
甲	164	190	203	205	206	214	228	257
乙	185	197	201	231				
丙	187	212	215	220	248	265	281	

解 在 MATLAB 命令窗口输入如下代码.

$>>$A=[164 190 203 205 206 214 228 257;185 197 201 231;187 212 215 220 248 265 281];

$>>$ group=[ones(1,8),2*ones(1,4),3*ones(1,7)];

$>>$ p=anova1(A,group)

输出结果如表 10-2 和图 10-4.

表 **10-2**   方差分析表

Source	SS	df	MS	F	Prob>F
Groups	651.6964	2	325.8482	0.17055	0.84471
Error	30568.3	16	1910.519		
Total	31220	18			

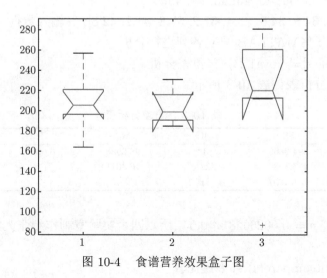

图 10-4   食谱营养效果盒子图

可以看出, $p = 0.84471 > 0.1$, 所以没有充分理由拒绝原假设, 认为三种食谱营养效果没有显著差异. 而且通过图 10-4 的盒子图也可以看出, 三种食谱喂养 12 周后, 体重增加均值差距不大.

10.6.2　多重比较的 MATLAB 实现

单因素方差分析进行比较确定均值存在显著差异时, MATLAB 提供使用多重比较的命令 multcompare, 以确定哪些均值是显著不同的.

调用格式: c=multcompare(s).

功能: 返回均值比较结果. 其中输入 s, 由 [p,table,s]=anova1(B) 得到方差分析表, 得到输出 c 共有 6 列, 其中前两列给出样本编号, 后四列分别为两个样本均值差的置信区间与估计量.

例 3　四个实验室试制同一型号纸张, 为了比较光滑度每个实验室测量了 8 张纸, 进行方差分析.

实验室	纸张光滑度/秒							
A1	38.7	41.5	43.8	44.5	45.5	46	47.7	58
A2	39.2	39.3	39.7	41.4	41.8	42.9	43.3	45.8
A3	34	35	39	40	43	43	44	45
A4	34	34.8	34.8	35.4	37.2	37.8	41.2	42.8

解　在 MATLAB 命令窗口输入如下代码.

```
>>A=[38.7, 41.5, 43.8, 44.5, 45.5, 46, 47.7, 58,
      39.2, 39.3, 39.7, 41.4, 41.8, 42.9, 43.3, 45.8,
      34, 35, 39, 40, 43, 43, 44, 45,
      34, 34.8, 34.8, 35.4, 37.2, 37.8, 41.2, 42.8]; %输入数据
>> B=A'; %MATLAB 只对各列进行分析
>>[p,table,s]=anova1(B); %方差分析
```

输出方差分析表如表 10-3 所示.

表 10-3　方差分析表

Source	SS	df	MS	F	Prob>F
Columns	294.8809	3	98.2936	6.0277	0.0026628
Error	456.5987	28	16.3071		
Total	751.4797	31			

可以看出, $p = 0.0026628 < 0.05$, 所以四个实验室制作纸张光滑度均值有显著差异.

```
>>c=multcompare(s) %多重比较
```

输出: c =

1.0000 2.0000 −1.4753 4.0375 9.5503 0.2122

1.0000 3.0000 −0.1753 5.3375 10.8503 0.0604

1.0000 4.0000 2.9497 8.4625 13.9753 0.0014

2.0000 3.0000 −4.2128 1.3000 6.8128 0.9168

2.0000 4.0000 −1.0878 4.4250 9.9378 0.1503

3.0000 4.0000 −2.3878 3.1250 8.6378 0.4238

由图 10-5 也可以看出, 实验室 1 与实验室 4 制作的纸张光滑度均值有显著不同.

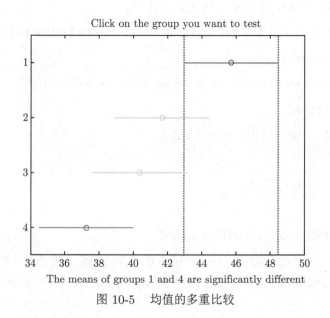

图 10-5　均值的多重比较

10.7　线性回归分析的 MATLAB 实现

回归分析是数理统计中的一个重要内容, MATLAB 也为回归分析的实现提供了便捷, 统计工具箱中提供了很多的回归分析命令.

根据自变量与因变量之间的关系, 可以分为线性回归和非线性回归. MATLAB 统计工具箱提供了 regress 函数进行线性回归分析.

调用格式: [b,bint,r,rint,stats] = regress(y,x,[alpha]).

功能: 对数据进行线性回归分析. y 是因变量, x 是自变量, alpha 是给定的显著性水平, 默认为 0.05, b 是回归系数, bint 是参数的置信区间, r 是残差, rint 是置信区间, stats 是返回相关系数 ρ、F 统计量的值, 以及 F 对应的概率 p.

说明: 相关系数越接近于 1, 回归方程越显著; $F > F_\alpha(k, n-k-1)$ 时拒绝 H_0, 说明回归方程越显著; 与 F 对应的概率 $p < \alpha$ 时拒绝 H_0, 回归模型成立.

例 1   测 16 名成年女子的身高 (cm) 与腿长 (cm) 所得数据如下:

身高/cm	143	145	146	147	149	150	153	154	155	156	157	158	159	160	162	164
腿长/cm	88	85	88	91	92	93	93	95	96	98	97	96	98	99	100	102

试求身高和腿长的回归模型.

解   在 MATLAB 命令窗口输入如下代码.

>>x=[143 145 146 147 149 150 153 154 155 156 157 158 159 160 162 164]′;

>>X=[ones(16,1) x];

>>Y=[88 85 88 91 92 93 93 95 96 98 97 96 98 99 100 102]′;

回归分析及检验

>>[b,bint,r,rint,stats]=regress(Y,X);

>> b=

   -20.7500 0.7500

>>stats =

   0.9047 132.8768 0.0000 2.5357

可以得到, 回归模型为 $Y = -20.75 + 0.75X$, 判定系数 $R^2 = 0.9047$, 说明拟合效果较好, 与检验统计量 F 相应的概率为 $p = 0.0000 \ll \alpha$, 拒绝 H_0, 说明回归模型成立.

>>rcoplot(r,rint);

从残差图 (图 10-6) 可以看出, 所有数据的残差离零点均较近, 残差的置信区间均包含零点, 这说明回归模型 $y = -20.75 + 0.75x$ 能较好拟合原始数据.

预测并作图, 得到一元线性回归模型 (图 10-7).

>>z=b(1)+b(2)*x;

>>plot(x,Y,′k+′,x,z,′r′);

例 2   某厂生产的一种电器的销售量 y 与竞争对手的价格 x_1 和本厂的价格 x_2 有关. 下表是该商品在 10 个城市的销售记录. 试根据这些数据建立 y 与 x_1 和 x_2 的关系式, 对得到的模型和系数进行检验. 若某市本厂产品售价 160 元, 竞争对手售价 170 元, 预测商品在该市的销售量.

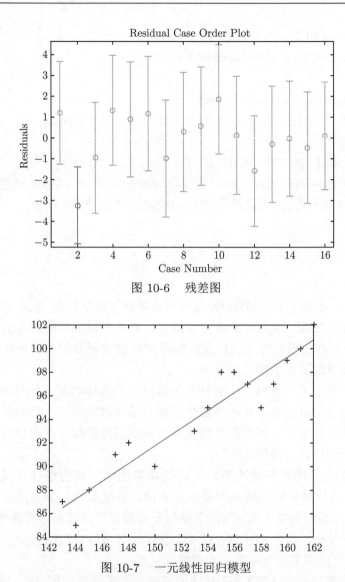

图 10-6 残差图

图 10-7 一元线性回归模型

产品售价/元	120	140	190	130	155	175	125	145	180	150
对手售价/元	100	110	90	150	210	150	250	270	300	250
销售量/台	102	100	120	77	46	93	26	69	65	85

解 在 MATLAB 命令窗口输入如下代码.

```
>>x1=[120  140  190  130  155  175  125  145  180  150]';
>>x2=[100  110  90  150  210  150  250  270  300  250]';
>>y=[102  100  120  77  46  93  26  69  65  85]';
```

```
>>x=[ones(10,1), x1,x2];
>>[b, bint, r, rint, stats]=regress(y, x);
>>b
```
         66.5176   0.4139   -0.2698

可以得到, 回归模型为 $y = 66.5176 + 0.4139x_1 - 0.2698x_2$.

```
>> stats
```
         0.6527   6.5786   0.0247   351.0445

可以看出结果不是太好: $p = 0.0247$, 取 $\alpha = 0.05$ 时回归模型可用, 但取 $\alpha = 0.01$ 则模型不能用; 判定系数 $R^2 = 0.6527$ 较小. 可以考虑 x_1, x_2 的二次函数改进它.

本 章 小 结

MATLAB 是美国 MathWorks 公司出品的商业数学软件, 它有着强大的数据分析和数值计算功能. 熟悉和掌握 MATLAB 软件在概率与统计方面的基本操作命令, 这为使用功能强大的 MATLAB 数学软件解决概率论与数理统计计算和应用方面的有关问题带来了极大的方便.

本章主要介绍了 MATLAB 软件在古典概率、条件概率、全概率公式与伯努利概率、离散型随机变量、连续型随机变量、总体数字特征、样本数字特征、参数的点估计和区间估计、正态总体均值和方差的假设检验、方差分析和回归分析等应用中的语句格式、操作命令.

本章重点: 正确把握解决不同的问题需要调用不同的统计工具箱, 会使用 MATLAB 软件计算和输出随机变量的分布律、密度函数、分布函数及其数字特征, 会计算有关事件的概率和 p 值, 会绘制和输出密度函数和分布函数的图像, 会计算样本数字特征, 能够利用 MATLAB 软件进行总体参数的区间估计和假设检验, 能够解决一些简单的概率论与数理统计问题.

需说明的是, 除了 MATLAB 软件能够处理概率统计问题以外, Mathematica 数学软件和 SAS、Eviews、SPSS、R 等统计软件都能够解决许多概率论与数理统计问题. 实际上, 各种软件系统各有特色和侧重, 建议在应用中注意多种软件系统的综合使用.

习 题 10

1. 根据下列分布分别生成 10 个伪随机数.
(1) $B(5, 0.2)$; (2) $P(3)$; (3) $U(0, 1)$; (4) $N(0, 1)$; (5) $t(1)$.

2. 设总体 $X \sim B\,(5, 0.2)$.

(1) 求 X 的分布函数 $F\,(x)$, 并且画出图形;

(2) 计算概率 $p_1 = P\,\{X = 3\}$, $p_2 = P\,\{X \leqslant 2\}$ 和 $p_3 = P\,\{1 \leqslant X < 4\}$;

(3) 求 $E\,(X)$、$E\,(X^2)$ 和 $D\,(X)$.

3. 已知随机变量 $X \sim \chi^2\,(9)$.

(1) 求 X 的密度函数 $f\,(x)$ 和分布函数 $F\,(x)$, 并且画出它们的图形;

(2) 计算概率 $p_1 = P\,\{X \leqslant 2\}$ 和 $p_2 = P\,\{1 \leqslant X < 4\}$;

(3) 求 $E\,(X)$ 和 $D\,(X)$;

(4) 求该分布的 0.01 分位数和上 0.05 分位数.

4. 设样本 datal=$\{54.0, 78.4, 82.5, 60.6, 85.6, 74.3, 91.5\}$ 来自正态总体.

(1) 求样本均值、方差和标准差;

(2) 若总体均值 μ 未知, 求总体方差 σ^2 的 0.95 置信区间;

(3) σ^2 未知时, 对 $\mu = 80$ 进行检验 (显著性水平为 0.05), 此外, 在显著性水平为 0.01 时对 $\sigma^2 = 50$ 进行检验.

5. 设两个样本 datal(见第 4 题) 和 data2=$\{66.7, 79.4, 87.5, 69.1, 89.6, 92.3, 91.9\}$ 均来自正态总体.

(1) 已知这两个总体方差分别为 180 和 120, 在显著性水平为 0.05 时检验这两个总体均值是否相等;

(2) 这两个总体均值都未知, 在置信度为 0.95 时求这两个总体方差之比的置信区间.

习题10参考解析

第 11 章　常见的概率论与数理统计模型

随着科学技术的快速发展, 数学模型越来越多地被应用在人们的生产和生活中, 用于解释事物的性态, 预测事物将来的状态, 寻找事物发展过程中某种意义下的最优控制和最优决策方案. 本章从建模的角度出发, 按照数学建模的全过程, 并结合相关软件, 给出一些常见的概率论与数理统计模型.

11.1　数学建模和统计软件

11.1.1　数学模型和数学建模

数学模型是对实际问题的一种抽象. 它是为了一个特定目的来研究一个现实的特定对象, 根据其内在规律, 做出必要的简化假设, 基于数学理论和方法, 得到的一个数学架构. 通常用数学符号、数学关系式、数学命题、图形、图表等来刻画客观事物的本质属性及其内在联系. 数学模型自 20 世纪 80 年代作为一门课程进入课堂, 而后随着计算机的普及和全国大学生数学建模竞赛的推广, 迅速发展起来, 进一步推动数学的广泛应用.

数学模型按不同的角度可以得到不同的分类. 按模型的应用领域分为生物数学模型、医学数学模型、地质数学模型、数量经济学模型、数学社会学模型; 按是否考虑随机因素分为确定性模型、模糊性模型和随机性模型; 按是否考虑模型的变化分为静态模型和动态模型; 按应用离散方法或连续方法分为离散模型和连续模型; 按人们对事物发展过程的了解程度分为白箱模型、灰箱模型和黑箱模型; 按建立模型的数学方法 (或所属的数学分支) 分为初等模型、几何模型、代数模型、微分方程模型、图论模型、规划论模型和马氏链模型等. 还有其他的分类标准, 如建模目的. 不同的分类标准得到不同的分类结果.

数学模型可用于解释事物的性态, 预测将来的状态, 为事物发展提供某种意义的最优策略, 判断方案的优劣等. 数学建模是建立数学模型的全过程, 即把现实对象的信息通过归纳表述为数学问题, 使用数学工具求解数学问题, 给出该数学问题的解答, 并使用该数学结果解释现实问题. 进一步检验结果的合理性, 如果通过检验说明模型精度较高, 可以推广应用; 否则, 对数学模型进行改进, 直至达到理想的效果.

1. 数学建模的一般步骤

数学建模的过程没有固定的模式, 通常与现实问题的需求、问题的可行性、建模的目的等有关. 一般有如下过程.

模型准备　由于数学模型是建立在数学与实际现象之间的桥梁, 因此, 首要的工作是要设法用数学的语言尽量贴切地表述实际现象. 为此, 要充分了解问题的实际背景, 明确建模的目的, 尽可能弄清对象的特征, 并为此搜集必需的各种信息或数据. 要善于捕捉对象特征中隐含的数学因素, 抓住主要特征, 形成一个比较清晰的问题, 由此初步决定用哪类模型.

模型假设　模型假设 (即合理假设) 是又一个重要步骤. 根据对象的特征和建模目的, 在问题分析基础上对问题进行必要的、合理的取舍简化, 并使用精确的语言作出假设, 这一步直接决定着建模的成败. 假设得不合理, 会导致错误的或无用的模型; 假设做得太少或者考虑的因素太少, 可能会使下一步很难或无法进行. 所以需要在合理与简化之间作出恰当的折中. 一般地, 作出假设时要充分利用与问题相关的有关学科知识, 充分发挥想象力和观察判断力, 分清问题的主次, 抓住主要因素, 舍弃次要因素.

模型建立　在假设的基础上, 分清变量类型, 根据对象的内在规律, 选择适当的数学工具, 描述变量的关系, 用等式、不等式、图形等确定数学结构, 如差分方程、图的模型等. 建模一般要遵循如下原则: 在达到目的前提下, 尽量采用简单的数学工具. 在建模过程中要充分发挥想象力, 注意使用类比法.

模型求解　可以采用解方程、画图形、优化方法、数值计算、统计分析等各种数学方法, 并借助数学软件和计算机技术等实现模型求解.

模型分析　求解结果进行数学上的分析, 如结果的误差分析、统计分析、模型对数据的灵敏度分析、对假设的强健性分析等.

模型检验　把模型分析的结果 "翻译" 回到实际对象中, 用实际现象、数据等检验模型的合理性和适应性. 如果通不过检验, 则修改、补充假设, 重新建模.

模型应用　将上述模型应用到实际问题中. 如果在应用中发现新问题, 那么继续完善模型, 直至模型满足需求. 好的数学模型一般具备以下特点: 考虑问题比较全面, 具有创新性和独特的一面, 结果合理, 稳定性好, 适用性强.

数学建模是一种创造性的劳动或 "艺术", 它是一个动态的螺旋式反复迭代过程, 没有固定的模式可以套用, 不拘形式, 上面的过程、步骤之间没有绝对的界限, 可以灵活采用表述整个建模的过程. 它直接依赖于建模者的直觉、猜想、判断、经验和灵感, 特别是建模者的想象力和洞察力.

2. 数学建模常用的方法

包括机理分析法、类比法、平衡原理法、微元法、图示法和数据分析法.

机理分析法是立足于事物内在规律的一种常见建模方法, 主要是对现实对象的特性有较为清楚的了解与认识, 通过分析其因果关系, 找出反映其内部机理的规律性而建立其模型的一种方法.

类比法是建立数学模型的一个常见而有力的方法. 作法是把问题归结或转化为我们熟知的模型上去予以类似的解决. 实际上, 许多来自不同领域的问题在数学模型上看确实具有相类似的甚至相同的结构.

所谓平衡原理是指自然界的任何物质在其变化的过程中一定受到某种平衡关系的支配. 注意发掘实际问题中的平衡原理是从物质运动机理的角度组建数学模型的一个关键问题. 就像中学的数学应用题中等量关系的发现是建立方程的关键一样.

微元法是指在组建对象随着时间或空间连续变化的动态模型时, 经常考虑它在时间或空间的微小单元变化情况, 这是因为在这些微元上的平衡关系比较简单, 而且容易使用微分学的手段进行处理. 这类模型基本上是以微分方程的形式给出的.

图示法是利用几何图示建模. 有不少实际问题的解决只要从几何上给予解释和说明就足以了, 这时, 我们只需建立其图模型即可. 这种方法既简单又直观, 且其应用面很宽.

数据分析法是基于测试数据的经验建模方法. 它是从数据资料中挖掘事物的内部特征, 利用数据资料寻找事物内部各因素间的相互关系建立数学模型, 如统计回归分析、参数估计等. 这些方法正是本书的主要内容. 11.2 节起从概率论和数理统计的角度分别给出一些数学建模实例.

11.1.2　数学建模中概率论与数理统计常用的软件

概率论与数理统计是挖掘数据信息的, 而对数据的收集、整理和分析自然会涉及大量计算, 现在有很多功能齐全、容易操作的统计软件供选用. 这里简单介绍几种常见的软件.

(1) SPSS: 这是一种常见的统计软件, 在高校、企业和研究机构中得到广泛应用. 它操作简单, 界面十分友好, 功能齐全, 输出结果美观, 而且输出的表格和图形可以编辑修改, 可以复制插入 Word 文档中, 方便实用. 数据计算可以简单地通过单击相应的菜单和对话框来完成 (称为菜单方式), 也可以通过编程的方式完成 (称为程序方式), 还可以二者同时使用的混合方式完成统计分析计算. 以上特点使得 SPSS 深受专业统计和非专业统计工作者的欢迎.

(2) SAS: 这是一种功能非常齐全的统计软件, 被誉为国际上的标准统计软件和最权威的组合式优秀统计软件, 美国很多大公司 (主要是制药公司) 使用该软件. 该软件人机对话界面不太友好, 图形操作界面不方便, 一切围绕编程设计, 初学者学习起来比较困难 (编程), 说明书非常难懂, 价格也很昂贵. 我国的部分国有企业使用该软件.

(3) S-Plus: 这是 Insightful 公司的标志性产品, 是 S 语言 (AT&T 贝尔实验室) 的后续发展, 有极为强大的统计功能和绘图能力, 应用上以理论研究、统计建模为主, 需要有较好的数理统计背景, 对编程能力要求极高, 在北美和欧洲都有市场, 价格比 SAS 便宜. 我国多数经管类专业使用该软件.

(4) R 软件: 这是一种免费软件, 是基于 S 语言的统计软件包, 可以从网上免费下载, 是发展最快的软件, 与 S-Plus 很相似, 但它由志愿者管理, 运行的稳定性缺乏保证.

(5) Minitab: 这是一种和 SPSS 非常相似的软件, 操作界面很友好, 使用方便, 功能齐全, 是北美大学教学中的常用软件, 但在中国不如 SPSS 普遍.

(6) Eviews: 这是一种计量经济学软件, 由 TSP 发展而来, 主要针对时间序列分析, 也可以对截面数据进行分析, 小巧实用, 但功能不够强大.

(7) MATLAB: 这是一种计算软件, 在工程计算方面应用很广, 以编程为主, 有一些统计函数可供调用, 但不如专门的统计软件使用方便.

(8) Excel: 这是一种数据表格处理软件, 有一些统计函数可供调用, 对于简单分析, Excel 还算方便, 但对于多数统计推断问题, 还需要其他专门的统计软件来处理.

以上列出的软件都是比较常见的与统计分析和计算有关的软件, 还有许多软件没有列举. 在学习的过程中只需选择一种软件, 就可以应付一般的统计问题, 而且熟悉一种软件后再学习其他的软件也会更加容易. 本章以 MATLAB 为例来演示如何利用软件求解问题.

11.2　常见的概率论模型

在现实世界中, 不确定现象是普遍存在的. 例如, 漂浮在液面上的微小粒子不断地进行着杂乱无章的运动, 粒子在任一时刻的位置是不确定的; 又如公共汽车站等车的人数在任一时刻也是不确定的, 因为随时都可能有乘客到来和离去. 这类不确定现象, 表面看来无法把握, 其实, 在其不确定的背后, 往往隐藏着某种确定的统计规律, 可以利用这些事物的概率分布规律对问题进行研究, 从而对实际问题做出估计、判断、预测和决策.

下面通过两个例子展示如何利用概率知识建模解决实际问题.

11.2.1　钓鱼问题

为了估计鱼塘中鱼的数量, 先从鱼塘中钓出 n 条鱼做上记号后又放回鱼塘中, 然后再从鱼塘中钓出 s 条鱼, 结果发现 s 条鱼中有 x 条鱼标有记号. 问鱼塘中一共有多少条鱼?

1. 建立模型

设鱼塘中鱼总共有 N 条, 第二次钓出的标有记号的鱼数记为 X, 该问题就是要从第二次钓出的标有记号的鱼所占的比例估计出鱼塘中鱼的数量. 首先我们假设放回鱼塘中的鱼在鱼塘中的分布是均匀的, 则第二次钓出的标有记号的鱼数 X 是一个随机变量, X 服从超几何分布

$$P\{X = x\} = \frac{\mathrm{C}_n^x \mathrm{C}_{N-n}^{s-x}}{\mathrm{C}_N^s}, \tag{11.2.1}$$

其中 x 为整数, 且 $\max\{0, s - (N - n)\} \leqslant x \leqslant \min\{n, s\}$. 因此, 似然函数为

$$L(x, N) = P\{X = x\},$$

问题转化为取使 $L(x, N)$ 达到极大值的 N 作为 N 的估计量.

2. 模型求解

直接对 N 求导考察似然函数的极值比较困难, 因此用比值法即似然函数的比来研究 $L(x, N)$ 的变化.

$$\begin{aligned} g(x, N) &= \frac{L(x, N)}{L(x, N - 1)} = \frac{N - n}{N} \cdot \frac{N - s}{(N - n) - (s - n)} \\ &= \frac{N^2 - (n + s)N + ns}{N^2 - (n + s)N + Nx} = 1 + \frac{ns - Nx}{N^2 - (n + s)N + Nx}. \end{aligned} \tag{11.2.2}$$

从上式看出, 当且仅当 $ns > Nx$ 时, $g(x, N) > 1$. 当 $ns < Nx$ 时, $g(x, N) < 1$, 即

$$\begin{cases} L(x, N) > L(x, N - 1), & N < \dfrac{ns}{x}, \\ L(x, N) < L(x, N - 1), & N > \dfrac{ns}{x}. \end{cases}$$

由此可得, 似然函数 $L(x, N)$ 在 $N = \dfrac{ns}{x}$ 附近取得极大值, 注意到 N 仅能取正整数, 易得它的最大似然估计值为

$$\hat{N} = \lceil ns/x \rceil, \quad \text{其中 } \lceil\ \rceil \text{ 表示取上整数.}$$

上面的求解方法实际上是运用了概率论与数理统计中的最大似然原理, 即现在这个事件发生了, 那么客观情况使得它最有可能发生.

下面换个角度考虑上述问题, 既然假设放回鱼塘中的鱼是均匀的, 我们可以认为鱼塘中整个鱼群中含带有记号的鱼群比例与鱼塘中任意一部分鱼群中含带有记号的鱼群比例完全相同, 即 $\dfrac{n}{N} = \dfrac{x}{s}$.

从而 $N = \dfrac{ns}{x}$, 取整即与上述分析所得的结果完全相同.

3. 实例验证

例如第一次随机钓鱼 $n = 200$, 第二次钓鱼 $s = 500$, 带记号的鱼 $x = 35$, 可估计出鱼塘中鱼的数量 $N = \left\lceil \dfrac{200 \times 500}{35} \right\rceil = 2858$.

从这一问题, 我们可以学到估计类似问题的一种实际操作方法.

11.2.2 随机存储策略

商店在一周中的销售量是随机的. 每逢周末经理要根据存货的多少决定是否订购货物, 以供下周的销售. 适合经理采用的一种简单的策略是制订一个下界 s 和一个上界 S, 当周末存货不少于 s 时就不订货; 当存货少于 s 时则订货, 且订货量使得下周初的存量达到 S. 这种策略称为 (s, S) **随机存储策略**.

为使问题简化起见, 只考虑用: 订货费、储存费、缺货费和商品购进价格, 存储策略的优劣以总费用为标准. 显然, 总费用 (在平均意义下) 与 (s, S) 策略、销售量的随机规律以及单项费用的大小有关.

模型假设　为了叙述的方便, 时间以周为单位, 商品数量以件为单位.

1. 每次订货费为 c_0 (与数量有关), 每件商品购进价为 c_1, 每件商品一周的贮存费为 c_2, 每件商品的缺货损失为 c_3. c_3 相当于售出价, 所以应有 $c_1 < c_3$.

2. 一周的销售量 r 是随机的. r 的取值很大, 可视为连续变量, 其概率密度函数为 $p(r)$.

3. 记周末的存货量为 x, 订货量为 u, 并且立即到货, 于是周初的存货量为 $x + u$.

4. 一周的销售是集中在周初进行的, 即一周的储存量为 $x + u - r$, 不随时间改变. 这条假设是为了计算储存费用的方便.

建模与求解　按照制订 (s, S) 策略的要求, 当周末存货量 $x \geqslant s$ 时, 订货量 $u = 0$; 当 $x < s$ 时, $u > 0$, 且令 $x + u = S$. 确定 s, S 应以 "总费用" 最小为标准, 因为销售量 r 的随机性, 储量和缺货量也是随机的, 致使一周的储存费和缺货费也是随机的, 所以目标函数应取一周总费用的期望值, 即长期经营中每周费用的平均值 (以下称平均费用).

根据假设条件容易写出平均费用为

$$J(u) = \begin{cases} c_0 + c_1 u + L(x + u), & u > 0, \\ L(x), & u = 0, \end{cases} \tag{11.2.3}$$

其中

$$L(x) = c_2 \int_0^x (x - r) p(r) \, \mathrm{d}r + c_3 \int_x^\infty (r - x) p(r) \, \mathrm{d}r. \tag{11.2.4}$$

我们先在 $u > 0$ 的情况下, 求 u 使 $J(u)$ 达到最小值, 从而确定 S. 为此计算

$$\frac{\mathrm{d}J}{\mathrm{d}u} = c_1 + c_2 \int_0^{x+u} p(r) \, \mathrm{d}r - c_3 \int_{x+u}^\infty p(r) \mathrm{d}r. \tag{11.2.5}$$

令 $\dfrac{\mathrm{d}J}{\mathrm{d}u} = 0$, 记 $x + u = S$, 并注意到 $\displaystyle\int_0^\infty p(r) \, \mathrm{d}r = 1$, 可得

$$\frac{\displaystyle\int_0^S p(r) \, \mathrm{d}r}{\displaystyle\int_S^\infty p(r) \, \mathrm{d}r} = \frac{c_3 - c_1}{c_2 + c_1}, \tag{11.2.6}$$

这就是说, 令订货量 u 加上原来的存量 x 达到式 (11.2.6) 所示的 S, 可使平均费用最小.

从式 (11.2.6) 可以看出, 当商品购进价 c 一定时, 储存费 c_2 越小, 缺货费 c_3 越大, S 应越大. 这是符合常识的.

下面讨论确定 s 的方法. 当存货量为 x 时, 若订货则由式 (11.2.3) 在 S 策略下平均费用为

$$J_1 = c_0 + c_1 (S - x) + L(S).$$

若不订货则平均费用为 $J_2 = L(x)$. 显然, 当 $J_2 \leqslant J_1$, 即

$$L(x) = c_0 + c_1 (S - x) + L(S) \tag{11.2.7}$$

时应不订货. 记

$$I(x) = c_1 x + L(x), \tag{11.2.8}$$

则不订货的条件 (11.2.7) 表示为

$$I(x) \leqslant c_0 + I(S). \tag{11.2.9}$$

式 (11.2.9) 右端为已知数. 于是 s 应为方程

$$I(x) = c_0 + I(S) \tag{11.2.10}$$

的最小正根.

方程 (11.2.10) 可以用图形求解. 注意到 $I(x)$ 与 $J(u)$ 表达式的相似性 (见式 (11.2.3) 与式 (11.2.8)), 可知 $I(x)$ 是下凸的, 且在 $x = S$ 时达到极小值, 如图 11-1. 在极小值 $I(S)$ 上叠加 c_0, 按图中箭头方向即可得到 s.

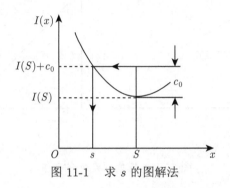

图 11-1　求 s 的图解法

综上所述, 根据模型 (11.2.3), (11.2.4) 所确定的 (s, S) 策略由 (11.2.6), (11.2.8), (11.2.10) 式给出, 当 c_0, c_1, c_2, c_3 及 $p(r)$ 给定后, s, S 可以唯一地解出.

评注　在这个模型中储存费用的计算是比较困难的. 因为一般地说储存费应与储存时间有关, 所以必须对一周内储存量的变化情况作出适当的假定. 按照模型假设第 4 条, 储存量 q 在 $0 \leqslant t \leqslant 1$ 内的变化可用图 11-2 表示 (为简单起见设原存量 x 为 0), 即在可以忽略的短时间内储存量就降为 $u - r(u > r$ 时) 或 $0(u \leqslant r$ 时). 我们已经看到在这个假定下计算及其结果都十分简单.

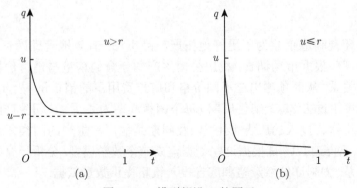

图 11-2　模型假设 4 的图示

关于储存量 q 的更合理地假定应该如图 11-3 所示, 即一周内的销售是均匀的, 因而储存量 q 呈直线下降. 在这种情况下储存费的计算就比较麻烦, 而且得不到简单的结果 (参看姜启源《数学模型》第九章习题 3).

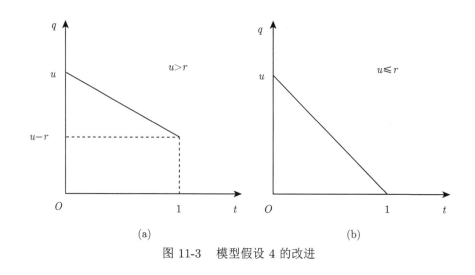

图 11-3　模型假设 4 的改进

11.3　常见的数理统计模型

在许多实际问题中, 常常需要研究多个变量之间的关系. 对于那种无法用精确的函数表达式表示的非确定性关系, 往往通过大量的观测数据, 发现它们之间的统计规律, 并由此来推断相应变量之间的函数关系, 进而对其进行预测和控制, 为生产和实践服务. 曲线拟合和回归分析就是解决此类问题的有效方法. 下面从牙膏的销售量问题出发来介绍在数学建模中怎样运用这些方法.

1. 问题

某大型牙膏制造企业为了更好地拓展产品市场, 有效地管理库存, 公司董事会要求销售部门根据市场调查, 找出公司生产的牙膏销售量与销售价格、广告投入等之间的关系, 从而预测出在不同价格和广告费用下的销售量. 为此, 销售部的研究人员收集了过去 30 个销售周期 (每个销售周期为 4 周) 公司生产的牙膏的销售量、销售价格、投入的广告费用, 以及同期其他厂家生产的同类牙膏的市场平均销售价格, 见表 11-1. 试根据这些数据建立一个数学模型, 分析牙膏销售量与其他因素的关系, 为制订价格策略和广告投入策略提供数量依据.

表 11-1   牙膏销售量与销售价格、广告费用等数据

销售周期	公司销售价格/元	其他厂家平均价格/元	广告费用/百万元	价格差/元	销售量/百万支
1	3.85	3.80	5.50	−0.05	7.38
2	3.75	4.00	6.75	0.25	8.51
3	3.70	4.30	7.25	0.60	9.52
4	3.70	3.70	5.50	0	7.50
5	3.60	3.85	7.00	0.25	9.33
6	3.60	3.80	6.50	0.20	8.28
7	3.60	3.75	6.75	0.15	8.75
8	3.80	3.85	5.25	0.05	7.87
9	3.80	3.65	5.25	−0.15	7.10
10	3.85	4.00	6.00	0.15	8.00
11	3.90	4.10	6.50	0.20	7.89
12	3.90	4.00	6.25	0.10	8.15
13	3.70	4.10	7.00	0.40	9.10
14	3.75	4.20	6.90	0.45	8.86
15	3.75	4.10	6.80	0.35	8.90
16	3.80	4.10	6.80	0.30	8.87
17	3.70	4.20	7.10	0.50	9.26
18	3.80	4.30	7.00	0.50	9.00
19	3.70	4.10	6.80	0.40	8.75
20	3.80	3.75	6.50	−0.05	7.95
21	3.80	3.75	6.25	−0.05	7.65
22	3.75	3.65	6.00	−0.10	7.27
23	3.70	3.90	6.50	0.20	8.00
24	3.55	3.65	7.00	0.10	8.50
25	3.60	4.10	6.80	0.50	8.57
26	3.65	4.25	6.80	0.60	9.21
27	3.70	3.65	6.50	−0.05	8.27
28	3.75	3.75	5.75	0	7.67
29	3.80	3.85	5.80	0.05	7.93
30	3.70	4.25	6.80	0.55	9.26

注: 价格差指其他厂家平均价格与公司销售价格之差

2. 分析与假设

由于牙膏是生活必需品, 对大多数顾客来说, 在购买同类产品的牙膏时更多地会在意不同品牌之间的价格差异, 而不是它们的价格本身. 因此, 在研究各个因素对销售量的影响时, 用价格差代替公司销售价格和其他厂家平均价格更为合适.

记牙膏销售量为 y, 其他厂家平均价格与公司销售价格之差 (价格差) 为 x_1, 公司投入的广告费用为 x_2, 其他厂家平均价格和公司销售价格分别为 x_3 和 x_4, $x_1 = x_3 - x_4$. 基于上面的分析, 我们仅利用 x_1 和 x_2 来建立 y 的预测模型.

3. 基本模型

为了大致地分析 y 与 x_1 和 x_2 的关系, 首先利用表 11-1 的数据分别作出 y 对 x_1 和 x_2 的散点图 (见图 11-4 和图 11-5).

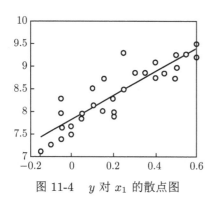
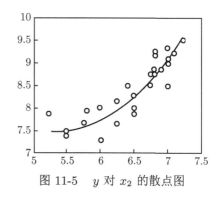

图 11-4 y 对 x_1 的散点图　　　　　　　图 11-5 y 对 x_2 的散点图

从图 11-4 可以发现随着 x_1 的增加, y 的值有比较明显的线性增长趋势, 图中的直线是用线性模型

$$y = \beta_0 + \beta_1 x_1 + \varepsilon \tag{11.3.1}$$

拟合的 (其中 ε 是随机误差). 而在图 11-5 中, 当 x_2 增大时, y 有向上弯曲增加的趋势, 图中的曲线是用二次函数模型

$$y = \beta_0 + \beta_1 x_1 + \beta_2 x_2^2 + \varepsilon \tag{11.3.2}$$

拟合的.

综合上面的分析, 结合模型 (11.3.1) 和 (11.3.2) 建立如下的回归模型

$$y = \beta_0 + \beta_1 x_1 + \beta_2 x_2 + \beta_3 x_2^2 + \varepsilon, \tag{11.3.3}$$

式 (11.3.3) 右端的 x_1 和 x_2 称为回归变量 (自变量), $\beta_0 + \beta_1 x_1 + \beta_2 x_2 + \beta_3 x_2^2$ 是给定价格差 x_1、广告费用 x_2 时, 牙膏销售量 y 的平均值, 其中的参数 β_0, β_1, β_2, β_3 称为回归系数, 由表 11-1 的数据估计, 影响 y 的其他因素作用都包含在随机误差 ε 中. 如果模型选择合适, ε 应大致服从均值为零的正态分布.

4. 模型求解

直接利用 MATLAB 统计工具箱中的命令 regress 求解, 使用格式为

[b,bint,r,rint,stats]=regress(y,x,alpha)

其中输入 y 为模型 (11.3.3) 中 y 的数据 (n 维向量, $n = 30$), x 为对应于回归系数 $\beta = (\beta_0, \beta_1, \beta_2, \beta_3)$ 的数据矩阵 $[1\ x_1\quad x_2\quad x_2^2]$($n \times 4$ 矩阵, 其中第 1 列为全 1 向量), alpha 为置信水平 α (缺省时 $\alpha = 0.05$); 输出 b 为 β 的估计量, 常记作 $\hat{\beta}$, bint 为 b 的置信区间, r 为残差向量 $y - x\hat{\beta}$, rint 为 r 的置信区间, stats 为回归模型的检验统计量, 有 3 个值, 第一个是回归方程的判定系数 R^2, 第二个是 F 统计量值, 第三个是与 F 统计量对应的 p 值.

得到模型 (11.3.3) 的回归系数估计值及其置信区间 (置信水平[①]$\alpha = 0.05$)、检验统计量 R^2, F, p 的结果见表 11-2.

表 11-2　模型 (11.3.3) 的计算结果

参数	参数估计值	参数置信区间
β_0	17.3244	[5.7282, 28.9206]
β_1	1.3070	[0.6829, 1.9311]
β_2	-3.6956	[-7.4989, 0.1077]
β_3	0.3486	[0.0379, 0.6594]
$R^2 = 0.9054,\quad F = 82.9409,\quad p - 0.0000$		

5. 结果分析

表 11-2 显示, $R^2 = 0.9054$ 指因变量 y (销售量) 的 90.54% 可由模型确定, F 值远远超过 F 检验的临界值, p 远小于 α, 因而模型 (11.3.3) 从整体来看是可用的.

表 11-2 的回归系数给出了模型 (11.3.3) 中 β_0, β_1, β_2, β_3 的估计值, 即 $\hat{\beta}_0 = 17.3244$, $\hat{\beta}_1 = 1.3070$, $\hat{\beta}_2 = -3.6956$, $\hat{\beta}_3 = 0.3486$. 检验它们的置信区间发现, 只有 β_2 的置信区间包括零点 (但区间右端点距零点很近), 表明回归变量 x_2 (对因变量 y 的影响) 不是太显著的, 但由于 x_2^2 是显著的, 我们仍将变量 x_2 保留在模型中.

6. 销售量预测

将回归系数的估计值代入模型 (11.3.3), 即可预测公司未来某个销售周期牙膏的销售量 y, 预测值记作 $\hat{y}$, 得到模型 (11.3.3) 的预测方程

$$\hat{y} = \hat{\beta}_0 + \hat{\beta}_1 x_1 + \hat{\beta}_2 x_2 + \hat{\beta}_3 x_2^2, \tag{11.3.4}$$

只需知道该销售周期的价格差 x_1 和投入的广告费用 x_2, 就可以计算预测值 $\hat{y}$.

值得注意的是公司无法直接确定价格差 x_1, 而只能调整本公司该周期的牙膏售价 x_4, 但是同期其他厂家的平均价格 x_3. 一般可以通过分析和预测当时的市场情况, 即原材料的价格变化等估计出. 模型中引入价格差 $x_1 = x_3 - x_4$ 作为回归变

---

① 置信水平又称置信度.

量, 而非 x_3, x_4 的好处在于, 公司可以更灵活地来预测产品的销售量 (或市场需求量), 因为 x_3 的值不是公司所能控制的. 预测时只要调整 x_4 达到设定的回归变量 x_1 的值, 比如公司计划在未来的某个销售周期中, 维持产品的价格差为 $x_1 = 0.2$ 元, 并将投入 $x_2 = 6.5$ (百万元) 的广告费用, 则该周期牙膏销售量的估计值为

$$\hat{y} = 17.3244 + 1.3070 \times 0.2 + (-3.6956) \times 6.5 + 0.3486 \times 6.5^2 = 8.29275 \text{ (百万支)}.$$

　　回归模型的一个重要应用是, 对于给定的回归变量的取值, 可以以一定的置信度预测因变量的取值范围, 即预测区间. 比如当 $x_1 = 0.2$, $x_2 = 6.5$ 时可以算出, 牙膏销售量的置信度为 95% 的预测区间为 $[7.832, 8.7636]$, 它表明在将来的某个销售周期中, 如公司维持产品的价格差 0.2 元, 并投入 650 万元的广告费用, 那么可以有 95% 的把握保证牙膏的销售量在 7.832 百万支到 8.7636 百万支之间. 实际操作时, 预测上限可以用来作为库存管理的目标值, 即公司可以生产 (或库存) 8.7636 百万支牙膏来满足该销售周期顾客的需求; 预测下限则可以用来较好的把握 (或控制) 公司的现金流, 理由是公司对该周期销售 7.832 百万支牙膏十分自信, 如果在该销售周期中公司将牙膏售价定为 3.70 元, 且估计同期其他厂家的平均价格为 3.90 元, 那么董事会可以有充分的依据知道公司的牙膏销售额应在 $7.832 \times 3.7 \approx 29$ (百万元) 以上.

7. 模型改进

　　模型 (11.3.3) 中回归变量 x_1 和 x_2 对因变量 y 的影响是相互独立的, 即牙膏销售量 y 的均值与广告费用 x_2 的二次关系由回归系数 β_2 和 β_3 确定, 而不依赖于价格差 x_1, 同样, y 的均值与 x_1 的线性关系由回归系数 β_1 确定, 不依赖于 x_2. 根据直觉和经验可以猜想, x_1 和 x_2 之间的交互作用会对 y 有影响, 不妨简单地用 x_1 与 x_2 的乘积代表它们的交互作用, 于是将模型 (11.3.3) 增加一项, 得到

$$y = \beta_0 + \beta_1 x_1 + \beta_2 x_2 + \beta_3 x_2^2 + \beta_4 x_1 x_2 + \varepsilon, \tag{11.3.5}$$

这个模型中, y 的均值与 x_2 的二次关系为 $(\beta_2 + \beta_4 x_1) x_2 + \beta_3 x_2^2$, 由系数 β_2, β_3, β_4 确定, 并依赖于价格差 x_1.

　　下面让我们用表 11-1 的数据估计模型 (11.3.5) 的系数. 利用 MATLAB 的统计工具箱得到的结果见表 11-3.

表 11-3　模型 (11.3.5) 的计算结果

参数	参数估计值	参数置信区间
β_0	29.1133	$[13.7013, 44.5252]$
β_1	11.1342	$[1.9778, 20.2906]$
β_2	-7.6080	$[-12.6932, -2.5228]$
β_3	0.6712	$[0.2538, 1.0887]$
β_4	-1.4777	$[-2.8518, -0.1037]$
	$R^2 = 0.9209$, $\quad F = 72.7771$, $\quad p = 0.0000$	

表 11-3 和表 11-2 的结果相比, R^2 有所提高, 说明模型 (11.3.5) 比模型 (11.3.3) 有所改进. 并且, 所有参数的置信区间, 特别是 x_1 和 x_2 的交互作用项 x_1x_2 的系数 β_4 的置信区间不包含零点, 所以有理由相信模型 (11.3.5) 比模型 (11.3.3) 更符合实际.

用模型 (11.3.5) 对公司的牙膏销售量做预测. 仍设在某个销售周期中, 维持产品的价格差 $x_1 = 0.2$ 元, 并将投入 $x_2 = 6.5$ 百万元的广告费用, 则该周期牙膏销售量 y 的估计值为 $\hat{y} = \hat{\beta}_0 + \hat{\beta}_1 x_1 + \hat{\beta}_2 x_2 + \hat{\beta}_3 x_2^2 + \hat{\beta}_4 x_1 x_2 = 8.3272$ (百万支), 置信度为 95% 的预测区间为 $[7.8953, 8.7592]$, 与模型 (11.3.3) 的结果相比, $\hat{y}$ 略有增加, 而预测区间长度短一些.

在保持广告费用 $x_2 = 6.5$ 百万元不变的条件下, 分别对模型 (11.3.3) 和 (11.3.5) 中牙膏销售量的均值 $\hat{y}$ 与价格差 x_1 的关系作图, 见图 11-6 和图 11-7.

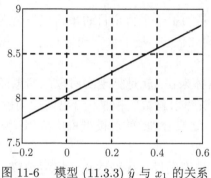

图 11-6　模型 (11.3.3) $\hat{y}$ 与 x_1 的关系

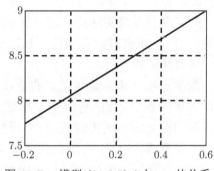

图 11-7　模型 (11.3.5) $\hat{y}$ 与 x_1 的关系

在保持价格差 $x_1 = 0.2$ 元不变的条件下, 分别对模型 (11.3.3) 和 (11.3.5) 中牙膏销售量的均值 $\hat{y}$ 与广告费用 x_2 的关系作图, 见图 11-8 和图 11-9.

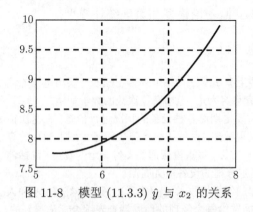

图 11-8　模型 (11.3.3) $\hat{y}$ 与 x_2 的关系

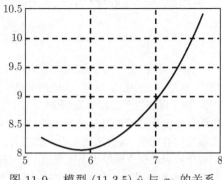

图 11-9　模型 (11.3.5) $\hat{y}$ 与 x_2 的关系

可以看出, 交互作用项 x_1x_2 加入模型, 对 $\hat{y}$ 和 x_1 的关系稍有影响, 而 $\hat{y}$ 与 x_2 的关系有较大变化, 当 $x_2 < 6$ 时 $\hat{y}$ 出现下降, 当 $x_2 > 6$ 时 $\hat{y}$ 上升则快得多.

8. 评注

从这个案例我们看到, 建立回归模型可以先根据已知的数据, 从常识和经验进行分析, 辅以作图 (如图 11-1、图 11-2 的散点图), 决定取哪几个回归变量及它们的函数形式 (如线性的、二次的). 用软件 (如 MATLAB 统计工具箱) 求解后, 作统计分析: R^2, F, p 值的大小是对模型整体的评价, 每个回归系数置信区间是否包含零点, 可以用来检验对应的回归变量对因变量的影响是否显著 (若包含零点则不显著). 如果对结果不够满意, 则应改进模型, 如添加二次项、交互项等.

对因变量进行预测, 经常是建立回归模型的主要目的之一, 本节提供了预测的方法, 以及对结果作进一步讨论的实例.

本 章 小 结

数学模型是对实际问题的一种抽象. 它是为了一个特定目的来研究一个现实的特定对象, 根据其内在规律, 作出必要的简化假设, 基于数学理论和方法, 得到的一个数学结构.

数学建模是建立数学模型的全过程. 具体来说, 就是把现实对象的信息通过归纳表述为数学问题, 得到数学模型, 通过演绎求解数学模型, 给出问题的解答, 然后利用结果解释现实问题, 从而得到检验, 结果合理, 就对模型推广应用; 否则, 对数学模型进行改进, 直至达到理想的效果.

数学建模的一般步骤可分为模型准备、模型假设、模型建立、模型求解、模型分析、模型检验、模型应用.

数学建模常用的方法包括机理分析法、类比法、图示法、微元法、平衡原理法和数据分析法.

运用概率论与数理统计的基本知识建立概率论模型和数理统计模型.

习 题 11

1. 电梯问题. 有 r 个人在一楼进入电梯, 楼上有 n 层, 设每个乘客在任何一层出电梯的概率相同, 试建立一个概率模型, 求直到电梯中没有乘客为止, 电梯需停次数的数学期望.

2. 为了保证生产过程的顺利进行, 工厂通常要定期对各种设备的状况进行检查. 在两次检查之间设备出现故障的时刻是随机的, 而一旦发现故障, 设备往往要带故障运行到下一次检查才能被发现有问题, 这会造成相当大的损失. 另一方面, 每次检查都要支付一定的费用 (包括停工损失费), 因此检查周期也不能太短. 问怎样确定合理的设备检查周期?

3. 下表列出了某城市 18 位 35—44 岁经理的年平均收入 x_1 (千元), 风险偏好度 x_2 和人寿保险额 y (千元) 的数据, 其中风险偏好是根据发给每个经理的问卷调查表综合评估得到的, 它的数值越大, 就越偏爱高风险. 研究人员想研究此年龄段中的经理所投保的人寿保险额与年平均收入及风险偏好度之间的关系. 研究者预计, 经理的年均收入和人寿保险额之间存在着二次关系, 并有把握地认为风险偏好度对人寿保险额有线性效应, 但对于风险偏好度对人寿保险额是否有二次效应以及两个自变量是否对人寿保险额有交互效应, 心中没底.

请你通过表中的数据来建立一个合适的回归模型, 验证上面的看法, 并给出进一步的分析.

序号	y	x_1	x_2	序号	y	x_1	x_2
1	196	66.290	7	10	49	37.408	5
2	63	40.964	5	11	105	54.376	2
3	252	72.996	10	12	98	46.186	7
4	84	45.010	6	13	77	46.130	4
5	126	57.204	4	14	14	30.366	3
6	14	26.852	5	15	56	39.060	5
7	49	38.122	4	16	254	79.380	1
8	49	35.840	6	17	133	52.766	8
9	266	75.796	9	18	133	55.916	6

习题11参考解析

附录 1 预备知识

为了方便读者阅读本书, 并且便于与中学数学教材特别是高中数学教材内容相衔接, 下面简要介绍一些与本书内容有关的预备知识.

A.1 集类与测度

A.1.1 集类

定义 1 设 Ω 是一个给定的集合, 由它的子集为元素构成的集合称为 Ω 上的集类 (或集系、集族), 记为 $\mathcal{F}$.

例 1 已知 $\Omega = \{1,2,3\}$, 则 $\mathcal{F} = \{\varnothing, \{1\}, \{2\}, \{3\}, \{1,2\}, \{1,3\}, \{2,3\}, \{1,2,3\}\}$ 是 Ω 上的一个集类, $\mathcal{F}_1 = \{\varnothing, \{1\}, \{2\}, \{1,2\}\}$ 和 $\mathcal{F}_2 = \{\varnothing, \{1\}, \{2\}, \{1,2\}, \{3\}\}$ 也都是 Ω 上的一个集类. 可见, 一个集合上的集类是不唯一的.

例 2 已知 $\Omega = (-\infty, +\infty)$, 则 $\mathcal{F} = \{(a,b] | -\infty < a \leqslant b < +\infty\}$ 是 Ω 上一切左开右闭的区间全体所构成的集类.

集合与集类之间的关系类似于元素与集合之间的关系, 只有属于与不属于两种逻辑关系; 集类与集类之间的关系类似于集合与集合之间的关系, 只有包含与不包含的逻辑关系. 然而, 元素和集类之间没有任何上述逻辑关系. 例如, 例 1 中集合 $\Omega \in \mathcal{F}$, 但是 $\Omega \notin \mathcal{F}_1$; $\{3\} \notin \mathcal{F}_1$, 但是 $\{3\} \in \mathcal{F}_2$ 并且 $\{3\} \in \mathcal{F}$; $\mathcal{F}_1 \subset \mathcal{F}_2$, 并且 $\mathcal{F}_2 \subset \mathcal{F}$.

由于集类是集合的集合, 所以, 它满足集合之间的各种运算关系. 例如, 例 1 中 $\mathcal{F}_1 \cap \mathcal{F}_2 = \mathcal{F}_1$, $\mathcal{F}_1 \cup \mathcal{F}_2 = \mathcal{F}_2$, $\mathcal{F}_2 - \mathcal{F}_1 = \{\{3\}\}$; 若将 $\mathcal{F}$ 看作全集, 那么, $\mathcal{F}_1$ 的补集 (或余集) 为 $\overline{\mathcal{F}_1} = \{\{3\}, \{1,3\}, \{2,3\}, \{1,2,3\}\}$.

定义 2 设非空集类 $\mathcal{F}$ 满足

(1) 若 $A, B \in \mathcal{F}$, 则 $A - B \in \mathcal{F}$;

(2) 若 $A, B \in \mathcal{F}$, 则 $A \cup B \in \mathcal{F}$,

那么, 称 $\mathcal{F}$ 是**环**. 如果 $\mathcal{F}$ 是环, 并且 $\Omega \in \mathcal{F}$, 那么, 称 $\mathcal{F}$ 是**域** (或**代数**).

定义 3 设非空集类 $\mathcal{F}$ 满足

(1) 若 $A \in \mathcal{F}$, 则 $\overline{A} \in \mathcal{F}$;

(2) 若 $\{A_i, i \geqslant 1\} \in \mathcal{F}$, 则 $\bigcup_{i=1}^{+\infty} A_i \in \mathcal{F}$,

那么, 称 $\mathcal{F}$ 是 σ **域** (或 σ **代数**).

易知, 若 $\mathcal{F}$ 是 σ 域, 则 $\mathcal{F}$ 是域和环; 反之不一定成立.

σ 域是个重要的概念, 其中集类 $\mathcal{F} = \{ A \,|\, A \subset \Omega \}$ 是集合 Ω 上的 "最大" (集合数目最多) 的 σ 域, 集类 $\mathcal{F} = \{ \Omega, \varnothing \}$ 是集合 Ω 上的 "最小" (集合数目最少) 的 σ 域. 比如, 例 1 中 $\mathcal{F}$ 是 Ω 上 "最大" 的 σ 域, 而 $\mathcal{F}_1$ 和 $\mathcal{F}_2$ 不是 Ω 上的 σ 域, 但是, $\mathcal{F}_1$ 是 $\widetilde{\Omega} = \{ 1, 2 \}$ 上的 σ 域.

如果将集合 Ω 看作空间, 那么, 可以给出可测空间和可测集的概念.

定义 4 把一给定空间 Ω 及其上的 σ 域 $\mathcal{F}$ 所组成的有序数对 $(\Omega, \mathcal{F})$ 称为一个**可测空间**, $\mathcal{F}$ 中的元素 (集合) 称为 $\mathcal{F}$ **可测集**.

$\mathcal{F}$ 可测集除了满足定义 2 和定义 3 中的条件以外, 还具有性质:

(1) $\varnothing \in \mathcal{F}$;

(2) 若 $A_i \in \mathcal{F}\,(i = 1, 2, \cdots)$, 则 $\bigcap\limits_{i=1}^{+\infty} A_i \in \mathcal{F}$;

(3) 若 $A_i \in \mathcal{F}\,(i = 1, 2, \cdots, n)$, 则 $\bigcup\limits_{i=1}^{n} A_i \in \mathcal{F}$, $\bigcap\limits_{i=1}^{n} A_i \in \mathcal{F}$.

A.1.2 测度

对于任意集类 $\mathcal{F}$, 若对每一个 $A \in \mathcal{F}$, 对应一个实数 $\mu(A)$, 称 μ 为 $\mathcal{F}$ 上的**集合函数** (简称**集函数**). 换句话说, 集函数是指以集类为定义域的函数.

定义 5 设 μ 是定义在环 $\mathcal{F}$ 上的集函数, 如果 μ 满足条件:

(1) $\mu(\varnothing) = 0$;

(2) 对任意的 $A \in \mathcal{F}$, $0 \leqslant \mu(A) \leqslant +\infty$;

(3) 对任意的 $A_i \in \mathcal{F}\,(i = 1, 2, \cdots)$, $A_i \cap A_j = \varnothing\,(i \neq j)$ 且 $\bigcup\limits_{i=1}^{+\infty} A_i \in \mathcal{F}$, 有

$$\mu\left(\bigcup_{i=1}^{+\infty} A_i \right) = \sum_{i=1}^{+\infty} \mu(A_i),$$

那么, 称 μ 是 $\mathcal{F}$ 上的一个**测度**.

对于集合 Ω 上的 σ 域 $\mathcal{F}$, 满足定义 5 中三个条件的集函数 μ 也是 σ 域 $\mathcal{F}$ 上的一个测度. 例如, 在例 1 中定义 $\mu(A)$ 为 A 中点的个数, $A \in \mathcal{F}$, 易于验证 μ 是 σ 域 $\mathcal{F}$ 上的测度.

一般地, 设 $\widetilde{\Omega} = \{ \omega_1, \omega_2, \cdots, \omega_n, \cdots \}$, $\mathcal{F}$ 是 Ω 的一切子集构成的集类, 在 σ 域 $\mathcal{F}$ 上定义集函数 μ 为

$$\mu\left(\{\omega_i\}\right)=p_i,\quad \mu\left(A\right)=\sum_{\omega_i\in A}\mu\left(\{\omega_i\}\right)=\sum_{\omega_i\in A}p_i,\quad \mu\left(\varnothing\right)=0,$$

其中 $p_i\,(i\geqslant 1)$ 是非负实数, 易于验证 μ 也是 $\mathcal{F}$ 上的测度.

特殊地, 设 $\mathcal{F}=\{\Omega,\varnothing\}$, 在 $\mathcal{F}$ 上定义

$$\mu\left(\Omega\right)=1,\quad \mu\left(\varnothing\right)=0,$$

则 μ 是 σ 域 $\mathcal{F}$ 上的一个测度.

测度 μ 的一些性质:

(1) 若 $A,B\in\mathcal{F}$, $A\subset B$, 则 $\mu\left(A\right)\leqslant\mu\left(B\right)$;

(2) 若 $A,B\in\mathcal{F}$, $A\subset B$, 且 $\mu\left(A\right)<+\infty$, 则 $\mu\left(B-A\right)=\mu\left(B\right)-\mu\left(A\right)$;

(3) 若对任意的 $A_i\in\mathcal{F}\,(i=1,2,\cdots,n)$, $A_i\cap A_j=\varnothing\,(i\neq j)$, 则

$$\mu\left(\bigcup_{i=1}^{n}A_i\right)=\sum_{i=1}^{n}\mu\left(A_i\right);$$

(4) 若对任意的 $A_i\in\mathcal{F}\,(i=1,2,\cdots)$, $\bigcup_{i=1}^{+\infty}A_i\in\mathcal{F}$, 则

$$\mu\left(\bigcup_{i=1}^{+\infty}A_i\right)\leqslant\sum_{i=1}^{+\infty}\mu\left(A_i\right).$$

定义 6　设 $(\Omega,\mathcal{F})$ 是一个可测空间, μ 是 $\mathcal{F}$ 上的一个测度, 则把三元有序数对 $(\Omega,\mathcal{F},\mu)$ 称为一个测度空间.

特别地, 若 $\mu\left(\Omega\right)=1$, 则称 $(\Omega,\mathcal{F},\mu)$ 为概率测度空间, 简称概率空间. 此时, μ 就是概率测度 P.

A.2　排列、组合和二项式定理

A.2.1　加法原理和乘法原理

加法原理 (又称分类计数原理)　完成一件事, 有 n 类办法, 在第 1 类办法中有 m_1 种不同的方法, 在第 2 类办法中有 m_2 种不同的方法, $\cdots$, 在第 n 类办法中有 m_n 种不同的方法, 那么, 完成这件事共有

$$N=m_1+m_2+\cdots+m_n$$

种不同的方法.

例 1　一位患者了解到有甲、乙、丙三家医院可以治疗自己的疾病, 这三家医院又各有 2 个、5 个和 4 个医疗专家. 如果这名患者只能选择一位专家进行诊治, 那么, 他共有

$$2 + 5 + 4 = 11$$

种不同的选择方法.

乘法原理 (又称分步计数原理)　完成一件事, 需要分成 n 个步骤, 做第 1 步有 m_1 种不同的方法, 做第 2 步有 m_2 种不同的方法, $\cdots$, 做第 n 步有 m_n 种不同的方法, 那么, 完成这件事共有

$$N = m_1 \times m_2 \times \cdots \times m_n$$

种不同的方法.

例 2　某耐火材料厂进行耐火砖性能试验, 选取影响耐火砖性能的因素有二氧化硅的含量、添加剂和温度, 它们分别有 3 种、2 种和 5 种不同的水平选择, 若要对每种不同的因素水平组合进行试验, 则全面试验的次数为

$$3 \times 2 \times 5 = 30.$$

加法原理和乘法原理, 回答的都是有关做一件事的不同方法种数的问题. 两者的区别在于: 加法原理针对的是 "分类" 问题, 其中各种方法相互独立, 并且利用其中任何一种方法都可以做完这件事; 乘法原理针对的是 "分步" 问题, 各个步骤中的方法相互依存, 只有各个步骤都完成才算做完这件事.

注意, 在解决有关计数问题时, 要分清是需要 "分类" 还是 "分步", 分类要做到 "不重复、不遗漏", 分步要做到步骤完整.

下面的例子给出了一道 "分类" 和 "分步" 的综合题.

例 3　某班男生 20 名, 女生 10 名, 辅导员需选拔 4 人参加甲、乙两项活动, 要求男生 2 人参加一项活动, 女生 2 人参加另一项活动, 每项活动中有一个负责人. 容易计算, 共有

$$20 \times 19 \times 10 \times 9 + 20 \times 19 \times 10 \times 9 = 68400$$

种不同的选拔方法.

A.2.2　排列和组合

定义 1　一般地, 从 n 个不同元素中取出 $m\,(m \leqslant n)$ 个元素, 按照一定的顺序排成一列, 称为从 n 个不同元素中取出 m 个元素的一个**排列** (arrangement).

定义 2　从 n 个不同元素中取出 $m\,(m \leqslant n)$ 个元素的所有排列的个数, 称为从 n 个不同元素中取出 m 个元素的**排列数**, 用符号 A_n^m 或 P_n^m 表示.

排列数公式为

$$A_n^m = n(n-1)(n-2)\cdots(n-m+1),$$

或者

$$A_n^m = \frac{n!}{(n-m)!},$$

其中 n 和 m 为正整数, $m \leqslant n$. 当 $m = n$ 时, 可得全排列公式

$$A_n^n = n!,$$

这里 $n!$ 表示 n 的阶乘, 即 $n! = n \times (n-1) \times (n-2) \times \cdots \times 3 \times 2 \times 1$. 规定 $0! = 1$.

例 4 某次读书评选活动中评出优秀人员 3 人. 现有一套中国古典四大名著, 若从中选出 3 本奖给优秀人员各 1 本, 则不同的奖励方法有

$$A_4^3 = 4 \times 3 \times 2 = 24 \ (\text{种}).$$

如果从中国古典四大名著中购买 3 本奖给优秀人员各 1 本, 则不同的奖励方法的种数是

$$4 \times 4 \times 4 = 64.$$

定义 3 一般地, 从 n 个不同元素中取出 $m(m \leqslant n)$ 个元素合成一组, 称为从 n 个不同元素中取出 m 个元素的一个**组合** (combination).

定义 4 从 n 个不同元素中取出 $m(m \leqslant n)$ 个元素的所有不同组合的个数, 称为从 n 个不同元素中取出 m 个元素的**组合数**, 用符号 C_n^m 或 $\binom{n}{m}$ 表示.

组合数公式为

$$C_n^m = \frac{A_n^m}{A_m^m} = \frac{n(n-1)(n-2)\cdots(n-m+1)}{m!},$$

或者

$$C_n^m = \frac{n!}{m!(n-m)!},$$

其中 n 和 m 为正整数, $m \leqslant n$. 规定 $C_n^0 = 1$.

组合数的一些性质:

(1) $C_n^m = C_n^{n-m}$;

(2) $C_{n+1}^m = C_n^m + C_n^{m-1}$;

(3) $C_n^m = \dfrac{m+1}{n-m} C_n^{m+1}$;

(4) $C_n^m = \dfrac{m+1}{n+1} C_{n+1}^{m+1}$.

例 5 在 10 件产品中, 有 8 件合格品, 2 件次品. 从这 10 件产品中任意抽取 3 件, 不同的抽法种数为

$$C_{10}^3 = \frac{10 \times 9 \times 8}{3 \times 2 \times 1} = 120.$$

如果抽出的 3 件中恰好有 1 件次品, 这样的抽法种数为

$$C_2^1 \times C_8^2 = \frac{2}{1} \times \frac{8 \times 7}{2 \times 1} = 56;$$

如果抽出的 3 件中至少有 1 件次品, 这样的抽法种数为

$$C_2^1 \times C_8^2 + C_2^2 \times C_8^1 = 56 + 8 = 64$$

或者

$$C_{10}^3 - C_8^3 = 120 - 56 = 64;$$

如果抽出的 3 件中最多有 1 件次品, 这样的抽法种数为

$$C_2^0 \times C_8^3 + C_2^1 \times C_8^2 = 56 + 56 = 112$$

或者

$$C_{10}^3 - C_2^2 \times C_8^1 = 120 - 8 = 112.$$

注意, 排列和组合都是从 n 个不同元素中取出 $m\,(m \leqslant n)$ 个元素, 但是它们的不同之处在于排列与元素的顺序有关, 而组合与元素的顺序无关. 只有元素相同并且顺序也相同的两个排列才是相同的. 只要两个组合中的元素完全相同, 不管元素的顺序如何, 都是相同的组合; 只有当两个组合中的元素不完全相同时, 这两个组合才是不同的组合. 在求解计数问题时, 需分清所求问题是排列问题还是组合问题.

A.2.3　二项式定理

对于任意正整数 n, 有

$$(a+b)^n = C_n^0 a^n + C_n^1 a^{n-1} b^1 + \cdots + C_n^k a^{n-k} b^k + \cdots + C_n^n b^n.$$

这个公式所表示的定理就是**二项式定理** (binomial theorem). 公式右边的多项式称为 $(a+b)^n$ 的二项展开式, 共有 $n+1$ 项, 其中各项的系数 $C_n^k\,(k = 0, 1, \cdots, n)$

称为**二项式系数** (binomial coefficient), 式中的 $C_n^k a^{n-k} b^k$ 称为二项展开式的**通项**, 用 T_{k+1} 表示, 它是展开式的第 $k+1$ 项, 即

$$T_{k+1} = C_n^k a^{n-k} b^k.$$

特别地, 有

$$(1+x)^n = 1 + C_n^1 x + C_n^2 x^2 + \cdots + C_n^k x^k + \cdots + x^n.$$

二项式系数的一些性质:

(1) 对称性, 即与首末两端 "等距离" 的两个二项式系数相等.

(2) 当 $k < \dfrac{n+1}{2}$ 时, 二项式系数是逐渐增大的; 当 $k > \dfrac{n+1}{2}$ 时, 二项式系数是逐渐减小的. 二项式系数在中间取得最大值, 当 n 是偶数时, 中间的一项 $C_n^{\frac{n}{2}}$ 取得最大值; 当 n 是奇数时, 中间的两项 $C_n^{\frac{n-1}{2}}$ 和 $C_n^{\frac{n+1}{2}}$ 相等, 并且同时取得最大值.

(3) $C_n^0 + C_n^1 + C_n^2 + \cdots + C_n^k + \cdots + C_n^n = 2^n$.

(4) 在 $(a+b)^n$ 的展开式中, 奇数项的二项式系数的和等于偶数项的二项式系数的和.

(5) $\left(C_n^0\right)^2 + \left(C_n^1\right)^2 + \left(C_n^2\right)^2 + \cdots + \left(C_n^k\right)^2 + \cdots + \left(C_n^n\right)^2 = \dfrac{(2n)!}{n!n!}$.

(6) $C_n^1 + 2C_n^2 + \cdots + kC_n^k + \cdots + nC_n^n = 2^{n-1}n$.

A.3 函数极限与连续

A.3.1 映射与函数

设 A 和 B 是两个集合, 如果按照某种对应关系 f, 对于集合 A 中的任何一个元素, 在集合 B 中都有唯一的元素和它对应, 那么, 这样的对应称为集合 A 到集合 B 的**映射**, 记作 $f: A \to B$.

映射的三要素: 集合 A、集合 B、集合 A 到集合 B 的对应关系 f.

当 A 和 B 是两个非空的数集时, $f: A \to B$ 就称为从集合 A 到集合 B 的一个**函数** (function), 记作

$$y = f(x), \quad x \in A,$$

这里 x 称为**自变量**, 与 x 的值相对应的 y 值称为函数值, x 的取值范围 A 叫做函数的**定义域** (domain), 函数值的集合 $\{f(x) | x \in A\}$ 叫做函数的**值域** (range). 注意, 值域是集合 B 的子集.

例 1 在掷硬币试验中, 记 ω_1 表示反面朝上, ω_2 表示正面朝上, 集合 $\Omega = \{\omega_1, \omega_2\}$, 其上的 σ 域 $\mathcal{F} = \{\varnothing, \{\omega_1\}, \{\omega_2\}, \{\omega_1, \omega_2\}\}$. 又记 $A = \{0, 0.5, 1\}$, 令

$$\mu(\varnothing) = 0, \quad \mu(\{\omega_1\}) = 0.5, \quad \mu(\{\omega_2\}) = 0.5, \quad \mu(\{\omega_1, \omega_2\}) = 1,$$

则 $\mu : \mathcal{F} \to A$ 是从集合 $\mathcal{F}$ 到集合 A 的映射. 若记 $B = \{0, 1\}$, 并且 $X(\omega_1) = 0$, $X(\omega_2) = 1$, 则 $X : \Omega \to B$ 是从集合 Ω 到集合 B 的映射. 再令

$$F(x) = \begin{cases} \mu(\varnothing), & x < 0, \\ \mu(\{\omega_1\}), & 0 \leqslant x < 1, \\ \mu(\{\omega_1\}) + \mu(\{\omega_2\}), & x \geqslant 1 \end{cases} = \begin{cases} 0, & x < 0, \\ 0.5, & 0 \leqslant x < 1, \\ 1, & x \geqslant 1. \end{cases}$$

则 $y = F(x)$ 是从集合 $\mathbf{R} = (-\infty, +\infty)$ 到集合 $C = [0, 1]$ 的一个函数, 其值域为集合 $A = \{0, 0.5, 1\}$.

例 2 Γ 函数 $\Gamma(x) = \displaystyle\int_0^{+\infty} t^{x-1} \mathrm{e}^{-t} \mathrm{d}t$, $x > 0$, 这是一个较为特殊的函数. 对于所有的 $x > 0$, $\Gamma(x+1) = x\Gamma(x)$. 特别地, 当 n 是一个正整数时, 有 $\Gamma(n) = (n-1)!$, $\Gamma(1) = 1$. 此外, 当 n 是非负整数时, 有

$$\Gamma\left(n + \frac{1}{2}\right) = \frac{(2n)!\sqrt{\pi}}{n!4^n}, \quad \Gamma\left(\frac{1}{2}\right) = \sqrt{\pi}.$$

A.3.2 函数的极限与连续

定义 1 设一元函数 $y = f(x)$ 当 x 大于某一正数时有定义, 如果存在常数 A, 对于任意给定的正数 ε (无论它多么小), 总存在着正数 X, 使得当 $x > X$ 时, 对应的函数值 $f(x)$ 都满足不等式 $|f(x) - A| < \varepsilon$, 那么, 常数 A 就称为**函数 $f(x)$ 当 $x \to +\infty$ 时的极限**, 记作

$$\lim_{x \to +\infty} f(x) = A \quad \text{或} \quad f(x) \to A \ (x \to +\infty).$$

定义 1 还可以简单地叙述为

$$\lim_{x \to +\infty} f(x) = A \Leftrightarrow \forall \varepsilon > 0, \exists X > 0, \text{使得当 } x > X \text{ 时, 恒有 } |f(x) - A| < \varepsilon \text{ 成立}.$$

同样地, 可以定义**函数 $f(x)$ 当 $x \to -\infty$ 时的极限**, 即

$$\lim_{x \to -\infty} f(x) = A \Leftrightarrow \forall \varepsilon > 0, \exists X > 0, \text{使得当 } x < -X \text{ 时, 恒有 } |f(x) - A| < \varepsilon \text{ 成立}.$$

对于数列 $\{x_n\}$ 而言, $x_n = f(n)$ 可以看成是一种以正整数为定义域的特殊函数. 由函数极限的概念可以定义数列 $\{x_n\}$ 的极限, 即

$$\lim_{n \to +\infty} x_n = a \Leftrightarrow \forall \varepsilon > 0, \exists N \, (\text{正整数}), \text{使得当} n > N \text{时, 恒有} \, |x_n - a| < \varepsilon \text{成立}.$$

定义 2 设一元函数 $y = f(x)$ 在 x_0 的某一去心邻域内有定义, 如果存在常数 A, 对于任意给定的正数 ε (无论它多么小), 总存在着正数 δ, 使得当 x 满足不等式 $0 < |x - x_0| < \delta$ 时, 对应的函数值 $f(x)$ 都满足不等式 $|f(x) - A| < \varepsilon$, 那么, 常数 A 就称为**函数 $f(x)$ 当 $x \to x_0$ 时的极限**, 记作

$$\lim_{x \to x_0} f(x) = A \quad \text{或} \quad f(x) \to A \, (x \to x_0).$$

定义 2 也可以简单地叙述为

$$\lim_{x \to x_0} f(x) = A \Leftrightarrow \forall \varepsilon > 0, \exists \delta > 0, \text{当} \, 0 < |x - x_0| < \delta \text{时,恒有} \, |f(x) - A| < \varepsilon \text{成立}.$$

在定义 2 中, 若把 $0 < |x - x_0| < \delta$ 改为 $x_0 - \delta < x < x_0$, 即 x 从 x_0 左侧趋于 x_0, 记为 $x \to x_0 - 0$, 则称 A 为**函数 $f(x)$ 当 $x \to x_0$ 时的左极限**, 记作

$$\lim_{x \to x_0 - 0} f(x) = A \quad \text{或} \quad f(x_0 - 0) = A.$$

类似地, 若把 $0 < |x - x_0| < \delta$ 改为 $x_0 < x < x_0 + \delta$, 即 x 从 x_0 右侧趋于 x_0, 记为 $x \to x_0 + 0$, 则称 A 为**函数 $f(x)$ 当 $x \to x_0$ 时的右极限**, 记作

$$\lim_{x \to x_0 + 0} f(x) = A \quad \text{或} \quad f(x_0 + 0) = A.$$

当 $x \to x_0$ 时, 函数 $f(x)$ 有没有极限与 $f(x)$ 在 x_0 点是否有定义没有关系. 函数 $f(x)$ 当 $x \to x_0$ 时的极限存在等价于 $f(x)$ 在 x_0 点的左、右极限存在且相等, 即 $f(x_0 - 0) = f(x_0 + 0)$. 左极限与右极限统称为**单侧极限**.

常用的两个重要极限:

$$\lim_{x \to 0} \frac{\sin x}{x} = 1, \quad \lim_{x \to \infty} \left(1 + \frac{1}{x}\right)^x = \mathrm{e}.$$

特别地, 第二个极限存在一些重要的等价形式, 如

$$\lim_{x \to \infty} \left(1 - \frac{1}{x}\right)^x = \mathrm{e}^{-1}, \quad \lim_{x \to 0} (1 + x)^{\frac{1}{x}} = \mathrm{e}.$$

定义 3　设一元函数 $y = f(x)$ 在 x_0 的某一邻域内有定义, 如果

$$\lim_{\Delta x \to 0} [f(x_0 + \Delta x) - f(x_0)] = 0,$$

那么, 就称函数 $y = f(x)$ 在 x_0 点连续.

换句话说, 函数 $y = f(x)$ 在 x_0 点连续等价于 $\lim\limits_{x \to x_0} f(x) = f(x_0)$.

如果 $\lim\limits_{x \to x_0 - 0} f(x) = f(x_0 - 0)$ 存在并且等于 $f(x_0)$, 即 $f(x_0 - 0) = f(x_0)$,

那么, 就称**函数 $y = f(x)$ 在 x_0 点左连续**. 类似地, 如果 $\lim\limits_{x \to x_0 + 0} f(x) = f(x_0 + 0)$

存在并且等于 $f(x_0)$, 即 $f(x_0 + 0) = f(x_0)$, 那么, 就称**函数 $y = f(x)$ 在 x_0 点右连续**.

定义 4　在区间上每一个点都连续的函数, 称为在该区间上的**连续函数**, 或者说函数在该区间上连续. 如果在区间端点, 那么, 函数在右端点连续是指**左连续**, 在左端点连续是指**右连续**.

可以判断, 例 1 中的函数 $y = F(x)$ 是右连续函数, 例 2 中的 Γ 函数是连续函数.

例 3　设 $0 \leqslant n \leqslant N$, $0 \leqslant M \leqslant N$, $0 \leqslant k \leqslant \min(M, n)$, 并且它们都是非负整数. 在 n 和 k 都不变的条件下, 若 $\lim\limits_{N \to +\infty} \dfrac{M}{N} = p$, 证明

$$\lim_{N \to +\infty} \frac{C_M^k C_{N-M}^{n-k}}{C_N^n} = C_n^k p^k (1 - p)^{n-k}.$$

证明　运用组合数的计算公式, 易知

$$\frac{C_M^k C_{N-M}^{n-k}}{C_N^n} = \frac{M!}{k!(M-k)!} \times \frac{(N-M)!}{(n-k)!(N-M-n+k)!} \times \frac{n!(N-n)!}{N!}$$

$$= \frac{n!}{k!(n-k)!} \times [M(M-1)\cdots(M-k+1)] \times [(N-M)(N-M-1)$$

$$\cdots(N-M-n+k+1)] \times \frac{1}{N(N-1)\cdots(N-n+1)}$$

$$= C_n^k \times \left[\frac{M}{N}\left(\frac{M}{N} - 1\right)\cdots\left(\frac{M}{N} - \frac{k-1}{N}\right)\right] \times \left[\left(1 - \frac{M}{N}\right)\left(1 - \frac{M}{N} - \frac{1}{N}\right)\right.$$

$$\left.\cdots\left(1 - \frac{M}{N} - \frac{n-k-1}{N}\right)\right] \times \left[\left(1 - \frac{1}{N}\right)\left(1 - \frac{2}{N}\right)\cdots\left(1 - \frac{n-1}{N}\right)\right]^{-1}.$$

于是, 由 $\lim\limits_{N \to +\infty} \dfrac{M}{N} = p$ 显然可得

$$\lim_{N \to +\infty} \frac{C_M^k C_{N-M}^{n-k}}{C_N^n} = C_n^k p^k (1-p)^{n-k}.$$

记 $U_0((x_0, y_0), \delta)$ 表示半径为 $\delta > 0$ 的去心邻域. 如果对于任给的 $\delta > 0$, 点 (x_0, y_0) 的去心邻域 $U_0((x_0, y_0), \delta)$ 内总有平面点集 E 中的点, 那么就称 (x_0, y_0) 是 E 的**聚点**. 与一元函数的极限和连续相类似, 下面给出二元函数的极限和连续概念.

定义 5 设函数 $z = f(x, y)$ 的定义域为 D, (x_0, y_0) 是 D 的聚点, 如果存在常数 A, 对于任意给定的正数 ε(无论它多么小), 总存在着正数 δ, 使得当 $(x, y) \in D \cap U_0((x_0, y_0), \delta)$ 时, 都有 $|f(x, y) - A| < \varepsilon$ 成立, 那么, 常数 A 就称**为函数** $f(x, y)$ **当** $(x, y) \to (x_0, y_0)$ **时的极限**, 记作

$$\lim_{(x,y) \to (x_0, y_0)} f(x, y) = A \quad \text{或} \quad f(x, y) \to A \ ((x, y) \to (x_0, y_0)).$$

定义 6 设二元函数 $z = f(x, y)$ 的定义域为 D, (x_0, y_0) 是 D 的聚点, 并且 $(x_0, y_0) \in D$, 如果

$$\lim_{(x,y) \to (x_0, y_0)} f(x, y) = f(x_0, y_0),$$

则称**函数** $f(x, y)$ **在点** (x_0, y_0) **连续**. 如果函数 $f(x, y)$ 在 D 的每一个点连续, 那么就称函数 $f(x, y)$ 在 D 上连续, 或者称 $f(x, y)$ 是 D 上的连续函数.

A.4 函数的导数与积分

A.4.1 函数的导数

定义 1 设一元函数 $y = f(x)$ 在点 x_0 的某个邻域内有定义 (点 $x_0 + \Delta x$ 仍在该邻域内, Δx 为增量), 若

$$\lim_{\Delta x \to 0} \frac{\Delta y}{\Delta x} = \lim_{\Delta x \to 0} \frac{f(x_0 + \Delta x) - f(x_0)}{\Delta x}$$

存在, 则称 $y = f(x)$ 在点 x_0 处**可导**, 并且称此极限值为函数 $y = f(x)$ 在点 x_0 处的**导数** (微商), 记作 $y'|_{x=x_0}$, $f'(x_0)$, $\dfrac{\mathrm{d}y}{\mathrm{d}x}\Big|_{x=x_0}$ 或者 $\dfrac{\mathrm{d}f(x)}{\mathrm{d}x}\Big|_{x=x_0}$.

导数的定义式还可以取不同的形式, 常见的有

$$f'(x_0) = \lim_{h \to 0} \frac{f(x_0 + h) - f(x_0)}{h} \quad \text{或} \quad f'(x_0) = \lim_{x \to x_0} \frac{f(x) - f(x_0)}{x - x_0}.$$

导数是一个极限, 对应于函数左右极限的概念, 存在函数左右导数的概念.

函数 $y = f(x)$ 在点 x_0 处的左导数定义为

$$f'_-(x_0) = \lim_{\Delta x \to 0-0} \frac{f(x_0 + \Delta x) - f(x_0)}{\Delta x} \quad (\text{极限存在});$$

函数 $y = f(x)$ 在点 x_0 处的右导数定义为

$$f'_+(x_0) = \lim_{\Delta x \to 0+0} \frac{f(x_0 + \Delta x) - f(x_0)}{\Delta x} \quad (\text{极限存在}).$$

函数 $y = f(x)$ 在点 x_0 处导数存在, 即 $f'(x_0) = A$ 的充分必要条件是

$$f'_-(x_0) = f'_+(x_0) = A.$$

定义 2 设一元函数 $y = f(x)$ 在开区间 (a, b) 内的每一个点 x 处都可导, 则称函数 $f(x)$ 在开区间 (a, b) 内 (或 (a, b) 上) 可导. 若函数 $f(x)$ 在开区间 (a, b) 内可导, 并且在 a 点的右导数 $f'_+(a)$ 及在 b 点的左导数 $f'_-(b)$ 都存在, 则称函数 $f(x)$ 在闭区间 $[a, b]$ 上可导.

设函数 $y = f(x)$ 在某个区间 D 上可导, 则区间 D 上每一个点 x 处的导数 $f'(x)$ 构成了一个新的函数, 这个函数称为原来函数 $y = f(x)$ 的**导函数**, 或简称为**导数**. 函数 $y = f(x)$ 在点 x_0 处的导数与导函数 $f'(x)$ 在点 x_0 处的函数值之间满足关系 $f'(x_0) = f'(x)|_{x=x_0}$.

对于分段函数在各区间的导数, 求解方法与其他函数导数的求法类似, 但在分界点处的导数要用导数的定义来求解或求左右导数. 例如, 已知函数 $f(x) = \begin{cases} x^2, & x \geqslant 0, \\ x, & x < 0, \end{cases}$ 易于计算

$$f'_-(0) = \lim_{x \to 0-0} \frac{f(x) - f(0)}{x} = \lim_{x \to 0-0} \frac{x}{x} = 1,$$

$$f'_+(0) = \lim_{x \to 0+0} \frac{f(x) - f(0)}{x} = \lim_{x \to 0+0} \frac{x^2}{x} = 0,$$

由于 $f'_-(0) \neq f'_+(0)$, 因而, $f'(0)$ 不存在. 所以, $f'(x) = \begin{cases} 2x, & x > 0, \\ 1, & x < 0. \end{cases}$

对于反函数和复合函数的导数运算, 有下面的两个法则.

定理 1　如果函数 $x = \varphi(y)$ 在某区间 I_y 内单调、可导且 $\varphi'(y) \neq 0$, 那么, 它的反函数 $y = f(x)$ 在对应区间 $I_x = \{x \mid x = \varphi(y), y \in I_y\}$ 内也可导, 并且

$$f'(x) = \frac{1}{\varphi'(y)} \quad \text{或} \quad \frac{\mathrm{d}f(x)}{\mathrm{d}x} = \frac{1}{\dfrac{\mathrm{d}\varphi(y)}{\mathrm{d}y}}.$$

定理 2　如果函数 $u = g(x)$ 在点 x 处可导, 函数 $y = f(u)$ 在点 $u = g(x)$ 处可导, 那么, 复合函数 $y = f(g(x))$ 在点 x 处可导, 并且其导数为

$$\frac{\mathrm{d}y}{\mathrm{d}x} = \frac{\mathrm{d}y}{\mathrm{d}u} \cdot \frac{\mathrm{d}u}{\mathrm{d}x} \quad \text{或} \quad [f(g(x))]' = f'(u) g'(x) = f'(g(x)) g'(x).$$

对于多元函数, 它存在偏导数的概念. 下面以二元函数为例给出有关概念和结果.

定义 3　设函数 $z = f(x, y)$ 在点 (x_0, y_0) 的某一邻域内有定义, 当 y 固定在 y_0 而 x 在 x_0 处有增量 Δx 时, 相应地函数有增量 $f(x_0 + \Delta x, y_0) - f(x_0, y_0)$, 如果

$$\lim_{\Delta x \to 0} \frac{f(x_0 + \Delta x, y_0) - f(x_0, y_0)}{\Delta x}$$

存在, 则称此极限为函数 $z = f(x, y)$ 在点 (x_0, y_0) 处对 x 的**偏导数**, 记作

$$\left. \frac{\partial z}{\partial x} \right|_{\substack{x = x_0 \\ y = y_0}}, \quad \left. \frac{\partial f}{\partial x} \right|_{\substack{x = x_0 \\ y = y_0}}, \quad \left. z_x \right|_{\substack{x = x_0 \\ y = y_0}} \quad \text{或者} \quad f_x(x_0, y_0).$$

同样地, 函数 $z = f(x, y)$ 在点 (x_0, y_0) 处对 y 的偏导数定义为

$$\lim_{\Delta y \to 0} \frac{f(x_0, y_0 + \Delta y) - f(x_0, y_0)}{\Delta y},$$

记作

$$\left. \frac{\partial z}{\partial y} \right|_{\substack{x = x_0 \\ y = y_0}}, \quad \left. \frac{\partial f}{\partial y} \right|_{\substack{x = x_0 \\ y = y_0}}, \quad \left. z_y \right|_{\substack{x = x_0 \\ y = y_0}} \quad \text{或者} \quad f_y(x_0, y_0).$$

如果函数 $z = f(x, y)$ 在区域 D 内任一点 (x, y) 处对 x 的偏导数都存在, 那么, 这个偏导数就是 x, y 的函数, 称其为**函数 $z = f(x, y)$ 对自变量 x 的偏导函数** (简称偏导数), 记作 $\dfrac{\partial z}{\partial x}, \dfrac{\partial f}{\partial x}, z_x$ 或者 $f_x(x, y)$. 类似地, 可以定义**函数 $z = f(x, y)$ 对自变量 y 的偏导数**, 记作 $\dfrac{\partial z}{\partial y}, \dfrac{\partial f}{\partial y}, z_y$ 或者 $f_y(x, y)$.

设函数 $z = f(x,y)$ 在区域 D 内具有偏导数 $\dfrac{\partial z}{\partial x} = f_x(x,y)$ 和 $\dfrac{\partial z}{\partial y} = f_y(x,y)$, 如果这两个函数的偏导数也存在, 则称它们是函数 $z = f(x,y)$ 的**二阶偏导数**. 按照对变量求导次序的不同, 可得四个二阶偏导数:

$$\frac{\partial}{\partial x}\left(\frac{\partial z}{\partial x}\right) = \frac{\partial^2 z}{\partial x^2} = f_{xx}(x,y), \quad \frac{\partial}{\partial y}\left(\frac{\partial z}{\partial y}\right) = \frac{\partial^2 z}{\partial y^2} = f_{yy}(x,y),$$

$$\frac{\partial}{\partial y}\left(\frac{\partial z}{\partial x}\right) = \frac{\partial^2 z}{\partial x \partial y} = f_{xy}(x,y), \quad \frac{\partial}{\partial x}\left(\frac{\partial z}{\partial y}\right) = \frac{\partial^2 z}{\partial y \partial x} = f_{yx}(x,y).$$

定理 3 如果函数 $z = f(x,y)$ 的两个二阶混合偏导数 $\dfrac{\partial^2 z}{\partial y \partial x}$ 和 $\dfrac{\partial^2 z}{\partial x \partial y}$ 在区域 D 内连续, 那么, 在该区域内这两个二阶混合偏导数必相等.

A.4.2 函数的积分

定义 4 设函数 $y = f(x)$ 在区间 $[a,b]$ 上连续, 在区间 $[a,b]$ 中任取分点

$$a = x_0 < x_1 < x_2 < \cdots < x_{i-1} < x_i < \cdots < x_{n-1} < x_n = b,$$

将区间 $[a,b]$ 分成 n 个小区间 $[x_{i-1}, x_i]$, 其长度为 $\Delta x_i = x_i - x_{i-1}(i = 1,2,\cdots,n)$, 在每个小区间 $[x_{i-1}, x_i]$ 上任取一点 ξ_i, 作乘积 $f(\xi_i)\Delta x_i\,(i = 1,2,\cdots,n)$ 的和

$$\sum_{i=1}^{n} f(\xi_i)\Delta x_i,$$

不论对区间 $[a,b]$ 采取何种分法及 ξ_i 如何选取, 记 $\lambda = \max\limits_{1 \leqslant i \leqslant n}\{\Delta x_i\}$, 当 $\lambda \to 0$ 时该和式的极限存在, 则此极限值称为函数 $f(x)$ 在区间 $[a,b]$ 上的**定积分**, 记作 $\displaystyle\int_a^b f(x)\,\mathrm{d}x$, 即

$$\int_a^b f(x)\,\mathrm{d}x = \lim_{\lambda \to 0}\sum_{i=1}^{n} f(\xi_i)\Delta x_i,$$

其中 $f(x)$ 称为**被积函数**, $f(x)\,\mathrm{d}x$ 称为**被积表达式**, x 称为积分变量, a 称为积分**下限**, b 称为积分**上限**, $[a,b]$ 称为**积分区间**.

如果函数 $f(x)$ 在区间 $[a,b]$ 上的定积分存在, 那么, 称 $f(x)$ 在区间 $[a,b]$ 上**可积**. 若把 a 或者 b 看成变量, 则定积分 $\displaystyle\int_a^b f(x)\,\mathrm{d}x$ 可以看成 a 或者 b 的函数. 例如, 固定 a, 把 b 换成变量 $t \in [a,b]$, 则 $F(t) = \displaystyle\int_a^t f(x)\,\mathrm{d}x$ 是关于积分上限 t

的函数, 称其为**变上限积分的函数**. 从几何上看, 这个函数 $F(t)$ 表示区间 $[a,t]$ 上曲边梯形的面积, 又称为面积函数.

定理 4 如果函数 $f(x)$ 在区间 $[a,b]$ 上可积, 那么, $F(x) = \displaystyle\int_a^x f(t)\,\mathrm{d}t$ 在 $[a,b]$ 上连续.

定理 5 如果函数 $f(x)$ 在区间 $[a,b]$ 上连续, 那么, $F(x) = \displaystyle\int_a^x f(t)\,\mathrm{d}t$ 是函数 $f(x)$ 的一个原函数, 即有 $F'(x) = \dfrac{\mathrm{d}}{\mathrm{d}x}\displaystyle\int_a^x f(t)\,\mathrm{d}t = f(x)$.

将定理 5 推广到一般情形. 设 $F(x) = \displaystyle\int_{\varphi_1(x)}^{\varphi_2(x)} f(t)\,\mathrm{d}t$, $\varphi_1(x)$ 和 $\varphi_2(x)$ 可导, $f(x)$ 连续, 则有

$$F'(x) = f\left(\varphi_2(x)\right)\varphi_2'(x) - f\left(\varphi_1(x)\right)\varphi_1'(x).$$

定理 6 设函数 $f(x)$ 在区间 $[a,b]$ 上连续, $F(x)$ 是 $f(x)$ 在区间 $[a,b]$ 上的一个原函数, 则有 $\displaystyle\int_a^b f(x)\,\mathrm{d}x = F(x)|_a^b = F(b) - F(a)$.

定理 6 中的公式也称为牛顿–莱布尼茨公式. 对于定积分的计算, 除了利用牛顿–莱布尼茨公式以外, 还常用换元法和分部积分法等.

定理 7 设函数 $f(x)$ 在区间 $[a,b]$ 上连续, 函数 $x = \varphi(t)$ 在 $[\alpha,\beta]$ 上有连续导数, 当 $t \in [\alpha,\beta]$ 时, $\varphi(t) \in [a,b]$, 并且 $\varphi(\alpha) = a$, $\varphi(\beta) = b$, 则

$$\int_a^b f(x)\,\mathrm{d}x = \int_\alpha^\beta f\left(\varphi(t)\right)\varphi'(t)\,\mathrm{d}t.$$

定理 8 设函数 $u(x)$ 和 $v(x)$ 在区间 $[a,b]$ 存在连续导数, 则有

$$\int_a^b u(x)\,\mathrm{d}v(x) = [u(x)v(x)]|_a^b - \int_a^b v(x)\,\mathrm{d}u(x).$$

在实际问题中, 常会遇到积分区间为无穷区间或被积函数为无界函数的积分, 称这样的积分为**广义积分**. 这里仅给出无穷区间上的积分.

定义 5 设函数 $y = f(x)$ 在区间 $(-\infty, b]$ 上有定义, 并且对于任意的 $a < b$, $f(x)$ 在区间 $[a,b]$ 上可积, 称极限 $\displaystyle\lim_{a \to -\infty}\int_a^b f(x)\,\mathrm{d}x$ 为函数 $f(x)$ 在区间 $(-\infty, b]$

上的广义积分, 记作 $\int_{-\infty}^{b} f(x)\,dx$, 即

$$\int_{-\infty}^{b} f(x)\,dx = \lim_{a \to -\infty} \int_{a}^{b} f(x)\,dx.$$

类似地, 定义函数 $f(x)$ 在 $[a, +\infty)$ 和 $(-\infty, +\infty)$ 上的广义积分分别为

$$\int_{a}^{+\infty} f(x)\,dx = \lim_{b \to +\infty} \int_{a}^{b} f(x)\,dx$$

和

$$\int_{-\infty}^{+\infty} f(x)\,dx = \int_{-\infty}^{c} f(x)\,dx + \int_{c}^{+\infty} f(x)\,dx$$

$$= \lim_{a \to -\infty} \int_{a}^{c} f(x)\,dx + \lim_{b \to +\infty} \int_{c}^{b} f(x)\,dx.$$

一些结论: (1) 设变上限广义积分函数 $F(x) = \int_{-\infty}^{\varphi(x)} f(t)\,dt$, $\varphi(x)$ 可导, $f(x)$ 连续, 则有 $F'(x) = f(\varphi(x))\varphi'(x)$.

(2) 对于 $a > 0$, $k > -1$, 有 $\int_{0}^{+\infty} x^k e^{-ax^2}\,dx = \dfrac{1}{2} a^{-\frac{k+1}{2}} \Gamma\left(\dfrac{k+1}{2}\right)$. 取 $k = 0$, 可得 $\int_{-\infty}^{+\infty} e^{-ax^2}\,dx = 2 \int_{0}^{+\infty} e^{-ax^2}\,dx = \sqrt{\dfrac{\pi}{a}}$. 再取 $a = 1$, 可得 $\int_{-\infty}^{+\infty} e^{-x^2}\,dx = \sqrt{\pi}$. 特别地,

$$\int_{-\infty}^{+\infty} e^{-\frac{x^2}{2}}\,dx = \sqrt{2\pi}.$$

(3) 在定积分中, 若 $\int_{a}^{b} f(x)\,dx$ 存在, 则 $\int_{a}^{b} |f(x)|\,dx$ 和 $\int_{a}^{b} f^2(x)\,dx$ 都存在; 反之, 若 $\int_{a}^{b} |f(x)|\,dx$ 或者 $\int_{a}^{b} f^2(x)\,dx$ 存在, 不一定有 $\int_{a}^{b} f(x)\,dx$ 存在. 但是, $\int_{a}^{b} |f(x)|\,dx$ 存在与 $\int_{a}^{b} f^2(x)\,dx$ 存在是等价的, 即 $|f(x)|$ 可积等价于 $f^2(x)$ 可积.

(4) 在广义积分中, 若 $|f(x)|$ 可积, 则必有 $f(x)$ 可积; 反之, 不成立. 但在无界函数广义积分中, 若 $f^2(x)$ 可积, 则必有 $|f(x)|$ 可积, 进而, $f(x)$ 也可积.

将一元函数定积分的基本思想和方法步骤 (分割、近似、求和、取极限) 进行推广, 可类似地得到多元函数的定积分. 这里省略概念, 着重介绍二重积分 $\iint\limits_{D} f(x,y)\,\mathrm{d}x\mathrm{d}y$ 的计算.

当积分区域 D 为矩形区域, 即 $D = \{(x,y)\,|\,a \leqslant x \leqslant b, c \leqslant y \leqslant d\}$ 时,

$$\iint\limits_{D} f(x,y)\,\mathrm{d}x\mathrm{d}y = \int_a^b \left[\int_c^d f(x,y)\,\mathrm{d}y \right] \mathrm{d}x = \int_c^d \left[\int_a^b f(x,y)\,\mathrm{d}x \right] \mathrm{d}y;$$

若积分区域 D 为 X 型区域, 即 $D = \{(x,y)\,|\,a \leqslant x \leqslant b, y_1(x) \leqslant y \leqslant y_2(x)\}$, 其中 $y_1(x)$ 和 $y_2(x)$ 为 $[a,b]$ 上的连续函数, 此时,

$$\iint\limits_{D} f(x,y)\,\mathrm{d}x\mathrm{d}y = \int_a^b \left[\int_{y_1(x)}^{y_2(x)} f(x,y)\,\mathrm{d}y \right] \mathrm{d}x;$$

若积分区域 D 为 Y 型区域, 即 $D = \{(x,y)\,|\,x_1(y) \leqslant x \leqslant x_2(y), c \leqslant y \leqslant d\}$, 其中 $x_1(y)$ 和 $x_2(y)$ 为 $[c,d]$ 上的连续函数, 此时,

$$\iint\limits_{D} f(x,y)\,\mathrm{d}x\mathrm{d}y = \int_c^d \left[\int_{x_1(y)}^{x_2(y)} f(x,y)\,\mathrm{d}x \right] \mathrm{d}y;$$

如果 D 既是 X 型区域又是 Y 型区域, 则有

$$\iint\limits_{D} f(x,y)\,\mathrm{d}x\mathrm{d}y = \int_a^b \left[\int_{y_1(x)}^{y_2(x)} f(x,y)\,\mathrm{d}y \right] \mathrm{d}x = \int_c^d \left[\int_{x_1(y)}^{x_2(y)} f(x,y)\,\mathrm{d}x \right] \mathrm{d}y.$$

在极坐标系下, 令 $x = r\cos\theta$, $y = r\sin\theta$. 若极点 O 在区域 D 之外, 该区域可以表示为 $D = \{(r,\theta)\,|\,r_1(\theta) \leqslant r \leqslant r_2(\theta), \alpha \leqslant \theta \leqslant \beta\}$, 此时,

$$\iint\limits_{D} f(x,y)\,\mathrm{d}x\mathrm{d}y = \iint\limits_{D} f(r\cos\theta, r\sin\theta)\,r\mathrm{d}r\mathrm{d}\theta$$

$$= \int_\alpha^\beta \left[\int_{r_1(\theta)}^{r_2(\theta)} f(r\cos\theta, r\sin\theta)\,r\mathrm{d}r \right] \mathrm{d}\theta;$$

若极点 O 在区域 D 之内, 可以表示 $D = \{(r,\theta)\,|\,0 \leqslant r \leqslant r(\theta), 0 \leqslant \theta \leqslant 2\pi\}$, 此时,

$$\iint\limits_{D} f(x,y)\,\mathrm{d}x\mathrm{d}y = \iint\limits_{D} f(r\cos\theta, r\sin\theta)\,r\mathrm{d}r\mathrm{d}\theta$$

$$= \int_0^{2\pi} \left[\int_0^{r(\theta)} f\left(r\cos\theta, r\sin\theta \right) r\mathrm{d}r \right] \mathrm{d}\theta.$$

A.5 无穷级数

A.5.1 无穷数项级数

设已给数列 $u_1, u_2, \cdots, u_n, \cdots$, 则式子 $u_1 + u_2 + \cdots + u_n + \cdots$ 称为**无穷数项级数**, 记作 $\sum\limits_{n=1}^{+\infty} u_n$, 其中 u_n 为一般项或者通项.

作数项级数的前 n 项和 $S_n = u_1 + u_2 + \cdots + u_n$, 称它为级数的部分和. 当 n 依次取 $1, 2, 3, \cdots$ 时, 它们构成一个新的数列

$$S_1 = u_1, \ S_2 = u_1 + u_2, \ S_3 = u_1 + u_2 + u_3, \ \cdots, \ S_n = u_1 + u_2 + \cdots + u_n, \ \cdots.$$

定义 1 如果当 $n \to +\infty$ 时, 级数 $\sum\limits_{n=1}^{+\infty} u_n$ 的部分和数列 $\{S_n\}$ 有极限 S, 即 $\lim\limits_{n \to +\infty} S_n = S$ (有限常数), 那么, 称级数 $\sum\limits_{n=1}^{+\infty} u_n$ **收敛**, S 是此级数的和, 并且记作 $S = \sum\limits_{n=1}^{+\infty} u_n = u_1 + u_2 + \cdots + u_n + \cdots$. 如果数列 $\{S_n\}$ 没有极限, 则称无穷级数 $\sum\limits_{n=1}^{+\infty} u_n$ **发散**.

当级数收敛时, 其和与部分和的差 $r_n = S - S_n = u_{n+1} + u_{n+2} + \cdots$ 称为**级数的余项**, 余项的绝对值 $|r_n|$ 为用近似值 S_n 代替 S 所产生的误差.

级数的基本性质:

(1) 如果级数 $\sum\limits_{n=1}^{+\infty} u_n$ 收敛, 其和为 S, 那么, 级数 $\sum\limits_{n=1}^{+\infty} k u_n$ 也收敛, 其和为 kS;

(2) 如果级数 $\sum\limits_{n=1}^{+\infty} u_n$ 和 $\sum\limits_{n=1}^{+\infty} v_n$ 均收敛, 它们的和分别为 S 和 δ, 那么, 级数 $\sum\limits_{n=1}^{+\infty} (u_n \pm v_n)$ 必收敛, 其和为 $S \pm \delta$, 这说明两个收敛级数可以逐项相加减;

(3) 在一个级数的前面去掉、加上或者改变有限项, 级数的敛散性不变;

(4) 如果级数 $\displaystyle\sum_{n=1}^{+\infty} u_n$ 收敛, 那么, 对这个级数的项任意加括号后所形成的级数

$$(u_1 + u_2 + \cdots + u_{n_1}) + (u_{n_1+1} + u_{n_1+2} + \cdots + u_{n_2}) + \cdots$$
$$+ (u_{n_{k-1}+1} + u_{n_{k-1}+2} + \cdots + u_{n_k}) + \cdots$$

仍收敛, 并且它的和不变;

(5) (级数收敛的必要条件) 若级数 $\displaystyle\sum_{n=1}^{+\infty} u_n$ 收敛, 则必有 $\displaystyle\lim_{n\to+\infty} u_n = 0$.

定理 1　如果级数

$$\sum_{n=1}^{+\infty} |u_n| = |u_1| + |u_2| + \cdots + |u_n| + \cdots$$

收敛, 那么, 级数 $\displaystyle\sum_{n=1}^{+\infty} u_n = u_1 + u_2 + \cdots + u_n + \cdots$ 也收敛.

一般地, 若级数 $\displaystyle\sum_{n=1}^{+\infty} |u_n|$ 收敛, 则称级数 $\displaystyle\sum_{n=1}^{+\infty} u_n$ 是绝对收敛的; 如果级数 $\displaystyle\sum_{n=1}^{+\infty} u_n$ 收敛, 而级数 $\displaystyle\sum_{n=1}^{+\infty} |u_n|$ 发散, 则称级数 $\displaystyle\sum_{n=1}^{+\infty} u_n$ 是条件收敛的.

定理 1 说明, 对于一般级数收敛性的判定问题可以转化为正项级数 (通项非负的级数) 的收敛性判定问题. 但是, 必须注意的是, 每一个绝对收敛的级数都是收敛的级数, 然而, 收敛的级数却不一定绝对收敛. 另一方面, 如果级数 $\displaystyle\sum_{n=1}^{+\infty} |u_n|$ 发散, 那么, 不能断定级数 $\displaystyle\sum_{n=1}^{+\infty} u_n$ 也发散. 此时, 若有 $\displaystyle\lim_{n\to+\infty} \left|\frac{u_{n+1}}{u_n}\right| = p > 1$ 或者 $\displaystyle\lim_{n\to+\infty} \sqrt[n]{u_n} = p > 1$, 则可判定级数 $\displaystyle\sum_{n=1}^{+\infty} u_n$ 必定发散.

A.5.2　函数项级数与幂级数

在级数部分中, 还有一种常见的函数项级数. 所谓**函数项级数**, 就是各项都是变量 x 的函数的级数, 即

$$\sum_{n=1}^{+\infty} u_n(x) = u_1(x) + u_2(x) + \cdots + u_n(x) + \cdots.$$

对于函数项级数 $\sum\limits_{n=1}^{+\infty} u_n(x)$, 若固定点 $x=x_0$, $\sum\limits_{n=1}^{+\infty} u_n(x_0)$ 就是一个数项级数. 当 $\sum\limits_{n=1}^{+\infty} u_n(x_0)$ 收敛时, 就称 $x=x_0$ 为函数项级数 $\sum\limits_{n=1}^{+\infty} u_n(x)$ 的**收敛点**; 当 $\sum\limits_{n=1}^{+\infty} u_n(x_0)$ 发散时, 称 $x=x_0$ 为函数项级数 $\sum\limits_{n=1}^{+\infty} u_n(x)$ 的**发散点**. 所有收敛点的集合称为**收敛域**, 所有发散点的集合称为**发散域**.

若函数项级数 $\sum\limits_{n=1}^{+\infty} u_n(x)$ 的收敛域为 X, 则对于每一个 $x \in X$, $\sum\limits_{n=1}^{+\infty} u_n(x)$ 收敛, 其和为 x 的函数, 记作 $S(x)$, 并称为**和函数**, 即

$$S(x) = \sum_{n=1}^{+\infty} u_n(x), \quad x \in X.$$

幂级数是一种重要的函数项级数.

定义 2　形如

$$\sum_{n=0}^{+\infty} a_n(x-x_0)^n = a_0 + a_1(x-x_0) + a_2(x-x_0)^2 + \cdots + a_n(x-x_0)^n + \cdots$$

或者

$$\sum_{n=0}^{+\infty} a_n x^n = a_0 + a_1 x + a_2 x^2 + \cdots + a_n x^n + \cdots$$

(其中 $a_0, a_1, a_2, \cdots, a_n, \cdots$ 都是常数) 的函数项级数, 称为**幂级数**, 也称为定义在 $(-\infty, +\infty)$ 内的幂级数. 前者又称为 $(x-x_0)$ 的幂级数, 后者又称为 x 的幂级数. $a_0, a_1, a_2, \cdots, a_n, \cdots$ 称为**幂级数的系数**.

幂级数的性质:

(1) 如果幂级数 $\sum\limits_{n=0}^{+\infty} a_n x^n$ 和 $\sum\limits_{n=0}^{+\infty} b_n x^n$ 的收敛半径分别是 R_1 和 R_2, 选取 $R = \min(R_1, R_2)$, 那么, 在 $(-R, R)$ 内, 幂级数 $\sum\limits_{n=0}^{+\infty} (a_n \pm b_n) x^n$ 收敛, 并且有

$$\sum_{n=0}^{+\infty} (a_n \pm b_n) x^n = \sum_{n=0}^{+\infty} a_n x^n \pm \sum_{n=0}^{+\infty} b_n x^n,$$

此外, 在 $(-R, R)$ 内, 幂级数 $\left(\sum\limits_{n=0}^{+\infty} a_n x^n\right)\left(\sum\limits_{n=0}^{+\infty} b_n x^n\right)$ 也收敛, 并且

$$\left(\sum_{n=0}^{+\infty} a_n x^n\right)\left(\sum_{n=0}^{+\infty} b_n x^n\right) = \sum_{n=0}^{+\infty}\left(a_0 b_n + \cdots + a_k b_{n-k} + \cdots + a_n b_0\right) x^n;$$

(2) 设幂级数 $\sum\limits_{n=0}^{+\infty} a_n x^n$ 的收敛半径为 $R > 0$, 则和函数 $S(x)$ 在 $(-R, R)$ 内连续、可导和可积, 并且有逐项求导公式和逐项积分公式, 即

$$S'(x) = \left(\sum_{n=0}^{+\infty} a_n x^n\right)' = \sum_{n=0}^{+\infty}\left(a_n x^n\right)' = \sum_{n=1}^{+\infty} n a_n x^{n-1},$$

$$\int_0^x S(t)\,\mathrm{d}t = \int_0^x \left(\sum_{n=0}^{+\infty} a_n t^n\right)\mathrm{d}t = \sum_{n=0}^{+\infty}\left(\int_0^x a_n t^n \mathrm{d}t\right) = \sum_{n=0}^{+\infty} \frac{a_n}{n+1} x^{n+1}.$$

定理 2　若函数 $f(x)$ 在点 x_0 的邻域内有 1 阶到 $n+1$ 阶的连续导数, 则对邻域内的任意点 x, 有

$$f(x) = f(x_0) + f'(x_0)(x - x_0) + \frac{f''(x_0)}{2!}(x - x_0)^2 + \cdots$$
$$+ \frac{f^{(n)}(x_0)}{n!}(x - x_0)^n + R_n(x),$$

其中 $R_n(x) = \dfrac{f^{(n+1)}(\xi)}{(n+1)!}(x - x_0)^{n+1}$ (ξ 在 x_0 与 x 之间). 上式称为函数 $f(x)$ 的**泰勒公式**, $R_n(x)$ 称为**拉格朗日余项**.

当 $x_0 = 0$ 时, 函数 $f(x)$ 的泰勒公式变为

$$f(x) = f(0) + f'(0) x + \frac{f''(0)}{2!} x^2 + \cdots + \frac{f^{(n)}(0)}{n!} x^n + R_n(x),$$

其中 $R_n(x) = \dfrac{f^{(n+1)}(\xi)}{(n+1)!} x^{n+1}$. 该公式称为**麦克劳林公式**.

如果函数 $f(x)$ 在泰勒公式中的余项 $R_n(x) \to 0$ $(n \to +\infty)$, 那么, 函数 $f(x)$ 可以展开成**泰勒级数**

$$f(x) = f(x_0) + f'(x_0)(x - x_0) + \frac{f''(x_0)}{2!}(x - x_0)^2 + \cdots + \frac{f^{(n)}(x_0)}{n!}(x - x_0)^n + \cdots.$$

当 $x_0 = 0$ 时, 上式变为

$$f(x) = f(0) + f'(0)x + \frac{f''(0)}{2!}x^2 + \cdots + \frac{f^{(n)}(0)}{n!}x^n + \cdots,$$

此为函数 $f(x)$ 的**麦克劳林级数**.

例 1　函数 $f(x) = \mathrm{e}^x$ 展开成 x 的幂级数为

$$\mathrm{e}^x = 1 + x + \frac{x^2}{2!} + \cdots + \frac{x^n}{n!} + \cdots \quad (-\infty < x < +\infty).$$

例 2　函数 $f(x) = \sin x$ 展开成 x 的幂级数为

$$\sin x = x - \frac{x^3}{3!} + \frac{x^5}{5!} - \cdots + (-1)^{n-1}\frac{x^{2n-1}}{(2n-1)!} + \cdots \quad (-\infty < x < +\infty).$$

例 3　函数 $f(x) = \cos x$ 展开成 x 的幂级数为

$$\cos x = 1 - \frac{x^2}{2!} + \frac{x^4}{4!} - \cdots + (-1)^n\frac{x^{2n}}{(2n)!} + \cdots \quad (-\infty < x < +\infty).$$

A.6　频率分布直方图

刻画总体 (连续型随机变量)X 的概率分布需要使用分布密度函数 (简称分布密度, 即密度函数), 然而, 在许多实际问题中, 总体 X 的分布密度往往是未知的, 这需要利用总体 X 的样本观测值 $x_1, x_2, \cdots, x_n$ 进行近似求解. 下面介绍一种近似求分布密度的图解法——直方图法.

直方图法一般要经过下面四个步骤.

(1) 找出 $x_1, x_2, \cdots, x_n$ 中最小值 x_1^* 和最大值 x_n^*.

(2) 选 a (a 略小于 x_1^*) 和 b (b 略大于 x_n^*), 并等分区间 (a, b) 如下:

$$a = t_0 < t_1 < t_2 < \cdots < t_k = b.$$

该划分可用来对样本观测值进行分组, 其组距

$$\Delta t = t_i - t_{i-1} = \frac{b-a}{k} \quad (i = 1, 2, \cdots, k).$$

分组的组数 k 可根据样本容量 n 的大小来确定. 一般来讲, 当 $20 \leqslant n \leqslant 100$ 时, 取 $k = 5$—10, 当 $n > 100$ 时, 取 $k = 10$—20.

(3) 数出 $x_1, x_2, \cdots, x_n$ 落入每个小区间 $(t_{i-1}, t_i]$ 的个数 n_i $(i = 1, 2, \cdots, k)$, 称 n_i 为频数. 由于随机抽取一个样品, 可以看成是一次随机试验, 样品值落入区间 $(t_{i-1}, t_i]$ 是一随机事件, 现抽了 n 个样品, 即做了 n 次试验, 而该随机事件共发生了 n_i 次, 所以样品值落入区间 $(t_{i-1}, t_i]$ 的频率为

$$f_i = \frac{n_i}{n} \quad (i = 1, 2, \cdots, k).$$

(4) 在 xOy 平面上, 对每个 i $(i = 1, 2, \cdots, k)$, 画出以 $(t_{i-1}, t_i]$ 为底, 以 $y_i = \dfrac{f_i}{\Delta t}$ 为高的矩形, 这种图称为**频率分布直方图**, 简称**直方图** (图 A.1).

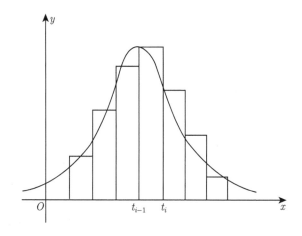

图 A.1　直方图

直方图中 $(t_{i-1}, t_i]$ 上的矩形的面积为

$$\frac{f_i}{\Delta t} \cdot \Delta t = f_i \quad (i = 1, 2, \cdots, k).$$

横坐标上方的所有这些矩形面积总和为

$$\sum_{i=1}^{k} f_i = \sum_{i=1}^{k} \frac{n_i}{n} = 1.$$

由于 n 个样品的抽取是独立的, 由概率的统计定义可知, f_i 近似等于总体 X 落入区间 $(t_{i-1}, t_i]$ 的概率, 即

$$f_i \approx P\{t_{i-1} < X \leqslant t_i\} = p_i \quad (i = 1, 2, \cdots, k).$$

若 X 是连续型随机变量, 并设其概率密度函数为 $f(x)$, 则由

$$f_i \approx \int_{t_{i-1}}^{t_i} f(x)\mathrm{d}x = p_i \quad (i = 1, 2, \cdots, k)$$

可见, 频率直方图大致地描述了总体的概率分布情况. 我们还可以看到, 样本容量 n 越大, 组分得越细, 各组的频率 f_i 就越接近于概率 $p_i = P\{t_{i-1} < X \leqslant t_i\}$. 若总体 X 是连续型随机变量, 当 $n \to \infty$, $\Delta t \to 0$ 时, 频率直方图的矩形顶边将以 X 的概率密度曲线为极限. 因此, 只要有了频率直方图, 就可大致画出分布密度曲线 (图 A.1 中的光滑曲线).

例 1　某炼钢厂生产一种钢, 由于各种偶然因素的影响, 各炉钢的含硅量是有差异的, 因而可以把含硅量看成一个随机变量. 现在记录了 120 炉正常生产的这种钢的含硅量的数据 (%):

0.86, 0.83, 0.77, 0.81, 0.81, 0.80, 0.79, 0.82,

0.82, 0.81, 0.81, 0.87, 0.82, 0.78, 0.80, 0.81,

0.87, 0.81, 0.77, 0.78, 0.77, 0.78, 0.77, 0.77,

0.77, 0.71, 0.95, 0.78, 0.81, 0.79, 0.80, 0.77,

0.76, 0.82, 0.80, 0.82, 0.84, 0.79, 0.90, 0.82,

0.79, 0.82, 0.79, 0.86, 0.76, 0.78, 0.83, 0.75,

0.82, 0.78, 0.73, 0.83, 0.81, 0.81, 0.83, 0.89,

0.81, 0.86, 0.82, 0.82, 0.78, 0.84, 0.84, 0.84,

0.81, 0.81, 0.74, 0.78, 0.78, 0.80, 0.74, 0.78,

0.75, 0.79, 0.85, 0.75, 0.74, 0.71, 0.80, 0.82,

0.76, 0.85, 0.73, 0.78, 0.81, 0.79, 0.77, 0.78,

0.81, 0.87, 0.83, 0.65, 0.64, 0.78, 0.75, 0.82,

0.80, 0.88, 0.77, 0.81, 0.75, 0.83, 0.90, 0.80,

0.85, 0.81, 0.77, 0.78, 0.82, 0.84, 0.85, 0.84,

0.82, 0.85, 0.84, 0.82, 0.85, 0.84, 0.78, 0.78.

试根据这些数据作出频率直方图, 并根据频率直方图估计含硅量的分布密度函数.

解 首先从 $n = 120$ 个数据中找出最小值 $x_1^* = 0.64$, 最大值 $x_{120}^* = 0.95$. 取起点 $a = 0.635$, 终点 $b = 0.955$, 取组数 $k = 16$, 则组距

$$\Delta t = \frac{0.955 - 0.635}{16} = 0.02.$$

分组结果及各组的频数、频率如表 A.1 所示.

表 **A.1** 含硅量数据的分组结果及各组的频数、频率

分组 $(t_{i-1}, t_i]$	频数 n_i	频率 f_i	分组 $(t_{i-1}, t_i]$	频数 n_i	频率 f_i
0.635—0.655	2	0.0167	0.795—0.815	24	0.2
0.655—0.675	0	0	0.815—0.835	21	0.175
0.675—0.695	0	0	0.835—0.855	14	0.1167
0.695—0.715	2	0.0167	0.855—0.875	6	0.05
0.715—0.735	2	0.0167	0.875—0.895	2	0.0167
0.735—0.755	8	0.0667	0.895—0.915	2	0.0167
0.755—0.775	13	0.1083	0.915—0.935	0	0
0.775—0.795	23	0.1917	0.935—0.955	1	0.0083

以横轴 x 表示含硅量, $a = t_0 = 0.635$, $t_1 = 0.655, \cdots, t_{15} = 0.935$, $b = t_{16} = 0.955$, $\Delta t = t_i - t_{i-1} = 0.02$, 在区间 $(t_{i-1}, t_i]$ $(i = 1, 2, \cdots, 16)$ 上作高度为 $y_i = \dfrac{f_i}{0.02}$ 的矩形, 这 16 个并立的矩形就是所求的直方图 (图 A.2). 由于第 i 个小矩形的高度是

$$y_i = \frac{f_i}{\Delta t} = \frac{n_i}{n} \cdot \frac{1}{\Delta t} = n_i \cdot \frac{1}{120} \cdot \frac{1}{0.02} = \frac{n_i}{2.4},$$

所以, 如果纵坐标的单位长是 $\dfrac{1}{2.4}$, 则直方图中第 i 个小矩形的高度正好是 n_i 个单位.

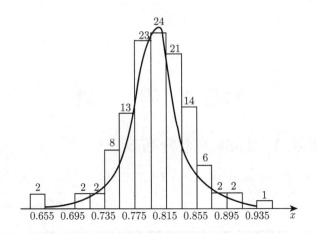

图 A.2　含硅量的直方图

有了直方图, 就可以大致画出含硅量的分布密度曲线 (图 A.2 中的光滑曲线).

上述例子解题过程中的表格称为**频率分布表**. 频率分布表和频率分布直方图是从各个小组数据在样本容量 (即观测数据的总数 n) 中所占比例大小的角度来表示数据分布的规律. 它可以使我们看到整个样本数据的频率分布 (frequency distribution).

由频率直方图画光滑曲线时, 应尽量做到:

(1) 使光滑曲线与直方图的轮廓相似;

(2) 使光滑曲线与横坐标轴之间的面积接近于 1.

需要指出的是: 由于样本是随机的, 不同的样本观测值得到的分布密度曲线不同; 即使对于同一个样本, 不同的分组情况得到的分布密度曲线也不同. 分布密度曲线是随着样本容量和分组情况的变化而变化的, 因此, 不能由样本的分布密度曲线得到准确的总体分布密度曲线.

附录 2　附　　表

附表 1　标准正态分布表

$$\Phi(z) = \int_{-\infty}^{z} \frac{1}{\sqrt{2\pi}} \mathrm{e}^{-\frac{u^2}{2}} \, \mathrm{d}u = P\{Z \leqslant z\}$$

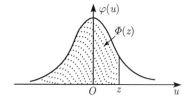

z	0	1	2	3	4	5	6	7	8	9
0.0	0.5000	0.5040	0.5080	0.5120	0.5160	0.5199	0.5239	0.5279	0.5319	0.5359
0.1	0.5398	0.5438	0.5478	0.5517	0.5557	0.5596	0.5636	0.5675	0.5714	0.5753
0.2	0.5793	0.5832	0.5871	0.5910	0.5948	0.5987	0.6026	0.6064	0.6103	0.6141
0.3	0.6179	0.6217	0.6255	0.6293	0.6331	0.6368	0.6406	0.6443	0.6480	0.6517
0.4	0.6554	0.6591	0.6628	0.6664	0.6700	0.6736	0.6772	0.6808	0.6844	0.6879
0.5	0.6915	0.6950	0.6985	0.7019	0.7054	0.7088	0.7123	0.7157	0.7190	0.7224
0.6	0.7257	0.7291	0.7324	0.7357	0.7389	0.7422	0.7454	0.7486	0.7517	0.7549
0.7	0.7580	0.7611	0.7642	0.7673	0.7703	0.7734	0.7764	0.7794	0.7823	0.7852
0.8	0.7881	0.7910	0.7939	0.7967	0.7995	0.8023	0.8051	0.8078	0.8106	0.8133
0.9	0.8159	0.8186	0.8212	0.8238	0.8264	0.8289	0.8315	0.8340	0.8365	0.8389
1.0	0.8413	0.8438	0.8461	0.8485	0.8508	0.8531	0.8554	0.8577	0.8599	0.8621
1.1	0.8643	0.8665	0.8686	0.8708	0.8729	0.8749	0.8770	0.8790	0.8810	0.8830
1.2	0.8849	0.8869	0.8888	0.8907	0.8925	0.8944	0.8962	0.8980	0.8997	0.9015
1.3	0.9032	0.9049	0.9066	0.9082	0.9099	0.9115	0.9131	0.9147	0.9162	0.9177
1.4	0.9192	0.9207	0.9222	0.9236	0.9251	0.9265	0.9278	0.9292	0.9306	0.9319
1.5	0.9332	0.9345	0.9357	0.9370	0.9382	0.9394	0.9406	0.9418	0.9430	0.9441
1.6	0.9452	0.9463	0.9474	0.9484	0.9495	0.9505	0.9515	0.9525	0.9535	0.9545
1.7	0.9554	0.9564	0.9573	0.9582	0.9591	0.9599	0.9608	0.9616	0.9625	0.9633
1.8	0.9641	0.9648	0.9656	0.9664	0.9671	0.9678	0.9686	0.9693	0.9700	0.9706
1.9	0.9713	0.9719	0.9726	0.9732	0.9738	0.9744	0.9750	0.9756	0.9762	0.9767
2.0	0.9772	0.9778	0.9783	0.9788	0.9793	0.9798	0.9803	0.9808	0.9812	0.9817
2.1	0.9821	0.9826	0.9830	0.9834	0.9838	0.9842	0.9846	0.9850	0.9854	0.9857
2.2	0.9861	0.9864	0.9868	0.9871	0.9874	0.9878	0.9881	0.9884	0.9887	0.9890
2.3	0.9893	0.9896	0.9898	0.9901	0.9904	0.9906	0.9909	0.9911	0.9913	0.9916
2.4	0.9918	0.9920	0.9922	0.9925	0.9927	0.9929	0.9931	0.9932	0.9934	0.9936
2.5	0.9938	0.9940	0.9941	0.9943	0.9945	0.9946	0.9948	0.9949	0.9951	0.9952
2.6	0.9953	0.9955	0.9956	0.9957	0.9959	0.9960	0.9961	0.9962	0.9963	0.9964
2.7	0.9965	0.9966	0.9967	0.9968	0.9969	0.9970	0.9971	0.9972	0.9973	0.9974
2.8	0.9974	0.9975	0.9976	0.9977	0.9977	0.9978	0.9979	0.9979	0.9980	0.9981
2.9	0.9981	0.9982	0.9982	0.9983	0.9984	0.9984	0.9985	0.9985	0.9986	0.9986
3.0	0.9987	0.9990	0.9993	0.9995	0.9997	0.9998	0.9998	0.9999	0.9999	1.0000

附表 2　泊松分布累积概率值表

$$\sum_{k=m}^{+\infty} \frac{\lambda^k}{k!} e^{-\lambda}$$

m \ λ	0.1	0.2	0.3	0.4	0.5	0.6	0.7	0.8	0.9
0	1	1	1	1	1	1	1	1	1
1	0.09516	0.18127	0.25918	0.32968	0.39347	0.45119	0.50342	0.55067	0.59343
2	0.00468	0.01752	0.03694	0.06155	0.09020	0.12190	0.15581	0.19121	0.22752
3	0.00015	0.00115	0.00360	0.00793	0.01439	0.02312	0.03414	0.04742	0.06286
4		0.00006	0.00027	0.00078	0.00175	0.00336	0.00575	0.00908	0.01346
5			0.00002	0.00006	0.00017	0.00039	0.00079	0.00141	0.00234
6					0.00001	0.00004	0.00009	0.00018	0.00034
7							0.00001	0.00002	0.00004
8									0.00001

m \ λ	1	2	3	4	5	6	7	8	9
0	1	1	1	1	1	1	1	1	1
1	0.63212	0.86466	0.95021	0.98168	0.99326	0.99752	0.99909	0.99967	0.99988
2	0.26424	0.59399	0.80085	0.90842	0.95957	0.98265	0.99271	0.99693	0.99877
3	0.08030	0.32332	0.57681	0.76190	0.87535	0.93803	0.97036	0.98625	0.99377
4	0.01899	0.14288	0.35277	0.56653	0.73497	0.84880	0.91824	0.95762	0.97877
5	0.00366	0.05265	0.18474	0.37116	0.55951	0.81494	0.82701	0.90037	0.94504
6	0.00059	0.01656	0.08392	0.21487	0.38404	0.55432	0.69929	0.80876	0.88431
7	0.00008	0.00453	0.03351	0.11067	0.23782	0.39370	0.55029	0.68663	0.79322
8	0.00001	0.00110	0.01191	0.05113	0.13337	0.25602	0.40129	0.54704	0.67610
9		0.00024	0.00380	0.02136	0.06809	0.15276	0.27091	0.40745	0.54435
10		0.00005	0.00110	0.00813	0.03183	0.08392	0.16950	0.28338	0.41259
11		0.00001	0.00029	0.00284	0.01370	0.04262	0.09852	0.18411	0.29401
12			0.00007	0.00092	0.00545	0.02009	0.05335	0.11192	0.19699
13			0.00002	0.00027	0.00202	0.00883	0.02700	0.06380	0.12423
14				0.00008	0.00070	0.00363	0.01281	0.03418	0.07385
15				0.00002	0.00023	0.00140	0.00572	0.01726	0.04147
16				0.00001	0.00007	0.00051	0.00241	0.00823	0.02204
17					0.00002	0.00018	0.00096	0.00372	0.01111
18					0.00001	0.00006	0.00036	0.00159	0.00532
19						0.00002	0.00013	0.00065	0.00243
20						0.00001	0.00004	0.00025	0.00106
21							0.00001	0.00009	0.00044
22							0.00001	0.00003	0.00018
23								0.00001	0.00007
24									0.00003
25									0.00001

附表 3 t 分布表

$$P\{t(n) > t_\alpha(n)\} = \alpha$$

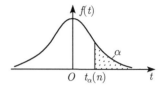

n	$t_{0.10}$	$t_{0.05}$	$t_{0.025}$	$t_{0.01}$	$t_{0.005}$
1	3.078	6.314	12.706	31.820	63.655
2	1.886	2.920	4.303	6.965	9.625
3	1.638	2.353	3.182	4.541	5.841
4	1.533	2.132	2.776	3.747	4.604
5	1.476	2.015	2.571	3.365	4.032
6	1.440	1.943	2.447	3.143	3.707
7	1.415	1.895	2.365	2.998	3.499
8	1.397	1.860	2.306	2.896	3.355
9	1.383	1.833	2.262	2.821	3.250
10	1.372	1.812	2.228	2.764	3.169
11	1.363	1.796	2.201	2.718	3.106
12	1.356	1.782	2.179	2.681	3.055
13	1.350	1.771	2.160	2.650	3.012
14	1.345	1.761	2.145	2.624	2.977
15	1.341	1.753	2.131	2.602	2.947
16	1.337	1.746	2.120	2.583	2.921
17	1.333	1.740	2.110	2.567	2.898
18	1.330	1.734	2.101	2.552	2.878
19	1.328	1.729	2.093	2.539	2.861
20	1.325	1.725	2.086	2.528	2.845
21	1.323	1.721	2.080	2.518	2.831
22	1.321	1.717	2.074	2.508	2.819
23	1.319	1.714	2.069	2.500	2.807
24	1.318	1.711	2.064	2.492	2.797
25	1.316	1.708	2.060	2.485	2.787
26	1.315	1.706	2.056	2.479	2.779
27	1.314	1.703	2.052	2.473	2.771
28	1.313	1.701	2.048	2.467	2.763
29	1.311	1.699	2.045	2.462	2.756
30	1.310	1.697	2.042	2.457	2.750
40	1.303	1.684	2.021	2.423	2.704
60	1.296	1.671	2.000	2.390	2.660
120	1.289	1.658	1.980	2.358	2.617
∞	1.282	1.645	1.960	2.326	2.576

附表 4　χ^2 分布表

$$P\left\{\chi^2(n) > \chi^2_\alpha(n)\right\} = \alpha$$

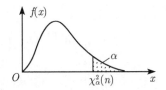

n	0.995	0.990	0.975	0.950	0.900	0.750	0.500	0.250	0.100	0.050	0.025	0.010	0.005
1					0.02	0.10	0.45	1.32	2.71	3.84	5.02	6.63	7.88
2	0.01	0.02	0.05	0.10	0.21	0.58	1.39	2.77	4.61	5.99	7.38	9.21	10.60
3	0.07	0.11	0.22	0.35	0.58	1.21	2.37	4.11	6.25	7.81	9.35	11.34	12.84
4	0.21	0.30	0.48	0.71	1.06	1.92	3.36	5.39	7.78	9.49	11.14	13.28	14.86
5	0.41	0.55	0.83	1.15	1.61	2.67	4.35	6.63	9.24	11.07	12.83	15.09	16.75
6	0.68	0.87	1.24	1.64	2.20	3.45	5.35	7.84	10.64	12.59	14.45	16.81	18.55
7	0.99	1.24	1.69	2.17	2.83	4.25	6.35	9.04	12.02	14.07	16.01	18.48	20.28
8	1.34	1.65	2.18	2.73	3.49	5.07	7.34	10.22	13.36	15.51	17.53	20.09	21.96
9	1.73	2.09	2.70	3.33	4.17	5.90	8.34	11.39	14.68	16.92	19.02	21.67	23.59
10	2.16	2.56	3.25	3.94	4.87	6.74	9.34	12.55	15.99	18.31	20.48	23.21	25.19
11	2.60	3.05	3.82	4.57	5.58	7.58	10.34	13.70	17.28	19.68	21.92	24.72	26.76
12	3.07	3.57	4.40	5.23	6.30	8.44	11.34	14.85	18.55	21.03	23.34	26.22	28.30
13	3.57	4.11	5.01	5.89	7.04	9.30	12.34	15.98	19.81	22.36	24.74	27.69	29.82
14	4.07	4.66	5.63	6.57	7.79	10.17	13.34	17.12	21.06	23.68	26.12	29.14	31.32
15	4.60	5.23	6.27	7.26	8.55	11.04	14.34	18.25	22.31	25.00	27.49	30.58	32.80
16	5.14	5.81	6.91	7.96	9.31	11.91	15.34	19.37	23.54	26.30	28.85	32.00	34.27
17	5.70	6.41	7.56	8.67	10.09	12.79	16.34	20.49	24.77	27.59	30.19	33.41	35.72
18	6.26	7.01	8.23	9.39	10.86	13.68	17.34	21.60	25.99	28.87	31.53	34.81	37.16
19	6.84	7.63	8.91	10.12	11.65	14.56	18.34	22.72	27.20	30.14	32.85	36.19	38.58
20	7.43	8.26	9.59	10.85	12.44	15.45	19.34	23.83	28.41	31.41	34.17	37.57	40.00
21	8.03	8.90	10.28	11.59	13.24	16.34	20.34	24.93	29.62	32.67	35.48	38.93	41.40
22	8.64	9.54	10.98	12.34	14.04	17.24	21.34	26.04	30.81	33.92	36.78	40.29	42.80
23	9.26	10.20	11.69	13.09	14.85	18.14	22.34	27.14	32.01	35.17	38.08	41.64	44.18
24	9.89	10.86	12.40	13.85	15.66	19.04	23.34	28.24	33.20	36.42	39.36	42.98	45.56
25	10.52	11.52	13.72	14.61	16.47	19.94	24.34	29.34	34.38	37.65	40.65	44.31	46.93
26	11.16	12.20	13.84	15.38	17.29	20.84	25.34	30.43	35.56	38.89	41.92	45.64	48.29
27	11.81	12.88	14.57	16.15	18.11	21.75	26.34	31.53	36.74	40.11	43.19	49.96	49.64
28	12.46	13.56	15.31	16.93	18.94	22.66	27.34	32.62	37.92	41.34	44.46	48.28	50.99
29	13.12	14.26	16.05	17.71	19.77	23.57	28.34	33.71	39.09	42.56	45.72	49.59	52.34
30	13.79	14.95	16.79	18.49	20.60	24.48	29.34	34.80	40.26	43.77	46.98	50.89	53.67
40	20.71	22.16	24.43	26.51	29.05	33.66	39.34	45.62	51.80	55.76	59.34	63.69	66.77
50	27.99	29.71	32.36	34.76	37.69	42.94	49.33	56.33	63.17	67.50	71.42	76.15	79.49
60	35.53	37.48	40.48	43.19	46.46	52.29	59.33	66.98	74.40	79.08	83.30	88.38	91.95
80	51.17	53.54	57.15	60.39	64.28	71.14	79.33	88.13	96.58	101.88	106.63	112.33	116.32
100	67.33	70.06	74.22	77.93	82.36	90.13	99.33	109.14	118.50	124.34	129.56	135.81	140.17

附表 5   F 分 布 表

$$P\{F(n_1, n_2) > F_\alpha(n_1, n_2)\} = \alpha$$
$$(\alpha = 0.10)$$

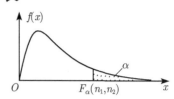

n_2 \ n_1	1	2	3	4	5	6	7	8	9
1	39.86	49.50	53.59	55.83	57.24	58.20	58.91	59.44	59.86
2	8.53	9.00	9.16	9.24	9.29	9.33	9.35	9.37	9.38
3	5.54	5.46	5.39	5.34	5.31	5.28	5.27	5.25	5.24
4	4.54	4.32	4.19	4.11	4.05	4.01	3.98	3.95	3.94
5	4.06	3.78	3.62	3.52	3.45	3.40	3.37	3.34	3.32
6	3.78	3.46	3.29	3.18	3.11	3.05	3.01	2.98	2.96
7	3.59	3.26	3.07	2.96	2.88	2.83	2.78	2.75	2.72
8	3.46	3.11	2.92	2.81	2.73	2.67	2.62	2.59	2.56
9	3.36	3.01	2.81	2.69	2.61	2.55	2.51	2.47	2.44
10	3.29	2.92	2.73	2.61	2.52	2.46	2.41	2.38	2.35
11	3.23	2.86	2.66	2.54	2.45	2.39	2.34	2.30	2.27
12	3.18	2.81	2.61	2.48	2.39	2.33	2.28	2.24	2.21
13	3.14	2.76	2.56	2.43	2.35	2.28	2.23	2.20	2.16
14	3.10	2.73	2.52	2.39	2.31	2.24	2.19	2.15	2.12
15	3.07	2.70	2.49	2.36	2.27	2.21	2.16	2.12	2.09
16	3.05	2.67	2.46	2.33	2.24	2.18	2.13	2.09	2.06
17	3.03	2.64	2.44	2.31	2.22	2.15	2.10	2.06	2.03
18	3.01	2.62	2.42	2.29	2.20	2.13	2.08	2.04	2.00
19	2.99	2.61	2.40	2.27	2.18	2.11	2.06	2.02	1.98
20	2.97	2.59	2.38	2.25	2.16	2.09	2.04	2.00	1.96
21	2.96	2.57	2.36	2.23	2.14	2.08	2.02	1.98	1.95
22	2.95	2.56	2.35	2.22	2.13	2.06	2.01	1.97	1.93
23	2.94	2.55	2.34	2.21	2.11	2.05	1.99	1.95	1.92
24	2.93	2.54	2.33	2.19	2.10	2.04	1.98	1.94	1.91
25	2.92	2.53	2.32	2.18	2.09	2.02	1.97	1.93	1.89
26	2.91	2.52	2.31	2.17	2.08	2.01	1.96	1.92	1.88
27	2.90	2.51	2.30	2.17	2.07	2.00	1.95	1.91	1.87
28	2.89	2.50	2.29	2.16	2.06	2.00	1.94	1.90	1.87
29	2.89	2.50	2.28	2.15	2.06	1.99	1.93	1.89	1.86
30	2.88	2.49	2.28	2.14	2.05	1.98	1.93	1.88	1.85
40	2.84	2.44	2.23	2.09	2.00	1.93	1.87	1.83	1.79
60	2.79	2.39	2.18	2.04	1.95	1.87	1.82	1.77	1.74
120	2.75	2.35	2.13	1.99	1.90	1.82	1.77	1.72	1.68
∞	2.71	2.30	2.08	1.94	1.85	1.77	1.72	1.67	1.63

($\alpha = 0.10$) 续表

n_1 / n_2	10	12	15	20	24	30	40	60	120	∞
1	60.19	60.71	61.22	61.74	62.00	62.26	62.53	62.79	63.06	63.33
2	9.39	9.41	9.42	9.44	9.45	9.46	9.47	9.47	9.48	9.49
3	5.23	5.22	5.20	5.18	5.18	5.17	5.16	5.15	5.14	5.13
4	3.92	3.90	3.87	3.84	3.83	3.82	3.80	3.79	3.78	3.76
5	3.30	3.27	3.24	3.21	3.19	3.17	3.16	3.14	3.12	3.10
6	2.94	2.90	2.87	2.84	2.82	2.80	2.78	2.76	2.74	2.72
7	2.70	2.67	2.63	2.59	2.58	2.56	2.54	2.51	2.49	2.47
8	2.54	2.50	2.66	2.42	2.40	2.38	2.36	2.34	2.32	2.29
9	2.42	2.38	2.34	2.30	2.28	2.25	2.23	2.21	2.18	2.16
10	2.32	2.28	2.24	2.20	2.18	2.16	2.13	2.11	2.08	2.06
11	2.25	2.21	2.17	2.12	2.10	2.08	2.05	2.03	2.00	1.97
12	2.19	2.15	2.10	2.06	2.04	2.01	1.99	1.96	1.93	1.90
13	2.14	2.10	2.05	2.01	1.98	1.96	1.93	1.90	1.88	1.85
14	2.10	2.05	2.01	1.96	1.94	1.91	1.89	1.82	1.83	1.80
15	2.06	2.02	1.97	1.92	1.90	1.87	1.85	1.82	1.79	1.76
16	2.03	1.99	1.94	1.89	1.87	1.84	1.81	1.78	1.75	1.72
17	2.00	1.96	1.91	1.86	1.84	1.81	1.78	1.75	1.72	1.69
18	1.98	1.93	1.89	1.84	1.81	1.78	1.75	1.72	1.69	1.66
19	1.96	1.91	1.86	1.81	1.79	1.76	1.73	1.70	1.67	1.63
20	1.94	1.89	1.84	1.79	1.77	1.74	1.71	1.68	1.64	1.61
21	1.92	1.87	1.83	1.78	1.75	1.72	1.69	1.66	1.62	1.59
22	1.90	1.86	1.81	1.76	1.73	1.70	1.67	1.64	1.60	1.57
23	1.89	1.84	1.80	1.74	1.72	1.69	1.66	1.62	1.59	1.55
24	1.88	1.83	1.78	1.73	1.70	1.67	1.64	1.61	1.57	1.53
25	1.87	1.82	1.77	1.72	1.69	1.66	1.63	1.59	1.56	1.52
26	1.86	1.81	1.76	1.71	1.68	1.65	1.61	1.58	1.54	1.50
27	1.85	1.80	1.75	1.70	1.67	1.64	1.60	1.57	1.53	1.49
28	1.84	1.79	1.74	1.69	1.66	1.63	1.59	1.56	1.52	1.48
29	1.83	1.78	1.73	1.68	1.65	1.62	1.58	1.55	1.51	1.47
30	1.82	1.77	1.72	1.67	1.64	1.61	1.57	1.54	1.50	1.46
40	1.76	1.71	1.66	1.61	1.57	1.54	1.51	1.47	1.42	1.38
60	1.71	1.66	1.60	1.54	1.51	1.48	1.44	1.40	1.35	1.29
120	1.65	1.60	1.55	1.48	1.45	1.41	1.37	1.32	1.26	1.19
∞	1.60	1.55	1.49	1.42	1.38	1.34	1.30	1.24	1.17	1.00

$(\alpha = 0.05)$ 　　　　　　　　　　　　　　续表

n_2＼n_1	1	2	3	4	5	6	7	8	9
1	161.4	199.5	215.7	224.6	230.2	234.0	236.8	238.9	240.5
2	18.51	19.00	19.16	19.25	19.30	19.33	19.35	19.37	19.38
3	10.13	9.55	9.28	9.12	9.01	8.94	8.89	8.85	8.81
4	7.71	6.94	6.59	6.39	6.26	6.16	6.09	6.04	6.00
5	6.61	5.79	5.41	5.19	5.05	4.95	4.88	4.82	4.77
6	5.99	5.14	4.76	4.53	4.39	4.28	4.21	4.15	4.10
7	5.59	4.74	4.35	4.12	3.97	3.87	3.79	3.73	3.68
8	5.32	4.46	4.07	3.84	3.69	3.58	3.50	3.44	3.69
9	5.12	4.26	3.86	3.63	3.48	3.37	3.29	3.23	3.18
10	4.96	4.10	3.71	3.48	3.33	3.22	3.14	3.07	3.02
11	4.84	3.98	3.59	3.36	3.20	3.09	3.01	2.95	2.90
12	4.75	3.89	3.49	3.26	3.11	3.00	2.19	2.85	2.80
13	4.67	3.81	3.41	3.18	3.03	2.92	2.83	2.77	2.71
14	4.60	3.74	3.34	3.11	2.96	2.85	2.76	2.70	2.65
15	4.54	3.68	3.29	3.06	2.90	2.79	2.71	2.64	2.59
16	4.49	3.63	3.24	3.01	2.85	2.74	2.66	5.59	2.54
17	4.45	3.59	3.20	2.96	2.81	2.70	2.61	2.55	2.49
18	4.41	3.55	3.16	2.93	2.77	2.66	2.58	2.51	2.46
19	4.38	3.52	3.13	2.90	2.74	2.63	2.54	2.48	2.42
20	4.35	3.49	3.10	2.87	2.71	2.60	2.51	2.45	2.39
21	4.32	3.47	3.07	2.84	2.68	2.57	2.49	2.42	2.37
22	4.30	3.44	3.05	2.82	2.66	2.55	2.46	2.40	2.34
23	4.28	3.42	3.03	2.80	2.64	2.53	2.44	2.37	2.32
24	4.26	3.40	3.01	2.78	2.62	2.51	2.42	2.36	2.30
25	4.24	3.39	2.99	2.76	2.60	2.49	2.40	2.34	2.28
26	4.23	3.37	2.98	2.74	2.59	2.47	2.39	2.32	2.27
27	4.21	3.35	2.96	2.73	2.57	2.46	2.37	2.31	2.25
28	4.20	3.34	2.95	2.71	2.56	2.45	2.36	2.29	2.24
29	4.18	3.33	2.93	2.70	2.55	2.43	2.35	2.28	2.22
30	4.17	3.32	2.92	2.69	2.53	2.42	2.33	2.27	2.21
40	4.08	3.23	2.84	2.61	2.45	2.34	2.25	2.18	2.12
60	4.00	3.15	2.76	2.53	2.37	2.25	2.17	2.10	2.04
120	3.92	3.07	2.68	2.45	2.29	2.17	2.09	2.02	1.96
∞	3.84	3.00	2.60	2.37	2.21	2.10	2.01	1.94	1.88

$(\alpha = 0.05)$ 续表

n_2 \ n_1	10	12	15	20	24	30	40	60	120	∞
1	241.9	243.9	245.9	248.0	249.1	250.1	251.1	252.2	253.3	254.3
2	19.40	19.41	19.43	19.45	19.45	19.46	19.47	19.48	19.49	19.50
3	8.79	8.74	8.70	8.66	8.64	8.62	8.59	8.57	8.55	8.53
4	5.96	5.91	5.86	5.80	5.77	5.75	5.72	5.69	5.66	5.63
5	4.74	4.68	4.62	4.56	4.53	4.50	4.46	4.43	4.40	4.36
6	4.06	4.00	3.94	3.87	3.84	3.81	3.77	3.74	3.70	3.67
7	3.64	3.57	3.51	3.44	3.41	3.38	3.34	3.30	3.27	3.23
8	3.35	3.28	3.22	3.15	3.12	3.08	3.04	3.01	2.97	2.93
9	3.14	3.07	3.01	2.94	2.90	2.86	2.83	2.79	2.75	2.71
10	2.98	2.91	2.85	2.77	2.74	2.70	2.66	2.62	2.58	2.54
11	2.85	2.79	2.72	2.65	2.61	2.57	2.53	2.49	2.45	2.40
12	2.75	2.69	2.62	2.54	2.51	2.47	2.43	2.38	2.34	2.30
13	2.67	2.60	2.53	2.46	2.42	2.38	2.34	2.30	2.25	2.21
14	2.60	2.53	2.46	2.39	2.35	2.31	2.27	2.22	2.18	2.13
15	2.54	2.48	2.40	2.33	2.29	2.25	2.20	2.16	2.11	2.07
16	2.49	2.42	2.35	2.28	2.24	2.19	2.15	2.11	2.06	2.01
17	2.45	2.38	2.31	2.23	2.19	2.15	2.10	2.06	2.01	1.96
18	2.41	2.34	2.27	2.19	2.15	2.11	2.06	2.02	1.97	1.92
19	2.38	2.31	2.23	2.16	2.11	2.07	2.03	1.98	1.93	1.88
20	2.35	2.28	2.20	2.12	2.08	2.04	1.99	1.95	1.90	1.84
21	2.32	2.25	2.18	2.10	2.05	2.01	1.96	1.92	1.87	1.81
22	2.30	2.23	2.15	2.07	2.03	1.98	1.94	1.89	1.84	1.78
23	2.27	2.20	2.13	2.05	2.01	1.96	1.91	1.86	1.81	1.76
24	2.25	2.18	2.11	2.03	1.98	1.94	1.89	1.84	1.79	1.73
25	2.24	2.16	2.09	2.01	1.96	1.92	1.87	1.82	1.77	1.71
26	2.22	2.15	2.07	1.99	1.95	1.90	1.85	1.80	1.75	1.69
27	2.20	2.13	2.06	1.97	1.93	1.88	1.84	1.79	1.73	1.67
28	2.19	2.12	2.04	1.96	1.91	1.87	1.82	1.77	1.71	1.65
29	2.18	2.10	2.03	1.94	1.90	1.85	1.81	1.75	1.70	1.64
30	2.16	2.09	2.01	1.93	1.89	1.84	1.79	1.74	1.68	1.62
40	2.08	2.00	1.92	1.84	1.79	1.74	1.69	1.64	1.58	1.51
60	1.99	1.92	1.84	1.75	1.70	1.65	1.59	1.53	1.47	1.39
120	1.91	1.83	1.75	1.66	1.61	1.55	1.50	1.43	1.35	1.25
∞	1.83	1.75	1.67	1.57	1.52	1.46	1.39	1.32	1.22	1.00

($\alpha = 0.025$)

n_2＼n_1	1	2	3	4	5	6	7	8	9
1	647.8	799.5	864.2	899.6	921.8	937.1	948.2	956.7	963.3
2	36.51	39.00	39.17	39.25	39.30	39.33	39.36	39.37	39.39
3	17.44	16.04	15.44	15.10	14.88	14.73	14.62	14.54	14.47
4	12.22	10.65	9.98	9.60	9.36	9.20	9.07	8.98	8.90
5	10.01	8.43	7.76	7.39	7.15	6.98	6.85	6.76	6.68
6	8.81	7.26	6.60	6.23	5.99	5.82	5.70	5.60	5.52
7	8.07	6.54	5.89	5.52	5.29	5.12	4.99	4.90	4.82
8	7.57	6.06	5.42	5.05	4.82	4.65	4.53	4.43	4.36
9	7.21	5.71	5.03	4.72	4.48	4.32	4.20	4.10	4.03
10	6.94	5.46	4.83	4.47	4.24	4.07	3.95	3.85	3.78
11	6.72	5.26	4.63	4.28	4.04	3.88	3.76	3.66	3.59
12	6.55	5.10	4.42	4.12	3.89	3.73	3.61	3.51	3.44
13	6.41	4.97	4.35	4.00	3.77	3.60	3.48	3.39	3.31
14	6.30	4.86	4.24	3.89	3.66	3.50	3.38	3.29	3.21
15	6.20	4.77	4.15	3.80	3.58	3.41	3.29	3.20	3.12
16	6.12	4.69	4.08	3.73	3.50	3.34	3.22	3.12	3.05
17	6.01	4.62	4.01	3.66	3.44	3.28	3.16	3.06	2.98
18	5.98	4.56	3.95	3.61	3.38	3.22	3.10	3.01	2.93
19	5.92	4.51	3.90	3.56	3.33	3.17	3.05	2.96	2.88
20	5.87	4.46	3.89	3.51	3.29	3.13	3.01	2.91	2.84
21	5.83	4.42	3.82	3.48	3.25	3.09	2.97	2.87	2.80
22	5.79	4.38	3.78	3.44	3.22	3.05	2.93	2.84	2.76
23	5.75	4.35	3.75	3.41	3.18	3.02	2.90	2.81	2.73
24	5.72	4.32	3.72	3.38	3.15	2.99	2.87	2.78	2.70
25	5.69	4.29	3.69	3.35	3.13	2.97	2.85	2.75	2.68
26	5.66	4.27	3.67	3.33	3.10	2.94	2.82	2.73	2.65
27	5.63	4.24	3.65	3.31	3.08	2.92	2.80	2.71	2.63
28	5.61	4.22	3.63	3.29	3.06	2.90	2.78	2.69	2.61
29	5.59	4.20	3.61	3.27	3.04	2.88	2.76	2.67	2.59
30	5.57	4.18	3.59	3.25	3.03	2.87	2.75	2.65	2.57
40	5.42	4.05	3.46	3.13	2.90	2.74	2.62	2.53	2.45
60	5.29	3.93	3.34	3.01	2.79	2.63	2.51	2.41	2.33
120	5.15	3.80	3.23	2.89	2.67	2.52	2.39	2.30	2.22
∞	5.02	3.69	3.12	2.79	2.57	2.41	2.29	2.19	2.11

$(\alpha = 0.025)$ 续表

n_2 \ n_1	10	12	15	20	24	30	40	60	120	∞
1	986.6	976.7	984.9	993.1	997.2	1001	1006	1010	1014	1018
2	39.40	39.41	39.43	39.45	39.46	39.46	39.47	39.48	39.49	39.50
3	14.42	14.34	14.25	14.17	14.12	14.08	14.04	13.99	13.97	13.90
4	8.84	8.75	8.66	8.56	8.51	8.46	8.41	8.36	8.31	8.26
5	6.62	6.52	6.43	6.33	6.28	6.23	6.18	6.12	6.07	6.02
6	5.46	5.37	5.27	5.17	5.12	5.07	5.01	4.96	4.90	4.85
7	4.76	4.67	4.57	4.47	4.42	4.36	4.31	4.25	4.20	4.14
8	4.30	4.20	4.10	4.00	3.95	3.89	3.84	3.78	3.73	3.67
9	3.96	3.87	3.77	3.67	3.61	3.56	3.51	3.45	3.39	3.33
10	3.72	3.62	3.52	3.42	3.37	3.31	3.26	3.20	3.14	3.08
11	3.53	3.43	3.33	3.23	3.17	3.12	3.06	3.00	2.94	2.88
12	3.37	3.28	3.18	3.07	3.02	2.96	2.91	2.85	2.79	2.72
13	3.25	3.15	3.05	2.95	2.89	2.84	2.78	2.72	2.66	2.60
14	3.15	3.05	2.95	2.84	2.79	2.73	2.67	2.61	2.55	2.49
15	3.06	2.96	2.86	2.76	2.70	2.64	2.59	2.52	2.46	2.40
16	2.99	2.89	2.79	2.68	2.63	2.57	2.51	2.45	2.38	2.32
17	2.92	2.82	2.72	2.62	2.56	2.50	2.44	2.38	2.32	2.25
18	2.87	2.77	2.67	2.56	2.50	2.44	2.38	2.32	2.26	2.19
19	2.82	2.72	2.62	2.51	2.45	2.39	2.33	2.27	2.20	2.13
20	2.77	2.68	2.57	2.46	2.41	2.35	2.29	2.22	2.16	2.09
21	2.73	2.64	2.53	2.42	2.37	2.31	2.25	2.18	2.11	2.04
22	2.70	2.60	2.50	2.39	2.33	2.27	2.21	2.14	2.08	2.00
23	2.67	2.57	2.47	2.36	2.30	2.24	2.18	2.11	2.04	1.97
24	2.64	2.54	2.44	2.33	2.27	2.21	2.15	2.08	2.01	1.94
25	2.61	2.51	2.41	2.30	2.24	2.18	2.12	2.05	1.98	1.91
26	2.59	2.49	2.39	2.28	2.22	2.16	2.09	2.03	1.95	1.88
27	2.57	2.47	2.36	2.25	2.19	2.13	2.07	2.00	1.93	1.85
28	2.55	2.45	2.34	2.23	2.17	2.11	2.05	1.98	1.91	1.83
29	2.53	2.43	2.32	2.21	2.15	2.09	2.03	1.96	1.89	1.81
30	2.51	2.41	2.31	2.20	2.14	2.07	2.01	1.94	1.87	1.79
40	2.39	2.29	2.18	2.07	2.01	1.94	1.88	1.80	1.72	1.64
60	2.27	2.17	2.06	1.94	1.88	1.82	1.74	1.67	1.58	1.48
120	2.16	2.05	1.94	1.82	1.76	1.69	1.61	1.53	1.43	1.31
∞	2.05	1.94	1.83	1.71	1.64	1.57	1.48	1.39	1.27	1.00

$(\alpha = 0.01)$ 　　　　　　　　续表

n_2 \ n_1	1	2	3	4	5	6	7	8	9
1	4052	4999	5403	5625	5764	5859	5928	5982	6022
2	98.50	99.00	99.17	99.25	99.30	99.33	99.36	99.37	99.39
3	34.12	30.82	29.46	28.71	28.24	27.91	27.67	27.49	27.35
4	21.20	18.00	16.69	15.98	15.52	15.21	14.98	14.80	14.66
5	16.26	13.27	12.06	11.39	10.97	10.67	10.46	10.29	10.16
6	13.75	10.92	9.78	9.15	8.75	8.47	8.26	8.10	7.98
7	12.25	9.55	8.45	7.85	7.46	7.19	6.99	6.84	6.72
8	11.26	8.65	7.59	7.01	6.63	6.37	6.18	6.03	5.91
9	10.56	8.02	6.99	6.42	6.06	5.80	5.61	5.47	5.35
10	10.04	7.56	6.55	5.99	5.64	5.39	5.20	5.06	4.94
11	9.65	7.21	6.22	5.67	5.32	5.07	4.89	4.74	4.63
12	9.33	6.93	5.95	5.41	5.06	4.82	4.64	4.50	4.39
13	9.07	6.70	5.74	5.21	4.86	4.62	4.44	4.30	4.19
14	8.86	6.51	5.56	5.04	4.69	4.46	4.28	4.14	4.03
15	8.68	6.36	5.42	4.89	4.56	4.32	4.14	4.00	3.89
16	8.53	6.23	5.29	4.77	4.44	4.20	4.03	3.89	3.78
17	8.40	6.11	5.18	4.67	4.34	4.10	3.93	3.79	3.68
18	8.29	6.01	5.09	4.58	4.25	4.01	3.84	3.71	3.60
19	8.18	5.93	5.01	4.50	4.17	3.94	3.77	3.63	3.52
20	8.10	5.85	4.94	4.43	4.10	3.87	3.70	3.56	3.46
21	8.02	5.78	4.87	4.37	4.04	3.81	3.64	3.51	3.40
22	7.95	5.72	4.82	4.31	3.99	3.76	3.59	3.45	3.35
23	7.88	5.66	4.76	4.26	3.94	3.71	3.54	3.41	3.30
24	7.82	5.61	4.72	4.22	3.90	3.67	3.50	3.36	3.26
25	7.77	5.57	4.68	4.18	3.85	3.63	3.46	3.32	3.22
26	7.72	5.53	4.64	4.14	3.82	3.59	3.42	3.29	3.18
27	7.68	5.49	4.60	4.11	3.78	3.56	3.39	3.26	3.15
28	7.64	5.45	4.57	4.07	3.75	3.53	3.36	3.23	3.12
29	7.60	5.42	4.54	4.04	3.73	3.50	3.33	3.20	3.09
30	7.56	5.39	4.51	4.02	3.70	3.47	3.30	3.17	3.07
40	7.31	5.18	4.31	3.83	3.51	3.29	3.12	2.99	2.89
60	7.08	4.98	4.13	3.65	3.34	3.12	2.95	2.82	2.72
120	6.85	4.79	3.95	3.48	3.17	2.96	2.79	2.66	2.56
∞	6.63	4.61	3.78	3.32	3.02	2.80	2.64	2.51	2.41

	$(\alpha = 0.01)$									续表
n_2 \ n_1	10	12	15	20	24	30	40	60	120	∞
1	6056	6106	6157	6209	6235	6261	6287	6313	6339	6366
2	99.40	99.42	99.43	99.45	99.46	99.47	99.47	99.48	99.49	99.50
3	27.23	27.05	26.87	26.69	26.60	26.50	26.41	26.32	26.22	26.13
4	14.55	14.37	14.20	14.02	13.93	13.84	13.75	13.65	13.56	13.46
5	10.05	9.89	9.72	9.55	9.47	9.38	9.29	9.20	9.11	9.02
6	7.87	7.72	7.56	7.40	7.31	7.23	7.14	7.06	6.97	6.88
7	6.62	6.47	6.31	6.16	6.07	5.99	5.91	5.82	5.74	5.65
8	5.81	5.67	5.52	5.36	5.28	5.20	5.12	5.03	4.95	4.86
9	5.26	5.11	4.96	4.81	4.73	4.65	4.57	4.48	4.40	4.31
10	4.85	4.71	4.56	4.41	4.33	4.25	4.17	4.08	4.00	3.91
11	4.54	4.40	4.25	4.10	4.02	3.94	3.86	3.78	3.69	3.60
12	4.30	4.16	4.01	3.86	3.78	3.70	3.62	3.54	3.45	3.36
13	4.10	3.96	3.82	3.66	3.59	3.51	3.43	3.34	3.25	3.17
14	3.94	3.80	3.66	3.51	3.43	3.35	3.27	3.18	3.09	3.00
15	3.80	3.67	3.52	3.37	3.29	3.21	3.13	3.05	2.96	2.87
16	3.69	3.55	3.41	3.26	3.18	3.10	3.02	2.93	2.84	2.75
17	3.59	3.46	3.31	3.16	3.08	3.00	2.92	2.83	2.75	2.65
18	3.51	3.37	3.23	3.08	3.00	2.92	2.84	2.75	2.66	2.57
19	3.43	3.30	3.15	3.00	2.92	2.84	2.76	2.67	2.58	2.49
20	3.37	3.23	3.09	2.94	2.86	2.78	2.69	2.61	2.52	2.42
21	3.31	3.17	3.03	2.88	2.80	2.72	2.64	2.55	2.46	2.36
22	3.26	3.12	2.98	2.83	2.75	2.67	2.58	2.50	2.40	2.31
23	3.21	3.07	2.93	2.78	2.70	2.62	2.54	2.45	2.35	2.26
24	3.17	3.03	2.89	2.74	2.66	2.58	2.49	2.40	2.31	2.21
25	3.13	2.99	2.85	2.70	2.62	2.54	2.45	2.36	2.27	2.17
26	3.09	2.96	2.81	2.66	2.58	2.50	2.42	2.33	2.23	2.13
27	3.06	2.93	2.78	2.63	2.55	2.47	2.38	2.29	2.20	2.10
28	3.03	2.90	2.75	2.60	2.52	2.44	2.35	2.26	2.17	2.06
29	3.00	2.87	2.73	2.57	2.49	2.41	2.33	2.23	2.14	2.03
30	2.98	2.84	2.70	2.55	2.47	2.39	2.30	2.21	2.11	2.01
40	2.80	2.66	2.52	2.37	2.29	2.20	2.11	2.02	1.92	1.80
60	2.63	2.50	2.35	2.20	2.12	2.03	1.94	1.84	1.73	1.60
120	2.47	2.34	2.19	2.03	1.95	1.86	1.76	1.66	1.53	1.38
∞	2.32	2.18	2.04	1.88	1.79	1.70	1.59	1.47	1.32	1.00

附表 6　相关系数检验表

$n-2$	α 0.05	0.01	$n-2$	α 0.05	0.01
1	0.997	1.000	21	0.413	0.526
2	0.950	0.990	22	0.404	0.515
3	0.878	0.959	23	0.396	0.505
4	0.811	0.917	24	0.388	0.496
5	0.755	0.874	25	0.381	0.487
6	0.707	0.834	26	0.374	0.478
7	0.666	0.798	27	0.367	0.470
8	0.632	0.765	28	0.361	0.463
9	0.602	0.735	29	0.355	0.456
10	0.576	0.708	30	0.349	0.449
11	0.553	0.684	35	0.325	0.418
12	0.532	0.661	40	0.304	0.393
13	0.514	0.641	45	0.288	0.372
14	0.497	0.623	50	0.273	0.354
15	0.482	0.606	60	0.250	0.325
16	0.468	0.590	70	0.232	0.302
17	0.456	0.575	80	0.217	0.283
18	0.444	0.561	90	0.205	0.267
19	0.433	0.549	100	0.195	0.254
20	0.423	0.537	200	0.138	0.181